高职高专生物技术类专业系列规划教材

发酵工程设备

主　编　池永红　范文斌

副主编　云雅光　张　锐

　　　　纪铁鹏　张占河

重庆大学出版社

内容提要

本书主要介绍了发酵工程设备的基本原理、结构和应用,以及在此基础上对典型发酵设备进行的实践操作,从而促进了理论与实践更好地结合。本书共10个项目,内容包括原料的预处理及输送设备、培养基制备设备、空气除菌及调节设备、种子制备及扩大培养设备、发酵罐及附属设备,液固分离设备、萃取及离子交换设备、蒸馏设备、蒸发结晶干燥设备,并对设备操作安全作了相应介绍。

本书可作为生物工程,发酵工程,食品、生物技术等专业的教材,也可供相关领域科研单位技术人员参考使用。

图书在版编目(CIP)数据

发酵工程设备/池永红,范文斌主编. —重庆:重庆大学出版社,2014.12

高职高专生物技术类专业系列规划教材

ISBN 978-7-5624-8413-4

Ⅰ.①发… Ⅱ.①池…②范… Ⅲ.①发酵工程—工程设备—高等职业教育—教材 Ⅳ.①TQ92

中国版本图书馆 CIP 数据核字(2014)第 152005 号

发酵工程设备

主 编 池永红 范文斌

副主编 云雅光 张 锐

纪铁鹏 张占河

策划编辑:屈腾龙

责任编辑:李定群 姜 凤 版式设计:屈腾龙

责任校对:贾 梅 责任印制:赵 晟

*

重庆大学出版社出版发行

出版人:邓晓益

社址:重庆市沙坪坝区大学城西路 21 号

邮编:401331

电话:(023) 88617190 88617185(中小学)

传真:(023) 88617186 88617166

网址:http://www.cqup.com.cn

邮箱:fxk@ cqup.com.cn(营销中心)

全国新华书店经销

万州日报印刷厂印刷

*

开本:787×1092 1/16 印张:21.5 字数:537 千

2014 年 12 月第 1 版 2014 年 12 月第 1 次印刷

印数:1—3 000

ISBN 978-7-5624-8413-4 定价:43.00 元

高职高专生物技术类专业系列规划教材
※ 编委会 ※

（排名不分先后，以姓名拼音为序）

总　主　编　　王德芝

编委会委员　　陈春叶　　池永红　　迟全勃　　党占平　　段鸿斌

范洪琼　　范文斌　　辜义洪　　郭立达　　郭振升

黄蓓蓓　　李春民　　梁宗余　　马长路　　秦静远

沈泽智　　王家东　　王伟青　　吴亚丽　　肖海峻

谢必武　　谢　昕　　袁　亮　　张俊霞　　张　明

张媛媛　　郑爱泉　　周济铭　　朱晓立　　左伟勇

高职高专生物技术类专业系列规划教材
※ 参加编写单位 ※

（排名不分先后，以拼音为序）

北京农业职业学院

重庆三峡医药高等专科学校

重庆三峡职业学院农林科技系

甘肃酒泉职业技术学院

甘肃林业职业技术学院

广东轻工职业技术学院

河北工业职业技术学院

河南漯河职业技术学院

河南三门峡职业技术学院

河南商丘职业技术学院

河南信阳农林学院

河南许昌职业技术学院

河南职业技术学院

黑龙江民族职业学院

湖北荆楚理工学院

湖北生态工程职业技术学院

湖北生物科技职业学院

江苏农牧科技职业技术学院

江西生物科技职业技术学院

辽宁经济职业技术学院

内蒙古包头轻工职业技术学院

内蒙古呼和浩特职业学院

内蒙古农业大学

内蒙古医科大学

山东潍坊职业学院

陕西杨凌职业技术学院

四川宜宾职业技术学院

四川中医药高等专科学校

云南农业职业技术学院

云南热带作物职业学院

总　序

　　大家都知道,人类社会已经进入了知识经济的时代。在这样一个时代中,知识和技术比以往任何时候都扮演着更加重要的角色,发挥着前所未有的作用。在产品(与服务)的研发、生产、流通、分配等任何一个环节,知识和技术都居于中心位置。

　　那么,在知识经济时代,生物技术前景如何呢?

　　有人断言,知识经济时代以如下六大类高新技术为代表和支撑,它们分别是电子信息、生物技术、新材料、新能源、海洋技术、航空航天技术。是的,生物技术正是当今六大高新技术之一,而且地位非常"显赫"。

　　目前,生物技术广泛地应用于医药和农业,同时在环保、食品、化工、能源等行业也有着广阔的应用前景,世界各国无不非常重视生物技术及生物产业。有人甚至认为,生物技术的发展将为人类带来"第四次产业革命";下一个或者下一批"比尔·盖茨"们,一定会出在生物产业中。

　　在我国,生物技术和生物产业发展异常迅速,"十一五"期间(2006—2010年)全国生物产业年产值从6 000亿元增加到16 000亿元,年均增速达21.6%,增长速度几乎是我国同期GDP增长速度的2倍。到2015年,生物产业产值将超过4万亿元。

　　毫不夸张地讲,生物技术和生物产业正如一台强劲的发动机,引领着经济发展和社会进步。生物技术与生物产业的发展,需要大量掌握生物技术的人才。因此,生物学科已经成为我国相关院校大学生学习的重要课程,也是从事生物技术研究、产业产品开发人员应该掌握的重要知识之一。

　　培养优秀人才离不开优秀教师,培养优秀人才离不开优秀教材,各个院校都无比重视师资队伍和教材建设。多年的生物学科经过发展,已经形成了自身比较完善的体系。现已出版的生物系列教材品种也较为丰富,基本满足了各层次各类型的教学需求。然而,客观上也存在一些不容忽视的不足,如现有教材可选范围窄,有些教材质量参差不齐、针对性不强、缺少行业岗位必需的知识技能等,尤其是目前生物技术及其产业发展迅速,应用广泛,知识更新快,新成果、新专利急剧涌现,教材作为新知识、新技术的载体应与时俱进,及时更新,才能满足行业发展和企业用人提出的现实需求。

　　正是在这种时代及产业背景下,为深入贯彻落实《国家中长期教育改革和发展规划纲要(2010—2020年)》和《教育部 农业部 国家林业局关于推动高等农林教育综合改革的若干意见》(教高〔2013〕9号)等有关指示精神,重庆大学出版社结合高职高专的发展及专业教学基本要求,组织全国各地的几十所高职院校,联合编写了这套"高职高专生物技术类专

业系列规划教材"。

从"立意"上讲,本套教材力求定位准确、涵盖广阔,编写取材精炼、深度适宜、份量适中、案例应用恰当丰富,以满足教师的科研创新、教育教学改革和专业发展的需求;注重图文并茂,深入浅出,以满足学生就业创业的能力需求;教材内容力争融入行业发展,对接工作岗位,以满足服务产业的需求。

编写一套系列教材,涉及教材种类的规划与布局、课程之间的衔接与协调、每门课程中的内容取舍、不同章节的分工与整合……其中的繁杂与辛苦,实在是"不足为外人道"。

正是这种繁杂与辛苦,凝聚着所有编者为本套教材付出的辛勤劳动、智慧、创新和创意。教材编写团队成员遍布全国各地,结构合理、实力较强,在本学科专业领域具有较深厚的学术造诣及丰富的教学和生产实践经验。

希望本套教材能体现出时代气息及产业现状,成为一套将新理念、新成果、新技术融入其中的精品教材,让教师使用时得心应手,学生使用时明理解惑,为培养生物技术的专业人才,促进生物技术产业发展做出自己的贡献。

是为序。

全国生物技术职业教育教学指导委员会委员　王德芝
高职高专生物技术类专业系列规划教材总主编
2014 年 5 月

前言

我国的发酵工业有着悠久的历史,发酵行业从几千年前的酿酒、酱、醋、奶酪等家庭作坊式生产发展到今天的大型化、连续化、自动化的高新技术产业,历经了人类社会进步的整个过程。特别是近几年来,发酵工业创造了许多新工艺、新设备,通过与现代科学技术相结合,发酵工程设备出现了一个崭新的面貌,在发酵行业生产实践中得到了广泛应用。

发酵工程设备课程是食品、生物技术专业和生物制药专业的核心课程,对学生职业技能的培养起着重要作用。为了满足高等职业院校相关专业对发酵工程设备课程的教学要求,达到培养应用型人才的目的,编者依据职业教育提倡的"教、学、做一体化"教学模式,以项目化教学的体例进行编写,已达到理论教学和实践教学相结合。每个项目都编排了大部分院校可以实施的实训环节,实训内容的选取既符合教学对技能目标培养的要求,又考虑了实训的可行性和代表性。

在本书的编写过程中,结合发酵工业的最新发展与高职教育特点,切实考虑学生的知识基础、学校的实训设施、行业的岗位要求等因素,注重实用性和可行性,贯彻理论知识够用,强化实践技能的培养的原则。比较全面地介绍了常用的发酵设备和国内外实用性较强的发酵新设备。全书共分为10个项目,每个项目由项目描述、学习目标、能力目标、工作任务、实践操作、项目小结、复习思考题组成。其内容包括:原料的预处理及输送设备、培养基制备设备、空气除菌及调节设备、种子制备及扩大培养设备、发酵罐及附属设备、液固分离设备、萃取及离子交换设备、蒸馏设备、蒸发结晶干燥设备及设备操作安全。不同地区的院校可根据本地方的实际情况,结合选择的讲授部分或全部发酵设备,为学生毕业后从事相关行业的生产奠定基础。

参与编写本书的都是多年讲授发酵工程设备课程的老师及在企业从事生产的专家,有着丰富的教学及实践经验,综合现有的相关教材、专著、文献等资料,融入编者自己在教学、生产过程中的心得体会,取百家所长和在教学、生产实践中的经验编写而成。

本书由包头轻工职业技术学院池永红和呼和浩特职业学院范文斌担任主编,由云雅光、张锐、纪铁鹏、张占河担任副主编。全书共分10个项目,具体编写分工如下:项目1由商丘职业技术学院杨铭编写;项目2由包头轻工职业技术学院云雅光编写;项目3、项目4由信阳农林学院刘涛编写;项目5由杨凌职业技术学院杨振华编写;项目6由池永红编写;项目7、项目10由河南化工职业学院周燕编写;项目8由内蒙古骆驼酒业股份有限公司张占河编写;项目9由包头轻工职业技术学院张锐编写。包头轻工职业技术学院纪铁鹏和江苏农牧科技职业学院洪伟鸣对一些实践环节给予了技术指导。全书由池永红和范文斌统稿。

　　本书可作为生物技术专业、微生物技术及应用专业、生物制药、食品及农林类专业的教材,也可供从事发酵生产、发酵产品研究与开发的技术人员参考。由于本书内容较多,教师可根据实际情况选择教学内容。

　　在本书的编写过程中得到了重庆大学出版社的大力支持,在此表示衷心的感谢。全体编者向本书引用为参考文献中的各位专家、同行表示衷心感谢并致以崇高敬意。同时也为全心付出的所用参编人员表示真挚的感谢,我们的努力付出必将换来高品质的教材及广大读者得心应手的使用。

　　由于生物技术的发展日新月异,许多应用在发酵行业中的新技术、新方法、新设备没有来得及编入本书,一些落后的方法技术可能仍在书中出现,加上编者水平有限,本书中难免存在不少错误与不足之处,恳请读者批评指正。

编　者

2014 年 4 月

目 录 CONTENTS

项目 1

原料的预处理及输送设备

【知识目标】

- 了解发酵工厂中所涉及的前处理部分的设备,掌握常用设备的结构与功能;
- 能够根据发酵工厂不同类型生产原料对预处理设备进行适当的选型;
- 了解发酵工厂物料输送的方法,掌握常用输送设备的特点及选型。

【技能目标】

- 能够在发酵工厂实际生产中完成预处理与输送阶段的操作工作;
- 掌握发酵工厂预处理与输送设备的选型方法;
- 拥有一定生产操作能力及发酵工厂设计思路。

【项目简介】>>>

　　发酵工厂里的生产原料多数为初级粮食,例如,酒精厂以玉米、木薯干等作为原料。在以初级粮食为原料的发酵生产中,由于原料经过收获、储藏、运输等环节会混入各种杂物,如果直接利用原料进行生产,必然会影响产品的产量和质量。所以生产原料要经过处理才能进行发酵生产。粮食原料中的杂质大致分为3种类型:纤维性杂质、颗粒状杂质、金属性杂质。根据杂质特点处理设备常用的有:粗选设备、磁力除铁设备和精选设备。另外,在发酵工厂中,一些原料必须经过粉碎才能进行生产,目的是提高蒸煮、浸出、水解和发酵等工序的效果和效率。粉碎方法有湿式粉碎和干式粉碎两类,常用的设备有锤式粉碎机和辊式粉碎机。

　　发酵工厂中,由于生产原料需要在各生产工序、车间之间传送来完成生产,必须借助各种不同的输送设备来实现。不同物态的物料,要采用不同的运输机械和方式。固态物料大多采用机械输送设备和气流输送设备,液体物料常采用泵来输送。

【工作任务】>>>

任务 1.1　固体物料的输送设备

　　在发酵工厂中,生产原料要在各生产工序、车间之间进行输送传递来完成生产,在现代化发酵工厂中,生产原料的传递要通过各种不同的现代化输送设备来实现。输送设备不但提高了劳动生产,减轻了劳动强度,还在一定程度上节约了原料,缩短了生产的周期。所以在发酵工厂的生产中,使用机械进行连续的自动化生产输送是十分必要的。

　　根据固体物料的性质,目前常用的输送方法主要有两种:一种是机械输送,利用机械的运动来输送物料;另一种是气力输送,借助风力输送物料。

1.1.1　机械输送设备

　　目前在发酵工厂中,用于固体原料的机械输送设备种类繁多,主要使用的机械设备有带式输送机、斗式提升机和螺旋输送机。

1)带式输送机

　　带式输送机也称为皮带运输机,被广泛用于发酵工厂固体物料的连续输送,也可用于块状、颗粒状及整件物料的水平或倾斜方向的运送。许多发酵工厂加工过程,如拣选操作线、灌装线、连续干燥机、连续速冻机等,均采用带式输送装置。带式输送机使用非常方便,操作连续性强,输送能力较高,在运送相同距离和质量的物料时,带式输送机的动力消耗最小,常用于食品、酿酒等行业。带式输送机有固定式和移动式两类,如图1.1和图1.2所示。发酵工厂中采用较多的是固定式带式输送机。

　　(1)带式输送机的结构原理

　　带式输送机是由绕在两个鼓轮上的一根封闭环形带组成的运输系统,一个鼓轮是连接动

图 1.1 固定式带式输送机

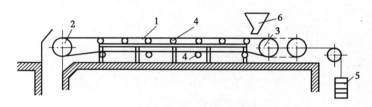

图 1.2 移动式带式输送机

力传动装置的,称为主动轮。另一个是从动轮,主动轮靠摩擦力带动环形带运转,环形带再靠摩擦力带动上面的物料,达到运输的目的,物料到带的另一端或规定位置靠物料自重落下或靠卸料器卸下。

带式输送机具有结构简单、输送能力强、动力消耗低、适应性广等优点,但是运输物料时如需改变方向,则要多台输送机联合使用才能完成。

带式输送机结构如图 1.3 所示。

图 1.3 带式输送机示意图

1—输送机;2—驱动鼓轮;3—张紧轮;4—托架;5—张紧用重物;6—进料斗

①输送带。常见的有橡胶带、塑料带、钢带等几种。其中以橡胶带的使用最为普遍。橡胶带由数层帆布制成,各层之间用橡胶胶合,帆布层数越多,带越宽,所承受的拉力就越大。国产的橡胶带有 2~12 层帆布,带宽 300~1 600 mm 等多种规格。

②鼓轮。带式输送机两端的滚轮称为鼓轮,卸料端为主动轮,上料端为从动轮,鼓轮可以铸造,也可以是焊制成鼓形的空心轮,鼓轮的作用是拉紧胶带和转向胶带。为了增加主动轮和带的摩擦,在鼓轮表面可包以橡胶、皮革或木条。鼓轮的宽度应比带宽 100~200 mm。鼓轮直径根据橡胶带的层数来确定。

③托辊。由于环形输送带长又重,若只由两端鼓轮支撑,中间部分就会悬空,在运输物料时输送带必然下垂,因此需要在带的下面安装起托扶作用的托辊。托辊多用钢管制成,分上、下托辊,上托辊有直形和槽形两种;下托辊只有直形一种。托辊的长度比带宽 100~200 mm,两端管口有盖板,盖板中镶以轴承。托辊安装的间距与带宽和运输物料的性质有关。环形输送带卸料后的回空部分,由于不承重托辊个数可以减少。

④传动装置和张紧装置。传动装置主要包括电动机和减速机,通常安装在主动轮侧;张紧装置的作用是给运输带一定张力,防止运输带在鼓轮上打滑,一般安装在从动轮侧。常用的张紧装置有重锤式和螺丝拉紧式两种,重锤式主要利用悬垂重物,利用重物的重力达到张

紧,螺丝拉紧式则利用人工拧动螺丝来调整从动轮的前后位置从而达到张紧目的。

⑤加料装置和卸料装置。常用的加料装置为矩形漏斗式,加料较均匀,效果好,一般物料可随输送带运动至末端自由落下,不需卸料器。如需中途卸料可在中间安装挡板。

(2)带式输送机的计算

①输送带运行速度。输送带的运行速度直接关系着输送量的大小,带速越快单位时间内物料的输送量就越大,但是带速的选择与输送带的宽度和物料的性质有关。

如运输整件物料时,就采用较低的带速,一般为 0.5~1.5 m/s,甚至可以更小,如输送松散物料时,为防止物料在运输过程中从输送带上振落,速度要进行一定控制,速度过小,运输能力无法满足生产需求,速度过大,物料容易从输送带上掉落。皮带运动速度可参考表 1.1。

表 1.1　皮带运动速度

物料名称	带速/$(m \cdot s^{-1})$
小麦、玉米、大米	2.5~4.5
稻谷、高粱、小米、大麦	2.0~3.5
麸皮、米糠	1.5~2.0
石粉、灰尘、谷壳	0.8~1.2
包装面粉、包装谷物	0.75~1.5

表 1.1 中的数据在取用时,根据输送带的宽度,窄带取小值,宽带取大值,用挡板卸料时,带速不超过 1.5 m/s。输送机倾斜输送物料时,带速相应降低,数值取水平速度乘修正系数 A, A 值与输送机的倾斜角度有关,具体参见表 1.2。

表 1.2　倾斜输送物料的 A 值

倾斜角度/(°)	0	10	13	16	19	22
A	1.0	0.96	0.94	0.92	0.89	0.85

②带式输送机生产能力

$$Q = 3.6q \cdot v$$

式中　Q——生产能力,t/h;

　　　q——输送带上单位长度的物料质量,kg/m;

　　　v——输送带运动速度,m/s。

2)斗式提升机

斗式提升机又称斗式运输机,适用于从低处往高处提升物料时使用,适合输送粉末状、颗粒状和块状的物料,如大麦、大米、谷物、薯粉、瓜干等。物料通过机器自动连续运转向上运送。根据传送量可调节传送速度,并随需要选择提升高度,适用于食品、医药、化学工业品等产品的提升上料。

斗式提升机因具有提升高度大、占地面积小、密封性好等优点,目前在发酵工厂中使用最广的是垂直方向提升物料的连续输送机械。根据其牵引构件的不同,分为环链、板链和橡胶带 3 种。

目前发酵工厂中最常用的是以橡胶带牵引的斗式提升机。斗式提升机的优点是能将物料提升到很高的地方(可达 30~50 m),生产能力的范围也很大(50~160 m³/h);缺点是动力消耗较大。

(1)斗式提升机的结构原理

斗式提升机利用料斗把物料舀起,随着牵引带或牵引链的运动提升到机器顶部,绕过顶轮后向下翻转,斗式提升机将物料倾入卸料槽内。带传动的斗式提升机的牵引带一般采用橡胶带,装在下或上的传动滚筒和上下面的改向滚筒上。链传动的斗式提升机一般装有两条平行的传动链,上或下均有一对传动链轮,下或上面是一对改向链轮。斗式提升机一般都装有机壳,以防止斗式提升机中物料粉尘在运输过程中散出。

斗式提升机的结构如图 1.4 所示。它主要由机壳、环形牵引带或链、驱动轮(头轮)、料斗、改向轮(尾轮)、张紧装置、进料口和卸料口组成。

①料斗。斗式提升机的料斗大多数由薄钢板焊接或冲压而成,有深斗和浅斗两种,如图 1.5 所示。深斗前方边缘倾斜 65°,通常用来输送干燥且容易流动的粒状和块状物料;浅斗倾斜 45°,常用于输送潮湿和流动性不良的物料。深斗和浅斗的选择取决于物料的性质和装卸的方式。

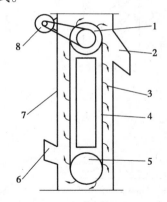

图 1.4　斗式提升机
1—驱动轮;2—卸料带;3—料斗;
4—牵引带;5—改向轮;6—进料口;
7—机壳;8—电动机

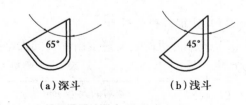

(a)深斗　　　(b)浅斗

图 1.5　料斗结构示意图

②驱动轮和改向轮。驱动轮的转速及直径的选择很重要。若选择不当,物料很可能由于离心力的作用超过卸料槽而被抛到很远的地方,或者未到卸料槽口即被抛落于提升机上段的机壳内。

一般运输细碎物料时,驱动轮线速度要大于 1.2 m/s;运输小块物料时,驱动轮的线速度要小于 0.9 m/s;运输大块而坚硬的物料时,驱动轮线速度为 0.3 m/s。

③进料口和卸料口。用于运输物料的进入和输出,斗式提升机物料的装入方法分掏取式和喂入式两种,如图 1.6 所示。

掏取式装料是从提升机下部的进料口处,将物料装进机壳的底部,然后由运动着的料斗将物料掏起,适用于磨损性小的松散物料,料斗的速度较高。喂入式装料是物料直接由进料口加入运动着的料斗中,料斗宜低速运行,适用于大块和磨损性较大的物料。

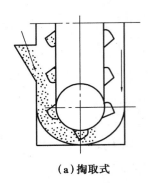
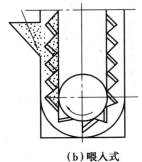

（a）掏取式　　　　　　　　　（b）喂入式

图 1.6　斗式提升机进料方式

物料进入斗式提升机的料斗内后，随牵引带运转，料斗渐渐提升到上部，转过上端的滚轮时物料便落入卸料口从而输出，卸料方式有离心卸料和重力卸料两种，如图 1.7 所示。

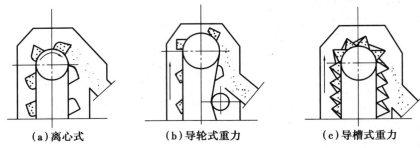

（a）离心式　　　　　（b）导轮式重力　　　　　（c）导槽式重力

图 1.7　斗式提升机卸料方式

（2）斗式提升机的计算

①斗式提升机的运行速度由物料的大小来确定，见表 1.3。

表 1.3　物料大小与对应运行速度

物料的大小/mm	最大速度/($m \cdot s^{-1}$)
40	≤2.5
50	≤2.0
50 ~ 70	≤1.55
更大的物料	≤1.25

②斗式提升机的生产能力：

$$Q = 3\ 600\ \frac{V}{h} v \rho \phi$$

式中　Q——生产能力，kg/h；

　　　V——每个斗子的容量，m^3；

　　　H——斗子间距，m；

　　　v——提升速度，m/s；

　　　ρ——物料密度，kg/m^3；

φ——填充系数(见表1.4)。

表1.4　不同物料的填充系数

输送物料	填充系数
粉状物料	0.7～00.9
小块物料 20～50 mm	0.6～0.8
中块物料 50～100 mm	0.5～0.7
大块物料≥100 mm	0.3～0.5
湿物料	0.3～0.5

3)螺旋输送机

螺旋输送机俗称绞龙,又称为螺旋运输机,适用于运输谷物或松散物料,也可以运输有毒和粉尘类物料。发酵工厂中常用的粮食原料,如大米、小麦、高粱、玉米、豆类都可以用螺旋输送机来运输。而且螺旋输送机可以运输一些含有水分、黏稠性的物料。螺旋输送机可以水平或斜向上方向提升运输物料,在输送物料的同时还可以起到混合物料和加料的作用。在某些特定需要生产工序中,利用螺旋输送机输送物料可以大大提高生产效率。螺旋输送机根据输送物料的移动方向可分为水平式螺旋输送机和垂直式螺旋输送机两大类型。

螺旋输送机结构简单、紧凑、外形小,便于进行密封及中间卸料,特别适用于输送有毒和粉尘物料。由于螺旋输送机的输送推力全靠摩擦,因此它的缺点是动力消耗大,槽壁与螺旋的磨损大,对物料有研磨作用。这种输送机常被用于短距离的水平输送,或是倾角不大于20°的情况下输送,近年来,也有用于垂直输送物料的机型出现。目前,发酵工厂常用它来输送粉状及小块物料,如麸曲、薯粉、麦芽等,还可用于固体发酵中培养基的混合等。

(1)螺旋输送机的结构原理

螺旋输送机主要由一个旋转的螺旋、料槽以及传动装置构成,如图1.8所示。

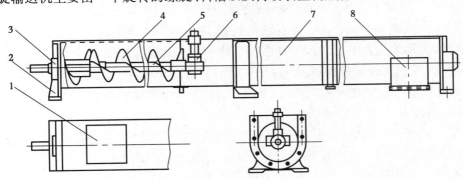

图1.8　螺旋式输送机简图

1—进料口;2—端盖板;3—端轴承;4—螺旋叶片;5—螺旋轴;6—中间轴承;7—机壳;8—出料口

当轴旋转时,螺旋输送机旋转的螺旋叶片将物料推移从而实现螺旋输送机对物料的输送,物料自身重量和螺旋输送机机壳对物料的摩擦阻力是物料不与螺旋输送机叶片一起旋转的主要原因。

①螺旋叶片。螺旋叶片大都用厚 1 ~ 8 mm 的薄钢板冲压成型,然后互相焊接,并用焊接的方法固定在螺旋轴上。根据叶片的形式分为 4 种:实体面型、带式面型、叶片面型、叶片桨型。使用时根据物料的性质对叶片进行相应的选择。4 种叶片类型如图 1.9 所示,在机体较长时,应在螺旋中间吊挂轴承。目前发酵工厂中使用的叶片类型以实体面型最为常见,其构造简单,效率也高,对谷物和松散的物料较为适宜,相比之下带式面型更适宜运送黏滞性物料,而叶片面型则适宜运送可压缩及易滑动的物料。

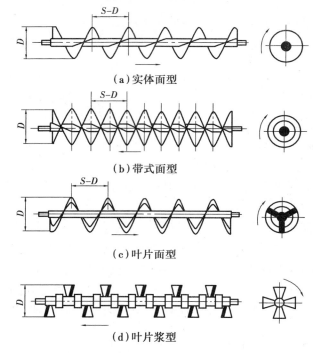

（a）实体面型

（b）带式面型

（c）叶片面型

（d）叶片浆型

图 1.9　螺旋叶片面型

②螺旋轴。螺旋输送机的轴由圆钢或钢管制成,一般用厚壁钢管。螺旋叶片就焊接在螺旋轴上,由螺旋轴带动转动,螺旋轴的转速一般为 50 ~ 80 r/min。螺旋叶片安装在轴上的距离(螺距)有实体面型和带式面型两种:实体面型的螺距等于直径的 0.8 倍;带式面型的螺距等于直径。螺旋叶片与料槽之间的间隙,一般要比运输物料的直径大 5 ~ 15 mm。螺旋叶片与料槽之间的间隙小,阻力大;间隙大,运输效率低,所以安装选取时要根据情况适当选取。

③机壳。机壳又称料槽,多用 3 ~ 6 mm 厚钢板制成,有圆形和半圆形两种,如图 1.10 所示,槽底为圆形或半圆形,槽顶有平盖。为了搬运、安装和修理的方便,多用数节连成,每节长约 3 m。各节连接处和料槽边焊有角钢,这样既便于安装又增加刚性。料槽两端的槽端板,可用铸铁制成,同时也是轴承的支座。进料口开在料槽一端的上方,口上装设漏斗;卸料口开在料槽另一端的底部。安装时注意螺旋旋动的方向,不可反转。

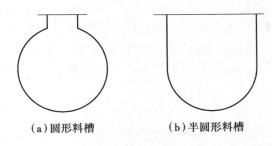

（a）圆形料槽 （b）半圆形料槽

图 1.10 料槽形式

（2）螺旋输送机的计算

螺旋输送机的生产能力为

$$Q = 60 \times \frac{\pi}{2} D^2 Sn\rho\phi C \approx 47 D^2 Sn\rho\phi C$$

式中 D——螺旋直径，m；

S——螺距，m；

n——螺旋转速，r/min；

ρ——物料密度，t/m³；

ϕ——槽的填充系数 0.125 ~ 0.4，粮粒 0.33；

C——倾斜系数，水平 1；5° 0.9；10° 0.8；15° 0.77；20° 0.65。

1.1.2 气流输送设备

气流输送是利用具有一定压力和速度的气流，在密闭管道内沿气流方向输送颗粒状物料的一种方法，是流态化技术的一种具体应用。气流输送又称为风力输送。气流输送装置的结构简单，操作方便，可作水平的或倾斜方向甚至垂直方向的输送，在输送过程中还可同时进行物料的加热、冷却、干燥和气流分级等物理操作或某些化学操作。气流输送与机械输送相比较的优点是：系统密闭，可以避免粉尘和有害气体对环境的污染；在输送过程中，可同时进行对输送物料的加热、冷却、混合、粉碎、干燥和分级除尘等操作；便于实现机械化、自动化，防止物料受潮、污染或混入杂物，从而减轻劳动强度，节省人力；气流输送设备简单，操作方便，容易实现自动化、连续化；占地面积小，因兼具诸多优点因而目前在发酵工厂中得到广泛应用。它的主要缺点是动力消耗较大，风机噪声较大，输送物料的颗粒直径应控制在 30 mm 以下，对设备（主要是分离器入口）和管道（主要是弯头）磨损较快，如果设计、施工或运转不当，则容易造成物料沉积，以致堵塞，使输送中断；不宜输送湿度大、黏性大、易破碎或在高速运动时易产生静电的物料。

根据颗粒在输送管道中的密集程度，气流输送分为：

①稀相输送。固体含量低于 100 kg/m³ 或固气比（固体输送量与相应气体用量的质量流率比）为 0.1 ~ 25 的输送过程，操作气速较高，为 18 ~ 30 m/s。

②密相输送。固体含量高于 100 kg/m³ 或固气比大于 25 的输送过程。操作气速较低，要用较高的气压压送。密相输送的输送能力大，可将物料压送较长距离，物料破损和设备磨损较小，能耗也较省。

1)气流输送原理

颗粒在垂直管内受到气流的影响,有3种力作用到颗粒上:颗粒(粒子)本身的重力 W,颗粒受到的浮力 F_o,颗粒(粒子)与气流相对运动而产生的阻力 F_d,其中物料颗粒的重力和浮力是恒定不变的,是由颗粒本身决定的,只有阻力是由气流决定的,根据气流的不同变化情况,粒子将有3种状态。

(1)颗粒向下运动($W > F_o + F_d$)

当重力大于颗粒的浮力和阻力之和时,颗粒向下运动,即气流速度过小,气流对颗粒所产生的阻力较小,不足以将颗粒托起。

(2)颗粒相对静止或匀速直线下落($W = F_o + F_d$)

当重力等于浮力加阻力时,颗粒可处于相对静止状态。不上浮也不下落,即气流对颗粒产生的阻力正好等于颗粒本身的重力与颗粒所受浮力之差,这是一种特殊存在状态,在该状态下有两种情况。第一种是气流流速对颗粒产生的阻力,使该粒子静止悬浮,这一速度,是指气流所具有的速度,方向应该是向上的。此时的气流速度是一个特殊值,即该颗粒静止悬浮的临界速度,这一临界速度又称为颗粒的悬浮速度。第二种是根据物理学理论,当 $W = F_o + F_d$ 即重力等于浮力+阻力时,三力达到平衡,颗粒也可以以不变的速度在气流中匀速降落,此时称颗粒自由沉降,颗粒所具有的下降速度称为颗粒的沉降速度,显然颗粒的沉降速度的方向是向下的,其数值与悬浮速度相等,方向相反。

(3)颗粒向上运动($W < F_o + F_d$)

当重力小于浮力加阻力时,颗粒不再静止悬浮,而是将向上运动。此时的气流速度大于颗粒的悬浮速度,气流迫使颗粒向上运动。

因此,当气流速度大于物料颗粒的悬浮速度时,物料颗粒便能在气流的带动下与气流同向运动,从而就达到了气流输送的目的,这就是气流输送原理,此时的气流速度即为可输送该物料的气流速度,常见物料悬浮速度可参照表1.5。

表 1.5　物料的悬浮速度

物料名称	悬浮速度/(m·s⁻¹)	物料名称	悬浮速度/(m·s⁻¹)
小麦	9 ~ 11	稗子	4 ~ 7
Ⅰ、Ⅱ皮磨物料	5 ~ 7	玉米	9.8 ~ 14
Ⅲ、Ⅳ皮磨物料	2 ~ 3	高粱	9.5 ~ 11.8
心磨物料	4 ~ 5	小米	13.2
面粉	2 ~ 3	茶叶	6.9
麸皮	2.375 ~ 3.25	并肩石	11
大麦	8.4 ~ 10.8	山芋干丝	8.7 ~ 12
荞麦	7.5 ~ 8.7	水泥	7.2 ~ 8.4
燕麦	8 ~ 9	合成树脂	0.223 ~ 0.513
稻谷	8.1 ~ 10.1	研磨砂	0.55

续表

物料名称	悬浮速度/(m·s⁻¹)	物料名称	悬浮速度/(m·s⁻¹)
糙米	11.3 ~ 14.5	碎木材	0.79 ~ 1.26
砻糠	3 ~ 4	刨花	7.4 ~ 9.4
清糠	2 ~ 3	木锯屑	2.6 ~ 4
菜籽	8.2	煤块(核桃大)	4.2 ~ 5.5
向日葵籽	7.3 ~ 8.4	煤粉	10.6 ~ 11
棉籽	9.5	细干盐	7
花生	12.5 ~ 15	陶土	9.8
粟	8.5	矿石	1.8 ~ 2.1
大豆	10	粉煤灰	10 ~ 20
豌豆	15 ~ 17.5		

2)气流输送设备的类型和特点

气流输送设备按照工作原理不同大致可分为吸气式(吸送式)、压送式和混合式几种。

(1)吸气式气流输送

吸气式气流输送是将大气与物料一起吸入管道内,用低气压力的气流进行输送,因而又称为真空吸送。该流程是将风机(真空泵)安装在整个系统的尾部,运用风机从整个管路系统中抽气,使管道内的气体压力低于大气压,即处于负压状态。由于整个管道内外存在压力差,气流和物料从吸嘴被吸入输料管,经分离器后物料和空气分开,物料从分离器底部的卸料器卸出,含有细小物料和尘埃的空气再进入除尘器净化,然后排入大气。由于输送系统为真空,即使系统设备中出现漏孔,系统中的尘粉也不外泄,因此,吸入式输送系统消除了物料和粉尘的外漏,保持了室内的清洁和工人的劳动环境,如图 1.11 所示。

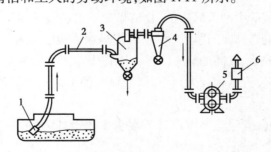

图 1.11 吸气式气流输送装置

1—吸嘴;2—输送管;3—分离器;4—除尘器;5—鼓风机;6—消声器

吸气式输送根据系统的真空度,可分为低真空(真空度小于 9.8 kPa)和高真空(真空度为 40 ~ 60 kPa)两种,吸气式流程的加料处,可不需要加料器,而排料处则安装有封闭较好的排料器,以防止在排料时发生物料反吹。

（2）压送式气流输送

压送式气流输送是用高于大气压力的压缩空气推动物料进行输送。压送式气流输送流程,是将风机(压缩机)安装在系统的前端,风机启动后,空气即被压入管路内,管道内压力高于外界大气压,即处于正压状态。从料斗下来的物料,通过喉管与空气混合送至分离器,在分离器中,被分离出的物料由卸料器的下方卸出,空气则进入净化器后再排入大气。根据系统作用压力,可分为高压压送和低压压送两种方式,高压压送压力为$(1\sim7)\times10^5$ Pa,低压压送的压力在0.5×10^5 Pa以下(见图1.12)。压送式气流输送装置可以造成较大的压力差,因此,可以输送潮湿的物料,其输送距离和高度都较吸入式大些,压送式流程在加料处需要安装有封闭较好的加料器,以防止在加料处发生物料反吹,而在排料处就不需要排料器,可自动卸料。

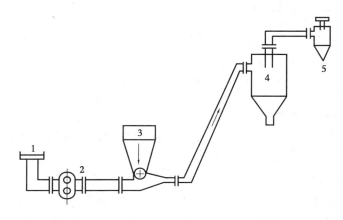

图1.12　压送式气流输送装置

1—空气粗滤器;2—罗茨鼓风机;3—料斗;4—分离器;5—除尘器

（3）混合式气流输送

把吸气式输送和压送式输送结合起来,就组成了混合式气流输送流程,如图1.13所示。风机一般安装在整个系统的中间。风机前,物料靠管道内的负压来输送,即吸送段;而在风机后物料靠空气的正压来输送,即压送段。混合式流程兼有吸引式和压送式的特点,可以将物料从多个点吸入压送至较远、较高的地方。但由于在中途需将物料从压力较低的吸送段转入压力较高的压送段,使得装置结构较为复杂,同时风机的工作条件较差,因为从分离器来的空气含尘较多。

此外,还有在系统中既有吸送又有压送的混合系统、封闭循环系统(空气作闭路循环,物料可全部回收)和脉冲气力输送系统。

以上几种输送流程在生产中根据具体生产需要选择使用,可以对输送物料的性质、形状、尺寸、输送量、输送距离等情况进行详细了解,并结合实际经验,综合考虑。

当输送量相同时,压送式流程使用的管道要比吸气式流程采用的管道要细,这是因为它的操作压强差为吸气式的1.5倍左右,压送式若能在加料处封住物料的反吹,则其最大的压强可在$[(6.86\sim8.34)\times10^4$ Pa]$(表压)以上。但吸气式通常最大操作压力为$5.332\times10^4$ Pa(表压)。

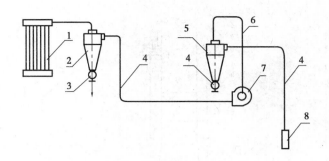

图 1.13 混合式气流输送装置

1—除尘器;2—卸料器;3—闭风器;4—输料器;5—卸料器;6—风管;7—风机;8—接料器

当从几个不同的地方,向一个卸料点送料时,采用吸气式气流输送最合适,而从一个加料点向几个不同的地方送料时,采用压送式气流输送最好。

3)气流输送的主要组成设备和部件

气流输送设备一般由进料装置、输送管道、分离装置、闭风器、风机、除尘器、空气管道等设备和部件组成。进料装置的作用是进入物料,制造合适的料气比,使物料启动、加速。分离装置的作用是将物料与空气分离,并对物料进行分选。闭风器的作用是均匀供料或卸料,同时阻止空气漏入。风机的作用是为系统提供动力。真空吸气系统常用高压离心风机或水环真空泵;而压送系统则需用罗茨鼓风机或空压机。

(1)进料装置(吸嘴)

吸嘴是吸气式气流输送系统的进料装置。在进风量一定的情况下,吸料量多且均匀。吸嘴的优点是简单、轻便、牢固、工作可靠。吸嘴的种类很多,常用的有以下几种。

①单筒型吸嘴。输料管的管口就是单筒型吸嘴,它可以做成直口、喇叭口、斜口和扁口等多种类型。可以将松散小颗粒状物料(如大麦、玉米等)直接对于输料管管口处,或将输料管管口直接插入被输送物料堆中,空气和物料同时从管口被吸入,操作简便,但缺点是当管口处被大量物料堆积封堵时,这时空气就不能进入,管内无空气或仅进入少量空气而达不到输送物料的气流量和气流速度时,就不能输送物料,因此单筒吸嘴在物料堆中的插入深度不要太深,但也要注意物料决不能低于进料管口。此外有带二次进风口的单筒吸嘴,可以缓解这种状况,如图 1.14(a)所示。

②双筒型吸嘴。如图 1.14(b)所示为防止物料堵塞空气的进入,设计出的喇叭形双筒吸嘴,它由一个与输料管相通的内筒和一个可上下移动的外筒组成。内筒用来吸取物料,其直径与输料管直径相同。外筒与内筒间的环隙是二次空气通道。它利用输料管内的空气量、气流速度和进料量三者的平衡关系,实现输送。如果物料过多或吸嘴插入较深时,空气不能进入,则物料不被吸进输料管内,空气进入与物料进入是同步的,这样就可以防止物料堵塞空气,外筒可上下调节,通过调节以获得最佳进料操作位置。

③固定型吸嘴。如图 1.14(c)所示,物料通过料斗被吸入至输料管中,由滑板调节进料量,空气进口装有铁丝网,可防止异物吸入。

(2)闭风器

闭风器又称为旋转加料器或关风器,在压送式系统中与料斗配合使用作加料用,在吸气

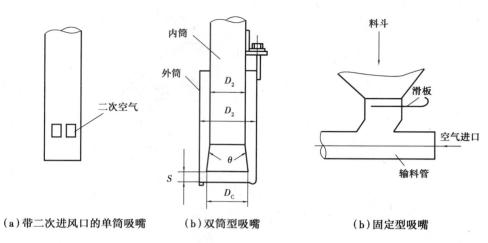

（a）带二次进风口的单筒吸嘴　　（b）双筒型吸嘴　　（b）固定型吸嘴

图 1.14　几种常见吸嘴

式系统中与卸料器配合使用作卸料用。不论是在压送式系统还是吸气式系统，要保证物料的顺利运送都不允许系统中出现较为严重的空气泄露现象，必须随时随地地保持输送系统管网

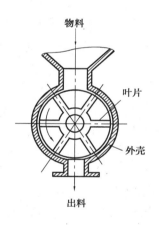

图 1.15　旋转加料器
（闭风器）

中空气量的恒定。在正常情况下，只有在加料（压送式）、卸料（吸入式）处，在加料、卸料时，管网与外界大气才有可能相接，因此，在这里设置闭风器的作用就是尽量阻截管网与大气的相通，避免空气的泄露。

旋转加料器具有一定的气密性，适用于输送流动性好的粉状、小块状干燥物料。旋转加料器结构如图 1.15 所示，主要由圆柱形的壳体及壳体内的叶轮组成。叶轮由 6 ~ 8 片叶片组成，由电动机带动旋转。在低转速时，转速与排料量成正比，当达到最大排料量后，如继续提高转速，排料量反而降低。这是因为转速太快时，物料不能充分落入格腔里，已落入的又可能被甩出来。通常圆周速度在 0.3 ~ 0.6 m/s 较为合适。叶轮与外壳之间的间隙距离为 0.2 ~ 0.5 mm，间隙越小，气密性越好。也可在叶片端部装聚四氟乙烯或橡胶板，以提高其气密性。

（3）分离装置

物料沿输料管被送达目的地后，分离装置（分离器）将物料从气流中分离而卸出。常用的分离器有旋风分离器和重力分离器。气流输送系统中选用的分离装置，应具备对输送物料的分离效率高、性能稳定、能连续运转、连续地排出分离的物料，且能经久耐用、维修方便、费用要低等特点。

①旋风分离器。是一种利用离心力沉降原理自气流中分离出固体颗粒的设备，如图 1.16 所示，这种分离器结构简单，分离效率高，对于大麦、豆类等物料，分离效率可达 100%。从进口进入含有物料的气流，沿内壁一面作旋转运动，一面下降，达到圆锥底部后，旋转直径逐渐减小，根据动量守恒定律，旋转速度逐渐增加，使气流中的离子受到更大的离心力。粒子由于受到离心力的作用，使它从旋转气流中分离，沿着旋风分离器的内壁面下落而被分离。气流

到达圆锥部下端附近就开始反转,在中心部逐渐旋转上升,最后从上出口排出。由于这样的旋转气流,使粒子受到很大的离心力,它产生的分离速度,要比受重力作用的沉降速度大几百倍甚至几千倍。

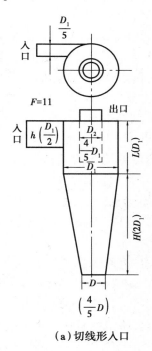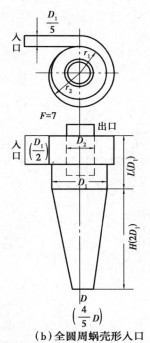

（a）切线形入口　　　　　　　（b）全圆周蜗壳形入口

图 1.16　旋风分离器

②重力分离器。又称为沉降器,有各种结构形式,如图 1.17 所示是其中的一种。带有悬浮物料的气流进入分离器后,流速大大降低,物料由于自身的重力而沉降,气体则由上部排出。这种分离器对大麦、玉米等能 100% 的分离。

（4）除尘器

气流输送系统中应装有空气除尘装置(除尘器),其作用主要是:可进一步回收粉末状物料,以减少其损失;净化排放的空气,以免污染环境;防止尘粒进入真空泵内,损坏真空泵。由于经分离器出来的气流还存在较多的微细物料和灰尘,在分离器后和风机入口前装上除尘器,不但可以保护环境,还可以回收气流中有经济价值的粉末并防止粉末进入风机使其磨

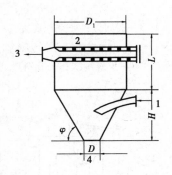

图 1.17　重力分离器
1—物料;2—筛筒;
3—气体出口;4—出料口

损。除尘器的形式很多,常用的除尘器有离心式除尘器、袋式除尘器和湿式除尘器。

①离心除尘器,又称旋风分离器。如图 1.18 所示,其构造与离心式分离器相似。其作用原理如前上段所述。但作为除尘器时,分离的粉尘的粉径更小,由于在离心力场中的沉降速度受离心力大小的影响与颗粒大小有关,由于粒径小,只有加大旋转速度,分离效果才能理想,所以进气口的进气速度要达到一定值。以除尘为主要目的时,进口气速一般为 12 ~ 25 m/s,且分离器身直径也要符合结构比例。以保证足够的旋转速度。当然,过高的旋转速

度会使压力损失增大,且使已沉降的粒子重新被卷起,降低分离效率。气速过高也是不宜的。国内已有完善的系列产品,需用时可查阅有关手册选用。旋风分离器用于分离 10 μm 以下的细小粒子时,效率不高,故可在其后面接一袋式滤尘器或湿式除尘器来搜集细小尘粒。

离心除尘器种类较多,有旁路式离心除尘器、扩散式离心除尘器等。

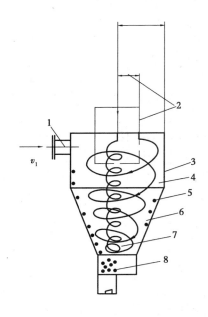

图 1.18 旋风分离器
1—入口管;2—排气管;
3—圆筒体;4—空间螺旋线;
5—较大粒子;6—圆锥体;
7—反螺旋线;8—卸料口

②袋式滤尘器。是利用滤袋过滤气体中的粉尘的净化设备,如图 1.19 所示,其构造是装有许多直径为 100～300 mm 的筒状滤袋的装置,含尘气流由进气口进入,穿过滤袋,粉尘被截留在滤袋内,从滤袋透出的清净空气由出口排出,袋内粉尘接振动器振落到下部而排出。袋滤器的除尘机理并不是简单的滤布截留作用。开始过滤后,在清洁的滤布的网格上黏合一层粉尘,称为第一次黏附层。袋滤器就是利用第一次黏附层的过滤作用达到净化空气的。而滤布只起着格架的支撑作用。袋式滤尘器广泛应用于面粉制造工业等。净化效率达 98% 以上。

③湿式除尘器,也称洗涤式除尘器。是利用水来捕集气流中的粉尘。有多种结构形式,如图 1.20 所示是结构较为简单的一种。含尘气体进入除尘器后,经伞形孔板洗涤鼓泡净化,粉尘则留在水中。这种除尘器要定期更换新水,只适用于含尘量较少的气体净化。清除灰尘的机理大致可分为:水滴与尘粒的惯性撞击,灰尘向水滴表面扩散,以及尘粒为核心的水分凝缩 3 种作用。实际上对灰尘的清除起决定性因素的是惯性碰撞。其他两种因素通常小到可以忽略。目前我国常用的湿式除尘器是泡沫除尘器。

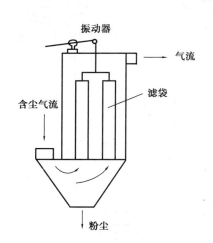

图 1.19 袋式滤尘器

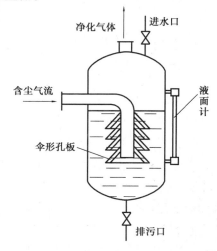

图 1.20 湿式除尘器

任务 1.2 固体物料的预处理及粉碎设备

1.2.1 固体物料的筛选除杂设备

发酵工厂的生产原料在很多情况下往往会混入沙土、石子甚至金属等杂物。在进行生产前,必须先将这些杂物从原料中除去。这些杂物若不除去不但会降低原料的出品率,还会过度磨损设备,使设备发生故障,严重时会影响正常的生产,有些杂物甚至会堵塞管道和阀门使生产瘫痪。因此,生产原料在生产前通常要对生产原料进行预处理。

1)原料粗选设备

发酵工厂中生产原料以粮食原料居多,而粮食原料中又以谷物类最多,筛选是谷物等生物质原料清理除杂最常用的方法。发酵工厂生产过程中筛选操作都由筛选机械来完成。

(1)振动筛

生物质原料加工中应用最广的是带有风力除尘的振动筛,多用于清除谷物中小或轻的杂质。振动筛主要由进料装置、筛体、吸风除尘装置和支架等部分组成,如图 1.21 所示。

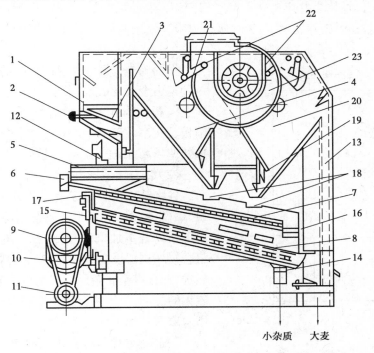

图 1.21 振动筛的结构

1—进料斗;2—进料压力门;3—进口吸风道;4—前沉降室;5—第一层筛面;6—大杂收集槽;
7—第二层筛面;8—第三层筛面;9—自衡振动机构;10—弹簧减震器;11—电动机;12—吊杆;
13—出口吸风道;14—小杂收集槽;15—橡皮球清理装置;16—中杂收集槽;17—筛体;
18—轻杂收集槽;19—活瓣;20—后沉降室;21—观察孔;22—调节风门;23—通风机

物料进入料斗1内，以自重压开进料压力门2，成均匀料层，经进口吸风道3处吸除轻杂质和灰尘，进入筛体的第一层筛面5，这一层也称为接料筛面或初清筛面；筛上物为大杂质（如草块等），由大杂收集槽6排出；谷物颗粒等则穿过筛孔落入第二层筛面7（称大杂筛面或分级筛面）上筛理，要求筛出稍大于谷物颗粒的中级杂质，由中杂收集槽16排出；谷物颗粒继续穿过筛孔进入第三层筛面8（称为精选筛面）上清理，谷粒作为筛上物排出，经出口吸风道13再次吸除轻质杂质后流出机外。穿过第三层筛孔的泥沙、杂草种子等小杂质，由小杂收集槽14排出。

从进口和经粗选后出口吸风道吸出的轻杂质进入前后沉淀室4、20，因沉淀室的容积突然扩大，气流速度减慢，使轻杂质沿四壁下沉，积于底部至一定厚度，以其自身重力推开活瓣19流入轻杂收集槽18排出。经过沉淀后的空气，必然含有较轻的灰尘等杂质，由通风机23吹到机外连接的集尘器作进一步净化处理。气流速度可由风门22调节，此种振动筛是谷物类原料清理效果较高的筛选设备。

其中，筛体是振动筛的主要部件，一般装有3层筛面，分别具有一定的倾斜度，使物料在筛面上加速流动而不致堵塞。筛体内筛面的排列：第一层是接料筛，筛孔最大，筛面较短，采用反面倾斜，筛上物为大杂质（如草秆、泥块等），由大杂质收集槽排出，谷物颗粒等穿过筛孔进入第二层筛面；第二层是分级筛、筛孔比谷粒稍大，正向倾斜，筛出稍大于谷粒的中级杂质，由中杂收集槽排出，谷粒穿过筛孔进入第三层筛面；第三层是精选筛，此层筛面筛孔最小，筛面较长，正向倾斜，物料为筛上物，经出口吸风道吸除轻杂质后流出机外。穿出筛的小杂质由小杂收集槽排出。

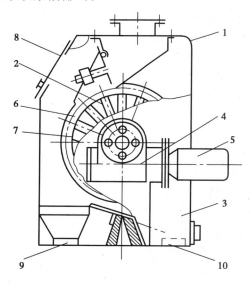

图1.22 永磁滚筒的结构

1—上机体；2—磁铁滚筒；3—下机体；
4—涡轮减速器；5—电动机；6—铁隔板；
7—拨齿；8—观察窗；9—大麦出口；
10—盛铁盒

振动筛是一种平面筛，常用的筛子有两种：一种是由金属丝（或其他丝线）编制；另一种是冲孔金属板。筛孔的形状有圆形、方形、矩形等。筛板开孔率一般为50%～60%，开孔率越大，筛选效率越高，筛子强度越小。

（2）磁力除铁器

谷物除铁的目的是将夹杂在谷物中的小铁块、螺丝、螺帽、铁钉等金属杂物除去，因这些金属混杂物若不加以清除，随谷物进入粉碎机内，将会损坏机器设备，造成停产。谷物除铁多采用磁选，让含有金属杂质的谷物以适宜的流速通过磁钢的磁场，磁钢将金属杂质吸留住。磁钢多采用永磁溜管和永磁滚筒。

①永磁溜管。是将永久磁钢装在溜管上边的盖板上，一条溜管上一般设置2～3个盖板，为防止同极相斥，两磁极间应用薄木片或纸板衬隔。工作时尽可能让物料薄而均匀的从溜管上端流下，磁性物体被磁钢吸住。此种装置结构简单，但除杂效果不太理想，而且还必须定时对磁

极面进行人工清理。

②永磁滚筒。主要由进料装置、滚筒、磁芯、机壳和传动装置5部分组成,如图1.22所示。磁芯是由永久磁钢、铁隔板及铝制鼓板组成的170°的半圆形,固定在中心轴上。滚筒由非导磁材料(磷青铜或不锈钢)制成,外筒表面喷涂无毒耐磨的聚氨酯涂料,以延长滚筒寿命。工作过程中,磁芯固定不动,电动机通过涡轮减速器带动滚筒旋转。设备下部一端设有出料斗,连接出料导管;另一侧安装铁盒,存放分离出的磁性金属杂质。当谷物和金属杂质均匀地落到永磁滚筒上以后,谷物随着滚筒转动而下落,从出料口排出,磁性金属杂质被吸留在外筒表面,被安装在外筒上的拨齿带着一起转动,当转至磁场工作区外,自动落入铁盒,达到杂质与谷物分离的目的。永磁滚筒除杂效率高,特别适合清除颗粒物料中的磁性杂质。

2)原料精选设备

根据生产需要,有些原料经过除杂粗分以后就可用于生产,有些则必须进一步进行精选和分级。例如,生产啤酒的主要原料大麦,在除杂和粗选后,还需要进行精选和分组。大麦在发芽之前进行精选,主要目的是要除去一些圆形杂粒,特别是断裂的半粒大麦(伤麦)和草籽,伤麦在发芽时容易生霉;草籽则会给麦汁和啤酒带来不良草味。大麦的分级是要把腹径大小不同的麦粒分开,以便在浸渍和发芽过程中保持均匀一致,提高麦芽质量和精选大麦的出芽率。目前发酵工厂中常用的原料精选设备为精选机,精选机工作的主要原理是按照谷物颗粒长度进行分级。常用的精选机有滚筒式精选机和碟片式精选机两种,都是利用带有袋孔(窝眼)的工作面来分离杂粒,袋孔中嵌入长度不同的颗粒,以带升高度不同而分离。

(1)滚筒式精选机

滚筒式精选机的主要工作构件是一个内表面开有袋孔的旋转圆筒,如图1.23所示。当物料进入圆筒,长粒物料在进料的压力和滚筒本身倾斜度的作用下,沿滚筒从另一端流出,短粒物料则嵌入袋孔被带有较高的位置,落入中央收集槽,从而实现分离精选的目的。

(2)碟片式精选机

碟片式精选机的主要构件是一组同轴圆环状铸铁碟片,在碟片的平面上有许多带状凹孔,孔的大小和形状依除杂质条件而定。碟片在粮堆中运动时,短小的颗粒嵌入袋孔,被带到较高的位置落下,因此,只要把收集短粒的斜槽放在适当的位置,即可将短粒分开,如图1.24所示。碟片式精选机工作面积大,转速高,产量大,而且可在同一台机器上安装不同袋孔的碟片,同时分离不同品种、规格的物料。但是碟片上的袋孔易磨损,功率消耗大。

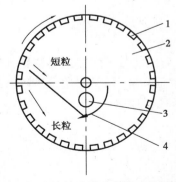 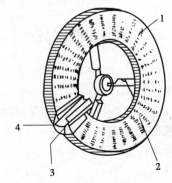

图1.23 滚筒式精选机的工作原理　　　　图1.24 碟片式精选机的工作原理
1—滚筒;2—袋孔;3—绞龙;4—收集槽　　1—碟片;2—叶片;3—短粒出口;4—盛物槽

3）原料分级设备

大麦的分级设备有两种类型：一种是平板分级筛；另一种是圆筒分级筛。

（1）平板分级筛

当筛面作往复运动时，受到两个力的作用：一个是摩擦力 F，方向与物料在筛面上的运动方向相反；另一个力是当筛面上加速度方向改变时，物料由于惯性作用，保持其原运动方向有周期性的改变。因而，惯性力也产生相应变化，所以，麦粒只沿着筛面来回运动，但当筛面上填满了麦粒，而在筛的另一端又在不断进料时，由于进料和排料的水平不一致，而使麦粒沿着筛而缓慢地移向出口。因此，麦粒在振动平筛上逗留的时间较长，有充分自动分级的机会，因此采用为大麦的分级筛。

（2）圆筒分级筛

圆筒分级筛是发酵工厂常用的另一种筛选设备，一般用于谷物精选后的分级。根据谷粒的分级要求，在圆筒筛上布置不同孔径的筛面，筛子厚 1 mm 的钢板制作，通常开矩形孔，孔长 25 mm，宽 2.2～2.8 mm，可将谷粒分成三级，即腹径（颗粒厚度）2.5 mm 以上、2.2～2.5 mm 和 2.2 mm 以下 3 种。

圆筒分级筛如图 1.25 所示，圆筒倾斜度为 3°～5°。筛筒直径与长度比为 1:（4～6），圆筒速度为 0.7～1.0 m/s。整个筛筒分为几节筒筛，布置不同孔径的筛面，筒筛间用角钢制成的加强圈连接。圆筒用托轮支撑在机架上，圆筒以齿轮传动。需筛分的原料由分设在下部的两个螺旋输送机分别送出，未筛出的一级谷粒从末端卸出。圆筒分级筛的优点是：设备简单、传动方便。缺点是：筛面利用率低，仅为整个筛面的 1/5。

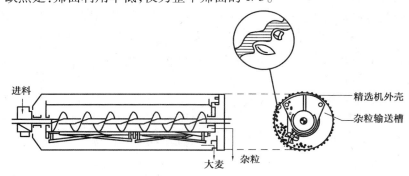

图 1.25　圆筒分级筛结构

1.2.2　固体物料的粉碎设备

在发酵工厂中，常需要对固体生物质原料进行粉碎。粉碎就是把大块固体物料破碎成小物料的操作。固体物料经过粉碎后，颗粒度变小，原料的表面积显著增大，通过破碎处理后可显著提高下一工序生产（如蒸煮、浸出、水解和发酵等）的效果和效率。

1）粉碎程度及方法

固体物料的粉碎按其受力情况可分为挤压、冲击、研磨、剪切和劈裂粉碎。物料在粉碎时，各种粉碎机械所产生的粉碎作用往往不是单纯的一种力，而是集中力的组合。对于特定的粉碎设备，可以是以一种作用力为主。

固体物料的粉碎,可按粉碎物料和成品的粒度大小区分如下:

①粗碎、原料粒度范围 40～1 500 mm,成品粒度为 5～50 mm;

②中、细碎,原料粒度范围 5～50 mm,成品粒度为 0.1～0.5 mm;

③微粉碎,原料粒度范围 5～10 mm,成品粒度 <100 μm;

④超微粉碎,原料粒度范围 0.5～5 mm,成品粒度 <10～25 μm。

物料粉碎前后的粒度比称为粉碎度或粉碎比,表示粉碎操作中物料粒度的变化。总粉碎度是表示经过几道粉碎步骤后的总结果。

2)粉碎设备(粉碎机)

对于粉碎机的选择,无论其作用力属于哪种方式,原料的性质如何?所需的粉碎度怎样?都应符合下列基本要求:粉碎后的物料颗粒大小均匀;操作自动化;易磨损部件易更换;产生极小的粉尘,以减小污染和保障工人的身体健康;单位产量消耗的能量小。发酵工厂中常用的粉碎机有以下几种。

(1)锤式粉碎机

锤式粉碎机是一种应用广泛的粉碎机械,粉碎作用力主要为冲击力。这种粉碎机对各种中等硬度的物料和脆性物料,粉碎效果较好,用其他粉碎机难以粉碎的物料,如带有一定韧性或软性纤维较长的物料,它也能粉碎。锤式粉碎机具有较高的粉碎比,单位产量能耗低,构造简单,生产能力高。但锤式粉碎机也存在一些缺点:工作部件易磨损,物料含水量过高时易堵塞。

①锤式粉碎机的构造及工作原理。锤式粉碎机,如图 1.26 所示,内有一固定的水平轴,在轴的转子上,对称于轴的位置装有锤刀。周围是圆筒形外壳,外壳分上下两部分:上部为有沟形表面的棘板;下部为有孔形的筛板,被粉碎的物料通过筛孔落下。

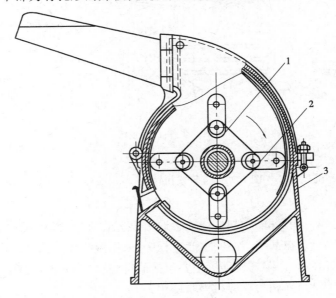

图 1.26　锤式粉碎机

1—转子;2—锤刀;3—机壳

物料从物料口进入机内,受到高速旋转锤刀的强大冲击被击破,小于筛孔直径的颗粒,通

过筛面落入出料口。大于筛孔直径的颗粒,受锤刀冲击后,由于惯性作用,以较高的速度四散飞落,有的撞击到棘板上被撞击成碎片,未撞击到棘板上的大颗粒,也会受后排锤刀的冲击。如此反复,直至将大块物料撞碎,从筛孔落入出料口。

②锤刀。多由耐磨的高碳钢或锰钢制成,常见的形式有矩形、带角矩形和斧形,如图1.27所示。原料的粉碎是由于锤刀的冲击作用,因此锤刀磨损很快,矩形和带角矩形锤刀具有可多次使用的优点,当一角被磨钝后,可调换再用,直至四边角全部用遍为止。

图1.27 锤刀形状

(2)辊式粉碎机

辊式粉碎机广泛应用于颗粒状物料的中碎和细碎。啤酒厂粉碎麦芽和大米都用辊式粉碎机,常用的有两辊式、四辊式、五辊式和六辊式等。

①两辊式粉碎机。主要的工作构件为两个直径相同、相向转动的钢辊,由白铁口、铸铁或铸钢制成,辊筒表面形状有表面光滑、表面有齿的和表面有凸棱或凹槽的。粉碎机工作时,把放在钢辊间的物料夹住拖住两辊之间,物料受到挤压而破碎。两辊的周围速度一般为2.5~6 m/s。有许多粉碎机,两个辊子做差速旋转运动,转速差一般为2.5:1,这样会提高辊子对物料的剪切力,增强粉碎度。两个辊子中,一个固定,一个辊筒轴承座可以前后移动,用以调节两辊筒间距,控制粉碎度。

②多辊式粉碎机。为了用一台粉碎机到达下一步生产要求的粉碎度,同时提高生产能力,往往使用四辊、五辊、六辊带筛分的辊式粉碎机。如图1.28至图1.30所示。

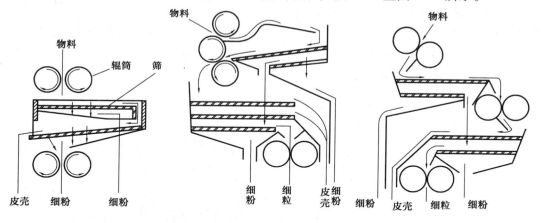

图1.28 四辊式粉碎机　　　图1.29 五辊式粉碎机　　　图1.30 六辊式粉碎机

(3)湿式粉碎机

在工厂用干法粉碎一些发酵原料时,往往会逸出较多的粉尘,影响环境,危害工人的身体健康。为了避免这一缺点,在某些产品的生产过程中,采用湿法粉碎操作,如图1.31所示,所使用的设备称为湿式粉碎机。湿式粉碎机主要包括输料装置、加料器、粉碎装置和加热器等,粉碎可采用一级或二级粉碎(两台粉碎机串联使用)。

砂磨机是湿法粉碎过程中常用的一种设备。工业上用的砂磨机有盘式砂磨机、双轴立式砂磨机、搅拌棒型砂磨机、双锥型砂磨机、双筒式砂磨机和超微湿式粉碎机等。砂磨机主要由转子、定子、分离装置、传动装置、液压系统及控制系统组成。

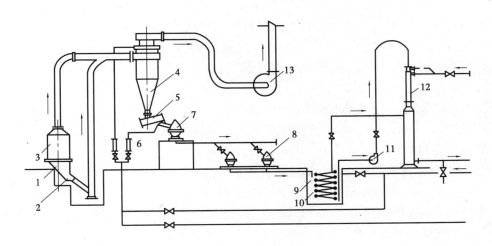

图 1.31 湿式粉碎工艺流程

1—滚筒加料机;2—输料槽;3—料斗;4—旋风分离器;5—进水管;6—浮子流量计;

7——级破碎机;8—二级破碎机;9—物料暂储池;10—加热盘管;11—泵;12—加热器;13—风机

(4)超微粉碎

超微粉碎技术是 20 世纪 40 年代兴起的一门新技术,经过半个多世纪的发展,超微粉碎技术得到了长足的发展。与传统的粉碎技术相比,超微粉碎技术的特点是粉碎后的产品粒度微小,通常认为小于 1 μm,表面积剧增,这时产品的分散性、吸附性、溶解性、生物活性、化学活性等性质显著改变。目前,超微粉碎技术在化工、矿产、电力等行业已经得到了一定的应用,发酵原料的生产加工由于在技术上有许多特殊要求,使用还很有限。但是超微粉碎技术由于特殊的优势,必将在发酵生产中起到越来越重要的作用。

任务1.3 液体物料的输送及均质设备

发酵工厂中根据生产需要经常要对液体物料,半成品或成品进行输送,这就需要液体输送机械,由于发酵工厂中所处理的物料性质特殊,所以对输送设备也有一定的要求,例如,输送黏稠状悬浮液、能耐腐蚀、耐高温等要求,只有满足这些条件才能保证生产的顺利进行。由于发酵工厂生产多是连续性的,所以,如果在运输过程中骤然中断,可能会导致工厂停产或严重事故,因此,输送机械必须保持输送的连续性,在操作上要简便安全,容易维修。

液体输送机械在运行时需要动力,动力费用是生产成本中不可忽略的一部分,所以也必须要求这些机械尽可能在效率较高的状态下工作,以减少动力消耗。泵是目前发酵工厂中常见的液体输送设备,泵不仅能够在发酵工厂中起到运输液体物料的作用,还能根据生产工艺需要提升液体的压强。

1.3.1 泵

液体输送机械通称泵。在发酵生产中,被输送的液体的性质各不相同,所需的流量和压头也相差悬殊。为满足多种输送任务的要求,泵的形式繁多。根据泵的工作原理划分为:

①动力式泵,又称叶片式泵,包括离心泵、轴流泵和漩涡泵等,由这类泵产生的压力随输送流量而变化。

②容积式泵,包括往复泵、齿轮泵和螺杆泵等,由这类泵产生的压力几乎与输送流量无关。

③流体作用泵,包括以高速射流为动力的喷射泵,以高压气体(通常为压缩空气)为动力的酸蛋(因最初用来输送酸的容器,且呈蛋形而得名)和空气升液器。

1)泵的分类和特点

在生产中,被输送的液体物理化学性质各异,有的黏稠、有的稀薄、有的有挥发性、有的有腐蚀性。而且在输送过程中,根据工艺要求,各种液体的压头、流量又各不相同。因此,生产上往往需要各种不同种类、不同性质的泵。按照工作原理的不同泵可以分为叶片式泵、容积式泵和其他类型泵3大类。

(1)叶片式泵

叶片式泵又称动力泵,这种泵是利用高速旋转的叶片连续地给液体施加能量,到达输送液体的目的。叶片式泵又可分为离心泵、轴流泵和混流泵,它们的叶轮入流方向皆为轴向,所不同的是叶轮出流方向。离心泵的叶轮出流方向是沿与水泵轴线垂直的径向平面流出的;轴流泵的叶轮出流方向是沿轴向流出叶轮;而混流泵的叶轮出流方向介于离心泵和轴流泵之间,即在离心力和推力共同作用下,液流向斜向流出叶轮。

叶片泵根据泵轴的工作位置可分为横轴泵、立轴泵和斜轴泵;按吸入方式可分为单吸泵和双吸泵;按一台泵的叶轮数目可分为单级泵和多级泵。

(2)容积式泵

容积式泵是依靠工作元件在泵缸内作往复或回转运动,使密闭的充满液体的工作室容积周期性变化,工作容积交替地增大和缩小,从而不连续地给液体施加能量,以实现液体的吸入和排出。工作元件作往复运动的容积式泵称为往复泵,作回转运动的称为回转泵。前者的吸入和排出过程在同一泵缸内交替进行,并由吸入阀和排出阀加以控制;后者则是通过齿轮、螺杆、叶形转子或滑片等工作元件的旋转作用,迫使液体从吸入侧转移到排出侧。

(3)其他类型泵

其他类型泵是指除叶片式泵和容积式泵以外的泵,这些泵的作用原理各异,如射流泵、水锤泵、气升泵、螺杆泵。这其中除了螺杆泵是利用螺旋推进原理来提高液体的位能外,其他各类泵都是利用工作液体传递能量来输送液体。

2)常用泵及泵的选型

发酵工厂中液体物料的输送多采用离心泵、往复泵和螺杆泵3种,使用较多的是离心泵和往复泵。

(1)离心泵

①离心泵的结构及工作原理。离心泵的基本部件是旋转的叶轮和固定的泵壳,如图1.32所示。具有若干弯曲叶片的叶轮安装在泵壳内,并紧固于泵轴上,泵轴可由电动机带动旋转。泵壳中央的吸入口与吸入管路相连接,而在吸入管路底部装有底阀。侧旁的排出口与排出管路相连接,其上装有调节阀。

离心泵在启动前需向壳内灌满被输送的液体,启动后泵轴带动叶轮一起旋转,迫使叶片内的液体旋转,液体在离心力的作用下从叶轮中心被抛向外缘并获得了能量,使叶轮外缘的液体静压强提高,流速增大,一般可达 15 ~ 25 m/s。液体离开叶轮进入泵壳后,由于泵壳中流道逐渐加宽而使液体的流速逐渐降低,部分动能转变为静压能。于是,具有较高的压强的液体从泵的排出口进入排出管路,输送至所需的场所。当泵内液体从叶轮中心被抛向外缘时,在中心处形成了低压区。由于储槽液面上方的压强大于泵吸入口处的压强,致使液体被吸进叶轮中心。因此,只要叶轮不断地转动,液体便不断地被吸入和排出。由此可见,离心泵之所以能输送液体,主要是依靠高速旋转的叶轮。液体在离心力的作用下获得了能量以提高压强。离心泵启动时,若泵内存有空气,由于空气的密度很低,旋转后产生的离心力小,因而叶轮中心处所形成的低压不足以将储槽内的液体吸入泵内,虽启动离心泵也不能输送液体,这种现象称为气缚,表示离心泵无自吸能力,所以启动前必须向壳体内灌满液体。

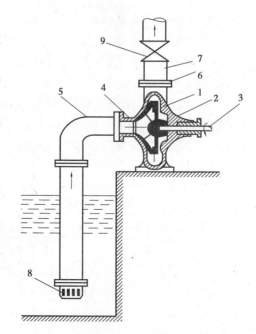

图 1.32 离心泵装置简图
1—叶轮;2—泵壳;3—泵轴;4—吸入口;
5—吸入管;6—排出口;7—排出管;
8—底阀;9—调节阀

离心泵装置中吸入管路的底阀是防止启动前所灌入的液体从泵内流出,滤网可以阻拦液体中的固体物质被吸入而堵塞管道和泵壳。

②离心泵的主要性能参数:

a.离心泵的压头 H。泵传给每千克液体的能量,称为泵的压头,泵的压头又称为扬程。泵的压头,是泵提升液体的高度,静压头以及在输送过程中克服的管路阻力这三者之和。

b.泵的流量 Q。离心泵在单位时间内送入管路系统的液体量,即为泵的流量。一个泵所能提供的流量大小,取决于它的结构、尺寸(主要为叶轮直径和宽度)和转速。

c.泵的效率 η。离心泵在输送液体过程中,当外界能量通过叶轮传给液体时,不可避免地会有能量损失,即由原动机提供给泵轴的能量不能全部都为液体所获得,致使泵的轴压头和流量都较理论值为低,通常用效率来反映能量损失。

离心泵的能量损失包括以下几项:容积损失、机械损失、水力损失。

d.轴功率 N。离心泵的轴功率是泵轴所需的功率。当泵直接由电动机带动时,它即是电动机传给泵轴的功率,单位为 W 或 kW。离心泵的有效功率是指液体从叶轮获得的能量,由于存在上述 3 种能量损失,所以泵的轴功率大于有效功率,即:

$$N = \frac{N_e}{\eta}$$

③离心泵的特性曲线。离心泵的性能参数,泵的压头 H、泵的流量 Q、泵的效率 η 和泵的轴功率 N 是相互联系而又相互制约的,它们之间的定量关系可以用实验方法测定,其结果一般都用曲线的形式表示出来,称为泵的特性曲线。

各种型号的泵各有其特殊性曲线,但存在一定的共同点如下:

a. 流量增大压头下降。

b. 功率随流量的增大而上升,所以离心泵应在流量为零时的状态下启动。

c. 离心泵在一定转速下有一最高效率点(称为设计点),效率开始随着流量增大而上升,达到最大值,以后流量增大效率便较低。如图 1.33 所示为国产 4B20 型离心水泵在 $n = 2\ 900$ r/min 时的特性曲线,由 $H-Q$、$N-Q$ 及 $\eta-Q$ 3 条曲线所组成。特性曲线随转速而变,故特性曲线图上一定要标出转速。各种型号的离心泵有其本身独自的特性曲线,但它们都具有以下的共同点:

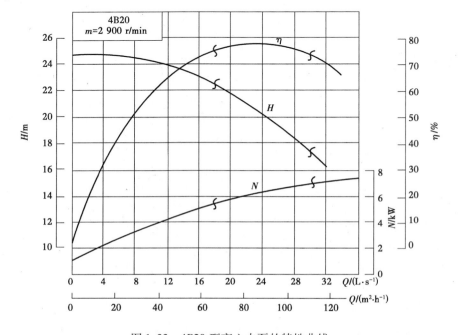

图 1.33　4B20 型离心水泵的特性曲线

$H-Q$ 曲线:表示泵的压头与流量的关系。离心泵的压头普遍是随流量的增大而下降(在流量极小时可能有例外)。

$N-Q$ 曲线:表示泵的轴功率与流量的关系。离心泵的轴功率随流量的增大而上升,流量为零时轴功率最小。所以离心泵启动时,应关闭泵的出口阀门,使启动电流减少,以保护电机。

$\eta-Q$ 曲线:表示泵的效率与流量的关系。从如图 1.34 所示的特性曲线可以看出,当 $Q = 0$ 时,$\eta = 0$;随着流量的增大,泵的效率随之而上升并达到一最大值;以后流量再增,效率便下降。说明离心泵在一定转速下有一最高效率点,称为设计点。泵在与最高效率相对应的流量及压头下工作最为经济,所以与最高效率点对应的 Q,H,N 值称为最佳工况参数。离心泵的铭牌上标出的性能参数就是指该泵在运行时效率最高点的状况参数。根据输送条件的要求,离心泵往往不可能正好在最佳工况点下运转,因此,一般只能规定一个工作范围,称为泵的高效率区,通常为最高效率的 92% 左右,如图中波折号所示的范围。选用离心泵时,应尽可能使泵在此范围内工作。

④离心泵的吸上高度和气蚀现象。离心泵上吸液体的动力来自叶轮高速旋转产生的真空。由于一定温度的液体都有一定的饱和蒸汽压,叶轮入口处不可能是绝对真空,吸上高度也就不可能达到当地大气压相当的液柱高度。

若叶轮入口处的绝对压力比此时液体的饱和蒸汽压低,液体沸腾,生成大量气泡。发生破坏性很大的气蚀现象。因此,泵运转时必须使其入口的绝对压力高于液体的饱和蒸汽压。这样,把液体从容器液面压到泵入口的压力差比还要低一些。除此之外,还要考虑到液体在吸入管内有压头损失和泵入口处的动压头。所以泵的允许吸上高度应从当地大气压力所相当的液体柱高中减去一系列数值才能保证泵的连续运转并避免气蚀。

⑤离心泵的选择。选择离心泵时,可根据所输送液体的性质及操作条件确定所用的类型,再根据所要求的流量与压头确定泵的型号。可查阅泵产品的目录或样本,其中列有离心泵的特征曲线或性能表,按流量和压头与所要求相适应的原则,从中可确定泵的型号。

(2)往复泵

往复泵属容积泵,如图 1.34 所示为往复泵装置的简图,泵缸内有活塞,以活塞杆与传动机构相连,活塞在缸内往复运动。当活塞自左向右移动时,工作室内的体积增大,形成低压。储液池内的液体受大气压的作用,被压进吸液管,顶开吸入阀而进入阀室和泵缸。这时,排出阀被排出管中的液体压力压住,处于关闭状态。当活塞从右到左移动时,缸内液体受到挤压,并将吸入阀关闭,同时工作室内压强增高,排出阀被推开,液体进入排出管而排出。往复泵就是靠活塞在泵缸中左右两端点间作往复运动吸入和压出液体的。

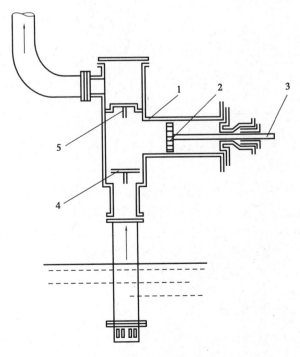

图 1.34 往复泵装置

1—泵体;2—活塞;3—活塞杆;4—吸入阀;5—排出阀

往复泵和离心泵一样,借助液面上的大气压来吸入液体。往复泵内的低压是靠工作室的扩张来造成的,所以在开泵之前,泵内没有充满液体,亦能吸进液体,即有自吸作用,这是与离心泵不同的一点。往复泵与离心泵另一个不同点是,往复泵流量固定,流量与压头之间并无关系,因此,没有像离心泵那样的特性曲线。

往复泵的流量取决于活塞面积、冲程和冲程数。它的压头原则上可以达到任意高度,但由于泵体构造材料的强度有限,泵内的部件有泄露,往复泵的压头仍然有一定的限度。

往复泵的缸体有卧式和立式两种,即活塞在缸内左右移动和上下移动两种,被输送物料中的泥沙较多时,卧式往复泵缸体和活塞的磨损较严重,立式泵磨损情况相对好些。近年来,中国酒精行业采用立式往复泵较多。

(3)螺杆泵

螺杆泵内有一个或一个以上的螺杆,如图 1.35 所示,螺杆在有内螺旋的壳内偏心转动,把液体沿转向推进,挤压到排出口,螺杆泵除单螺杆、双螺杆外,还有三螺杆和五螺杆。螺杆泵转速大(可达 7 000 r/min),螺杆长,因而可达到很高的出口压力,单螺杆泵的壳室内衬有硬橡胶,可以输送带有颗粒的悬浮液。输出压力在 1 MPa 以内,三螺旋泵的输出压力可达 10 MPa,五螺旋杆输出压力低,但流量较大。

螺杆泵效率高,无噪声,适用于高压下输送黏稠性液体。

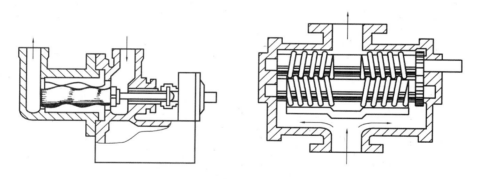

图 1.35　常见螺杆泵简图

(4)泵的选择

泵在中国属于定型产品。选泵时首先要了解所输送物料的性质,如输送条件下的相对密度、黏度、蒸汽压、腐蚀性及毒性。介质中所含固体颗粒的直径和含量,气体含量的多少,以及操作温度、操作压力和流量(正常、最小和最大)。还要了解泵所在的位置情况、环境温度、海拔高度、装置平面要求、扬程(或压差)等,根据各种泵的特点选择合适的泵型,再选择具体的型号。选择具体型号时,其流量、扬程、吸上高度都应适当增加裕量 10% ~20%。

1.3.2　液体物料输送管路

管路系统是在各生产设备之间输入产品的通道,是发酵工厂中不可缺少的部分。液体物料的输送必须依靠管路之间的连接,管路对液体物料的输送来讲,如血管对人体生命一样重要。

1)管路系统的组成

管路系统主要由以下几个部分组成：

①用于连接各个设备的直管、弯头、三通、变径接头和活接等,如图 1.36 所示。

图 1.36　三通、弯头、支架、异径管

与物料接触的管道系统多用不锈钢制成。管路中除管子以外,为满足工艺生产和安装检修的需要,管路中还有许多构件,如短管、弯头、三通等,它们是组成管路不可缺少的部分,在管路中起改换方向\变化口径等作用。

②用于停止和控制流体流量的阀门。在管路中,起着控制介质的流量、压力、流向或通断作用的装置称为阀门。发酵工厂中常见的阀门有：

a.旋塞,具有结构简单、外形尺寸小、启闭迅速、操作方便、管路阻力损失小等特点。但旋塞不适用于控制流量,不宜使用在压力较大或温度较高的场合。常见的还有三通旋塞。

b.截止阀,一般用于蒸汽或给水管道,通过阀盘和阀座实现启闭的阀门。截止阀可通过调节阀盘于阀座间的距离,改变流体的流速或截断流体通道。截止阀具有操作可靠,容易密封,容易调节流量和压力、耐高温等优点,其缺点是阻力大。

c.球阀,它是利用一个中间开孔的球体做阀芯,靠旋转球体阀芯来进行启闭的阀门。球阀结构简单,开关迅速、操作方便。适用温度较低、压力较小、黏度较大的介质和要求、开关迅速的小直径管道,一般不适用于蒸汽、温度较高的介质,也不宜作调节流量使用。如图 1.37 所示为常见的球阀。

图 1.37　球阀

d.止回阀,又称单向阀。它是一种根据阀前后介质的压力差而自动启闭的阀门,其作用是使介质只能向一个方向流动,阻止流体倒流。止回阀一般适用于清洁介质,不宜用于含固体颗粒和黏度较大的介质。如图 1.38 所示为常见的单向阀。

e.安全阀,是安装在设备或管道上,根据介质的压力自动启闭的阀,当系统工作压力超过安全阀调定值时,安全阀能自动开启,当系统工作压力恢复正常后,安全阀又能自动关

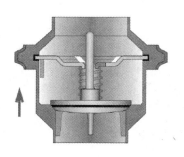

图1.38　止回阀

闭。作为保护装置,安全阀不能经常处于动作状态。如图1.39所示为常见的起安全作用的减压阀。

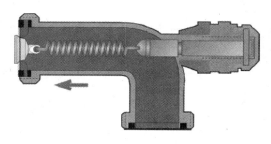

图1.39　减压阀

　　f. 蝶阀,蝶阀阻力较小,在关闭位置,蝶片压紧密封圈。蝶阀结构简单,外形尺寸小,通过阀的流体阻力小,对高黏度的产品有利,但密封性差。如图1.40所示为手动蝶阀。

　　③管道支承件。如图1.41所示为一个常见的管道支承的例子。使用管道支承时要注意以下几点:

图1.40　手动控制的蝶阀蝶阀　　　　　　　　　图1.41　管道支承固定

　　a. 通常管线在离地2~3 m处安装,所有部件必须便于移动和维修。

　　b. 管路稍微有一个1:200~1:1 000的坡度,以便物料自排。沿着管道的任何部位不应有可能积存的产品和清洗液的死角。

　　c. 管路支承无须太紧,应略有一点松动。特别在输送温度较高的流体时,松动的部分用以消除由于管路热胀冷缩带引起的膨胀力。

在车间内看到除不锈钢的管路外都涂着不同的颜色。管路涂色的目的是为了区分输送各种不同类型流体的管路。乳品厂一般将蒸汽管涂成红色,水管涂成蓝色,氨液(气)涂成黄色。

④特殊的管件如视镜和仪表弯头等。

2)输送管路管径的计算及选择

根据流体在管内的流量,流速与管内径的关系计算管直径:

$$D = 18.8\sqrt{\frac{Q}{v}}$$

式中　D——管道内径,mm;

　　　Q——流体流量,m^3/h;

　　　v——流体在管内的流速,m/s。

3)管道介质流速的选择

计算管径,关键是介质流速的选择,流速大,管径小,节省管材,但能耗增加;反之,流速小,管径大,管材增加,投资成本加大。根据输送介质种类、性质、输送条件合理选择。

4)管件的选择

根据管道直径对应选择管件。在产品加工过程中为了防止加工设备的材料对食品造成污染,必须选择一种特殊的材料,因此,制造发酵产品生产设备的材料最常用的就是不锈钢。不锈钢是不锈钢和耐酸钢的总称。不锈钢是指耐大气、耐蒸汽和耐水、耐酸、碱、盐等化学浸蚀性介质腐蚀的钢。不锈钢不生锈的原理是不锈钢同空气一接触,在不锈钢表面立即产生一层氧化铬保护层,该保护层保护材料不受大气或腐蚀性介质的腐蚀。不锈钢外观呈微灰色或银白色。结构紧密,不易氧化生成氧化铁,故有不锈之称。不锈钢是能抵抗酸、碱、盐等腐蚀作用的合金钢的总称。在合金中加入以铬为主,有的还加入镍、钼、钛等元素,以提高抗腐蚀性能。常见的铬不锈钢其含铬量在12%以上,镍铬不锈钢含铬为18%,含镍为8%,镍铬不锈钢的抗腐蚀性能较铬不锈钢更好。不锈钢的分类方法很多,按室温下组织结构分类,不锈钢可以分为马氏体不锈钢、铁素体不锈钢、奥氏体不锈钢、双相不锈钢。

1.3.3　高压均质机

高压均质机也称"高压流体纳米均质机",它可以使悬浊液状态的物料在超高压作用下,高速流过具有特殊内部结构的容腔(高压均质腔),使物料发生物理、化学、结构性质等一系列变化,最终达到均质的效果。

1)高压均质机的工作原理

高压均质机是以高压往复泵为动力传递和输送物料的机构。将液态物料或以液体为载体的固体颗粒输送至工作阀(一级均质阀及二级均质阀)部分,要处理物料在通过工作阀的过程中,在高压下产生强烈的剪切、撞击、空穴和湍流蜗旋作用,从而使液态物料或以液体为载体的固体颗粒得到超微细化。"均质"是指物料在均质阀中发生的细化和均匀混合的加工过程。高压均质机是液体物料均质细化和高压输送的专用设备和关键设备。均质的效果影响产品的质量。均质机的作用主要有提高产品的均匀度和稳定性,增加保质期,减少反应时间,从而节省大量催化剂或添加剂,改变产品的稠度,改善产品的口味和色泽等。

2) 高压均质机的工作过程及特点

柱塞的一段伸入泵体的泵腔内,在传动机构的带动下、柱塞在泵腔内作往复运动,当柱塞向右移动时泵腔内形成低压,排料关闭进料阀打开,物料被吸入。当柱塞向左移动时泵腔内形成高压,进料阀关闭,排料阀打开,物料被排出。由于曲轴使连杆相位差为120°,它们并联在一起,使排出的流量基本平衡,柱塞随曲轴旋转作往复运动。在主泵体内通过进料阀,出料阀以及均质阀,完成进料—压缩—泄放—进料—压缩—泄放……周而复始运行,对于每一个柱塞泵来说,进料和泄放都是间歇的,管道的液流必然是脉冲状态,这个脉冲(动)频率会引起管道的振动。如柱塞运行速度130~170 r/min,柱塞每一个行程周期仅0.36~0.46 s,进出料单向阀开启时间仅0.18~0.23 s,表明主泵体在短时间内完成进料、压缩和泄放全过程首先必须具备稳定进料速度和进料压力。实践中,选择合理均质机的进、出料管径,输送泵和缓冲管,是十分必要的。柱塞往复速度设计为130~160次/min。

高压均质机的特点:

①细化作用更为强烈,这是因为工作阀的阀芯和阀座之间在初始位是紧密贴合的。只是在工作时被料液强制挤出了一条狭缝。同时,由于均质机的传动机构是容积式往复泵,所以,从理论上说,均质压力可以无限地提高,而压力越高,细化效果就越好。

②均质机的细化作用主要是利用了物料间的相互作用,所以物料的发热量较小,因而能保持物料的性能基本不变。

③均质机能定量输送物料,因为它依靠往复泵送料。

④均质机耗能较大。

⑤均质机的易损件较多,维护工作量较大,特别是在压力较高的情况下。

3) 高压均质机的应用

均质机操作独特的原理,为无数工艺流程的革新以及各种新产品的开发应用,提供了简便而卓有成效的途径。均质机的作用主要有:提高产品的均匀度和稳定性,增加保质期;减少反应时间从而节省大量催化剂或添加剂改变产品的稠度,改善产品的口味和色泽等。均质机超细粉碎、乳化功能,无论是从理论上,还是实际加工的乳剂和分散体所获得的细度、均匀度的质量上,都是高速搅拌、砂磨、球磨、胶体磨、超声波等均质器械不能比拟的。但是,如果在工艺上应用不正确、不得当,也是无法获得满意的结果,至少不可能获得最佳的效果。均质机广泛应用于食品、乳品、饮料、制药、精细化工和生物技术等领域的生产、科研和技术开发。我国均质机产业起步较晚,较国外落后五六十年,进展慢,60 MPa高压均质机的生产,较国外落后了近80个年头。水平相对比较低,无论是材料选择,加上精度、使用寿命、规格品种、应用领域及能源消耗,都与国际先进水平有着不小的差距,这显示出我国均质机产业的发展任重而道远。由于高压均质机具有其他分散乳化设备所无法可比拟的特点,被广泛应用于发酵生产及其他领域生产。随着对设备运转成本降低的要求,高压均质机会被更加广泛的应用,将会有更先进的高压均质机出现。

【实践操作】

实训室带式输送机的结构与操作

(1)实训目的

通过本次实训,了解实训室使用的带式输送机的结构及其配套设备,掌握带式输送机的操作过程。

(2)实训器材

实训室使用的带式输送机是 TD75 型带式输送机(见图 1.42),是一般用途的输送机,广泛用于各类生产中,输送堆积比重为 0.5 ~ 2.5 t/m 的各种块状、粒状等散状物料,也可用来输送成件物品。TD75 型带式输送机的带宽有 6 种:500,650,800,1 000,1 100,1 200,1 400 mm。

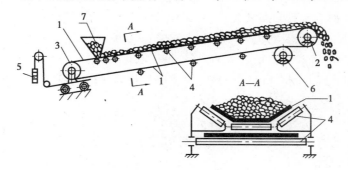

图 1.42 带式输送机工作原理图

1—胶带;2—主动滚筒;3—机尾改向滚筒;4—托辊;5—拉紧装置;6—变向滚筒;7—装载口

TD75 型带式输送机所选用的输送带有普通胶带和塑料带两种,通常适用于环境温度在 −10 ~ +40 ℃ 的范围内,输送具有酸性、碱性、油类物质和有机浮剂等成分的物料时,需采用耐油、耐酸碱的橡胶带、塑料带。

①输送带。在带式输送机中起电引和负载作用,本系列产品采用普通橡胶输送带和塑料输送带两种。

②电动滚筒。是把电动机减速器装入滚筒内的传动滚筒,具有结构紧凑外形尺寸小,质量轻,易于安装操作安全等优点,适用于环境温度不超过 40 ℃ 的场合,但不防爆。

③改向滚筒。用于改变输送带的运行方式,或增加输送带与传动滚筒的包角。

④托辊。用于支撑输送带和带上物料,使其稳定运行。

⑤拉紧装置。分为螺旋式、车式和垂直式 3 种。其作用是:

a.输送带具有足够的张力,保证输送带和滚筒间不打滑。

b.限制输送带在各支撑间的垂度,使输送机正常运转。

⑥清扫器:

a.弹簧清扫器装入卸料滚筒处,用以清扫卸料后所粘附在输送带工作面上的物料。应在输送带及头部漏斗全部安装后焊接在头架的横梁上,焊接前调整使清扫下来的物料落入漏斗中,同时保证压簧工作行程为 20 mm。

b.空段清扫器装入尾部滚筒前的下分支,用以清扫输送带非工作面上的物料。

⑦卸料装置。卸料装置分为犁式卸料器、卸料车和重型卸料车3种。

⑧制动及逆止装置。为防止倾斜输送机有载停车及发生倒转或顺滑现象,选用该装置。有带式逆止器、滚柱逆止器和液压电磁闸瓦制动器3种。

⑨机架、头部漏斗、头部护罩、导料槽等在输送机中分别起支撑防尘和导料作用。

（3）实训方法

①TD75型带式输送机的安装与使用操作。

A. 安装带式输送机的机架。机架的安装是从头架开始的,然后顺次安装各节中间架,最后装设尾架。在安装机架之前,首先要在输送机的全长上拉引中心线,因保持输送机的中心线在一直线上是输送带正常运行的重要条件,所以在安装各节机架时,必须对准中心线,同时也要搭架子找平,机架对中心线的允许误差,每米机长为 ±0.1 mm。但在输送机全长上对机架中心的误差不得超过35 mm。当全部单节安设并找准之后,可将各单节连接起来。

B. 安装驱动装置。安装驱动装置时,必须注意使带式输送机的传动轴与带式输送机的中心线垂直,使驱动滚筒的宽度的中央与输送机的中心线重合,减速器的轴线与传动轴线平行。同时,所有轴和滚筒都应找平。轴的水平误差,根据输送机的宽窄,允许在0.5～1.5 mm的范围内。在安装驱动装置的同时,可以安装尾轮等拉紧装置,拉紧装置的滚筒轴线,应与带式输送机的中心线垂直。

C. 安装托辊。在机架、传动装置和拉紧装置安装之后,可以安装上下托辊的托辊架,使输送带具有缓慢变向的弯弧,弯转段的托滚架间距为正常托辊架间距的1/3～1/2。托辊安装后,应使其回转灵活轻快。

D. 带式输送机的最后找准。为保证输送带始终在托辊和滚筒的中心线上运行,安装托辊、机架和滚筒时,必须满足下列要求:

a. 所有托辊必须排成行、互相平行,并保持横向水平。

b. 所有的滚筒排成行,互相平行。

c. 支撑结构架必须呈直线,而且保持横向水平。为此,在驱动滚筒及托辊架安装以后,应该对输送机的中心线和水平作最后找正,然后将机架固定在基础或楼板上。带式输送机固定以后,可装设给料和卸料装置。

E. 挂设输送带。挂设输送带时,先将输送带带条铺在空载段的托辊上,围抱驱动滚筒之后,再敷在重载段的托辊上。挂设带条可使用0.5～1.5 T的手摇绞车。在拉紧带条进行连接时,应将拉紧装置的滚筒移到极限位置,对小车及螺旋式拉紧装置要向传动装置方向拉移,而垂直式拉紧装置要使滚筒移到最上方。在拉紧输送带以前,应安装好减速器和电动机,倾斜式输送机要装好制动装置。带式输送机安装后,需要进行空转试机。

在空转试机中,要注意输送带运行中有无跑偏现象、驱动部分的运转温度、托辊运转中的活动情况、清扫装置和导料板与输送带表面的接触严密程度等,同时要进行必要的调整,各部件都正常后才可以进行带负载运转试机。如果采用螺旋式拉紧装置,在带负荷运转试机时,还要对其松紧度再进行一次调整。

②TD75型带式输送机的使用、保养和检修。

A. 输送机在开动前值班人员应作全面检查,查看托辊是否有损坏,胶带是否有松动,清扫器的刮板是否与输送带接触,紧固螺钉是否松动等。

B. 输送机使用寿命与操作工人的保养有直接关系,操作时应注意下列事项:

a. 输送物料的块度不应超过规定要求;

b. 不可输送对输送机有侵蚀性的物料;

c. 装卸物料不应对胶带有强烈冲击;

d. 输送物料要装放于输送带中心,以保证胶带平稳运行。

C. 维修人员应对本机结构性能熟悉,严格执行安全操作规程。

D. 定期检修,及时更换已损坏的零部件。

E. 如出现胶带跑偏、下垂现象应及时消除。

③常见故障及诊断。

A. 故障现象一:输送带打滑。

原因:

a. 初张力太小;

b. 传动滚筒与输送带之间的摩擦力不够造成打滑;

c. 尾部滚筒轴承损坏不转或上下托辊轴承损坏;

d. 启动速度太快也能形成打滑;

e. 输送带的负荷过大,超过电机能力也会打滑。

处理方法:

a. 调整拉紧装置,加大初张力;

b. 在滚筒上加些松香末,但要注意不要用手投加,而应用鼓风设备吹入,以免发生人身事故;

c. 及时检修和更换已经损坏或转动不灵活的部件;

d. 慢速启动;

e. 减少输送负荷。

B. 故障现象二:输送带在端部滚筒跑偏。

原因:

头部驱动滚筒或尾部改向滚筒的轴线与输送机中心线不垂直。输送带在滚筒两侧的松紧度不一致。

处理:

对于头部滚筒如输送带向滚筒的右侧跑偏,则右侧的轴承座应当向前移动,输送带向滚筒的左侧跑偏,则左侧的轴承座应当向前移动,相对应的也可将左侧轴承座后移或右侧轴承座后移。尾部滚筒的调整方法与头部滚筒刚好相反。

C. 故障现象三:输送带在中部跑偏。

原因:

a. 物料在输送带横断面上不居中;

b. 运输物料不均匀;

c. 输送带不规格。

处理:

a. 在使用时应尽可能地让物料居中;

b. 调整物料;

c. 更换输送带。

D. 故障现象四:空载时跑偏。

原因:

a. 输送机自身的因素,比如托辊转动不灵活,输送带在生产中就出现了自身薄厚不均匀等;

b. 安装输送机的人为因素,如机头安装位置确定不当,托辊轴线与输送机中心线垂直度偏差大等。

处理:

a. 更换输送机;

b. 重新安装输送机。

• 项目小结 •

本项目内容是发酵工厂中普遍都会用到的内容,工厂生产首先需要原料,而原料进入生产过程中必然需要输送,根据生产原料的不同,固体原料可使用机械输送和气流输送两种形式,根据原料的特点及生产的需要对两种形式进行适当的选择,同样对固体物料进行输送,但机械输送的原理和方法与气流输送的原理和方法以及设备都截然不同,有些原料,特别是固体物料在输送前还要进行相应的预处理,在预处理不同过程中设备的使用方法、原理及特点是不同的。除使用固体原料进行生产外,在发酵工厂生产中还常常使用液体物料进行生产,液体物料的输送设备最常用的是泵,但泵的种类及工作原理有多种类型,在运输中要根据输送液体物料性质进行恰当选择,当然,液体物料的输送仅仅依靠泵是无法完成的,必须将泵与管路系统结合才能完成输送。高压均质机是较新的液态物料加工设备,被广泛的应用于发酵生产及其他领域生产。

复习思考题

1. 解释概念:粉碎比、压头、气缚、气蚀。

2. 磁力除铁器有哪几种? 谷物的精选和分级设备有哪些?

3. 粉碎机的类型及其主要作用力是什么?

4. 固体物料的单台输送设备有哪些? 其适用输送物料和条件有哪些?

5. 气流输送的流程有几种? 各自的特点是什么?

6. 气流输送的设备组成有哪些?

7. 试述发酵工厂中常用的泵及适用物料范围。

项目 2
培养基制备设备

【知识目标】
- 掌握啤酒糖化锅、糊化锅、麦汁煮沸锅的工作原理和设备结构；
- 掌握麦汁过滤槽、漩涡沉淀槽的工作原理和设备结构；
- 掌握板式换热器的工作原理和设备结构；
- 掌握葡萄糖液化设备流程及喷射液化器、闪冷罐的工作原理和设备结构；
- 掌握葡萄糖糖化设备流程及糖化罐的工作原理和设备结构；
- 掌握连消器-喷淋冷却流程及连消器、双进汽连消器、连消塔、维持罐、喷淋冷却器的工作原理和设备结构；
- 掌握喷射加热-喷淋冷却流程及喷射加热器的工作原理和设备结构。

【技能目标】
- 能进行麦芽汁制备设备的操作及维护；
- 能进行葡萄糖液化设备中喷射液化器、闪冷罐的操作及维护；
- 能进行葡萄糖糖化设备中糖化罐的操作及维护；
- 能进行培养基连续灭菌设备的操作及维护；
- 能进行板式换热器的拆分及安装。

【项目简介】>>>

　　培养基是人工配制的供微生物或动植物细胞生长、繁殖、代谢和合成人们所需产物的营养物质和原料。同时,培养基也为微生物等提供除营养外的其他生长所必需的环境条件。但到目前为止,生产上所采用的发酵菌均不能直接利用淀粉,也基本上不能利用大分子糖类作为碳源。因此,当以淀粉作为原料时,必须先将淀粉水解成为葡萄糖等小分子糖类才能供发酵使用,这个过程称为"糖化",其制造设备称为糖化设备。发酵工业中对原料的糖化和培养基灭菌,都是制备培养基的操作。

　　本项目主要介绍糖化锅、糊化锅、麦汁煮沸锅、过滤槽、回旋沉淀槽、板式换热器等啤酒生产中培养基的制备设备,以及其他发酵企业葡萄糖的制备设备,如喷射液化器、闪冷罐、连消器、双进汽连消器、连消塔、维持罐、喷淋冷却器等,同时介绍实际生产中相应设备的操作。

【工作任务】>>>

任务2.1　培养基制备设备

2.1.1　啤酒的糖化设备

　　啤酒厂的糖化设备主要包括糊化锅、糖化锅、过滤槽、煮沸锅及冷却器等,这些设备均安装在糖化车间内,所以糖化车间也是啤酒厂生产的中心。

1)糖化设备的组合

　　糖化车间是将糖化锅、糊化锅和后边的过滤槽、煮沸锅组合在一起,常见的组合方式见表2.1。

表2.1　糖化设备组合方式

组合方式	设备名称	设备数量/个
两器组合	糊化-煮沸两用锅	1
	糖化-过滤两用槽	1
四器组合	糖化锅	1
	糊化锅	1
	煮沸锅	1
	过滤槽	1
五器组合	糖化锅	1
	糊化锅	1
	煮沸锅	1
	过滤槽	1
	回旋槽	1

组合方式	设备名称	设备数量/个
六器组合	糖化锅	1
	糊化锅	1
	煮沸锅	2
	过滤槽	2

传统的小型啤酒厂采用两器组合,糊化和煮沸合用一个锅,称为"糊化-煮沸两用锅"。糖化和过滤合用一个容器,称为"糖化-过滤两用槽"。随着啤酒厂的大型化、集团化,这种组合已被淘汰,但微型啤酒设备仍然在采用。

传统糖化大多采用四器组合,糖化锅和过滤槽安装在同一个平面上,糊化锅和煮沸锅安装在同一个平面上,前者高于后者,糖化醪从糖化锅到糊化锅及麦汁从过滤槽到煮沸锅是利用自然压差。由于传统糖化设备生产能力小(最大几十吨),扩大产量时过滤槽和煮沸锅往往是限制因素,因此再增加 1 个过滤槽和 1 个煮沸锅即可,这就派生出六器组合。

现代糖化大都采用五器组合,即糖化锅、糊化锅、过滤槽、煮沸锅和回旋沉淀槽。设备全部安装在同一平面上,流体的输送全部采用动力输送,设备趋于大型化,操作向着自动控制方向发展。

对这四者的共同要求是:

①锅底形状要求有利于液体的循环,有良好的传热效果,节省搅拌动力;

②有足够的加热面积,加热装置合理;

③升气管结构合理;

④锅体材料要求耐腐蚀而又不影响啤酒质量;

⑤内壁光滑,便于清洗;

⑥保温良好。

2)糊化锅

糊化锅的作用是把大米粉和部分麦芽粉与水混合煮沸,并用来对糖化醪加热升温,使淀粉液化和糊化。

(1)糊化锅的结构

糊化锅的结构如图 2.1 所示,锅身为圆柱形,锅底为球缺形或椭球形夹层,顶盖为碟形,锅内装有搅拌器,锅底有加热装置,锅的外部有保温层。粉碎后的大米粉、麦芽粉和热水由下粉筒及进水管混匀后送入,借助于旋桨式搅拌器的搅拌,使黏稠的醪液浓度和温度均匀,使醪液中较重颗粒悬浮而不沉降到锅壁形成"锅巴",防止靠近传热面处醪液的局部过热。

为了均匀分布加热蒸汽,设有以 4 个短管与蒸汽夹套相通的蒸汽入口,蒸汽压力为 0.3~0.6 MPa,蒸汽冷凝水由冷凝水管引出,不凝性气体从蒸汽夹套上方的不凝气管用阀间歇放出。糊化锅蒸汽夹套外部有保温层。锅盖上设人孔双拉门,下粉筒及环形洗水管,锅盖顶部设有升汽管,升汽管底部有环形沟,收集沿升汽管壁流下的冷凝污水,由冷凝污水管排向地沟。升汽管根部还设有排气风门,根据需要调节其启闭程度。升汽管顶设有筒形风帽,防止

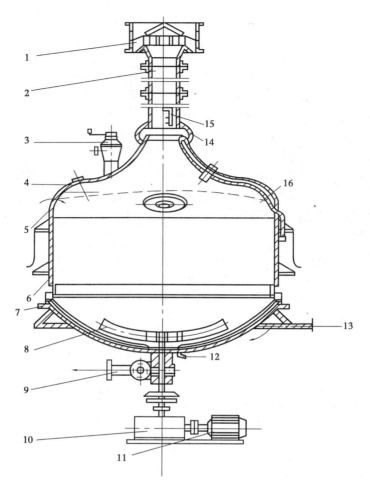

图 2.1 糊化锅

1—筒形风帽;2—升气管;3—下粉筒;4—人孔双拉门;5—锅盖;6—锅体;7—不凝气管;
8—旋桨式搅拌器;9—出料阀;10—减速箱;11—电机;12—冷凝水管;13—蒸汽入口;
14—污水槽;15—排气风门;16—环形洗水管

飞鸟进入及风雨倒罐。

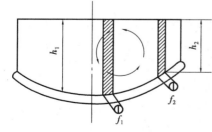

图 2.2 球缺形锅中麦芽汁的循环图

糊化锅的材料,一般选用不锈钢板,可保证啤酒质量。加热夹套内底宜选用紫铜板,因为紫铜板传热效果良好,夹套外锅底可选用普通碳钢板。锅盖、锅身和锅底内表面焊缝应磨平抛光,应作耐腐蚀的酸性钝化处理。外露表面抛光,不应有碰伤、划伤痕迹。

从图 2.2 可知,弧形锅底对流体循环的影响,由于靠近锅底倾斜壁面的液柱 h_2 较低,受热面积 f_2 较大,而中心部位液柱 h_1 较深,加热面积 f_1 较小,即边缘单位体积液体的加热面积大于中心处,造成边缘处靠近锅底倾斜壁面处的液体密度小于中心部位,这样,在锅底部周围较快产生气泡,而形成周围液体向上,中央液体向下的自然循环。在相同情况下,搅拌功率消耗仅为平底锅的60%,球缺形锅底还有便于清洗的优点。因此,糊化锅、糖化锅和煮沸锅锅底大多做成球缺形或椭球形。

糊化锅搅拌器多采用二叶旋桨式,旋转角可选45°或60°,产生轴向推力可促使醪液循环和混合良好。搅拌器的转速一般有两挡,一挡为快速(30～40 r/min)用于水和原料搅拌混合;一挡为慢速(6～8 r/min)用于加热保温时醪液的搅动,防止原料固形物沉积和结底。

（2）有关参数

①糊化锅的容量比糖化锅和麦汁煮沸锅都小,其容量决定于加入的原料量,有效容量系数58%～60%。对每100 kg投料(包括大米粉和麦芽粉)加水(400～450 kg),则糊化锅的容量为0.5～0.55 m³,其有效容积应在人孔门边以下500 mm计算。近来大型厂则有采用糊化锅与糖化锅相同规格者,以便相互通用,使生产调配方便。

②为了有利于液体的循环及较大的加热面积,糊化锅的直径与圆筒高度之比为2∶1,升气管面积为液体蒸发面积的1/50～1/30,一般升温速度不低于1.5 ℃/min。

3) 糖化锅

糖化锅的用途是用于麦芽粉淀粉及蛋白质的分解,并与已糊化的辅料醪液混合,维持醪液在一定的温度,使醪液进行淀粉糖化,以制备麦芽汁。麦芽粉碎物通过混合器(见图2.3)与水混合后进入糖化锅。其外形结构与糊化锅大致相同。传统糖化锅不带加热装置(见2.4图),现代糖化锅带加热装置(见2.5图),一般在锅底周围设置一两圈蛇管或设有蒸汽夹套。为保证醪液浓度和温度均匀,避免固形物下沉,装有螺旋桨搅拌器。有效容积与加水量有关,一般糖化锅要比糊化锅大约1倍,锅底有平的,也有蒸汽夹套的,在六锅式糖化设备中,做成糖化、糊化两用锅,以提高糖化锅的利用率。锅体的直径与高之比为2∶1,容量系数一般为77%～82%,排气管(升气管)截面积为锅体截面积的1/50～1/30,升温速度一般为1 ℃/min。糖化锅所需容量,以100 kg投料量作为计算单位,则糖化锅的容积为0.7～0.8 m³。

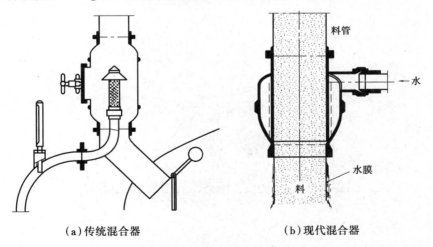

（a）传统混合器　　　　　　　　（b）现代混合器

图2.3　麦芽粉碎物混合器

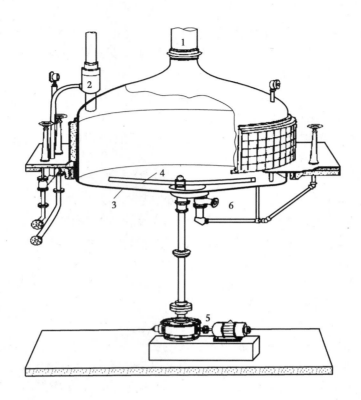

图 2.4 传统糖化锅

1—排气筒;2—料水混合器;3—锅底;4—搅拌器;5—搅拌电机;6—出料阀

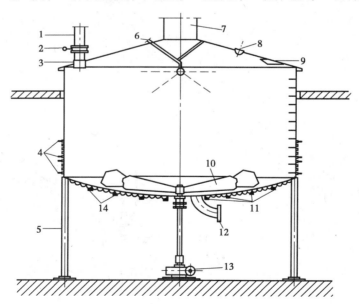

图 2.5 现代糖化锅

1—下料管;2—闸板;3—料水混合器;4—蒸汽入口;5—支撑;6—喷洗管;7—排气筒;
8—照明;9—人孔;10—搅拌器;11—蒸汽入口;12—排料口;13—搅拌电机;14—冷凝液出口

4)麦汁煮沸锅

麦汁煮沸锅又称煮沸锅,或称浓缩锅,是用于麦芽汁煮沸的设备,用于麦汁的煮沸和浓缩,将麦芽汁中多余水分蒸发掉,使麦汁达到要求浓度,并加入酒花,浸出酒花中的苦味和香味物质,起到加热凝固蛋白质、灭菌、灭酶的作用。

（1）形式与结构

麦汁煮沸锅根据加热装置及使用的不同可分为夹层煮沸锅、具内加热器的煮沸锅、具外加热器的煮沸锅和煮沸-回旋两用锅等,下面分别叙述:

①夹层煮沸锅。

a.夹套式圆形煮沸锅。其结构和糊化锅相同,锅身为圆柱形,锅底为球缺形或椭圆形夹层,夹层有加热装置。只因麦汁煮沸锅需要容纳包括滤清汁在内的全部麦汁,容积较大,锅内有搅拌器。为增加加热面积,可在锅内加蛇管加热(蒸汽压力可较夹套内蒸汽压力高)。在锅顶上开有两个人孔拉门(单、双拉门各一)。锅内设有液量标尺观察麦汁量。在锅身上部还有一圈开有小孔的清洗用喷水管。

夹套式圆形煮沸锅在小型啤酒厂还有使用,因夹套加热,蒸汽压力受到限制,蒸发强度较低,煮沸强度小(6% ~8%),麦汁沸腾不剧烈,蛋白凝聚不好,而且α-酸异构率低,酒花利用率低。随着大型啤酒厂的兴建,大型煮沸锅要保证一定的蒸发强度,设法增加加热面积,才有了其他形式煮沸锅的设计与使用。

b.凹形煮沸锅。其结构如图 2.6 所示,希望在加强自然循环的同时加大传热面积,内圈部分液层最薄、温度最高,受力情况较好,外圈夹套部分用较低压蒸汽加热可促进麦汁的对流和加强煮沸强度,麦汁由内侧向外侧翻涌。这种形式的煮沸锅也有利于自然清洗。但加热面积增强不多且加工困难。

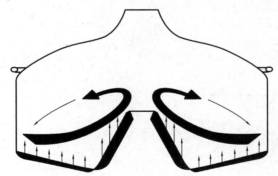

图 2.6　凹底麦汁煮沸锅

c.矩形麦汁煮沸锅　其结构如图 2.7 和图 2.8 所示,锅的上部为矩形,底部斜边具有不对称的加热面,利用过热水(170 ℃)加热,其加热面较圆形煮沸锅的加热面大,以加强麦汁的对流和蒸发效果,但仍然是夹层加热。矩形槽可以不设搅拌器,这种形式有利于自动清洗。但加热夹层受力不好,不耐高压蒸汽加热。

②具内加热器的圆形麦汁蒸沸锅。

a.结构及特点。随着麦汁容量不断增加,传统的有夹套的圆形煮沸锅,最大容量不超过30 m^3,锅底的加热面积不超过 20 m^2,容量越大,单位容量麦汁的加热面积相对减少。而且使

图 2.7　矩形麦汁煮沸锅实物图

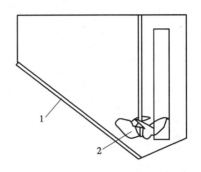

图 2.8　矩形麦汁煮沸锅
1—加热面;2—搅拌器

用材料正向不锈钢发展。不锈钢导热系数 $\lambda = 20 \times 1.163$ W/(m·K),较铜的导热系数 $\lambda = 330 \times 1.163$ W/(m·K)低得多,为了增加单位容量麦汁的加热面积,改善麦汁的对流情况,加强煮沸效果,煮沸锅内、外加热装置逐渐推广使用。具列管式内加热器的煮沸锅常见的有杯底形内加热煮沸锅(见图 2.9)及球底形内加热煮沸锅(见图 2.10)。列管式加热器正好安装在中心,构成中心加热器,蒸汽在管内流动,麦汁在管间流动,经过热交换后,蒸汽被冷凝,麦汁被加热。依靠麦汁上部与下部的温度差作为推动力,使麦汁上下翻腾,起到搅拌作用,使麦汁加热均匀,提高传热效果。为避免泡沫上溢,可在加热器上部设一伞罩(见图 2.11)。麦汁通过列管换热器的流动状态如图 2.12 所示。列管占锅容积的 4% ~5%,加热面可按工艺要求设计,每小时蒸发量可达 10% 。锅的外部一般不另设加热面,且由于强制快速对流,有利于防垢和清洗,不必每次煮沸后清洗,可以一定时间或使用一定锅次后进行碱液清洗。

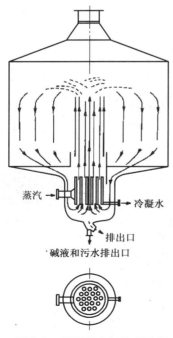

图 2.9　杯底形内加热煮沸锅

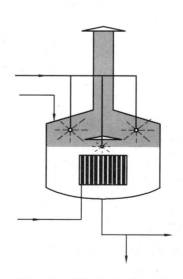

图 2.10　球底形内加热煮沸锅

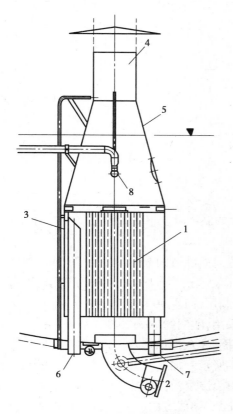

图 2.11 内加热器的构造

1—列管；2—麦汁进入；3—外壳；4—麦汁分配伞；

5—限液锥体；6—蒸汽进入；7—冷凝水排出；

8—CIP 清洗

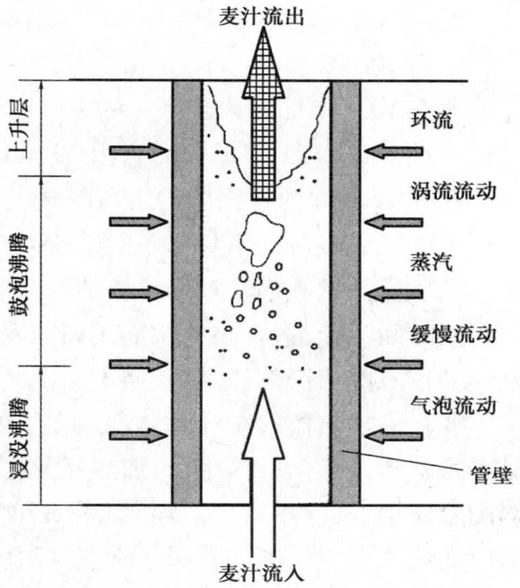

图 2.12 麦汁通过列管换热器时的流动状态

采用内加热器或外加热器煮沸锅，须使用粉碎酒花、颗粒酒花或酒花浸膏，以免堵塞热交换器。

具内加热器的圆形麦汁蒸沸锅的优点如下：

- 投资少，无须维护，无磨损；
- 无须更多地电耗；
- 没有热辐射损失；
- 煮沸温度和蒸发率可调整；
- 可使用低压饱和蒸汽(0.1 MPa)；
- 煮沸锅既不要外加热器，也不要搅拌器。

具内加热器的圆形麦汁蒸沸锅的缺点如下：

- 内加热器的清洗较困难；
- 当蒸汽温度过高时，会出现麦汁局部过热，因为在管束中麦汁流速较小；
- 麦汁局部过热会导致麦汁色泽加深、口味变差。

b. 低压麦汁煮沸锅。目前较多采用内加热煮沸锅进行低压麦汁煮沸工艺，低压内加热煮沸锅由于是密封式的带压煮沸，所以要求：

- 密封性好；
- 耐压性好；
- 必须安装安全阀；
- 必须安装排气阀；
- 密闭的乏汽排气管闸板；
- 酒花自动添加系统。

目前低压麦汁煮沸的温度较多采用 102～104 ℃,煮沸过程为：

- 在 100 ℃预煮沸 10 min 左右；
- 在 10～15 min 内将煮沸的麦汁温度从 100 ℃升至 102～104 ℃；
- 在 102～104 ℃的低压煮沸 15 min 左右；
- 在 15 min 内将锅内的压力降至大气压,麦汁的温度降至 100 ℃；
- 降压后麦汁在 100 ℃下后煮沸约 10 min。

低压麦汁煮沸锅相对于传统的麦汁煮沸锅来说总煮沸时间缩短至 60～70 min,使煮沸锅的占用时间下降,适合日糖化锅次高的麦汁生产,蒸发率约为 6%,大大降低煮沸时的蒸汽消耗,同时,二次蒸汽的温度高,便于二次蒸汽的回收利用,产生 96 ℃热水,用于麦汁的预热。

③具外加热器的麦汁煮沸锅。在国外已广泛采用,欧洲约 70% 的啤酒厂使用。外加热器是一系列管式热交换器组合,加热器设在煮沸锅外面,一个外加热器可以同时与 2～3 个煮沸锅配合使用,麦汁用泵打循环,如图 2.13 和图 2.14 所示。加热蒸汽由上部进入加热室,汽凝水由加热室下部排出。不凝气管在蒸汽管对面处引出。麦汁由加热器下部进入列管,在加热管内加热煮沸后,由上部送出,以线速度为 11～14 m/s,切线方向(一管或两管)进入麦汁煮沸锅。热交换器加热面积相当于麦汁 1～1.25 m²/m³。麦汁循环量可取所处理麦汁的 5～10 倍,用泵强制循环 6～10 次/h。

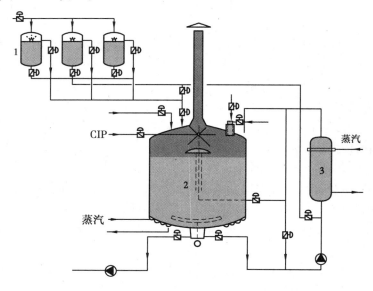

图 2.13　麦汁煮沸锅与外加热器的组合方式
1—酒花添加罐；2—煮沸锅；3—外加热器

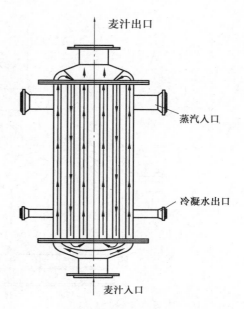

有效容积为 68 m³ 的外加热煮沸锅有关数据如下:煮沸锅为不锈钢材料,要求每小时蒸发量为 10%,考虑外加热循环 9 次/h,泵动力 40 kW,锅内麦芽汁温度可达 106 ℃,麦汁煮沸锅进管 φ355 mm。外加热最顶部必须装膨胀节,对管子与壳体的热膨胀进行补偿,外加热器加热面积为 88 m²,直径 1 000 mm,内径 800 mm,高 3 500 mm,采用 φ38 mm 紫铜加热管 220 根。

外加热煮沸锅的优点如下:

a. 煮沸时间可缩短 20% ~30%;

b. 循环次数可调节;

c. 只需压力很低的饱和蒸汽(0.3 MPa);

d. 煮沸强度和煮沸温度可调节;

e. 借助卸压效应,可使更多对香味不利的挥发性物质被蒸发掉。

麦汁煮沸锅的比较见表 2.2。

图 2.14　麦汁煮沸锅的外加热器

表 2.2　麦汁煮沸锅的比较

形　式	特　点	煮沸强度/%	煮沸时间/min
夹套式	夹层加热	6 ~8	90 以上
内加热器	具有列管式内加热器	10	70
外加热器	具有列管式外加热器	10	60 ~70

④煮沸-回旋两用锅。这种锅既作为煮沸锅,又当沉淀槽(见图 2.15)。采用外加热器,锅底为平底,设备既要满足煮沸锅的要求,又要符合回旋沉淀槽标准。当麦汁煮沸结束后,利用煮沸时的麦汁循环泵将热麦汁切线打入槽内分离热凝固物。操作过程为:加热 15 min,前煮沸(无压)10 min,升压至(0.25 ~0.33)×10⁵ Pa(表压)需 10 ~15 min,麦汁温度可达 106 ~108 ℃,保压煮沸 10 ~15 min,然后在 10 ~15 min 内排压至大气压,后煮沸 10 min。总煮沸时间 40 ~60 min,时间缩短约 70 min,总蒸发量为 3% ~6%。

(2)煮沸锅的体积

一般来说,每 100 kg 糖化投料量可产生约 650 L 的满锅麦汁(按 12% 原麦汁)。添加辅料时可达到 900 L/100 kg。对于内加热器来说,要使麦汁强烈翻腾煮沸并避免溢锅,就必须另外要有约 30% 的空余空间。对于外加热器来说,由于在锅体外加热,不会在锅体内产生很多泡沫,因此,锅体可相对小些,约需 15% 的空余空间。近年来,国内外酿酒设备向大型化发展,煮沸锅的容量已高达 60 ~100 m³。

(3)煮沸锅的材料及高径比

煮沸锅的材料通常选用碳钢、铜、不锈钢。高径比一般为 1:1。

5)糟化醪过滤设备

在国内工厂常见的有两种形式,即平底筛板的过滤槽(过滤槽静压过滤法)和板框压滤机

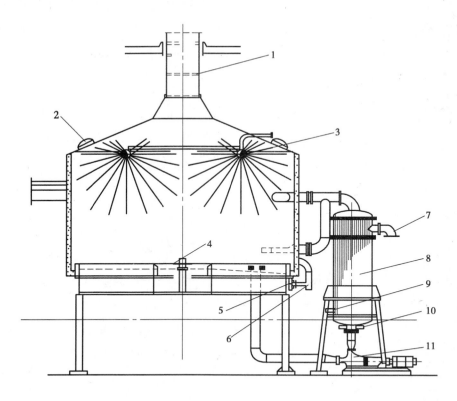

图 2.15　煮沸-回旋两用锅

1—废气挡板;2—人孔;3—喷头;4—热凝固物排出装置;5—热凝固物排出口;

6—汁出口;7—蒸汽进口;8—外加热器;9—冷凝液出口;10—CIP 接口;11—麦汁循环泵

(过滤槽正压过滤法),近来国外使用的快速过滤器(Nooter Strain Master)能强化糖化醪的过滤,已在国内使用。本项目只对平底筛板的过滤槽(糖化醪过滤槽)进行介绍。其他设备在液固分离设备中介绍。

糖化醪过滤槽是一种传统的常压过滤设备,以麦皮为过滤介质,过滤推动力较小,但实践表明:当麦芽质量较好,麦芽汁过滤能力在 $207 \sim 360$ L/$(m^2 \cdot h)$ 范围内,可获得澄清度合格的麦芽汁。缺点是占地较大,过滤能力较低。但因不需任何外加过滤介质,运转费用低,因而仍在啤酒厂广泛应用,国外过滤槽直径已达 $\phi(10 \sim 15)$m。

(1)结构

过滤槽是一具有圆柱形槽身、有弧形顶盖的平底容器,平底上有夹层、滤板、麦汁导管和耕槽器等;弧形顶盖上有排气管、人孔拉门等,过滤槽外部有保温层,以防醪液温度降低。过滤槽可用碳钢板、不锈钢板或铜板制作。其结构如图 2.16 所示。

①结构上全封闭。过滤槽采用全封闭式,滤出的麦汁不再流入敞口的接收槽中,而是通过视窗观察麦汁的清亮程度,避免在高温下麦汁与空气的接触,从而减少麦汁氧化的机会,避免影响啤酒口味。

②过滤筛板。在过滤槽平底上方 $8 \sim 12$ mm 处,可水平铺设过滤筛板,筛板用 $3.5 \sim 4.5$ mm厚的磷青铜板或不锈钢板制成。为了便于安装与操作,筛板不宜过大,每块筛板的面积一般约为 $3/4$ m²,共 $8 \sim 12$ 块。筛板上的孔隙,有圆孔,也有条形孔,为了减少阻力及便于

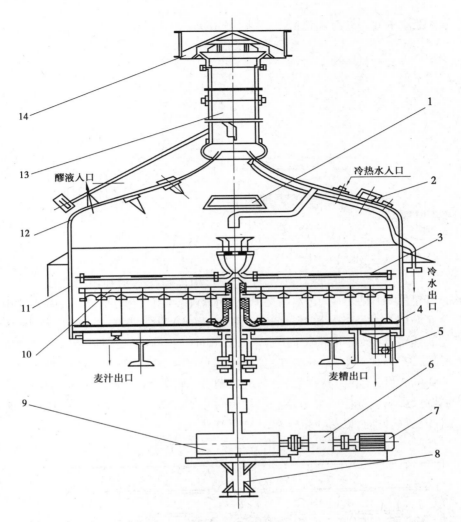

图 2.16　过滤槽

1—人孔单拉门;2—人孔双拉门;3—喷水管;4—滤板;5—出槽门;6—变速箱;7—电动机;
8—油压缸;9—减速箱;10—耕槽装置;11—槽体;12—槽盖;13—排气管;14—筒形风槽

清洗,在孔的下方应铣为喇叭开口状(见图 2.17),圆孔上部直径为 0.1 ~ 1 mm,背面直径为 3 ~ 4 mm,条形孔的上部缝宽为 0.4 ~ 7 mm,背面宽为 3 ~ 5 mm,孔长为 30 ~ 50 mm,开孔数量约 2.4 × 10³ 个/m²,开孔面积占筛板总面积的 4% ~ 8%(圆形筛孔为 2% ~ 3%)。如改用楔形不锈钢条形式,可使有效过滤面积增加到 12% ~ 16%,加快过滤速度,且清洗方便,不易堵塞。每块筛板的底面有筋条和支脚,支脚的分布应考虑到当人站在过滤板上操作时不致弯曲。筛板的安装要绝对水平,下面的支脚要高矮一致,每块板安装后不得有较大的缝隙,板边不得有翘起现象,以免被耕槽机带起。

③过滤导管。过滤槽平底上有均匀分布的澄清麦芽汁导出管,导出管直径为 25 ~ 45 mm,麦汁导管连接在滤孔上,用来将滤板和槽底之间收集的麦汁集中到麦汁受皿。每 1.25 ~ 1.5 m² 的底面上有一根导管(见图 2.18),平底过滤槽底部连接多根麦汁导管。导出管的旋塞必须严密,防止空气经麦汁导管进入滤板的夹层,降低麦汁流速。旋塞的出口要与夹

层在同一水平上。平底上还有麦糟流出口(1~3孔)。

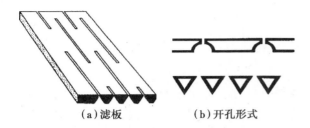

(a)滤板　　　　(b)开孔形式

图 2.17　滤板及其开孔形式　　　　图 2.18　麦汁收集管(内区 4 个,外区 6 个)

④耕糟机。过滤槽中设有耕糟机(见图 2.19),用以疏松麦糟和排出麦糟。当麦汁过滤一段时间后,麦糟紧密压在一起,过滤阻力升高,过滤速度降低甚至停止。这时必须用耕糟器松动糟层,重新开辟过滤通道。耕糟机的横梁臂(二臂、三臂或四臂)固定在主轴上,由下方的电动机、齿轮变速箱带动,并可用油压机带动升降,以便调节耕刀与筛板距离。耕糟机横臂下垂直排列一排耕刀,形式有单脚、双脚和弓形耕刀(见图 2.20),耕刀长 600~800 mm,耕刀间距为 200~300 mm,耕刀端部与滤板的距离可以调节,耕糟时最小距离为 50~60 mm,以防麦糟过滤层被破坏,影响麦芽汁的澄清度。出槽时最小距离为 5~10 mm。耕刀的刀面可以用手柄通过拉杆改变其方向,以适应耕糟和出糟的需要。

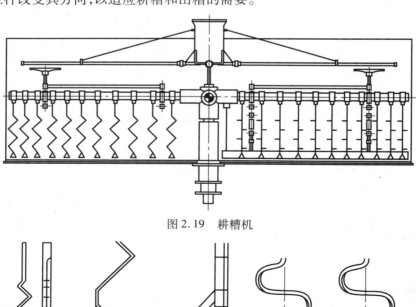

图 2.19　耕糟机

(a)单脚耕刀　　　　(b)双脚耕刀　　　　(c)弓形耕刀

图 2.20　耕刀形式

耕糟机一般有两级变速,耕糟时转速为 0.3~0.5 r/min,排糟时为 4~6 r/min。如小厂作糖化过滤槽,则还有一级变速,糖化时搅拌速度为 14.06 r/min。

在耕糟机中央轴上还设有洗槽用喷水器,由冷热水管、喷水储槽及喷水管组成,喷水管的长度比槽的内径稍短,面端封闭,管侧开有若干 $\phi2$ mm 小孔,水从小孔中喷出,利用水的反作用力,使喷水管旋转。

（2）有关参数

①麦糟层厚度。麦糟层厚度太厚会延长过滤时间,太薄则麦汁滤出太快,降低麦汁澄清度。一般麦糟层厚度取 0.3~0.4 m 较为适宜,如使用湿粉碎,麦糟层厚度最高为 0.4~0.45 m。

②过滤面积的确定。每 100 kg 干麦芽产生 180 kg 含水的麦糟,最适宜的槽层厚度若取 0.35 m,则对 100 kg 干麦芽的过滤面积为 0.5~0.6 m²。

③过滤槽容积的确定。每 100 kg 麦芽需过滤槽的容积为 0.7~0.8 m³。

（3）啤酒糖化醪过滤槽的技术特性（见表 2.3）

表 2.3　啤酒糖化醪过滤槽的技术特性

技术项目	技术要求
生产能力	9~15 锅/d
底部进醪	减少溶氧
筛板缝隙	0.5~0.7 mm
筛板自由流通面积	15%
回流的混浊麦汁从液面下进入	减少溶氧
麦汁收集口,锥角流速	1 个/m², 0.015 m/s
耕刀数量	2~2.25 个/m²
特殊形式的耕刀(有辅助耕刀)	增加耕糟的剪切效果
耕刀材料	紫铜耕刀脚中添加锌
耕糟机及麦汁泵的控制	变频调节
筛板底部清洗头的密度	2 个/m²
连续洗槽	麦糟层的通透性好
浸渍增湿粉碎筛板负荷	250 kg/m²,迅速、麦糟无分层
排糟门处的面积也具有过滤能力	增加过滤面积
可充氮气或二氧化碳加压过滤	0.02~0.03 MPa 增加过滤速度

6) 凝固物的分离设备

麦芽汁(又称麦汁)煮沸定型后,须立即分离凝固物,麦汁中凝固物分两类:一类是麦汁煮沸过程及麦汁冷却到 60 ℃ 之前形成的凝固物,统称为热凝固物;另一类是麦汁从 60 ℃ 冷却到 5~7 ℃ 所形成的悬浮粒子称为冷凝固物。热凝固物的分离设备有冷却盘、沉淀槽、回旋沉淀槽、麦汁离心机、凝固物压滤机和硅藻土过滤机等。冷凝固物的分离有冷麦汁直接沉淀法、

冷麦汁及酵母离心机、冷麦汁硅藻土过滤机。可见,有一些分离设备可以用在不同的工艺过程中,例如,硅藻土过滤机、离心分离机不仅适用于麦汁热凝固物及冷却凝固物的分离,还可用于啤酒的澄清。以下各项目将分别介绍这些设备。本项目重点介绍回旋沉淀槽。

（1）回旋沉淀槽的作用

回旋沉淀槽又称旋涡沉淀槽,是一种效果较好的热凝固物分离设备。

（2）结构形式

回旋沉淀槽是一直立圆柱槽,底部的结构形式可以是多种多样的,常见的有杯式底、下锥底、环管形底、上锥底和斜底等,形式如图2.21所示,目前使用较多的是斜底,呈小于2%的斜度,以利于清水冲洗和排除热凝固物;如底的中央呈小杯状或小圆锥状,则杯体或圆锥体内应能储积全部热凝固物,但体积过大,则造成较多的麦汁损失。新型回旋沉淀槽的底部中央还设有高压旋转喷头,能迅速将结块的酒花糟打碎并排出槽外。

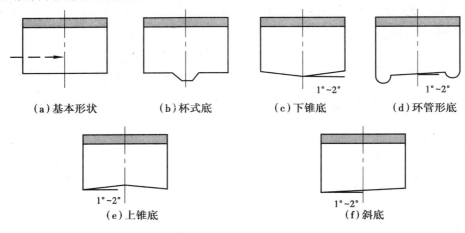

（a）基本形状　　（b）杯式底　　（c）下锥底　　（d）环管形底

（e）上锥底　　　　　　（f）斜底

图2.21　回旋沉淀槽底的多种结构

回旋沉淀槽还设有人孔、视镜、液位管、温度计和自动清洗装置。其结构如图2.22所示。

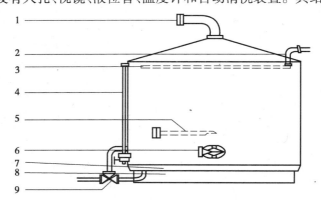

图2.22　回旋沉淀槽的结构

1—排气筒;2—洗涤水进口;3—喷水环管及喷嘴;4—液位指示管;5—麦汁切线进口;
6—人孔;7—钢筋混凝土底座的水防护圈;8—底座;9—麦汁及废水排出阀

（3）回旋沉淀槽的工作原理

回旋沉淀槽的工作原理是热麦汁以较高速度从切线方向泵入槽内,不断回旋运动,由于回旋效应,使热凝固物颗粒沿着重力和向心力所组成的合力的方向而成较坚固的丘状体沉积于中央底部,从而使固液分离(见图2.23)。

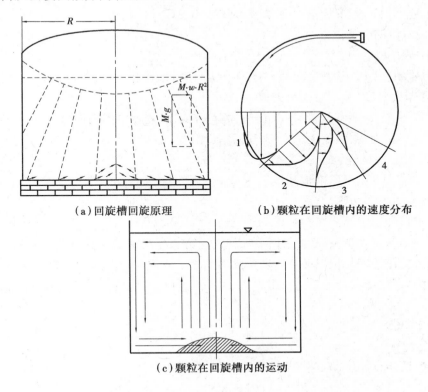

(a)回旋槽回旋原理   (b)颗粒在回旋槽内的速度分布

(c)颗粒在回旋槽内的运动

图2.23 回旋沉淀槽工作原理

在回旋沉淀槽中麦汁与热凝固物的分离分两个阶段:第一阶段是热凝固物沉积阶段,即热凝固物在回旋沉淀槽底部中央形成丘状沉积物;第二阶段是残余麦汁从热凝固物中渗出阶段(见图2.24)。

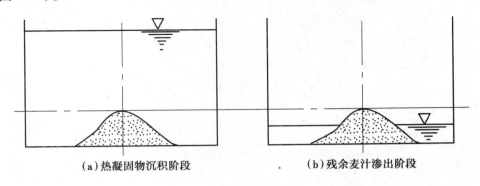

(a)热凝固物沉积阶段   (b)残余麦汁渗出阶段

图2.24 回旋沉淀槽中分离热凝固物的两个阶段

操作时,麦汁以切线方向水平进入槽内,麦汁进口速度为7~8 m/s,回旋沉淀槽的操作关键在于回旋运动产生回旋效应,进口位置最好与槽内液面相平,由于液面不断上升,麦汁进口宜采用不同的位置,此外即使在同一水平面上,也可设几根不同位置的进料管,这样能增加麦汁在槽内的回旋向心速度,加剧回旋效应。所以有的回旋沉淀设备麦汁进口有6处。为了不干扰麦汁流动,避免产生旋涡影响回旋效应,槽内部要求光洁无障碍物。一般麦汁进料 10～20 min,在回旋槽内停留 30 min,就能达到所需要的澄清度,沉淀成坚实的丘状体,一般不再压滤回收麦汁,比一般沉淀槽损失减少 0.6%～0.9%。

（4）回旋沉淀槽的优点

①设备结构简单;

②热凝固物除去快而彻底,麦汁在槽内停留时间短,接触空气时间短,麦汁色度浅,麦汁温度高(80 ℃以上),麦汁不易受污染;

③加粉碎酒花(或酒花浸膏)时,可省去酒花分离器,麦汁自煮沸锅出来,直接进回旋沉淀槽分离酒花及热凝固物,目前工厂生产已广泛使用。

（5）回旋沉淀槽材质

回旋沉淀槽大多用不锈钢板制作。

（6）回旋沉淀槽的安装

①麦汁进口位于麦汁高度的 1/3～1/2 处;

②麦汁导出管及麦汁泵处均设止回阀,以防止混入空气或麦汁倒流影响沉淀;

③回旋沉淀槽的安装位置最好在麦汁煮沸锅之下或与麦汁煮沸锅安装在同一楼层,以免回旋沉淀槽的位置过高,麦汁泵送时阻力大、摩擦大,使已凝固的块状沉淀被击碎而影响沉淀效果。

（7）有关参数

①槽体。

圆柱高与槽体直径比:$H:D = 1:(1.3～1.5)$。

液面高度与槽体直径比:$H_{液}:D = 1:(2～2.5)$。

麦汁深度 <3 m。

②进口速度。热麦汁以切线方向进入槽内,进口速度在 4～10 m/s 就可达到良好的分离效果。最好控制进口速度为 7～8 m/s。麦汁在槽内的回转速度应达 8～10 r/min。

③麦汁进口、出口位置。麦汁进口一般设于麦汁高度的 2/3 处。麦汁出口一般设 3 个出口导管。第一出口位于麦汁高度的 2/3 处;第二出口位于麦汁高度的 1/10 处,是澄清麦汁主要出口;第三出口位于槽底最低处,同时作为排除沉淀物的出口。

（8）10 m³ 平底回旋沉淀槽的主要规范表(见表 2.4)

表 2.4   10 m³ 平底回旋沉淀槽的主要规范表

名　称	规　格
直径/mm	3 200
圆柱体高/mm	1 800
麦汁高度/mm	1 300
平底斜率/%	2
麦汁进口位置/mm	距槽底 620
麦汁出口:第一出口/mm	距槽底 800

名　称	规　格
第二出口/mm	距槽底 200
第三出口	槽底最低处
麦汁进口管径/mm	45
麦汁出口管径/mm	80
总容积/L	14 400
有效容积/L	10 000
材质及碳钢厚度/mm	A_3，800
工作温度/℃	60～100
自动清洗装置	U 形喷洗器
洗涤压力/Pa	4×10^5

2.1.2　葡萄糖制备设备

1) 淀粉水解糖简介

在实际发酵生产中,由于微生物受生理生化特性的制约,在进行新陈代谢时,只能有效地利用营养物中的单糖和二糖,不能利用多聚糖类。如酵母菌和大部分细菌只能利用葡萄糖、果糖、蔗糖、半乳糖及部分麦芽糖等,不能利用糊精、淀粉等大分子物质。因此,以淀粉为原料时,必须先将淀粉水解成为葡萄糖才能供发酵使用,这个过程称为"糖化",所以制得的糖液称为淀粉水解糖。

淀粉糖主要应用于食品工业、医药工业和化学工业。

①食品工业主要应用于面包、谷物、食品、糖品、雪糕和乳制品、饮料、罐头、果酱等。

②医药工业有食品级和医药级两种。口服糖标准低于医药级,同时有的还加入维生素、钙质等以提高营养供病人、老人、儿童服用。

③葡萄糖同时还是重要的化工原料,是生产山梨醇、甘露醇、维生素丙、维生素 C、葡萄糖酸、葡萄糖醛、味精、酒精、醋酸等各种产品的原料,广泛地应用于工业生产。

2) 液化设备

用 α-淀粉酶对淀粉乳进行液化的方法很多。按操作不同可分为间歇式、半连续式和连续式;按设备不同可分为管式、罐式和喷射式;按 α-淀粉酶制剂的耐温性不同可分为中温酶法、高温酶法、中温酶与高温酶混合法;按加酶方式不同可分为一次加酶、二次加酶、三次加酶液化法。目前,在淀粉液化过程中,一般采用连续喷射式、一次加酶的高温酶法。

一次加酶喷射的工艺也有很多,其中,Novo 公司的一次加酶喷射工艺流程(见图 2.25)和丹麦 DDS 公司的一次加酶喷射工艺流程(见图 2.26)应用较多。

(1)调浆罐

调浆罐主要作用是将浆料与溶剂在密闭的容器中、在高温高压条件下进行溶解和调煮成

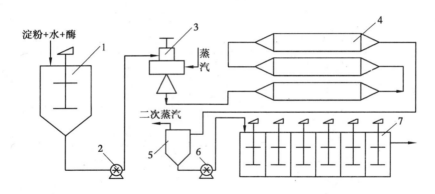

图2.25 Novo公司的一次加酶喷射工艺流程

1—调浆罐;2—泵;3—喷射液化器;4—维持管道;5—闪冷罐;6—泵;7—卧式隔板层流罐

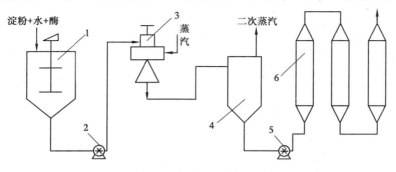

图2.26 丹麦DDS公司的一次加酶喷射工艺流程

1—调浆罐;2—泵;3—喷射液化器;4—闪冷罐;5—泵;6—立式层流罐

均匀稳定的浆液。一般用普通碳钢制成,上部为圆柱形,下部为圆锥形(便于排料),其体积应视喷射液化器的生产能力而定,罐的个数应根据具体工作情况选定($n \geqslant 2$),罐内设有搅拌器,其类型多为平浆式,转速为60~90 r/min,搅拌器既可独立运行又可同时搅拌使浆料调制更充分、更彻底。罐的圆柱部分的高度 H 与直径 D 之比一般为1:1。在调配罐内,把淀粉乳调到30%~33%(17~18 Be)浓度,用10% Na_2CO_3 调至 pH 值5.8~6.0,最后加入耐高温的α-淀粉酶,料液搅拌均匀。罐的装填系数可取0.8~0.9。

(2)泵的选择

淀粉浆的送料泵应根据实际所需要的压头在一定输送时间下确定的流量去选择合适的泵型号,一般是选用耐酸离心泵(因酸性大、腐蚀力强、泵及管道均采用耐腐蚀材料),如 F 型泵(耐腐蚀泵)其系列型号的工作范围为压头15~105 m,流量为2~400 m^3/h,表2.5是这类泵的部分规格。

表2.5 F型耐腐蚀泵的性能

泵型号	流量		扬程 H/m	电机功率 N/kW	效率 η/%	允许吸入高度/m	叶轮外径 D/mm
	m^3/h	L/s					
25F-15	3.6	1.0	16	0.8	41	6	130
40F-26	7.2	2.0	25.5	2.2	44	6	148

续表

泵型号	流量		扬程 H/m	电机功率 N/kW	效率 η/%	允许吸入高度/m	叶轮外径 D/mm
	m³/h	L/s					
50F-40	14.4	4.0	40	5.5	46	6	190
50F-16	14.4	4.0	15.7	1.5	64	6	123
50F-16A	13.1	3.6	12	1.1	62	6	112
65F-16	28.8	8.0	15.7	4.0	71	6	112
65F-16A	26.2	7.3	12	2.2	69	6	112

(3)喷射液化器

喷射液化器可使蒸汽直接喷射入淀粉乳薄层,使淀粉乳和蒸汽直接相遇,淀粉乳在短时间内瞬间达到所需温度,从而使淀粉加热糊化、液化(见图 2.27)。图 2.28 为两种不同喷射液化器的构造示意图。它是由阀体、针阀、蒸汽进口、料液进口、排出口及控制系统组成,A 为蒸汽进口,B 为混有液化酶的淀粉乳进口。

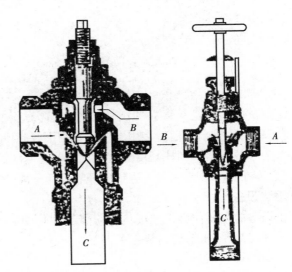

图 2.27　喷射液化器实物图　　　　图 2.28　喷射液化器构造示意图

喷射液化设备流程如图 2.29 所示,先通入蒸汽进入喷射器预热到 80～90 ℃,然后用泵将调节好浓度、pH 值并加入 α-淀粉酶的淀粉乳打入喷射器,同时调节蒸汽阀门,使蒸汽压力为 4～6 kg/cm³,喷射温度 1 次喷射控制在 105～110 ℃,2 次喷射控制在 125～135 ℃;让蒸汽直接喷入淀粉乳的薄层,使淀粉乳及时均匀地引起糊化、液化。

蒸汽喷射产生的湍流,使淀粉乳受热快而均匀,黏度降低也快。被液化的淀粉乳由喷射器下方高速卸出,进入维持罐,保温维持 4～5 min,然后引入快速冷却器冷却至一定温度,最后泵入液化罐,液化罐维持温度 103～106 ℃、时间约 2 h 进行液化,在液化罐中应能保证料浆的先进先出、后进后出,使物料在一定的温度下,液化相同的时间,以达到所需的液化程度,得到需要的液化液。此方法的优点是液化效果好,蛋白质类杂质的凝结性好,糖化液的过滤性能好,设备少,适于连续操作。玉米淀粉液化较困难,以25%～33%浓度为宜,若浓度在33%以上,则需要提高用酶量2倍。

(4)闪冷罐

闪冷罐是一种效果较好的冷却设备,它的工作原理是热料浆以较高的速度从切线方向泵入闪蒸罐,进行回旋运动(见图2.30),由于回旋效应(有点像旋风分离器,应要保持一定的高度,以免液体会溢出),使料浆中的气体(水蒸气)部分从料浆中溢出形成二次蒸汽,而且料浆在真空中呈过热状态,因而瞬间大量蒸发水分,水分变为二次蒸汽从排气口排出,迅速带出大量热量,从而使料浆的温度下降至85～90 ℃,此时,淀粉颗粒会进一步糊化,淀粉分子链断裂,料液分子呈小分子状态并进一步分散,蛋白质进一步絮凝,完成料浆的液化。

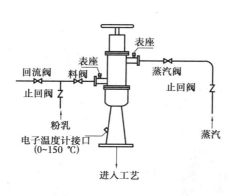

图2.29 喷射液化器流程图 　　　图2.30 闪蒸罐的工作原理

①结构。闪蒸罐是一直立的圆柱形槽,底部有斜底、锥底等形式,目前使用最多的是锥底,以利于料浆的排出。槽体多用碳钢或不锈钢板制成。进料口应置于圆柱体上部的2/3处。

②有关参数。槽体圆柱高度与直径比:$H:D=1:(1.3～1.5)$。料浆以切线方向进入槽内,进口速度在4～10 m/s即可达到良好的冷却分离效果。

3)糖化设备

糖化设备的主要作用是把液化淀粉浆与糖化酶混合,在一定温度下维持一定的时间,以利于酶作用于淀粉,水解淀粉成麦芽糖浆。

(1)间歇式糖化设备

间歇式糖化罐除了完成淀粉的水解任务外,还应具备将淀粉液化料浆从液化温度冷却到糖化温度并维持糖化温度使其糖化的功能。

糖化罐一般为立式圆柱形(见图2.31),底部是圆锥或球形,顶部是椭球形。实践证明球形底的糖化罐消耗的搅拌功率较小。

糖化罐一般用钢板焊接而成。圆柱部分的板厚6～8 mm,底部厚8～10 mm,盖厚5～6 mm。

罐内装有换热蛇管2～3组,换热蛇管常用铜管或不锈钢管制成。因糖液容量多,而冷却水的温度又较高,为保证迅速冷却,冷却水常分为2～3段进入蛇管。

为帮助和加速冷却均匀及控制糖化温度均匀一致,糖化罐内应安有搅拌器。其搅拌叶常用旋桨式或平桨式,共 2~3 对,转速为 100~120 r/min。搅拌转轴悬挂装置于糖化罐盖中心的轴承上,轴的另一端则装在罐底的止推轴承里,搅拌轴由皮带传动或通过减速器直接传动。糖化罐底部装有糖化液排出口和废水排出口,由闸阀控制。

(2)连续糖化设备

连续糖化罐具有圆筒形外壳,球形或锥形底,若进入的液化醪液未经冷却或冷却不够,则糖化罐内需设冷却管,如果液化醪已经冷却到足够的温度,则糖化罐内可不设冷却管(见图2.32),无冷却管的连续糖化罐,液化醪由管 1 进入,管 1 上安有阀门,开工时将该阀门关闭,以避免破坏真空冷却器的真空,为了保证醪液有一定的糖化时间,应保证糖化醪的容量不变,故设有自动控制液面的装置,因而在管 3 连续送入无菌压缩空气,罐盖有人孔 4,罐侧中部有温度计测温口 5,在罐侧和罐底有杀菌蒸汽进管 6,罐内装有搅拌器 1~2 组,搅拌器形式除涡轮搅拌器外,也有用旋桨式或平桨式的。搅拌器采用减速器或三角皮带传动,转速为 45~90 r/min。罐内若设有冷却蛇管,则转动方向应与冷却管中水的流动方向相反。连续糖化一般在常压下操作,为减少染菌,可做成密闭式。

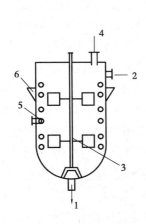

图 2.31　糖化罐结构图
1—出料口;2—进料口;
3—搅拌器;4—加酸管;
5—冷却蛇管;6—支座

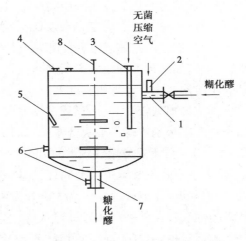

图 2.32　连续糖化罐结构
1—液化醪进管;2—糖化酶进口;3—空气管;4—人孔;
5—测温口;6—杀菌蒸汽进口;7—出料口;8—搅拌器

4)流体的输送及过滤设备

(1)流体输送设备

将糖化罐中的水解糖液送去过滤设备进行过滤,输送设备可选择普通的离心泵(根据压头和流量从泵的手册或产品目录中选择),抑或先将水解糖液从糖化罐吸到一个真空压力容器,然后再由真空压力容器送到过滤设备进行过滤。

(2)糖液过滤设备

发酵工厂常用的糖液过滤设备有常压过滤槽、真空过滤槽、加压板框过滤机和加压叶片过滤机等,将在液固分离设备中详细叙述。

任务2.2 培养基的灭菌及冷却设备

2.2.1 葡萄糖的连续灭菌

灭菌是指利用物理和化学的方法杀灭或除去物料及设备中一切生命物质的过程。在整个发酵过程中,为了实现纯种培养,需要排除一切杂菌污染的可能,发酵的培养基(液)制备后必须进行彻底灭菌,以除去培养基中自身带来的所有微生物,然后才能接入发酵的纯菌种,这是避免杂菌,保证纯种发酵的一个重要环节。培养基灭菌的方法有很多,可分为物理法和化学法。物理法包括:加热灭菌(干热灭菌和湿热灭菌)、过滤除菌、辐射灭菌等。化学法主要是利用无机或有机化学药剂进行灭菌。目前广泛应用加热方法即用蒸汽加热培养基的方法进行灭菌,工厂一般都有高压蒸汽。采用高压蒸汽湿热灭菌是一种简便而又实效的灭菌方法。

湿热灭菌有分批灭菌(又称实消或实罐灭菌)和连续灭菌(又称连消)两种方式,培养基的分批灭菌,即配制好的培养基放在发酵罐或其他贮存容器内,通入蒸汽,将培养基和设备一起进行加热灭菌,然后再冷却至发酵所要求的温度的灭菌过程。分批灭菌过程包括升温、保温和冷却3个阶段。生产上采用实罐灭菌,不需专一灭菌设备灭菌,方法操作简单,但灭菌时间较长且营养成分损失较大,灭菌过程占用发酵设备的操作时间较长,不利于发酵设备的周转。一般适用于中小型厂或小批量培养基(如种子培养基)以及少量只适宜单独灭菌的特殊物料(如尿素等)。对于发酵罐容较大的大中型厂,一般需采用连续灭菌的方法,连续灭菌俗称连消,即培养基不在发酵罐中灭菌,而在一套专门灭菌设备中,培养基连续进料、瞬时升温、短时保温、尽快降温,完成灭菌操作后才进入发酵罐或其他贮存容器的过程。连续灭菌是在发酵罐或其他贮存容器外采用高温短时灭菌的连续操作过程,所以这种方法的优点是培养基营养成分的破坏较少,有利于提高发酵产率,整个过程占用发酵设备的操作时间较少,发酵罐利用率高,整个过程使用蒸汽均衡,可采用自动控制,减轻劳动强度。工业生产中,大批量的培养基普遍采用连续灭菌工艺。

用湿热灭菌的方法处理培养基,除微生物被杀死外,还伴随着营养成分的破坏。其加热温度和受热时间对灭菌程度和营养成分的破坏都有作用。因此,在实际生产中,必须选择一个既能达到灭菌的目的,又能使培养基中营养成分破坏至最小的灭菌工艺条件,必须采用适宜的灭菌时间和灭菌温度。当然,灭菌是一个非常复杂的过程,它包括热量传递和微生物细胞内的一系列生化、生理变化过程,还会受多种因素的影响,如灭菌物中 pH 值的影响、培养基成分的影响、培养基中微生物数量的影响、培养基中水分含量的影响、培养基中颗粒的影响以及泡沫的影响等。

由于分批灭菌可在发酵罐中进行,无须专一的灭菌设备,而连续灭菌则需专一设备,为此,本任务只叙述几种类型的连消流程及设备,因整个连消过程是加热和冷却的过程,所以这些设备所组成的流程并不是固定不变的。如采用喷射加热而采用真空冷却有困难,也可采用其他冷却方法,如喷淋冷却器或板式冷却器等。

1)连消器-喷淋冷却流程

此设备流程如图2.33所示,其设备主要是连消塔,附属装置(设备)是开料池、送料泵、维持罐和喷淋冷却器。

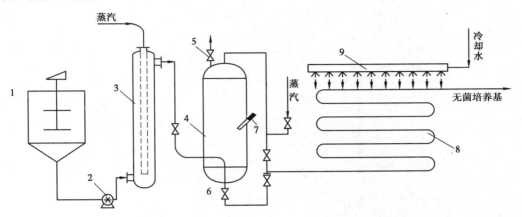

图2.33 连消塔喷淋冷却连续灭菌流程

1—定容罐;2—泵;3—连消塔;4—维持罐;5—排气阀;6—底阀;7—温度计;
8—冷却管;9—冷却水喷淋分布管

此流程的工作过程是:把组成培养基的各种原料在配料罐里配好,然后用泵打入连消塔与蒸汽直接混合,达到灭菌温度后进入维持罐(也称保温罐或后熟器)维持一定时间后经喷淋冷却器冷却至一定温度进入发酵罐(发酵罐已提前灭菌)。

(1)连消泵

输送培养基的泵一般可采用离心泵、旋涡泵、往复泵等。由于连续灭菌系统要求流量稳定,离心泵和旋涡泵的流量因压头不同而有变化,往复泵有脉冲现象,故目前比较理想的连消泵是螺杆泵(见图2.34),它结合了离心泵和往复泵的优点,流量较稳定,但价格较高。

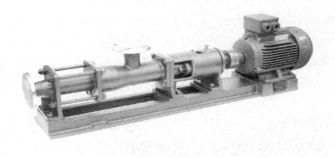

图2.34 螺杆泵实物图

(2)加热设备

①连消器。这是一种汽液混合型加热装置,结构如图2.35所示。其器身为圆筒,筒下端伸入一套管喷嘴,培养基从中流入,与底盖连接,蒸汽从管外环隙同时喷入,在器内进行混合。为增加混合效果,喷嘴上方设置一圆形挡板,用3根支柱焊在套管上,料液在圆筒内维持一定的时间后,由筒顶排出。此种形式的连消器实际上已接近于喷射加热器,结构简单,外形尺寸小,使用效果较好。

②双进汽连消器。也称蒸汽内外夹攻式加热器,此种连消器结构简单、占地面积小、混合效果好,在味精厂连消流程中较多采用,其结构如图2.36所示。

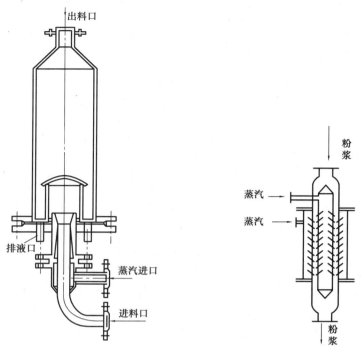

图2.35　连消器

图2.36　双进汽连消器

③连消塔。它是培养液高温短时间连续灭菌的设备,分套管式和喷嘴式两类(见图2.37)。套管式连消塔培养液由外管下部侧面进入,在两管间向上流动,被内管小孔中喷出的蒸汽加热到预定温度,由外管上部侧面流出。培养液在管间的高温灭菌时间为15～30 s,流动线速度要小于0.1 m/s。内管开有45°向下倾斜喷出蒸汽的小孔,为了加工方便,也可水平方向开孔,靠近蒸汽入口位置的孔距要大,随后孔距减小,使蒸汽均匀加热,蒸汽喷孔易堵塞,所以孔径不宜太小,一般为6 mm。汽液混合式连消塔料液由下端进入,蒸汽由侧面进入后成环形加热料液,蒸汽喷出口的高度适宜是防止噪声的关键。上升的料液被圆形挡板阻挡,折转向四周上升,随后又被蒸汽第二次加热。

(3)维持罐

维持罐的作用是维持加热到一定温度的培养基达到灭菌时间。结构为长圆筒形,上下为球形封头,罐顶部安装有压力表、排气管、人孔,圆筒上有温度计测温孔、进出物料管接口。设备不需另行加热,但必须在设备的外壁用绝热材料进行保温,而且设备要求使培养基按顺序流动,所以进料管由圆筒上部侧面伸入,在罐内通到下部,使料液自下向上流动,至上部侧面接管流出,停止操作时,料液由底部接管排尽(见图2.38)。

(4)喷淋冷却器

这种设备结构简单、清理维修方便(见图2.39),管外结的水垢可以定期铲除,料液在密闭的管内流动,不易染菌。冷却水从上方水槽喷淋而下,水呈膜状沿管子外壁向下流动。冷却管的直径以50～70 mm为宜。

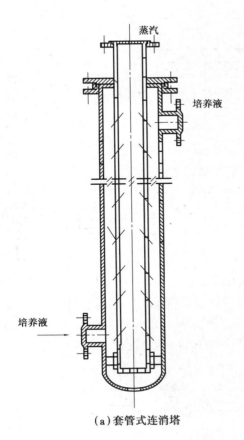

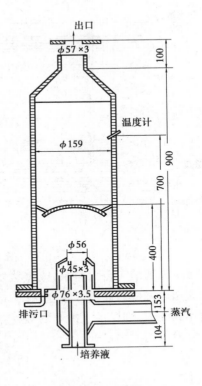

(a)套管式连消塔　　　　　(b)喷嘴式连消塔

图 2.37　连消塔

除了采用喷淋冷却器之外,有些味精厂的连消流程冷却设备还采用螺旋板式换热器、板式换热器和真空冷却器等,它传热效率高,结构紧凑可缩短冷却时间,降低冷却水用量,还可在室内安装,效果也很好。

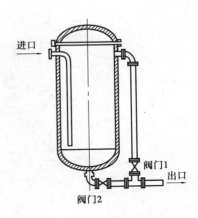

图 2.38　维持罐

2) 喷射加热-真空冷却流程

喷射加热连续灭菌流程如图 2.40 所示,由喷射加热、管道维持、真空冷却组成的连续灭菌流程。培养基用泵打入喷射加热器(见图 2.41)以较高速度自喷嘴喷出,借高速流体的抽吸作用与蒸汽混合,使培养基温度急速上升到预定的灭菌温度,灭菌温度下的保温时间由维持管道的长度来保证。经一定维持时间后通过一膨胀阀进入真空闪冷蒸发室,因真空作用使水分迅速蒸发而冷却到 70 ～ 80 ℃,再进入发酵罐冷却到接种温度。这个流程的优点是加热和冷却在瞬间完成,营养成分破坏最少,可以采用高温灭菌,把温度升高到 140 ℃而不致引起培养基营养成分的严重破坏,由于采用管道维持,可以保证物料先进先出,避免过热。但此流程操作难度较大,需要使蒸汽的压力和流量以及培养基的流量比较稳定,才能保持灭菌温度恒定,否则就会产生灭菌不透或过热现象。另外,由于真空的影响,

63

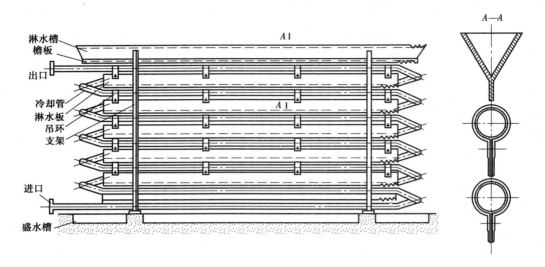

图 2.39　喷淋冷却器

在蒸发室下面要装一台出料泵,或将蒸发室置于离发酵罐液面 10 m 以上的高处,否则,物料就不能流出至发酵罐而进入真空系统,这就带来了不方便。尤其是用泵输送,如果出料泵的密封达不到要求,则已经灭菌好的培养基有可能重新污染,这个问题也许是目前很多工厂不采用真空冷却的原因之一。

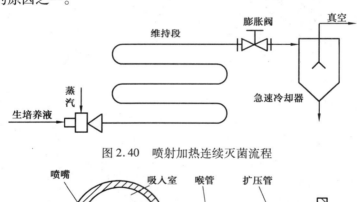

图 2.40　喷射加热连续灭菌流程

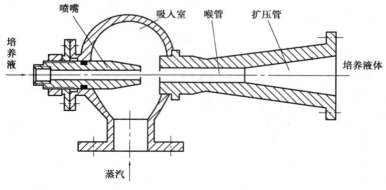

图 2.41　喷射加热器示意图

3)板式换热器的灭菌流程

图 2.42 是采用板式换热器的灭菌流程。生培养基先进入板式换热器的热回收段与熟培

养基进行一次热交换,进行达到预热目的以提高热量的利用,然后进入另一个薄板换热器中加热到灭菌温度后,引入维持段保温一段时间,灭菌好的熟培养基(液)再进入热回收段作为生培养基的加热介质,同时本身也得到一定程度的冷却,最后进入冷却段用冷水冷却到所需的培养温度后放入发酵罐。该灭菌流程在一台薄板换热器中完成培养液的预热、加热及冷却3个过程,培养液的预热过程同时为灭菌后培养液的冷却过程,减少了加热蒸汽和冷却水的用量。

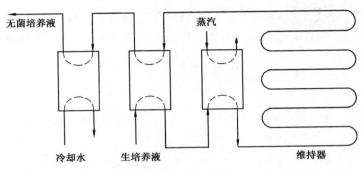

图 2.42　板式换热器连续灭菌流程

2.2.2　板式换热器

1)板式热交换器的结构

（1）整体结构

如图 2.43 所示,板式热交换器是由一系列矩形不锈钢像夹心饼一样叠在一起,固定在钢架内。它主要由换热板、上导杆、下导杆、横梁架、活动板、固定板、夹紧装置、密封垫圈及中间板等组成,其各部分的功能为:

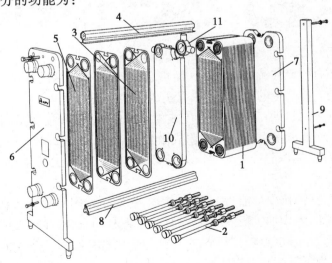

图 2.43　板式换热器整体结构

1—换热板组;2—拉紧螺母和螺栓;3—换热板和密封垫圈;4—上导杆;5—尾板;6—固定板;
7—活动板;8—下导杆;9—横梁架;10—中间板;11—边接管

①横梁架。主要是支承换热板片,使其拆卸、清洗、组装等方便。

②固定板、活动板。夹紧压住所有的传热板片,保证流体介质不泄漏。

③上下导杆。承受板片质量,并保证安装时板片在其间滑动,导杆比传热板组长,以便松开夹紧螺栓时打开传热板便于检查。

④密封垫圈。主要是在换热板片之间起密封作用,并使之液体分布在不同板片之间。

⑤换热板。是换热器主要起换热作用的元件,一般波纹做成人字形,按照流体介质的不同,传热板片的材质也不一样,大多采用不锈钢和钛材质制作而成。

⑥夹紧装置。主要是起紧固两端压板的作用。夹紧螺栓一般是双头螺纹,预紧螺栓时,使固定板片的力矩均匀。

⑦中间板。中间板将热交换器分成几部分。

(2)换热板

如图 2.44 所示,换热板是板式换热器的主要构件,是用 1 mm 厚不锈钢板由水压机冲压成型。换热板的主要结构和功能如下:

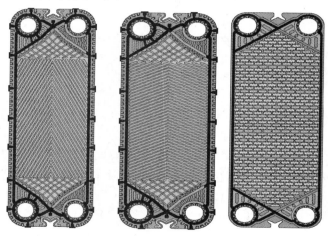

图 2.44　板式换热器的换热板

①在传热板上冲有与流体流动方向呈一定角度的波纹,在传热板的四周和角孔周围冲有固定密封垫圈的凹槽。传热板的 4 个角上一般开有 4 个角孔。

②传热板冲有波纹的目的不仅是增强传热板的刚性和强度,主要是当流体在板间流动时,由于波纹的存在,使流体多次改变方向造成激烈的湍流,如图 2.45 所示。湍流消除了表面的滞留层,从而提高了流体的传热效果。另外,冲有波纹后,增大了传热面积,利于流体的均匀分布。

③为了改变刚度,提高抗变形能力,在板的表面,每隔一定间隔冲有凸缘,当装配压紧时,使各板间有许多支承点,既增加了板的刚性,又保证了两板间有合适的间距。

④传热板尺寸的大小直接影响传热效果。传热板的宽度和长度直接影响流体通过整个传热表面的均匀性。为了使流体沿板的宽度迅速达到均匀的流动并消除板面上的死角,必须使板长 l 与板宽 b 的比值增大,一般板长 l 与板宽 b 之比为 $l/b = 3 \sim 4$ 较为合适。板的长度应考虑拆卸清洗操作方便,一般板长为 1 000 ~ 1 200 mm,板宽为 300 ~ 400 mm。

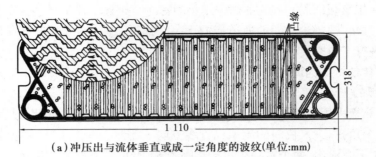

（a）冲压出与流体垂直或成一定角度的波纹(单位:mm)

（b）流体在换热板间的流动

图 2.45 传热板上的波纹及流体在换热板间的流动

⑤一般在传热板的 4 个角上冲有角孔,在四周和角孔的周围冲有凹槽,用来固定垫圈。

⑥传热板的标记方法是:用阿拉伯数字 1,2,3,4,…表示传热板的流通孔;根据组合流程确定是否开孔,若不开此孔,则无此数字;传热板上打有字母,用大写的英文字母 A 在上表示正立,B 在上表示倒立。

（3）密封垫圈

在传热板上的密封垫圈都布置在板的同一侧。密封垫圈采用无毒性,耐高温,耐酸耐碱的合成橡胶制成,放置于每片板的周边和两个孔口,用于密封并分成两个流体通道,如图 2.46 所示。垫圈分为密封角孔的角孔

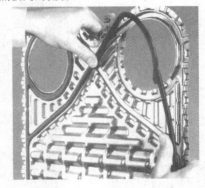

图 2.46 在换热板四周和角孔周围的密封垫圈

垫圈与绕在四周的大垫圈两大类(见图 2.47)。当流体经过角孔垫圈时流体被角孔垫圈密封通过传热板;当流体经过大垫圈时,流体进入传热板。调节密封垫片厚度可改变流体通道大小。配置垫圈时,必须使传热板在组合后能够形成互不联通的冷、热两种流体的进出通道。

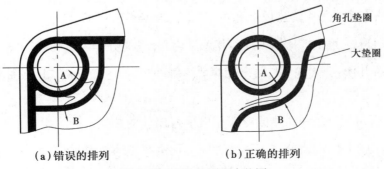

（a）错误的排列 （b）正确的排列

图 2.47 角孔垫圈和大垫圈

工作时,在传热板的周边和孔的周围用垫圈密封。布置角孔垫圈是为了保证两传热板之间的流体能通过角孔,越过相邻的通道流向下一个通道。冷、热两种流体在传热板的两边流动,在流动中进行了热交换。

2) 流体在传热板间的流动

(1)传热板的工作过程

大多数传热板采用使流体沿直线流动方向流动的配置。如图 2.48 所示,大垫圈围绕板上同一侧的两个角孔,进入板间的流体成直线方向下流。在左板上,一种流体从左角上孔流入板间,由左角下孔流出,两个右角被角孔垫圈密封,阻止另一种流体流入左板;在右板上,另一种流体从右角上孔流入,由右角下孔流出,两个左角被角孔垫圈密封,阻止第一种流体流入右板,这样就形成了直线方向流动的两种流体互不相连的进出通道。可以看出,在传热板的两面分别流动着两种流体,而且它们是相间的流动着,两种流体交替流过板内通道,这样使每一种物料的两侧都有加热或冷却介质流动,物料被传热板两面的介质加热或冷却。

为了增大传热效果,各传热板之间的距离应尽可能小一些,但大量的流体流过窄小的通道时,物料的流速和压力差会变得很大,这不利于物料的稳定流动。为了消除这种情况,物料在垫圈的作用下通过热交换器时可以分成若干支相互平行的支流,如图 2.49 所示。

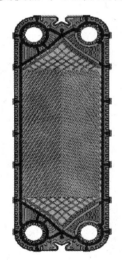

图 2.48　换热板的左右板

图 2.49　流体在换热板间的流动路线

(2)传热板的表示方法

大多板式热交换器每块传热板上有 4 个角孔,根据工艺要求,借助不同的垫圈布置可构成不同的流体通道,一般用 $\dfrac{a \times b}{c \times d}$ 来表示,其意义为:分式的分子表示物料,a 表示分成了几个支流,b 表示流过几次;分式的分母表示加热或冷却介质,c 表示分成了几个支流,d 表示流过几次。

如图 2.50 所示为产品和加热或冷却介质平行流动的装置。图中组合可写成 $\dfrac{2 \times 4}{4 \times 2}$,流体被分成两支平行的液流,同时改变了 4 次方向。加热介质的通道被分成 4 支平行液流,它改变了 2 次方向。板片组即产品通过的次数乘以平行的液流数与介质通过的次数乘以平行的液流数之比。

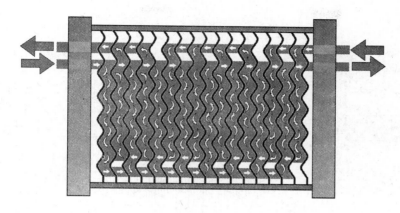

图 2.50　冷热流体不同流程

3）板式热交换器的组合

（1）一段式板式换热器

一段式板式换热器常用于麦芽汁的冷却,是指利用一种冷却介质一次性将热麦汁(约 97 ℃)冷却至发酵温度(约 7 ℃)。冷却介质为冰水,通过氨蒸发将常温水直接降到 2 ℃,与麦汁换热后被加热到 82 ℃。这部分水可以是经过处理后的软化水,直接用于酿造(如洗槽)。一段冷却流程如图 2.51 所示。

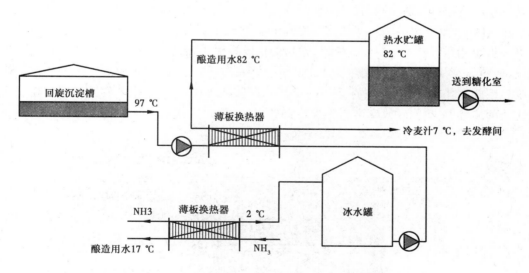

图 2.51　用于冷却麦芽汁的一段式板式换热器

（2）二段式板式换热器

二段式板式换热器常用于麦芽汁的冷却,第一段冷却是用自来水作冷却介质,将麦汁从 95 ℃左右冷却至 40～50 ℃,冷却水由不到 20 ℃被加热到 55 ℃左右;第二段冷却是用深度冷冻的水作为冷却介质,麦汁被进一步冷却到发酵入罐温度 7 ℃左右,冷冻水从 -4～-3 ℃升温至 0 ℃左右,回制冷站重新冷却后循环使用。二段式冷却流程如图 2.52 所示。

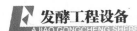
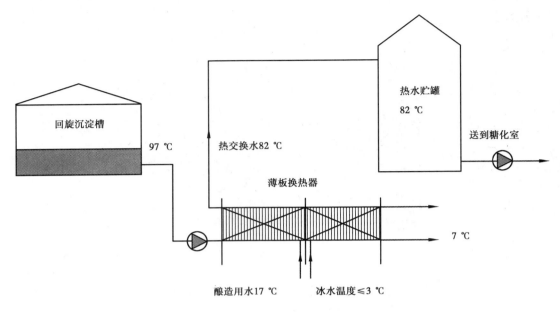

图 2.52　用于冷却麦芽汁的二段式板式换热器

(3)三段式板式换热器

　　在牛乳加工处理过程中,往往是加热杀菌后的物料需冷却,而预处理后冷却的物料需要加热。利用三段式板式热交换器可以实现用冷物料来冷却热物料;同理,用热物料来预热冷物料,将冷、热物料分别输送到传热板的两边,物料在传热板间流动时物料被预热或冷却。

　　在实际生产中,用冷物料将热物料冷却的温度达不到要求,还需要用冷却水或冰水将物料进一步冷却到所要求的温度。所以,常见的三段式板式热交换器包括冷却段、热回收段、加热段,如图 2.53 所示。是利用热流体,如巴氏杀菌乳的热量来预热进口的冷牛乳的方法称热回收。用冷牛乳也可以冷却热牛乳,这样也不仅可以节约热能还可以节约冷却水。在现代的巴氏杀菌装置中,热回收效率可达 94% ~95% 。

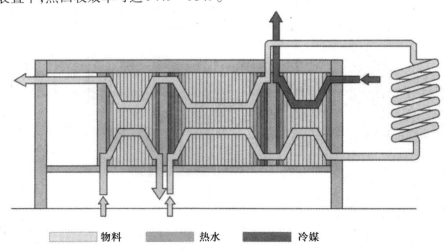

图 2.53　带有热回收段的板式热交换器

4)板式热交换热器的特点

(1)传热效率高

由于不同的波纹板相互倒置,构成复杂的流道,使流体在波纹板间流道内呈旋转三维流动,能在较低的雷诺数(一般 $Re = 50 \sim 200$)下产生紊流,所以传热系数高,一般认为是管壳式的 $3 \sim 5$ 倍。

(2)结构紧凑、占地面积小

板式换热器结构紧凑,单位体积内的换热面积为管壳式的 $2 \sim 5$ 倍,也不像管壳式那样要预留抽出管束的检修场所,因此实现同样的换热量,板式换热器占地面积为管壳式换热器的 $1/10 \sim 1/5$。

(3)对数平均温差大,末端温差小

板式换热器大多是并流或逆流流动方式,其修正系数也通常在 0.95 左右,此外,冷、热流体在板式换热器内的流动平行于换热面、无旁流,因此,使得板式换热器的末端温差小,对水换热可低于 $1\ ℃$,而管壳式换热器一般为 $5\ ℃$。

(4)具有较大的适应性

板式换热器容易改变换热面积或流程组合,只要增加或减少几张板,即可达到增加或减少换热面积的目的;改变板片排列或更换几张板片,即可达到所要求的流程组合,适应新的换热工况。图 2.54 为叠在一起的传热板。

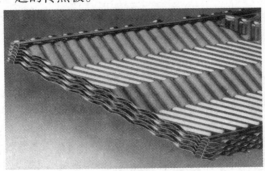

图 2.54 叠在一起的传热板

(5)重量轻

板式换热器的板片厚度为 $0.4 \sim 0.8$ mm。

(6)制作方便

板式换热器的传热板是采用冲压加工,标准化程度高,并可大批量生产。

(7)容易清洗

板式换热器只要松动压紧螺栓,即可松开板束,卸下板片进行机械清洗,这对需要经常清洗设备的换热过程十分方便。

(8)热损失小

板式换热器只有传热板的外壳板暴露在大气中,因此散热损失可以忽略不计,也不需要保温措施。

(9)容量较小

是管壳式换热器的 $10\% \sim 20\%$。

(10)单位长度的压力损失大

由于传热面之间的间隙较小,传热面上有凹凸,因此比传统的光滑管的压力损失大。

(11)不易结垢

由于内部充分湍动,所以不易结垢,其结垢系数仅为管壳式换热器的 1/10～1/3。

【实践操作】

1)啤酒糖化设备的使用操作

实训室小型啤酒糖化设备通常由糖化锅、糊化锅、煮沸锅、过滤槽、回旋槽以及板式换热器等组成,是典型的三锅两槽组合,便于学生认识和掌握。

(1)实训目的

认识啤酒糖化设备的结构及工作原理,学会其使用方法,能进行独立操作及维护。

(2)实训器材

啤酒糖化设备(糖化锅、糊化锅、煮沸锅、过滤槽、回旋槽、板式换热器)。

(3)实训方法

①糊化锅、糖化锅的操作使用。

A.开机前的准备工作。

a.开机前应先检查蒸汽机压缩空气压力是否达到工作要求。

b.检查各润滑点的润滑情况,加注润滑油。

c.开机前检查糊化锅、糖化锅是否清洗干净,各锅搅拌应先空载运转 1～2 min,检查是否有异常现象。

d.检查锅底阀门、排污阀是否关好。

e.糖化室所有的泵工作前都要检查运转情况。

B.开机运行。

a.投料。根据工艺要求设定水温和水量,糊化、糖化锅下料前先开搅拌电机,待锅水旋转正常后方可下料。各锅搅拌在工作过程中要注意观察电机、涡轮减速器运转是否良好,发现问题应立即停机检查。

打开下料阀进行下料,下料后,开启搅拌电机进行搅拌,按工艺要求的品种、数量和时间添加添加剂。

b.升温。升温时打开蒸汽调节阀,注意气压变化,关好锅口,打开风挡。根据工艺要求的时间、温度逐渐开大蒸汽阀门,使醪液匀速升温,升温结束后关闭风挡。严禁急开造成锅体剧烈冲击,损坏设备。

c.保温。保温时关闭风挡,保温时间按工艺要求执行。

d.兑醪。糊化锅醪液达到工艺要求时,打开糊化锅至糖化锅管路上的阀门,开倒醪泵将糊化醪倒入糖化锅混醪。

e.检查。当糖化锅醪碘合格后,快速升温至工艺要求的温度值。

C.糖化结束停机。

a.糖化如果不连续投料停产时各锅应用水冲净锅中及管路中的残留物。

b.关闭总气阀门,关掉所有设备的电源。

c.认真填写有关记录,清理现场卫生。

D.糊化锅、糖化锅的维护及保养。

a.操作过程中,按工艺要求通入蒸汽给锅加热,蒸汽阀要慢开慢关。

b.糖化、糊化锅均系压力容器,使用蒸汽压力不能超过锅的额定压力,使用时要严格监视控制压力,糊化锅使用压力为 0.25 MPa,最高不得超过 0.3 MPa;糖化锅使用压力为 0.2 MPa,最高不能超过 0.25 MPa。

c.定期检查搅拌轴的轴径、轴头是否有磨损。

d.搅拌轴的填料不能压得太紧,也不能过松,要定期更换石墨填料。

e.减速机涡轮箱门润滑油每年更换一次。

f.运行时要经常检查油温、油量,油温过高时,应检查油是否变质及油量过多或过少。轴承温度过高时,检查轴承或润滑脂。

②过滤槽的操作使用。

A.开机前的准备工作。

过滤槽在使用前,要先把各阀门关好,尤其是排槽阀要仔细检查,先将滤板铺好按紧,冲洗干净(把风挡关上,检查耕刀是否处于正常位置,把耕刀降到最低点,使用前同时开机运转要检查刀角底面是否有刮筛板现象,确信没问题时再开泵入醪)。然后从底部顶入 78 ℃的热水至没过滤板为度,以排出过滤筛板与槽底之间的空气,防止影响过滤速度,同时也起到承托醪液和预热设备的作用。

B.开机运行。

a.进醪、静止。将糖化醪边搅拌、边泵入过滤槽内,利用耕糟机翻拌均匀。然后静止 10 min 左右,使麦糟自然沉降形成过滤层,滤层厚度一般为 30 ~ 45 cm。

b.麦汁回流。先将麦汁导出管的阀门顺序打开,排出管内的空气后立即关闭。再顺序打开各麦汁流出阀。开始流出的麦汁浑浊不清,须用泵打回流使其返回过滤槽,回流时间一般为 10 min。目的是防止浑浊麦汁进入煮沸锅,造成蛋白质絮凝不好,麦汁组成不合理,影响发酵。

c.原麦汁过滤。当回流麦汁清亮时,回流结束,打开进入煮沸锅的阀门过滤麦汁。阀门打开时,不要过急,先开 1/4 ~ 1/3 开度,根据麦汁清亮程度,再逐步开大。阀门的开度应保持渗出的麦汁与排出阀流出的麦汁达到平衡。

过滤过程中,开降耕刀要检查液压站的压力是否达到要求及耕刀升降是否灵活。可开动耕糟机耕槽以疏松滤层,提高过滤速度,但耕刀转速要慢,以每分钟 1/5 ~ 1/3 转为宜。耕糟机的高度可上下调节,但距滤板的最低高度为 3 ~ 5 cm,不要放得太低,以免耕刀把滤板刮坏。

在原麦汁过滤过程中,应按工艺要求的时间和用量在煮沸锅中加入淀粉酶,将麦汁中少量的高分子糊精进一步液化,使之全部转变成无色糊精和糖类,提高原料浸出物收得率。

过滤 25 ~ 30 min 时,测定原麦汁浓度,以确定添加洗槽水的数量。

d.洗槽。原麦汁过滤接近终了时,即麦槽即将要露出时,按工艺要求的温度加入热水进行洗槽。在洗槽时由于麦糟中酸性物质被洗出,pH 会逐步升高,若 pH 超过 6.0,就不利于过滤和麦汁组分,需按工艺要求加入乳酸调节 pH 值。

洗槽水可分 3 ~ 5 次加入,加水量应一次比一次少。

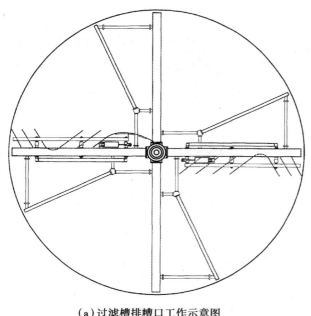

（a）过滤槽排糟口工作示意图　　　　　　　（b）过滤槽排糟板工作示意图

图 2.55　排糟示意图

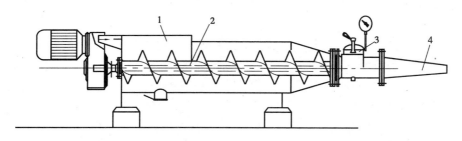

图 2.56　湿麦糟输送绞龙

1—装纳麦糟；2—麦糟绞龙；3—排气阀；4—进入麦糟立仓的管道

每次洗糟水的加入，以麦糟即将要露出时为宜，不要太早或太晚。太早，则残糖过高，洗不干净，如果加大洗糟水用量，又会使混合麦汁的浓度过稀，增加煮沸锅的负担；太晚，麦糟已露出液面，这样麦糟的缝隙里就会进入空气，给过滤带来困难。

在麦糟洗涤期间，若发生过滤困难，可采取以下方法改善过滤条件：

● 顶水法。将麦汁排出阀关闭，从底部通入 78 ℃热水，通过麦汁排出管顶进，使麦糟麦面溢出 10 ~ 15 cm 的水，这样可使麦糟层疏松，然后打开阀门开始打回流，待麦汁清亮后流入煮沸锅内。

● 焖糟法。关闭麦汁排出阀，把耕糟机落到最低，进行洒水搅拌。当麦糟表面水达 10 ~ 15 cm 时，停止搅拌，静止 3 ~ 5 min，打开阀门先打回流，待麦汁清亮后再流入煮沸锅。

e. 排糟。当洗涤麦汁浓度达到工艺规定值时，停止洗糟。打开麦汁输送泵进口阀门，排掉过滤槽中多余的水分，再开启麦糟输送器和压缩空气脉冲装置，打开排糟阀，开动耕刀排糟

（见图 2.55、图 2.56、图 2.57）。

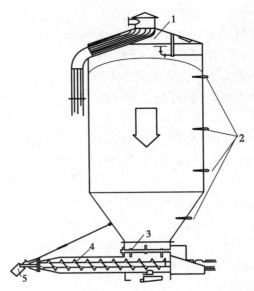

图 2.57　麦糟暂存仓

1—麦糟进入；2—显示器；3—分配器；4—麦糟绞龙；5—麦糟排出

排糟前应先把耕刀提到一定的高度，转换刀角方向由上而下缓慢进行，一层一层把糟排完，以免出糟太快造成管道堵塞；耕刀不要吃刀太深，以免造成耕刀变形；耕糟机升降不要超出上、下限标志，以免耕刀刮坏筛板。

排糟结束，用水冲净锅体，关闭排糟阀，检查排糟机前视镜看糟是否排完，若已排完，关闭麦糟输送机和空气脉冲装置。最后手动打开风阀顶净管路中的残糟以防管路堵塞，秋季更应如此。

③麦汁煮沸锅的操作使用：

a. 在过滤麦芽汁没过煮沸锅加热夹套时，开始预热。通常在洗糟结束前 45 min 左右开始预热，热麦芽汁温度达 95 ℃左右。

b. 洗糟结束时测定满锅麦芽汁浓度和数量，然后开大蒸汽压力，在工艺要求控制的范围之内进行煮沸，煮沸时间为 70～90 min。

c. 煮沸过程中按工艺要求添加酒花，不允许中途加水，要求关闭锅盖，防止吸氧。

d. 低压煮沸时，加入第一次酒花 10 min 内敞口煮沸，排出易挥发性物质。然后将锅盖密闭，约 15 min，锅内最大压力为 0.06 MPa，使麦芽汁温度达到 104～110 ℃，煮沸 15～25 min。之后在 15～20 min 内将锅内压力降低至大气压力，进行密闭煮沸。酒花则通过添加泵在减压阶段加入，煮沸后无压。

e. 煮沸结束后，测量终了麦芽汁浓度和数量，停止加热，送入下一工序分离热凝固物。

f. 按工艺要求用人工或自动清洗煮沸锅，否则，容易出现蒸汽压力过大，而麦芽汁温度仍然达不到的现象。要求每周进行一次大清洗，将 90～95 ℃的 2% 的氢氧化钠溶液泵入整个系统进行碱洗，之后放出沉淀物，再用清水冲洗干净。

g. 煮沸锅的维护与保养：

● 内加热器工作过程中使用蒸汽压力不能超过加热器的额定工作压力。

● 按工艺要求开关蒸汽阀,使温度在规定时间内达到工艺要求的温度。

● 每次煮沸前,应先打开不凝气排放阀门,在打开蒸汽阀门之后直到有蒸汽由不凝气阀门排出时,关闭不凝气阀门,方可继续加热。

● 应按工艺要求,对锅的内表面及加热器清洗,清除残垢,以免影响煮沸强度。

④回旋沉淀槽、薄板冷却器(一般两段式)的操作使用。

A. 工作前的准备工作。

a. 糖化打酒前应仔细检查回旋槽各阀门是否关闭,确信没有问题后再通知打酒。

b. 糖化打酒的同时用 85 ℃以上的热水对薄板冷却器进行杀菌处理。

B. 工作过程。

a. 开始时先将麦汁从麦汁进口切线打入回旋沉淀槽,管路全部开放,流速 1.5～1.7 m/s。当液位到达液位计位置时,打开喷嘴,流速 7～9 m/s。静置 30 min 后,将清亮的麦汁从麦汁出口泵入冷却器。槽底部的环形沟槽减轻了最后对热凝固物锥体的抽吸。

b. 冷却前应先打开泵送麦汁,将薄板中的热水顶出。

c. 开冰水泵将冰水送至薄板进行麦汁冷却。

d. 开启无菌风阀往麦汁中定量充氧。

e. 冷却过程中应注意观察泵的运转情况及各处的泄漏情况,发现问题及时处理。

C. 工作结束停机。

a. 开水顶出薄板中的麦汁,关闭充氧装置。

b. 关闭冰水泵和麦汁泵,而后打开薄板的反冲水阀顶出薄板中的残渣。

c. 卸掉空气过滤器底部的螺丝放掉残留水(每班排放一次)。

d. 开水把回旋槽中的凝固物冲入收集罐中。

e. 填写有关记录,清理现场卫生。

D. 板式热交换器在使用时的注意事项:

a. 不得使用对板片有腐蚀作用的介质,盐酸和含氯离子溶液对不锈钢极易腐蚀,因此,在使用时应注意尽量避免与含氯离子的溶液接触。

b. 橡胶密封垫圈一般使用约一年时间,垫圈使用过久,将发生永久变形,轻者使板间间隙变小,造成生产能力降低,重者将板片的突缘顶坏而发生泄漏。因此,无论从设备正常使用还是从经济方面考虑,定期更换橡胶垫圈都是值得的。

c. 应做好板片清洁工作,不得有铁屑、脏物,检查是否被腐蚀,板上橡胶垫圈是否脱胶。若脱胶,在脱胶处用砂纸将残胶打清,用乙酸乙酯清洗,再以黏合剂胶合,并以重物压紧 24 h 后再用。

d. 薄板冷却器按流程图进行组装,压紧尺寸在允许规定范围内,不得渗漏。使用前需用 70～85 ℃热水冲洗杀菌 15～20 min。

e. 操作压力。调节麦汁与冷却剂的泵送压力均为 0.1～0.15 MPa,应尽量保持均衡,不得超过规定的压差。若麦汁压力过高就会造成喷液。若冷却剂压力过高,就会使橡胶垫渗漏,造成冷却剂进入麦汁的质量事故。

f. 开启麦汁放出旋塞,旋塞不应开得太大,以达到冷却温度在 0.5 ℃要求内,不能忽高忽低。及时通风充氧,无菌压缩空气压力不得低于规定要求。

g. 冷却后 30 min 取麦汁测量其巴林度,并取样检测微生物。

h. 冷却结束后,通知冷冻间关冷却剂,再用无菌压缩空气吹尽板式热交换器中的麦汁余液,并通知发酵间取出前发酵的胶管。然后通水冲洗冷却器,再通热水循环,杀菌 20 min,待用。

E. 板式热交换器常见的故障:

a. 工作压力逐渐增大。造成此结果是由于介质不洁净或产生污垢使流道堵塞。

b. 传热效率逐渐降低。主要是因为板片结垢,使传热效率降低。

c. 泄漏。造成泄漏的主要原因是垫圈老化,或由于是夹紧装置破坏了垫圈的密封面所致。

F. 板式换热器的拆装:

a. 板式换热器拆卸前,首先测量板束的压紧长度尺寸,作好记录(重装时应按此尺寸)。

b. 拆下夹紧螺栓和全部换热片。

c. 取下各板片上的密封垫片,为防止用螺丝刀刺破板片,可采取液氮急冷法,使橡胶板条急冷变形,然后撕下。

d. 清理密封槽内的残余黏结剂,清洗板片上的污垢。

e. 用灯光或渗透法检查传热板片有无裂纹或穿孔,检查板片上是否有凹坑或变形。

f. 修复或更换损坏的板片。

g. 重新组装,组装前首先用丙酮清洗密封槽,并用 401 号黏结剂,水平位置粘好密封条。

2)淀粉葡萄糖制备设备的使用操作

此方法的优点是液化效果好,蛋白质类杂质的凝结好,糖化液的过滤性质好,设备少,也适于连续操作。

(1)实训目的

淀粉葡萄糖制备设备的操作、日常维护、保养方法,以确保安全正常运行。并能正确处理异常情况。

(2)实训器材

淀粉葡萄糖制备设备(包括液化设备、糖化设备、蛋白除渣设备、脱色过滤设备以及连续灭菌设备等)。

(3)实训方法

①液化设备的操作使用:

a. 开启真空闪蒸罐的真空泵,让闪蒸罐达到规定的真空度。

b. 喷射器在开始使用时,首先将喷射器针阀上调 5~6 圈。

c. 开蒸汽阀门,将喷射器、停留罐、液化柱预热至 100 ℃;关闭喷射器进料阀,打开喷射器回流阀。同时,启动料液进料泵,调节进料流量计,稳定进料回流约 10 min,以稳定进料泵的运转。

d. 待喷射器及停留罐预热至规定温度后,将进料阀门打开;逐步关小回流阀,调节好流量计,使进入喷射器的料液压力大于进入喷射器的蒸汽压力,经过料阀和针阀控制流量,针阀使淀粉乳形成空心圆柱状薄膜,从喷嘴射出。

e. 通过调节进气和进料阀门,使液化出口温度由高到低至 100~105 ℃,闪蒸罐内温度控制在 95~100 ℃。

f. 开启二次喷射器,方法同一次喷射器相同,将料液加热至 120~135 ℃,料液进入换热器和转鼓滤液换热,然后经二次闪蒸罐、二次闪蒸控制温度 98 ℃,在罐出口加入另一部分 α-淀粉酶,并按顺序连续通过 16 个液化维持罐。液化液通过时间约为 120 min。液化液的 DE 控制在 13%~17%,低于 18% 为好。

g. 换热降温和真空闪冷降温,经换热和真空闪急冷却系统,温度从 98 ℃ 降到 70 ℃,再降至 60 ℃。

h. 待液化快结束时,首先开启喷射器的淀粉乳回流阀,关闭喷射器淀粉乳进料阀,关闭淀粉乳罐、混合罐、Na_2CO_3 罐、α-淀粉酶罐阀门。关闭蒸汽阀,关闭淀粉乳罐、混合罐、加酶等进料泵。

i. 液化结束后,要用清水冲洗喷射器、设备、管道、泵等,要清洗干净。

②糖化设备的操作使用。

糖化罐要清洗干净,要做到清洁、无菌、无异物。

按顺序开启糖化罐进料阀、开启调节罐进料阀、进料泵、出料阀、HCl 进酸阀、泵、糖化酶进酶阀、计量泵,开启调节罐搅拌,开糖化罐进料泵、连续调节 pH 至 4.2~4.5,温度为 60~62 ℃,从调节罐溢流出口加入适量的糖化酶,开始糖化罐进料。

开动糖化罐搅拌,当料液进到规定的位置后,停止进液(液化液转进另一糖化罐),作好记录,进行保温糖化。

糖化时间 48~60 h,快到糖化终点时,勤取样,检测 DE 值是否达标,达标后,检测糖化液有无糊精反应。糖化液达标后,开始糖化出料。

出料。生产期间,糖化液灭酶用二次喷射后的液化液和经过转鼓除渣的滤液在换热器中换热灭酶,以节省蒸汽用量。刚投入生产时,先开启灭菌加热器,循环加热灭菌(温度 75~80 ℃)20 min,然后准备真空转鼓除渣过滤。

糖化罐放料完毕后,要开启 CIP 洗水系统,用约 30 min 彻底清洗糖化罐及管路,以防糖化罐染菌,清洗完毕后待用。

下班前,检查所有设备电气阀门是否关闭,彻底打扫卫生。

③蛋白除渣设备的操作使用:

A. 开车。

a. 启动转鼓过滤机前,应仔细检查储液槽内、搅拌器、转鼓、刮刀及其他部件上有无无关的物体,滤布洗涤是否干净,安装是否正确。减速机内将油加注到规定的油面线位置,油杯应加满润滑油脂,电机接线必须正确(从转鼓减速机方面看,转鼓应顺时针旋转);刮刀的进退和操作键的规定要相符。

b. 启动搅拌器,注意搅拌器不应有异常声音,搅拌频率应根据预涂过滤介质的实际情况合理选择(10~30 次/min 范围内)。

c. 启动真空泵。检查一切正常后,启动真空泵。先将两台真空泵内积存的水尽量放空,然后拧上丝堵,关闭真空泵进气阀门,启动真空泵。待达到正常转速后,缓缓打开真空泵进水阀(至正常开度一半),打开真空泵进气门,然后调节进水阀至正常开度。

d. 预涂标准。预涂层厚度一般为 60 ~ 80 mm,真空度一般应维持在 350 ~ 450 mm Hg (0.05 ~ 0.06 MPa)为宜。真空度过低,预涂层难于吸附形成;过高,预涂层容易产生裂纹。

e. 预涂。开预涂液泵前阀→泵后阀→开转鼓预涂混合液阀→开预涂液进液泵→开转鼓清液回流阀,将预涂混合液均匀地注入储液槽内;液面浸没转鼓位置由低到高,慢慢升高至溢流高度,调整进料流量,滤出清液回流至配土罐。

f. 预涂结束后,关闭助滤剂混合液注入阀门,将剩余的混合液由排净阀放回配土罐,助滤剂排净后,关闭排净阀。

g. 启动刮刀减速机电机,将刮刀刀刃进给至预涂层母线平行接触的位置,进行预涂层修补操作。

h. 调节转鼓过滤机的真空度,真空管路中有止回阀的情况下,先停一台真空泵,再关闭被停真空泵的阀门;如真空管路中无止回阀,要先关闭需停真空泵的真空阀再关该真空泵(先关闭真空泵会突然破坏转鼓的真空度而造成预涂层坍塌,先关真空阀门对真空泵使用寿命有影响),预涂层修复和真空度调整好后,转鼓过滤机待用。

i. 糖化岗位放料开始,及时开转鼓进料阀,将糖化液均匀地注入储液槽,并维持液面高度至溢流位置。开滤渣传输绞龙;检查滤液罐有无异物,是否清洁,关闭滤液罐所有阀门准备进料。

j. 将转鼓转速调到最适宜的转速,选择刮刀进给方式并调整到最适宜的进给速度,检查密封装置的密封情况。

k. 正常生产期间,滤液放入滤液罐后,准备灭酶,开滤液泵,进行滤液换热灭酶工作。

l. 在液化岗位二次喷射器停车的情况下,用蒸汽进行灭酶。

m. 液化岗位二次喷射器正常工作时,进行换热灭酶;开启滤液灭酶换热器进出料转换阀-滤液进出料阀,开滤液泵,进行高温瞬间灭酶,温度为 75 ~ 80 ℃,用旁通阀调节灭酶温度,灭酶后的滤液送入一次脱色罐进行正常脱色过滤。

n. 当转鼓上的预涂层厚度减少至 10 mm 时,刮刀将自动停止进给,表示一次过滤过程已经结束。

o. 当除渣过滤快要结束之前,启动备用真空转鼓过滤机,按上述方法操作。

B. 停机。

a. 如果转鼓过滤全面停车,提前 10 ~ 15 min 通知糖化岗位,停止注入糖化液。

b. 准备换机时,提前预涂备用转鼓过滤机,然后,开进料阀进料除渣,同时关闭卸土转鼓过滤机的进料阀,停止注入糖化液并准备卸土操作。

c. 选择退刀方式,自动退刀时,仅需按退刀键,刮刀即可自动退回并停止。

d. 转鼓继续运转至储液槽内糖液已低于转鼓最低点时,关闭真空泵或真空阀门(替换转鼓过滤机时不停真空泵)。

e. 开卸土过滤机的糖化液排净阀,将剩余的糖化液通过气水分离器排放到滤液罐,关糖液排净阀。

f. 开启清洗装置阀-助滤剂排净阀,将储液槽、转鼓、搅拌架、滤布等冲洗干净,洗液排入配土罐,特别要把滤布洗涤干净。然后关冲洗装置,正常生产时,继续预涂助滤层备用。

g. 如长时间停车,关闭转鼓驱动减速电机,如不需连续运转,必须关闭总电源。

④脱色过滤设备的操作使用。

A. 开车准备工作。

a. 检查所有设备机器是否正常,所有阀门是否关闭而好用。电路电器是否正常,各种仪表仪器是否齐全完好、灵敏,水、电、气是否正常。

b. 按比例配制好活性炭,浓度一般为30%左右。

c. 使用洗涤干净的滤布装配好过滤机,待滤。

B. 开车。

a. 根据前面来料情况,按顺序开启一次、二次脱色罐进料阀、搅拌器、进料泵进料。按顺序开启一次、二次脱色罐活性炭进料阀。开启进炭泵进炭。按比例调节各进料、进碳管道的进料流量计的流量。开蒸汽阀门,控制糖溶液温度在75~80 ℃范围内。

b. 按顺序打开一次、二次脱色过滤机的进料阀、回流阀,一次、二次脱色罐的出料阀。关闭过滤机的出料阀。

c. 按顺序打开各脱色过滤机的进料泵,调节进料流量计的流量,进行糖溶液过滤回流操作。

d. 回流中间勤检查滤液中是否有炭粒、滤液色泽(或透光率)是否达到标准。在无炭粒、滤液色泽达标后,开启过滤机出料阀,关闭回流阀,进行糖化液的正常过滤。

e. 待过滤机流速减慢,进料表压上升到规定限度时(4 MPa),说明该过滤机已经饱和,需要重新卸炭洗涤。此时,马上开启另一台备用过滤机,按顺序操作,使其达到正常过滤。

f. 关闭已经饱和过滤机的进料阀,停止已经饱和的过滤机进料。关闭其他阀门,打开已饱和过滤机的排空料阀、空气正吹阀,把剩存在该机内的糖液排入脱色储罐。

g. 然后按烛式过滤的操作法进行卸炭、洗涤,恢复过滤机的过滤功能,清洗后的过滤机待用。

h. 一次脱色后的废炭放入滤泥罐,然后用小转鼓过滤机脱水,滤液打入一次脱色罐,滤渣弃去。二次脱色后的废炭放入废碳罐,作为一次脱色用的活性炭炭浆。以此类推,进行过滤操作(一次加废碳为4.9 kg/T 干淀粉,二次加新碳4.34 kg/T 干淀粉)。

⑤离子交换的操作使用(见离子交换设备部分)。

⑥连消设备的操作使用。

A. 连消设备的检测。对于喷淋式连消设备,其检测内容主要包括配料罐、泵、连消塔、维持罐、喷淋冷却器等的检测。配料罐的检测包括配料罐配置的搅拌形式和搅拌转速,一般采用桨式搅拌,转速控制在100 r/min 以下;泵的检测主要是泵的扬程(需30 m 以上)和泵的种类,一般选用 AB 型泵及 W 型游涡泵,如果物料浓度高,黏度大,则通常采用往复泵与螺杆泵;连消塔中内管孔径一般为6 mm,45°向下倾斜,培养基流动的线速度要求小于0.1 m/s;维持罐是一个下进上出的立式密封保温设备,一般高径比为1.2~1.5,罐的装料容积满足维持时间的需要;喷淋冷却器主要检测喷淋冷却器的传热系数 K[一般为(300~500)× 4.186 kJ/(m^2·h·℃)]和流体在管内的流速(一般为0.3 m/s)。

B. 连消操作。

a. 配料罐用于培养基的配制,配制的培养基应能满足微生物细胞的生长和代谢产物合成的需要,培养基中营养物质利用要高,产物合成数量大,有利于提高产物的合成速率,缩短发酵周期,减少副产物的形成;减少对发酵过程中通气搅拌的影响,有利于提高氧的利用率、降低能耗;有利于产品的分离和纯化;并尽可能减少产生"三废"的物质。

培养基的配制包括培养基组分的保藏与处理。培养基各组分应该保藏在阴凉、干燥、清洁的环境里以减少微生物的污染和营养成分的破坏和消耗。如果配制培养基的地点靠近发酵车间,要注意防止营养成分的泄漏可能导致环境中微生物的生长。配制培养基的地点应保持清洁,并及时处理泄漏的培养基和进行化学消毒。

配制培养基时可以制订一个各个组分加入顺序的标准方法,并且在操作中严格遵守。因为配制培养基时加入的成分包括碳源、氮源、无机盐、生长因子、油等化合物,相互之间可能会发生复杂的化学和物理反应,如沉淀反应、吸收反应、转化为气体等,同时了解有关培养基化学性质的知识是很重要的。对于不易溶于水的粉末状培养基成分(如淀粉等)应在进行灭菌前调成浆状,以防止培养基结块而影响灭菌过程中的传热,减少造成染菌的可能,提高培养基的利用价值。

如果培养基使用的成分中有在自然条件下极易染菌的物质(如糖蜜),则这种物质应该最后加入。细菌的繁殖时间一般为 1～2 h,所以,如果培养基配制与灭菌之间时间太长,则污染物会有明显生长而降低灭菌效果,或者减少培养基的营养价值,甚至可能引入有毒物质。然后将培养基用泵输入预热桶中。

b. 连消前,首先要完成空气过滤器、发酵罐的灭菌操作。发酵罐的空罐灭菌又称为空消。空消操作时,先开启列管(或夹套)的蒸汽阀以及排水阀,进蒸汽压出列管(或夹套)内残留的水,然后关闭蒸汽阀,保持排水阀处于开启状态。最后,按实消的操作方法,直接进蒸汽进行灭菌。空消完毕,用无菌空气保压 0.05～0.10 MPa,等待连消。连消时,为了减小阻力,调节并保持发酵罐罐压为 0.02～0.03 MPa。

c. 将配制好的培养基泵送到预热桶进行预热,预热桶的作用有定容和预热两种。一般将培养基预热到 70～90 ℃。预热的目的是使培养基能够在后续加热中快速升温到一定温度,同时避免产生大量冷凝水而稀释培养基,还可减少噪声。预热好的培养基由连消泵输入喷射器,在喷射器中与蒸汽充分混合。根据喷射器出口的温度变化,控制培养基和蒸汽的流量,使混合料液温度符合连消要求的温度。操作过程中,喷射器出口显示的温度不宜波动过大,以免瞬间灭菌不彻底。

d. 加热后的培养基从维持罐底部进入维持罐,维持罐中将培养基灭菌温度维持一段时间,是杀灭微生物的主要过程。维持罐保温时,关闭阀门 2(见图 2.37),开启阀门 1,培养基由进料口连续进入维持罐底部,液面不断上升,离开维持罐后经阀门 1 流入冷却器。当预热桶中的物料输送完后,应维持一段时间,再关闭阀门 1,开启阀门 2,利用蒸汽的压力将维持罐内的物料压出。

e. 培养基从维持罐顶部出来后,经冷却管段的喷淋水冷却,然后到达发酵罐。为了提高发酵罐的周转率,应根据灭菌温度、冷却水温度以及培养基流量来设计冷却管路的长度,使进入发酵罐的培养基的温度等于或略高于接种时的温度,在发酵罐内不需要降温或稍微降温即可。

f. 若有多批培养基依次连消进入不同发酵罐,在每批培养基连消完毕时,通过转换连消系统去各个发酵罐的阀门来控制培养基的去向。在批次不同的培养基交接时,培养基容易在维持罐内混淆而造成各批培养基营养成分的浓度发生改变。为了避免营养成分混淆现象,通常在培养基定容时,对用于每批培养基配制的水,至少保留维持罐体积的 4~6 倍清水不与培养基混合,连消前期先泵送维持罐体积的 2~3 倍清水,中期泵送培养基主体部分,后期再泵送维持罐体积的 2~3 倍清水。

g. 当连消结束后,关闭维持罐进料阀以及顶部出料管上的出料阀,然后开启维持罐底部出料阀门以及顶部出料管上的蒸汽阀,通过蒸汽将残留在维持罐内的料液压至发酵罐。

• 项目小结 •

本项目介绍发酵生产中培养基的制备设备,主要介绍啤酒糖化设备、葡萄糖的制备设备和相应的灭菌设备。

现代啤酒糖化设备大都采用五器组合,即糖化锅、糊化锅、过滤槽、煮沸锅和回旋沉淀槽。设备全部安装在同一平面上,流体的输送全部采用动力输送,设备趋于大型化,操作向着自动控制方向发展。麦汁冷却采用传热效率高、结构紧凑、占地面积小的板式换热器,能达到非常好的冷却效果。

糊化锅是用来加热煮沸辅助原料(一般为大米粉或玉米粉)和部分麦芽粉醪液,使其淀粉液化和糊化。糊化锅的锅身为圆柱形,锅底为弧形(或球形),并设有蒸汽夹套;为顺利地将煮沸而产生的水蒸气排出室外,顶盖也做成弧形,顶盖中心有直通到室外的升气筒。粉碎后的大米粉、麦芽粉和热水由下粉筒及进水管混匀后送入,借助搅拌器的作用,使之充分混合,使醪液的浓度和温度均匀,防止靠近传热面处醪液的局部过热。底部夹套的蒸汽进口为 4 个,均匀分布周边上。完成之糊化醪经锅底出口用泵压送至糖化锅。升气筒根部的环形槽是收集从升气筒内壁上流下来的污水,收集的污水由排出管排出锅外。升气筒根部还设有风门,根据锅内醪液升温或煮沸的情况,控制其开启程度。顶盖侧面有带拉门的人孔(观察孔)。糊化锅圆筒和夹套外部包有保温层,糊化锅的制作材料多采用不锈钢,锅底设计成弧形,原因在弧形锅底对流体传热循环的影响上。

啤酒糖化锅的用途是使麦芽粉与水混合,并保持一定温度进行蛋白质分解和淀粉糖化。其结构、外形加工材料都与糊化锅大致相同。

麦汁煮沸锅又称煮沸锅或称浓缩锅,用于麦汁的煮沸和浓缩,把麦汁中多余水分蒸发掉,使麦汁达到要求浓度,并加入酒花,浸出酒花中的苦味及芳香物质。还有加热凝固蛋白质、灭菌、灭酶的作用。过去小型啤酒厂用夹套式圆形煮沸锅。其结构和糊化锅相同,因其需要容纳包括滤清汁在内的全部麦汁,体积较大,锅内有搅拌,但此种设备已逐渐被淘汰。为了增加单位容量麦汁的加热面积,改善麦汁的对流情况,加强煮沸效果,现代化啤酒厂多用具有列管式内加热器的圆形麦汁煮沸锅,煮沸锅内,另加加热装置,中心加热器占锅体积的 4%~5%,加热面可按工艺要求设计,每小时蒸发量可达 10%。具外加热器的麦汁煮沸锅在国外已广泛采用,欧洲约 70% 啤酒厂已用外加热器麦汁煮沸锅。

糖化醪的过滤是啤酒厂获得澄清麦汁的一个关键设备。国内对糖化醪过滤主要是平底筛的过滤槽。此过滤槽是一常压过滤设备,具有圆柱形槽身,弧形顶盖,平底上有带滤板的夹层。上半部的形状与糊化锅、糖化锅、煮沸锅基本相同。过滤槽平底上方 8～12 cm 处,水平铺设过滤筛板。槽中设有耕糟机,用以疏松麦糟和排出麦糟。

回旋沉淀槽又称旋涡沉淀槽,是一种效果较好的热凝固物分离设备。整个槽体是一直立圆柱槽,底部的结构形式常见的有杯式底、下锥底、环管形底、上锥底和斜底等。工作原理是热麦汁以较高速度从切线方向泵入槽内,不断回旋运动,由于回旋效应,使热凝固物颗粒沿着重力和向心力所组成的合力的方向而成较坚固的丘状体沉积于中央底部,从而使固液分离。

啤酒厂麦芽汁的冷却常用板式换热器,板式换热器是由一系列具有一定波纹形状的金属片叠装而成的一种新型高效换热器。主要由框架和板片两大部分组成。框架由固定压紧板、活动压紧板、上下导杆和夹紧螺栓等构成。板式换热器是将板片以叠加的形式装在固定压紧板、活动压紧板中间,然后用夹紧螺栓夹紧而成。板片由各种材料制成的薄板用各种不同形式的磨具压成形状各异的波纹,并在板片的 4 个角上开有角孔,用于介质的流道。板片的周边及角孔处用橡胶垫片加以密封。各种板片之间形成薄矩形通道,通过半片进行热量交换。是用薄金属板压制成具有一定波纹形状的换热板片,然后叠装,用夹板、螺栓紧固而成的一种换热器。工作流体在两块板片间形成的窄小而曲折的通道中流过。冷热流体依次通过流道,中间有一隔层板片将流体分开,并通过此板片进行换热。板式换热器的结构及换热原理决定了其具有结构紧凑、占地面积小、传热效率高、操作灵活性大、应用范围广、热损失小、安装和清洗方便等特点。

在实际发酵生产中,由于微生物往往不能直接利用糊精、淀粉等大分子物质。因此以淀粉为原料时,必须先将淀粉水解成为葡萄糖才能供发酵使用,这个过程称为“糖化”,所用设备是糖化设备,在发酵企业中常见的有液化设备、糖化设备、过滤设备、灭菌设备以及相应的设备。

利用喷射液化法,效果好,应用较多。喷射液化器的构造有不同的设计,要点是蒸汽直接喷射入淀粉乳薄层,使淀粉糊化、液化。操作时先通蒸汽入喷射器预热到 80～90 ℃,再用移位泵将淀粉乳打入,蒸汽喷入淀粉乳薄层,引起糊化、液化。使用蒸汽压为 390～588 kPa。蒸汽喷射产生的湍流使淀粉受热快而均匀,强度降低很快。液化的淀粉乳由喷射器下方卸出,引入保温桶中在 85～90 ℃保温约 40 min,达到需要的液化程度。此方法的优点是液化效果好,蛋白质类杂质的凝结好,糖化液的过滤性质好,设备少,还适于连续操作。

在生产中常用连消塔加热的连续灭菌流程。待灭菌料液由连消泵送入连消塔底端,料液在此被加热蒸汽立即加热到灭菌温度 383～403 K,由顶部流出,进入维持罐,维持 8～25 min,后经喷淋冷却器冷却到生产所需温度。此流程中套管式连消塔内物料被加热到 383～403 K,培养液在管间高温灭菌的逗留时间为 15～20 s,流动线速度小于 0.1 m/s,蒸汽从小孔喷出速度为 25～40 m/s。维持罐为长圆筒形受压容器,高为直径的 2～4 倍。罐的有效体积应能满足维持时间 8～25 min 的需要,填充系数为 85%～90%。

　　喷射加热的连续灭菌流程也是常见的连续灭菌方式,培养液在指定的灭菌温度下逗留的时间由维持段管子的长度来保证。灭过菌的培养基通过一膨胀阀进入真空冷却器而急速冷却。此流程能保证培养液先进先出,避免过热或灭菌不适现象。喷射加热器进行加热中,当料液压经渐缩喷嘴,以高速喷出时,将蒸汽由吸入口经吸入室进入混合喷嘴中混合,混合段较长,有利于汽液混合。料液在扩大管中速度能转变成压力能,因此料液被压入与扩大管相连接的管道中。

复习思考题

1. 简述糖化锅的作用。

2. 结合糖化锅的图片说出糖化锅的结构。

3. 传统法糖化锅与糊化锅其容积关系如何?

4. 啤酒厂的糖化设备有哪些?

5. 简述糊化锅的结构。

6. 结合糊化锅的图片说出糊化锅的结构。

7. 糊化锅的加热夹套底宜选用什么材质?

8. 弧形锅底的优点有哪些?

9. 糊化锅的加热原理是什么?

10. 麦汁煮沸锅根据加热装置分为哪几种?

11. 简述夹套式煮沸锅的结构。

12. 具有内加热器的麦汁煮沸锅的结构特点是什么?

13. 具有外加热器的麦汁煮沸锅的结构特点是什么?

14. 试述连续灭菌的操作要点和注意事项。

15. 回旋沉淀槽的工作原理是什么?

16. 简述回旋沉淀槽的结构。

17. 回旋沉淀槽麦汁入口的形式如何? 为什么?

18. 回旋沉淀槽的麦汁导出管及麦汁泵处为什么设止回阀?

19. 简述回旋沉淀槽的安装位置及原因。

20. 板式换热器有哪些特点?

21. 简述麦汁过滤槽法过滤操作过程。

22. 连续灭菌的基本设备有哪些?

23. 喷射液化器及闪冷罐的工作原理是什么?

24. 简述连消器-喷淋冷却流程及相关设备的结构、工作原理。

25. 简述喷射加热-真空冷却流程及相关设备的结构、工作原理。

项目 3

空气除菌及调节设备

📖 【知识目标】

- 了解空气的组成,了解空气中颗粒、微生物的存在状态;
- 熟悉除菌原理,熟悉空气净化除菌的方法;
- 掌握空气过滤除菌流程及其相关设备的结构和工作原理。

📖 【技能目标】

- 掌握空气净化除菌的要求与方法;
- 可以根据具体的情况设计安排空气过滤除菌流程;
- 掌握空气介质过滤除菌设备结构及原理;
- 掌握发酵工业生产的空气调节设备。

【项目简介】>>>

　　好气性微生物在生长繁殖和好氧性发酵过程中都需要氧,除极少数采用纯氧外,一般生产上均采用空气作为氧的来源,通入发酵系统。例如,一个通气量为 40 m³/min 的发酵罐,发酵周期为 125 h,所需要通入的空气量高达 $3 \times 10^5 m^3$。但空气中有各种各样的微生物,这些微生物一旦随着空气进入发酵系统,它们也会大量繁殖,不仅消耗大量营养物质,还可能干扰影响甚至破坏预定发酵的正常进行,危害极大,因此,整个发酵过程必须始终树立无菌观念。故掌握空气除菌及调节设备在工业发酵中具有非常重要的意义。

【工作任务】>>>

任务 3.1　空气除菌设备

3.1.1　空气除菌

1)空气除菌意义

　　空气除菌不净是发酵染菌的主要原因之一。为了保证纯种培养,必须将空气中的微生物除去或灭活后才能通入发酵液,空气除菌过程是需氧发酵过程的一项十分重要的环节。

　　空气除菌的目的是除去或杀死空气中的微生物。空气除菌的方法有加热灭菌、静电除菌、过滤除菌、辐射杀菌(含声能、X 射线、γ 射线、β 射线、紫外线、高能阴极射线等)。发酵工业中所指的"无菌空气"是指通过除菌处理后压缩空气中的含菌量降低到零或除菌效率达到99.999 9% 后的洁净空气,它已能满足发酵工业的要求。

2)通风发酵对无菌空气的要求和除菌方法

　　(1)空气中微生物的种类及其分布

　　空气是多种气体的混合物,它的恒定组成成分有氧、氮和氩、氖、氦、氪、氙等气体,空气中的不定组成部分,不同地区则有不同的组成。常见的有二氧化碳、水蒸气、氢、臭氧、一氧化二氮、甲烷、二氧化硫等多种物质。在空气中还存在有各种污染物质和微生物,空气中微生物的含量和种类,随地区、季节和空气中灰尘粒子的多少,以及人们的活动情况而异。一般干燥寒冷的北方空气中的含菌量较少,而潮湿温暖的南方则含菌量较多;人口稠密的城市比人口少的农村含菌量多;地面比高空的空气含菌量多。一般每升高 10 m,空气中的含菌量就降低一个数量级;一般城市空气中杂菌数为 3 000 ~ 8 000 个/ m³。空气中主要含有孢子和芽孢,细小而轻的菌体;随水分的蒸发、物料的移动被气流带入空气中或黏附在灰尘上而漂浮在气流中。

　　空气中含菌量随环境的不同而有很大的差异,选择良好的取风位置(如高空取风等)和提高空气除菌系统的除菌效率。

（2）好气发酵对空气无菌程度的要求

不同的发酵过程,由于菌种生长能力的强弱、生长速度的快慢、分泌物的性质、发酵周期的长短、培养物的营养成分和 pH 值的差异,对所用的无菌空气的无菌程度有不同的要求。如酵母培养没有氨基酸、液体曲、抗生素发酵那么严格。

发酵工业对空气的无菌程度的要求是:一般只要在发酵过程中不至于因为染菌而造成损失即可,但这不等于说可以放松对空气的无菌要求,当然应尽可能做到无菌。好气性发酵中需要大量无菌空气,但空气绝对无菌是很难做到的,也是不经济的,只要使在发酵过程中不至于造成染菌而出现"倒罐"现象,这就是通风发酵对无菌空气的要求。不同类型的发酵,由于菌种生长活力、繁殖速度、培养基成分和 pH 值及发酵产物等不同,对杂菌抑制的能力不同,因而对无菌空气的无菌程度要求也有所不同。好气性发酵需要大量无菌空气,空气要做到绝对无菌在目前设备条件下是困难的,也是不经济的。

（3）空气含菌量测定

空气中的含菌量难以准确测定,检测方法较多,主要有沉降法、撞击法、过滤法、简易定量测定法等。

①过滤法。抽取一定量的空气,使其通过一种液体吸附剂,然后取此吸附剂定量培养后计算出菌落数。

②撞击法。用吸风机或真空泵使含菌空气以一定流速穿过狭缝而被吸到营养琼脂培养基平板上,取出后置于 37 ℃恒温箱中培养 48 h,根据空气中细菌密度的大小调节平板转动的速度。最后根据取样时间和空气流量算出空气中的含菌量。

③沉降法。将盛有培养基的平皿放在空气中暴露一定时间,经培养后计算所生长的菌落数,此法简单,使用普遍,但由于只有一定大小的颗粒细菌在一定时间内才能降到培养基上,因此,所测的细菌含量不够准确,检验结果少于实际细菌量。

④简易定量测定法。用无菌注射器抽取一定量的空气,压入培养基内进行培养,即可定量、定性测定空气中的细菌。

⑤光散射粒子计数法。空气中的微粒在光的照射下会发生散射,这种现象称为光散射。光散射和微粒大小、光波波长、微粒折射率及微粒对光的吸收特性等因素有关。但是就散射光强度和微粒大小而言,有一个基本规律,就是微粒散射光的强度随微粒的表面积增加而增大。这样只要测定散射光的强度就可推知微粒的大小,即光散射式粒子计数器的基本原理。目前,我国采用 Y-09-1 型粒子计数器,是利用微粒对光线散射作用来测量粒子大小和数量的。

实际上,每个粒子产生的散射光强度很弱,是一个很小的光脉冲,需要通过光电转换器的放大作用,把光脉冲转化为信号幅度较大的电脉冲,然后再经过电子线路的进一步放大和甄别,从而完成对大量电脉冲的计数工作。此时,电脉冲数量对应于微粒的个数,电脉冲的幅度对应于微粒的大小。

尘埃粒子数器的具体工作原理是来自光源的光线被透镜组 1 聚焦于测量腔内,当空气中的每一个粒子快速地通过测量腔时,便把入射光散射一次,形成一个光脉冲信号。这一光信号经过透镜组 2 被送到光检测器,正比地转换成电脉冲信号,再经过仪器电子线路的放大、甄别,拣出需要的信号,通过计数系统显示出来。

利用光散射粒子计数法的缺点是对重叠细菌则难以测准,只是包含灰尘和细菌等微粒观念,不能测量空气活菌数。

3)除菌方法

不同的发酵过程,由于菌种生长能力强弱、生长速度快慢、分泌物的性质、发酵周期长短、培养物的营养成分和 pH 值的差异,对所用的无菌空气的无菌程度有不同的要求,所以对空气灭菌应根据具体情况而定。空气除菌的方法有很多,适用于供给发酵需要的大量无菌空气的除菌方法主要有以下几种:

(1)辐射杀菌

利用紫外辐射和电离辐射破坏微生物的蛋白质活性而起杀菌作用。超声波、X 射线、α射线、β 射线、γ 射线、紫外线、高能阴极射线等从理论上讲都能破坏蛋白质,破坏生物活性物质,从而起到杀菌的作用。但应用较广泛的还是紫外线,它在波长为 253.7 ~ 265 nm 时杀菌效力最强,其杀菌能力与紫外线的强度成正比,与距离的平方成反比,通常用于无菌室和医院手术室等空气对流不大的环境下消毒杀菌。但杀菌效率较低,杀菌时间较长,一般要结合其他方法(甲醛蒸汽等)来保证无菌室的无菌程度,且放射源成本较高、防护投入大、易产生放射污染等。

(2)加热杀菌

将空气加热到一定温度并维持一段时间,通过破坏蛋白质,使蛋白质变性或凝固,酶失去活性,以杀灭空气中的微生物。空气温度与微生物热死灭亡的时间见表 3.1。热杀菌是有效、可靠的杀菌方法,可以杀灭难以用过滤法除去的噬菌体,可用蒸汽、电能和空气压缩机产生的热量,但是如果采用蒸汽或电热来加热大量空气,以达到杀菌的目的。缺点是费用昂贵,无法用于处理大量空气,是十分不经济的。发酵工业上一般是利用空气压缩时放出的热量进行杀菌,流程示意图如图 3.1 所示。通常是先预热至 60 ~ 70 ℃后入压缩机压缩,压缩机在活塞高速运行和空气被压缩的过程中会产生大量的热,被压缩出来的空气温度可达到 200 ℃左右,压缩后的空气用管道或贮气罐保温一定时间以增加空气的受热时间,促使有机体死亡,空气在保温维持管中所需的时间根据温度不同而定。此外,若提高空压机进口空气的温度,则出口空气的温度也会提高。因此,利用空气压缩机产生的热量来灭菌的方法比较经济。

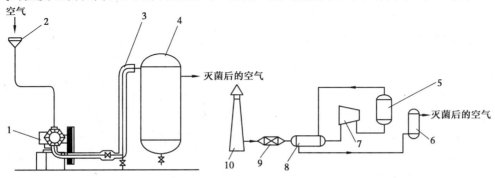

图 3.1　空气加热灭菌流程示意图

1—空气压缩机;2—粗过滤器;3—保温管;4—贮气罐;5—保温罐;6—列管式冷却器;

7—涡轮压缩机;8—预热器;9—粗过滤器;10—空气吸入塔

(空气进口温度为 21 ℃,出口温度为 187 ~ 198 ℃,压力为 0.7 MPa)

表 3.1 空气温度与微生物热死灭亡的时间

温度/℃	200	250	300	350
时间/s	15.1	5.1	2.1	1.05

（3）静电除菌

静电除菌防尘是利用静电引力来吸附带电粒子而达到除菌、除尘的目的。静电除尘器（见图3.2、图3.3）可以除去空气中的水雾、油雾、尘埃、微生物等。对 1 μm 的微粒去除率可达99%。悬浮于空气中的微生物，其孢子大多带有不同的电荷，没有带电荷的微粒在进入高压静电场时都会被电离变成带电微粒，但对直径很小的微粒，它所带的电荷很小，当产生的引力等于或小于气流对微粒的拖带力或微粒布朗扩散运动的动量时，则微粒就不能被吸附而沉降，所以静电除菌对很小的微粒效率很低。为了保证除尘效率，吸附于电极上的微粒、水滴、油滴等应定期清除。

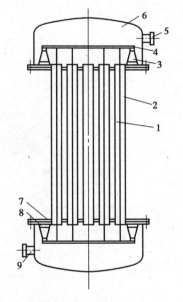

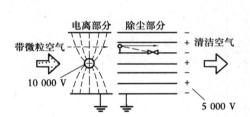

图 3.2 静电除尘器装置图

图 3.3 管式静电除菌器
1—电极钢丝；2—钢管；3—绝缘瓶；4—钢板；
5—空气出口；6—封头；7—管板；8—法兰；9—空气出口

静电除菌阻力小，约 $1.013\ 25 \times 10^4$ Pa，染菌率低，平均低于10%～15%，耗能小（每除 1 000 m³ 的空气每小时只需用电 0.2～0.8 kW），缺点是设备庞大且维护和安全技术措施要求较高、一次性投资较大、除菌效率不是很高（一般为85%～90%），通常还需要采取其他措施。常用于洁净工作台、洁净工作室所需无菌空气的预处理，再配合高效过滤器使用。

（4）介质过滤除菌

介质过滤除菌（见图3.4）是使空气通过经高温灭菌的介质过滤层，将空气中的微生物等颗粒拦截在介质层中，从而达到除菌的目的，是目前发酵工业生产中最常用、应用最广、经济适用的空气除菌方法。过滤介质是过滤除菌的关键，对过滤介质的基本要求是吸附性强、阻力小、空气流量大、能耐干热等。常用的过滤介质按孔隙的大小可分为表面过滤与深层过滤。

表面过滤又称绝对过滤,指粒子截留在介质表面上,此时粒子大小必须大于滤过介质的微孔。常用的有醋酸纤维素、硝酸纤维素制成的微孔滤膜。主要用于要求高的无尘、无菌洁净室的末级滤过。

深层过滤又称介质过滤或相对过滤,指粉尘的滤过过程发生在滤过介质内部,此时尘粒的粒径可小于介质的微孔,故必须有一定厚度的介质滤层才能达到过滤除菌的目的。常用的介质有棉花、玻璃纤维、天然纤维、合成纤维、粒状活性炭、烧结材料(烧结金属、烧结陶瓷、烧结塑料)、发泡性滤材及薄层滤纸等。

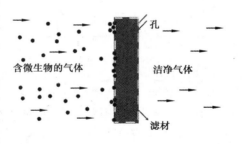

图 3.4　介质过滤除菌的机理

以上 4 种空气除菌方法中,加热灭菌可杀死难以用过滤除去的噬菌体,但用蒸汽或电加热,费用昂贵,无法处理大量的空气。利用空气压缩机加热灭菌是干热灭菌,必须维持在一定时间的高温(220 ℃左右),空压机维持较高压力,压力越高则消耗动力越大,同时保温 15 s,需要较大的维持管或罐。静电除尘由于效率达不到无菌要求,一般只用作初步除尘,至今发酵工业上空气除菌大都是采用介质过滤除菌法。空气中常见杂菌的大小见表 3.2。

表 3.2　空气中常见杂菌的大小

菌　种	细　胞		孢　子	
	宽/μm	长/μm	宽/μm	长/μm
金黄色小球菌	0.5 ~ 1.0	—	—	—
产气杆菌	1.0 ~ 1.5	1.0 ~ 2.5	—	—
蜡样芽孢杆菌	1.3 ~ 2.0	8.1 ~ 25.8	—	—
普通变形杆菌	0.5 ~ 1.0	1.0 ~ 3.0	—	—
地衣芽孢杆菌	0.5 ~ 0.7	1.8 ~ 3.3	—	—
枯草芽孢杆菌	0.5 ~ 1.1	1.6 ~ 4.8	0.5 ~ 1.0	0.9 ~ 1.8
巨大芽孢杆菌	0.9 ~ 2.1	2.0 ~ 10.0	0.6 ~ 1.2	0.9 ~ 1.7
霉状分枝杆菌	0.6 ~ 1.6	1.6 ~ 13.6	0.8 ~ 1.2	0.8 ~ 1.8

深层过滤介质层是由无数纤维层交错组成的,形成一定大小的网格孔隙,当空气中的微生物微粒随气流通过过滤层时,网格阻碍气流直线前进,使气流出现无数次改变运动速度和运动方向的绕流运动(见图 3.5),从而导致微生物颗粒与滤层纤维间产生碰撞、拦截、布朗扩散、重力及静电吸附等作用,将微生物颗粒滞留在介质层内,达到过滤除菌的目的。

过滤除菌效率与气流速度的关系如图 3.6 所示。

- 当气流速度较大时,惯性撞击起主要作用,除菌效率随气流速度增加而上升;
- 当气流速度较小时,布朗扩散起主要作用,除菌效率随气流速度增加而降低;
- 当气流速度中等时,拦截起主要作用;

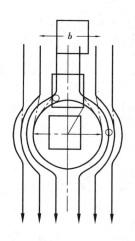 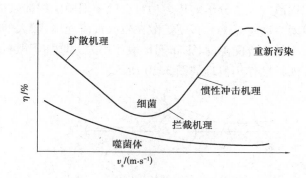

图3.5　惯性冲击滞留作用机理　　　　　图3.6　过滤除菌效率（η）与气速（v_s）的关系

● 当气流速度过大时,已被捕集的微粒又被湍动的气流夹带返回气流中,除菌效率下降。

①惯性冲击滞留作用机理。由于摩擦、黏附作用,微粒被滞留在纤维表面,称为惯性碰撞作用。单纤维空气流动模型如图3.7所示。惯性冲击滞留作用机理如图3.8所示,当微粒随气流以一定的速度垂直向纤维方向运动时,空气受阻即改变运动方向,绕过纤维前进,而微粒由于其运动惯性较大,未能及时改变运动方向随主导气流前进,于是微粒直冲到纤维的表面,由于摩擦、黏附,微粒就滞留在纤维表面上,捕集效率与空气流速成正比。

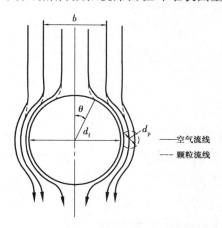 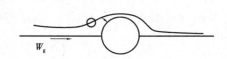

图3.7　单纤维空气流动模型　　　　　　图3.8　惯性冲击滞留作用机理
d_f—纤维直径;d_p—颗粒直径;
b—气流宽度

②拦截滞留作用机理。当气流速度下降到一定值时,微粒的流动与空气流线相似,微生物不再由于惯性碰撞而被滞留。若微粒随气流慢慢靠近纤维时,受纤维所阻改变方向,绕过纤维前进,并在纤维的周边形成一层边界滞留区,滞留区的气流流速更慢,进到滞留区的微粒慢慢靠近纤维表面而被黏附滞留,称为拦截滞留作用。捕集效率随空气流速的降低而降低,但当气流速度降到一定时,捕集效率又有回升,这即可证明拦截滞留作用的存在,其作用机理如图3.9所示。

③布朗扩散作用机理。我们都知道,分子之间存在布朗扩散运动,同样空气中的微粒也存在布朗扩散运动。直径很小的微粒在很慢的气流中能产生一种不规则的直线运动,称为布朗扩散。气体分子的热运动对空气中细微尘粒的碰撞,使尘粒也随之作布朗运动,尘粒越小,布朗运动越显著。布朗扩散在较大气流速度、较大的纤维间隙时,不起作用;但在很小气速和较小的纤维间隙时,则布朗扩散作用大大增加了微粒与纤维的接触机会,从而将微粒截留住。布朗扩散作用机理如图3.10所示。

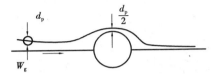

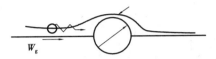

图3.9　拦截滞留作用机理　　　　　　　　图3.10　布朗扩散作用机理

④重力沉降作用机理。重力沉降是一个稳定的分离作用,当微粒所受的重力大于气流对它的拖带力时,微粒就容易沉降。大颗粒与小颗粒相比更容易沉降,小颗粒只有在气速很慢时重力沉降才起作用。一般它与拦截作用相配合,即在纤维的边界滞流区内,微粒的沉降作用提高了拦截滞留的捕集效率。重力沉降作用机理如图3.11所示。

⑤静电吸附作用机理。干燥空气与非导体物质(如过滤介质纤维)摩擦会产生诱导电荷,尤其是一些合成纤维更为显著。悬浮在空气中的微粒大多带有不同电荷,如枯草杆菌孢子20%带正电荷,15%带负电荷,这些带电的微粒会受带异性电荷的物体所吸引而沉降。静电吸附作用机理如图3.12所示。

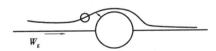

图3.11　重力沉降作用机理　　　　　　　　图3.12　静电吸附作用机理

当空气流过介质时,上述5种除菌机理同时起作用,若气流速度不同,起主要作用的机理也就不同。图3.13为利用惯性、拦截和扩散作用除去颗粒或液滴的纤维工作原理,一般认为惯性、拦截和布朗运动的作用较大,而重力和静电引力的作用较小。

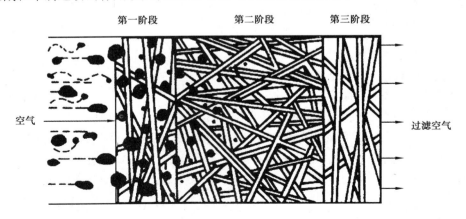

图3.13　利用惯性、拦截和扩散作用除去颗粒或液滴的纤维工作原理

在介质过滤中哪种机理起主导作用,由微粒性质、介质性质和气流速度等决定,只有静电吸引受微粒和介质所带电荷作用,不受外界因素的影响。当气流速度较大时,除菌效率随空气流速的增加而增加,此时惯性冲击起主要作用;当气流速度较小时,除菌效率随气流速度的增加而降低,此时扩散起主要作用;当气流速度中等时,可能是截留起主要作用。如果空气流速过大,除菌效率又下降,则是由于已被捕集的微粒又被湍动的气流夹带返回到空气中。

3.1.2 空气除菌流程

1)对空气过滤除菌流程的要求

空气过滤除菌的工艺流程一般是:空气进入空压机之前要进行粗过滤,再进空气压缩机,空气经压缩后温度升至120~150 ℃,应先冷却到20~25 ℃经分离除去油水,再加热至适当的温度,使其相对湿度为50%~60%(一般用相对湿度在60%的压缩空气进行过滤除菌,不会将过滤器打湿而影响过滤效果),再通过空气过滤器除菌,从而获得无菌度、温度、压力和流量均符合发酵工业生产要求的无菌空气。

发酵工业工厂所使用的空气除菌流程,随各地的气候条件不同而有很大的差别。

压缩空气冷却是因为高温空气能引起过滤介质的炭化或燃烧,增大发酵罐的降温负荷,增加发酵液水分的蒸发,给培养温度的控制带来困难,影响微生物生长。

空气压缩机对空气提供能量,克服空气在预处理、过滤除菌及有关设备、管道、阀门等的压力损失,并在培养过程中维持一定的罐压。高效的过滤除菌设备能除去空气中的微生物颗粒。为了保证过滤器的效率并维持一定的气速和不受油、水的干扰,需要一系列的加热、冷却及分离和除杂设备来保证,其他附属设备则要求尽量采用新技术以提高效率,精简设备,降低投资,并简化操作,但流程的制订要根据具体的气候、地理环境及设备条件来考虑。要保持过滤器有比较高的过滤效率,应维持一定的气流速度和不受油、水的干扰。气流速度可由操作来控制;要保持不受油、水干扰则要有一系列冷却、分离、加热的设备来保证空气的相对湿度在50%~60%的条件下过滤。下面介绍几种较为典型的设备流程:

(1)将空气冷却至露点以上的流程

如图3.14所示,将空气冷却至露点以上,使进入总过滤器的空气相对湿度在60%~70%以下,温度为30~40 ℃,此方法适用于北方和内陆较干燥地区。

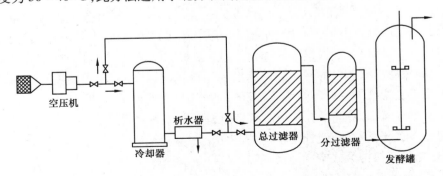

图 3.14 空气冷却至露点以上的流程

（2）将压缩空气冷却至露点以下的流程

将压缩空气冷却至露点以下，如图3.15所示，析出部分水分，升温使相对湿度为60%，再进入空气过滤器，采用一次冷却一次析水。该流程适用于空气中水分含量较大，特别是在沿海地区的夏季。

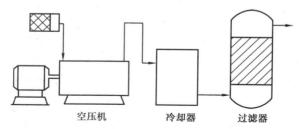

空压机　　　　冷却器　　过滤器

图3.15　将压缩空气冷却至露点以下的流程

（3）两级冷却、分离、加热的空气除菌流程

两级冷却、分离、加热的空气除菌流程可适应各种气候，能充分地分离油水，使空气达到低的相对湿度下进入过滤器，以提高过滤效率。两级冷却和分离的好处是能够提高传热系数，节约冷却用水，油水的分离比较完全。经第一次冷却器冷却后，大部分水、油都冻结成较大的雾滴，且浓度较大，故宜用旋风分离器分离；第二冷却器使空气进一步冷却，析出一部分较小雾粒，宜采用丝网分离器分离，这类分离器可分离直径较小雾粒且分离效果高。二次分离后，空气所带的雾沫较小，两级冷却可以减少油膜污染对传热的影响。加热器把空气湿度降至50%～60%，达到过滤器的空气湿度要求。两级冷却、分离、加热的空气除菌流程尤其适用潮湿的地区，其他地区可根据当地的情况，对流程中的设备作适当的增减。

如图3.16所示，经过冷却器4第一次冷却后，大部分油、水被冷凝成雾滴，而且雾滴大、浓度高，从而适宜用旋风分离器分离。经过冷却器6第二次冷凝下来的雾滴小而少，要用丝网分离器才能捕集。冷却可采用地下水或冰水，第一次冷却到30～35℃以下，第二级冷却到20～25℃。流程图中的5为旋风分离器，属于第一次分离，分离直径较大、浓度较大的雾粒（直径在10μm以上）；流程图中的7为丝网分离器，属于第二次分离，分离直径较小的雾粒（直径在5μm以下）。流程图中的8为加热器，即适当加热、除水后，空气的相对湿度还是100%，可用加热的办法把空气的相对湿度降到50%～60%再进行过滤除菌，以保证过滤器9的正常运行。除了上述总过滤系统外，确保万无一失，每个种子罐和发酵罐还配备一只分过滤器，这种设备起除菌作用的是薄层过滤板或滤纸。由总过滤器输入的空气由筒身中部切向进入，空气夹带的液滴由于旋风作用被部分分离。再经过其他过滤介质进一步粗滤和分离液滴之后，经过除菌滤层输入发酵罐。除菌滤层采用两层丝网和麻布，中间夹三层超细纤维滤纸组成。采用三层滤纸的目的不是为了提高过滤效率，而是预防万一击穿一层后造成短路。滤纸应该采用经过疏水处理后的Ju型滤纸，它可以耐油、水和蒸汽的反复杀菌、分过滤器在每批发酵前必须随同发酵罐（或种子罐）一同灭菌。

（4）冷热空气直接混合式空气除菌流程

如图3.17所示为压缩空气从贮罐出来分两路，一部分进冷却器冷却到较低的温度，经分离器分离油和水雾后与另一部分未处理过的高温压缩空气混合，使混合后空气温度为30～35℃，相对湿度为50%～60%，混合后进入过滤器过滤。此流程适用于中等混合量的地区，其特

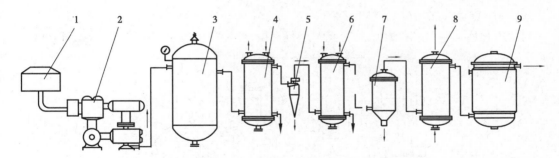

图 3.16 两级冷却、分离、加热的空气除菌流程

1—粗过滤器;2—空压机;3—贮罐;4,6—冷却器;5—旋风分离器;7—丝网分离器;
8—加热器;9—过滤器

点是可省去第二次冷却分离设备和空气再加热设备,流程比较简单,热能利用合理,冷却水用量较少,利用压缩空气的热量来提高空气温度,但操作要求较高,要经常根据气候条件调节两部分空气的混合比。

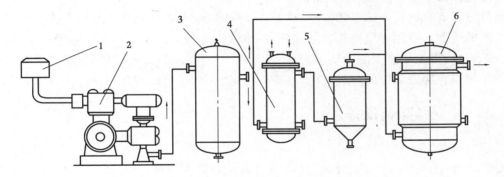

图 3.17 冷热空气直接混合式空气除菌流程

1—粗过滤器;2—空气压缩机;3—贮藏;4—冷却器;5—丝网分离器;6—过滤器

（5）前置高效过滤除菌流程

如图 3.18 所示,此流程采用了高效率的前置过滤设备,无菌程度高。它先利用压缩机的抽吸作用使空气先经中、高效过滤器过滤后进入空压机,这时空气无菌度已达 99.99%,再经冷却、分离,入总过滤器后空气无菌度更高,以保证发酵安全。高效前置过滤器采用泡沫塑料、超细纤维作为过滤介质,串联使用。

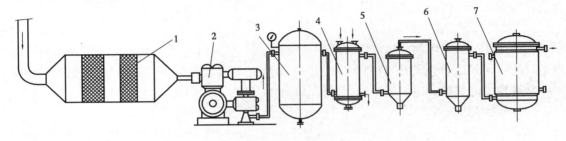

图 3.18 前置高效过滤空气除菌流程

1—高效前置过滤器;2—空气压缩机;3—贮罐;4—冷却器;5—丝网分离器;6—加热器;7—过滤器

（6）利用热空气加热冷空气的流程

利用压缩后热空气和冷却后的冷空气进行交换，使冷空气的温度升高，降低相对湿度。

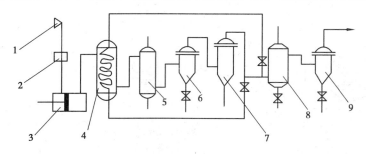

图 3.19　利用热空气加热冷空气的流程
1—高空采风；2—粗过滤器；3—压缩机；4—热交换器；5—冷却器；
6,7—析水器；8—空气总过滤器；9—空气分过滤器

2）空气除菌中要除去水雾和油雾的原因

保持过滤器有比较高的过滤效率，维持一定的气流速度和不受油水的干扰，满足发酵工业生产的需要。否则导致传热系数降低，给空气冷却带来困难。如果油雾的冷却分离不干净，带入过滤器会堵塞过滤介质的纤维空隙，增大空气压力损失。黏附在纤维表面，可能成为微生物微粒穿透滤层的途径，降低过滤效率，严重时还会浸润介质而破坏过滤效果。

3.1.3　空气除菌设备

1）粗过滤器

安装在空气压缩机前的粗过滤器，可以捕集较大的灰尘颗粒，防止压缩机受损，同时也可减轻总过滤器负荷。粗过滤器一般要求过滤效率高，阻力小，否则会增加空气压缩机的吸入负荷和降低空气压缩机的排气量。常用的粗过滤器有布袋过滤器、填料式过滤器、油浴洗涤装置和水雾除尘装置等。

（1）布袋过滤器

如图 3.20 所示，布袋过滤器是结构最简单的一种粗过滤器，只要将滤布缝制成与骨架相同形状的布袋，紧套于焊在进气管的骨架上，并缝紧所有会造成短路的空隙。其优点是结构最简单，过滤效率较好；缺点是滤布要定期清洗（减少阻力损失，提高过滤效率，滤布现多采用合成纤维滤布）。

（2）填料式过滤器

如图 3.21 所示，填料式过滤器一般用油浸铁回丝、玻璃纤维或其他合成纤维做填料。优点是过滤效果稍比布袋式好，阻力损失也较小；缺点是结构较复杂，占地面积较大。内部填料要经常洗换才能保持一定的过滤作用，操作较麻烦。

（3）油浴洗涤装置

如图 3.22 所示，空气进入油浴洗涤装置后要通过油箱中的油层洗涤，空气中的微粒被油黏附而逐渐沉降于油箱底部而除去，经过油浴的空气因带有油雾，需要经过百叶窗式的圆盆，分离大粒油雾，再经气液过滤网分离小颗粒油雾后，由中心管吸入压缩机。此设备的优点是

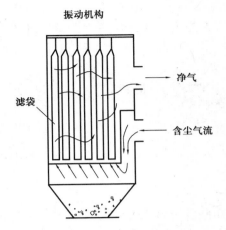

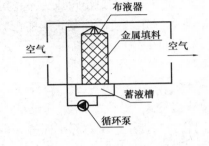

图 3.20　机械振动袋式除尘器　　　　　图 3.21　金属填料过滤器

效果比较好,当有分离不净的油雾带入压缩机时也无影响,阻力不大;缺点是耗油量大。

(4)水雾除尘装置

水雾除尘装置如图 3.23 所示,空气从设备底部进口管吸入,经上部喷下的水雾洗涤,将空气中的灰尘、微生物微粒黏附沉降,从器底排出。洗涤后的空气,经上部过滤网过滤后排出,进入压缩机。优点是可除去大部分颗粒微粒和小部分微小粒子,一般对 0.5 μm 以上的粒子过滤效率为 50%～70%;对 1 μm 的粒子除去效率为 55%～88%;对 5 μm 以上的粒子除去效率为 90%～99%;缺点是这种装置的关键是要注意控制空气的流速,流速太大(1～2 m/s),则带出的水雾太多,会影响空压机的使用,降低排气量。

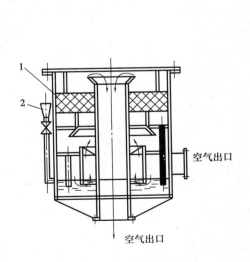

图 3.22　油浴洗涤装置
1—滤网;2—加油斗

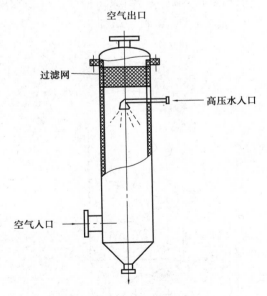

图 3.23　水雾除尘装置

2）空气压缩机

空气压缩机增加空气能量,提供动力,克服设备阻力,完成输送。空气压缩机有往复式、螺杆式和涡轮式(又称离心式)空压机。

（1）往复式空气压缩机

往复式空气压缩机出口压力不稳定,易使空气中带入油雾,但其生产年代较早,所以很多工厂仍保留一定数量的往复式压缩机。

（2）螺杆式空气压缩机

螺杆式空气压缩机占地小、供气量较大、油雾小或无油雾、噪声小,是目前较理想的空气压缩机。

（3）涡轮式(离心式)空气压缩机

涡轮式空气压缩机体积小而输气量大(输气量 100 m^3/min 以上)、输出空气压力稳定(出口压力 0.25～0.5 MPa),供气均匀、运转平稳、易损部件少、维护方便、获得的空气不带油雾等优点,但噪声特别大,故影响了它的普遍推广。

3）空气贮罐

空气贮罐(见图 3.24)可以减弱活塞式空气压缩机排出的气流脉动,提高输出气流的连续性及压力稳定性,进一步沉淀分离压缩空气中的水分和油分,保温灭菌,保证连续供给足够的气量。平常空气中是有水分的,含有水分的空气被压缩加热后由于空气密度增大,会有部分水析出,在罐壁的冷却下就会吸附在罐壁上,所以一般空气储罐都有放水的开关。若选用涡轮式或螺杆式空压机,由于其排气均匀而连续,因此空气储罐可省去。

4）析水器-汽液分离器

析水器(汽液分离器)是可以将空气中被冷凝成雾状的水雾和油雾粒子除去的设备,一般常用的有旋风式和填料式两种。

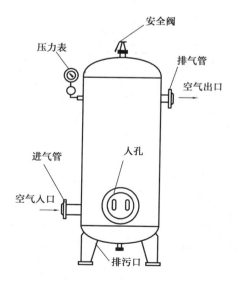

图 3.24　空气贮罐

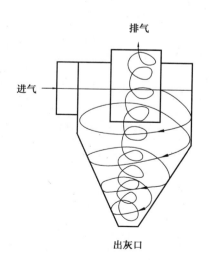

图 3.25　旋风分离器

（1）旋风分离器

旋风分离器是利用气流从切线方向进入容器,在容器内形成旋转运动时产生的离心力场来分离重度较大的微粒。其结构简单,制造方便,分离 10 μm 以上的微粒效率较高,但对 10 μm 以下的微粒分离较困难。旋风分离器的分离效率与分离器半径成反比,与气流速度成正比,但太大又将导致压力降增大,一般进气速度为 15~25 m/s,排气速度为 4~8 m/s,常应用于分离较大颗粒的场合,即通常首次除油水。

（2）填料式分离器

填料式分离器是利用各种填料如焦炭、活性炭、磁环、金属丝网、塑料丝网等的惯性拦截作用分离空气中水雾或油雾。其中丝网分离器较常见(见图3.26),其体积较小、可除去 5 μm 以下的雾状微粒,分离效率可达98%~99%,且阻力损失不大;但对于雾沫浓度很大的场合,会因雾沫堵塞孔隙而增大阻力损失。常应用于分离较小颗粒的场合,即通常二次除油水。

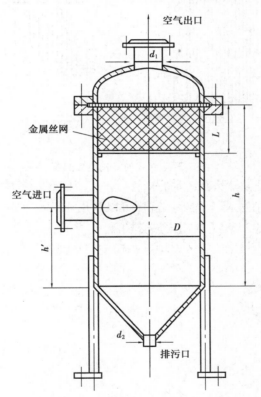

图 3.26 丝网分离器

5）空气冷却器

空气被压缩后,温度将迅速上升,尤其压缩比大时,升温更加明显,必须将其冷却并使空气中的水分除去;否则,会增大压缩机的负荷,甚至烧焦过滤介质。空气冷却器常用的类型有立式列管式热交换器、沉浸式热交换器、喷淋式热交换器和板翅式热交换器等。

采用立式列管式热交换器(见图3.27),空气走壳程,冷却水走管程。为增加冷却水的流速,提高传热系数,采用双程或四程结构。夏天第一级冷却器可用循环水来冷却压缩空气,第二级冷却器采用 9 ℃的低温水冷却压缩空气。由于空气被冷却到露点以下会有凝结水析出,

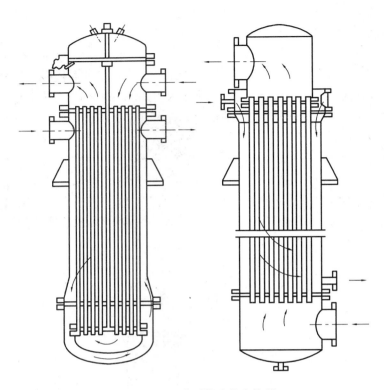

图 3.27   立式列管式热交换器

故冷却器外壳的下部应设置排除凝结水的接管口。从节能观点考虑,空气储罐应布置在空压站附近,空气冷却器布置在发酵车间外。这样可以利用压缩空气总管管道沿程冷却空气,减少冷却器的热交换量。图 3.28 为板翅式热交换器。

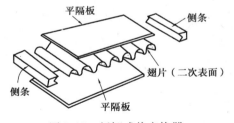

图 3.28   板翅式热交换器

6) 空气过滤器

(1)空气过滤除菌的对数穿透定律

滤层所滤去的微粒数与原空气所含微粒数的比值,称为过滤效率,它是衡量过滤设备、过滤效能的指标。

$$\eta = \frac{N_1 - N_2}{N_1} = 1 - \frac{N_1}{N_2} = 1 - P \quad (3.1)$$

式中 η——过滤效率;

N_1,N_2——过滤前、后空气中微粒的含量;

$\dfrac{N_1}{N_2}$——过滤前、后空气中微粒浓度的比值,即穿透滤层的微粒浓度与原微粒浓度的比值(穿透率);

P——穿透率,即过滤后空气中残留微粒数与原有微粒数之比。

影响过滤效率的因素有微粒大小、过滤介质的种类、规格、介质的填充密度、过滤介质层厚度以及所通过的空气气流速度等。

四点假定:

①过滤器中过滤介质每一纤维的空气流态并不因其他邻近纤维的存在而受影响；

②空气中的微粒与纤维表面接触后即被吸附，不再被气流卷起带走；

③过滤器的过滤效率与空气中微粒的浓度无关；

④空气中微粒在滤层中的递减均匀，即每一纤维薄层除去同样百分率的菌体。

介质过滤除菌不是简单的面积过滤，而是依靠内部多层细小的纤维将空气中的微粒拦截在介质层中，因此，过滤效率随滤层厚度增加而提高。在一定条件下，可以通过计算确定过滤层厚度。假定微粒一旦被捕获就不再逃逸，且在与气流垂直的截面上微粒均匀分布，取滤床厚度中一段微小长度 dL，经过此厚度过滤介质过滤后，空气中微粒数的减少数 $-dL$ 可用下面式子来表示

$$-dN = KNdL \tag{3.2}$$

式中 N——空气中微粒数，个；

       L——滤床厚度，cm；

       K——过滤常数，cm^{-1}。

整理积分得

$$-\int_{N_0}^{N_s} \frac{dN}{N} = K\int_0^L dL \tag{3.3}$$

$$L = \frac{1}{K} \ln \frac{N_0}{N_s} \tag{3.4}$$

式中 N_0——连续通入的空气中所含的总微粒数；

       N_s——过滤后空气中微粒个数。

式(3.4)称为"对数穿透定律"，它表示进入滤层的微粒数与穿透滤层的微粒数之比的对数是滤层厚度的函数。常数 K 值与气流速度、纤维直径、介质填充密度、空气中微粒直径等有关。由式(3.4)可知，当 $N_s = 0$ 时，$L \to \infty$，事实上这是不可能的，一般取 $N_s = 10^{-3}$。

式(3.4)说明介质过滤不能长期获得100%的过滤效率，即经过滤的空气不是长期无菌，只是延长空气中所带菌微粒在过滤器中滞留的时间。当气速达到一定值时，或过滤介质使用时间过长，滞留的带菌微粒就有可能穿透，所以过滤器必须定期灭菌。

例3.1   一个 20 m^3 发酵罐，需提供的空气流速为 10 m^3/min，发酵周期 100 h。选用的过滤介质的最适气流线流速为 0.15 m/s，在此速率 K 值为 0.67 cm^{-1}，计算过滤器层厚度和过滤器直径。已知发酵工厂中空气原始含菌数约为 200 个/m^3。

解   由对数穿透定律 $L = \frac{1}{K} \ln \frac{N_0}{N_s}$

$N_0 = 10 \times 60 \times 100 \times 200 = 1.2 \times 10^7$

可接受的染菌率为 1/1 000，因此 $N_s = 10^{-3}$

$$L = \frac{1}{K} \ln \frac{N_0}{N_s} = 15.12 \text{ cm}$$

因此，过滤器过滤介质厚度为 15.12 cm。

过滤器截面积可由空气体积流速及气流线流速得到，即

$$\pi r^2 = 10 \times 60/0.15$$

得 $r = 0.59$ cm。

（2）过滤介质

过滤介质包括纤维状或颗粒状过滤介质（如棉花、玻璃纤维、活性炭、烧结金属、多孔陶瓷、多孔塑料质），过滤纸类介质（主要是超细玻璃纤维纸），微孔膜类过滤介质，非织造布，新型过滤器（JPF 型）。

①过滤器的结构。深层纤维介质过滤器的结构如图 3.29 所示，呈立式圆筒形，内部填充过滤介质（棉花、玻璃纤维、超细玻璃纤维等）；介质区圆筒外装有夹套，其作用是消毒时对过滤介质间接加热。

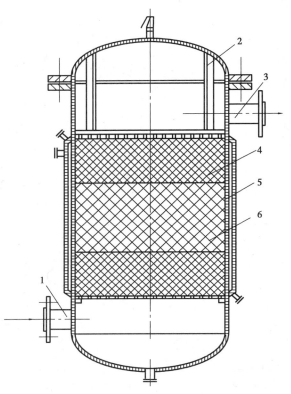

图 3.29　深层纤维介质过滤器
1—进气口;2—压紧架;3—出气口;4—纤维介质;5—换热夹套;6—活性炭

对介质的要求一般为：

a. 棉花。通常用未脱脂棉，特点是弹性好，纤维长度适中。使用时一般填充密度为 130 ~ 150 kg/m³，填充率为 8.5% ~ 10%，也可将棉花制成直径比过滤器稍大的棉垫后放入。

b. 活性炭。通常用小圆柱体的颗粒活性炭，大小为 $\phi 3 \times (10 ~ 15$ mm$)$，填充密度为 470 ~ 530 kg/m³，填充率为 44%，活性炭要求质地坚硬，不易压碎，颗粒均匀，装填前要将粉末和颗粒筛去。

c. 玻璃纤维。常用无碱玻璃纤维，特点是纤维直径小，不易折断，过滤效果好，填充密度为 130 ~ 280 kg/m³，填充率为 5% ~ 11%。

空气过滤器的尺寸:

$$D = \sqrt{\frac{4q_v}{\pi v_s}} \qquad (3.5)$$

式中 q_v——空气流过过滤器时的体积流量,m^3/s;

v_s——空截面空气流速,m/s。

填充物安装顺序:孔板→铁丝网→麻布→棉花→麻布→活性炭→麻布→棉花→麻布→铁丝网→孔板。

自下而上通入 $0.2 \sim 0.4$ MPa(表压)的干燥蒸汽,维持 45 min,然后用压缩空气吹干备用。总过滤器每月灭菌一次;分过滤器每批发酵前均进行灭菌。

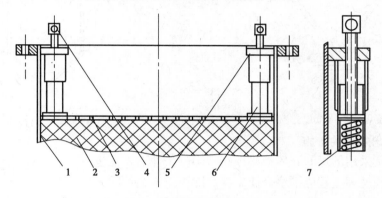

图 3.30 过滤介质的弹簧压紧装置

1—壳体;2—过滤介质;3—压紧孔板;4—压紧螺杆;5—压紧支座;6—弹簧套;7—弹簧

②过滤器的结构。平板式纤维纸过滤器由过滤纸类介质构成的过滤器有旋风式和套筒式两种,如图 3.31 和图 3.32 所示,由罐体、顶盖、滤层、夹层和缓冲层构成。过滤介质为超细玻璃纤维纸,属于深层过滤技术。一般使用时将 $3 \sim 6$ 张过滤纸叠在一起,过滤效率相当高,对于 0.3 μm 以上的微粒去除率可达到 99.99% 以上,而且阻力小、压力降,缺点是强度小,特别是受潮后强度更差。为了增加强度,在纸浆中加入 $7\% \sim 50\%$ 的木浆。玻璃纤维纸很薄,纤维间空隙为 $1 \sim 1.5$ μm,厚度为 $0.25 \sim 0.4$ μm,填充密度为 384 kg/m,填充率为 14.8%。

$$D_{滤层} = \sqrt{\frac{4q_v}{\pi v_s}}$$

$$D_{过滤器} = 1.1 \sim 1.3 D_{滤层}$$

式中 q_v——空气流过过滤器时的体积流量,m^3/s;

v_s——空截面空气流速,m/s。

接迭式低速过滤器(见图 3.33)是将长长的过滤纸折成瓦楞状,安装在楞条制成的滤框内,滤纸周边用环氧树脂于滤框黏结密封,滤框用垫片密封。常应用于过滤阻力很小而过滤效率要求很高的场合。使用时加设预过滤设备,或用静电除尘配合,或用玻璃纤维或泡沫塑料的中效过滤器配合,可延长寿命,烟雾法检查密封性能。

③新型过滤器 JPF 型过滤器。JPF 型过滤器的特点是过滤效率高、空气流量大、疏水性好、耐蒸汽加热灭菌、安装与更换方便。需装预过滤器,结构如图 3.34 所示。过滤能力为 $0.5 \sim 150$ m^3/min,相应型号为 JPF-0.5 ~ JPF-150。

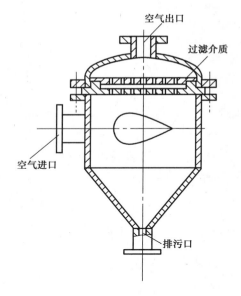

图 3.31　旋风式纤维纸过滤器

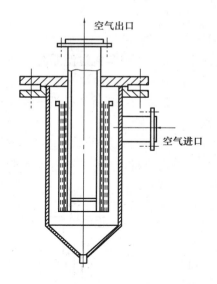

图 3.32　套管式空气过滤器

7)提高过滤效率的措施

由于目前所采用的过滤介质都必须在干燥的条件下才能进行除菌并保证效率,因此空气需要预处理。预处理流程应围绕介质来提高除菌效率,主要措施有:

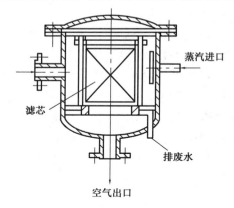

图 3.33　接迭式低速过滤器

（1）减少进口空气的含菌数

减少进口空气的含菌数,可从以下几个方面着手:

①加强生产环境的卫生管理,减少环境空气中的含菌量;

②提高空气进口位置(高空采风),以减少菌数和尘埃数;

③正确选择出风口,压缩空气站应设在上风向;

④加强空气压缩前的空气预过滤。

（2）设计和安装合理的空气预处理设备

选择合适的空气净化流程,选用除菌效率高的过滤介质,已达到除油、除水和杂质的目的。

（3）降低进入总过滤器空气的相对湿度

保证过滤介质在干燥状态下工作,主要从以下几个方面入手:

①采用无油润滑空气压缩机;

②加强空气的冷却,去油水;

③提高进入总过滤器的空气温度,降低其相对湿度。

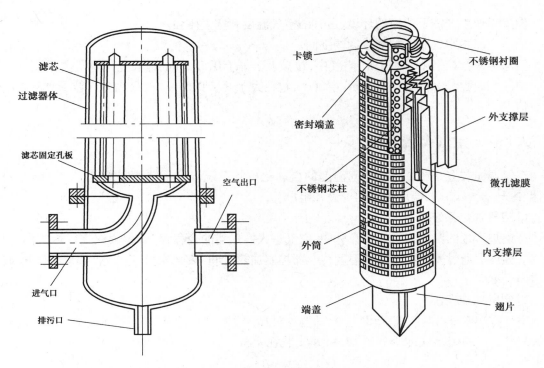

图 3.34　JPF 多滤芯膜折叠空气过滤器

任务 3.2　空气调节设备

　　空气调节,就是通过采用一定的技术手段,在某一特定空间内,对空气环境(温度、湿度、洁净度、流动速度)进行调节和控制,使其达到并保持在一定范围内,以满足工艺过程和人体舒适的要求。

　　空气调节设备指的是向指定空间供给经过处理的空气,以保持规定的温度、湿度,控制灰尘、有害气体的含量的设备,简称空调设备。在空调设备中,对空气进行净化、加热或冷却、干燥或增湿等处理。表 3.3 列出了空气洁净级数。

表 3.3　空气洁净级数

空气洁净级数(英制)	粒径≥0.5 μm 的最大微粒数/(个·ft⁻³)	粒径≥0.5 μm 的最大微粒数/(个·m⁻³)	空气洁净级数(国际制)
100	100	3 500	M3.5
1 000	1 000	35 000	M4.5
10 000	10 000	350 000	M5.5
100 000	100 000	3 500 000	M6.5

发酵工业生产需要洁净的环境、适宜的空气温度和空气压强。

洁净空间指空气中微粒受控制的空间。

洁净度级数(英制):每 1 ft³ 空气中,粒径大于等于 0.5 μm 的最大允许粒子数。

洁净度级数(国际制):每 1 m³ 空气中,粒径大于等于 0.5 μm 的最大允许粒子数的常数对数值。

3.2.1 空气调温系统

空气调温装置是一个维持车间温度的自动化控制系统。该系统由制冷机、蒸汽锅炉、蒸发器、冷却器、冷却塔、温度传感器等设备组成。

1)空气加热系统

将锅炉产生的蒸汽通入风机盘管中,空气进入换热器的壳程,与管程蒸汽进行热交换,提升空气温度。通过安装在车间的温度传感器控制加热时间、热交换量、空气温度等参数,来调节室内温度。

2)空气冷却系统

空气冷却系统由制冷机、蒸发器、冷却器、冷却塔组成。制冷机所使用的制冷剂主要是液氨或氟利昂。可采用湿式或干式冷却塔,并安装在室外。空气冷却系统的工作流程如图 3.35 所示。

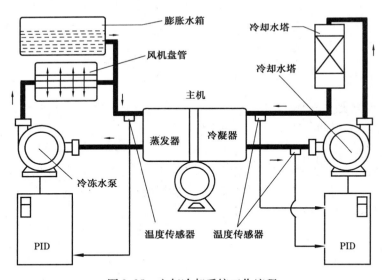

图 3.35 空气冷却系统工作流程

3.2.2 空气增减湿设备

1)湿空气的性质

(1)湿度

空气湿度 x(湿含量):湿空气中所含的水蒸气质量与所含的干空气质量之比,即

$$x = \frac{m_w}{m_g} = \frac{M_w}{M_g} \cdot \frac{p_w}{p_t - p_w} = 0.622 \frac{p_w}{p_t - p_w}$$

（2）相对湿度

相对湿度 φ：湿空气中水蒸气分压与同温下水的饱和蒸汽压之比，即

$$\varphi = \frac{p_w}{p_s} \times 100\%$$

（3）热含量

湿空气的热含量（或简称焓）就是其中绝干空气的热含量与水蒸气热含量之和。

为了便于计算，以 1 kg 绝干空气为基准，以 0 ℃ 为基温（起点），取 0 ℃ 时空气的热含量和液体水的热含量都为零，所以空气的热含量只计算其显热部分，而水蒸气的热含量则包括水在 0 ℃ 时的汽化潜热和水蒸气在 0 ℃ 以上的显热。

2）空气增湿、减湿的原理

空气增湿是指增加空气湿度的过程，是一种属于热质传递过程的单元操作。空气增湿原理如图 3.36 所示，自来水经过滤器过滤后由柱塞泵增压，由耐高压连杆进入喷嘴雾化后高速喷出，形成细小的水雾粒子，与流动的空气进行热交换，吸收空气中热量后蒸发、汽化，使空气的湿度增加，实现对空气的加湿。

空气减湿则与空气增湿相反，是指减小空气湿度的过程。空气减湿原理如图 3.37 所示。

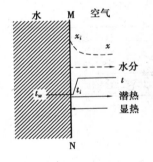

图 3.36　空气增湿原理

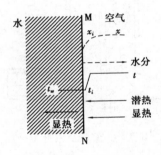

图 3.37　空气减湿原理

增湿与减湿配合使用于空气调节，为生产、生活、科学实验建立所要求的环境。在发酵工业生产中，高温气体的急冷，热水的冷却，都采用气液直接接触进行热湿交换，原理与增湿相同，也是传热和传质同时进行的过程。

（1）空气的增湿方法

①往空气中通入直接蒸汽（此法通常不能单独使用）；

②喷水（是应用最普遍的方法）；

③空气混合增湿。

（2）空气的减湿方法

①喷淋低于该空气露点温度的冷水；

②使用热交换器把空气冷却至其露点温度以下；

③将空气压缩后，再冷却到初温，使空气中的水分部分凝集析出，使空气减湿；

④用吸收或吸附的方法除掉空气中的水汽，使空气减湿；

⑤通入干燥空气。

3.2.3 空气调节设备

1) 立式空调室

隔板可以增加空气在喷淋室中的停留时间,并使喷淋时水、汽的运动方向分成两类(顺嘴、逆嘴)。喷淋室 3 的作用主要是增湿降温。立式空调室结构紧凑、占地面积小,但是生产能力不大。多用于中小型制麦车间,且多采用一个空调室配一个发芽箱,如图 3.38 所示。

2) 卧式空调室

鼓风机把空气送入空调室中,喷淋室装有若干排对喷的喷嘴,下方水池中装设一溢流水管和循环管,水经冷却后可循环使用。

换热器将鼓风机送出的空气进行加热或冷却,从而使空气在进入喷淋室前,其温度保持在某一稳定数值上,以避免外界环境变化的影响,保证操作稳定。空气分布板(装在喷淋室前)保证空气能均匀进入喷淋室。挡水板(装在喷淋室出口处)防止空气把喷淋水滴带出。

循环管使冷却后的水循环使用。卧式空调室生产能力大但占地面积大,如图 3.39 所示。常用于大型制麦车间,且通常采用一个空调室配多个发芽箱。

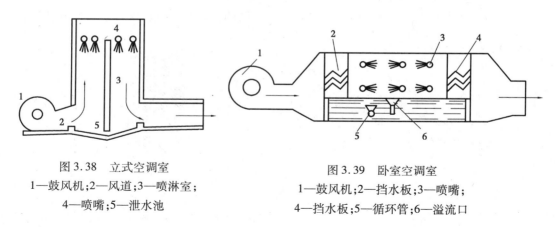

图 3.38 立式空调室
1—鼓风机;2—风道;3—喷淋室;
4—喷嘴;5—泄水池

图 3.39 卧室空调室
1—鼓风机;2—挡水板;3—喷嘴;
4—挡水板;5—循环管;6—溢流口

【实践操作】

发酵罐空气过滤器的灭菌操作及无菌检验

(1)实训目的

通过本次实训熟悉无菌空气制备系统的结构组成、基本原理、生产意义等;掌握制备无菌空气的方法及无菌系统检验技术;掌握空气过滤器的灭菌操作;锻炼实验设计能力。

(2)实训器材

①仪器:发酵罐空气过滤器、超净工作台、灭菌锅、培养箱、空气压缩机、培养皿、移液管、涂布棒等。

②材料及试剂:培养皿、移液管、涂布棒、牛肉膏、蛋白胨、琼脂、NaCl 等。

（3）实训方法

①发酵罐空气过滤器无菌检验。

a.熟悉空气过滤器的结构；

b.灭菌或换气 20 min；

c.通气到 100 mL 无菌水中 20 min；

d.取 0.2～0.5 mL 涂布检验无菌的细菌培养基（至少 3 块），并作对照处理；

e.37 ℃培养 24 h，对菌落计数；

f.无菌评价（定性）

预备实验：检查空气压缩机；空气过滤器包扎灭菌；配制细胞培养基，铺平板。

②超净工作台和接种室的无菌检验。

a.熟悉超净工作台的基本结构；

b.超净台和接种室用 UV 照射 20 min；

c.关闭 UV，超净台通风 20 min；

d.在超净台四周和中央放置细菌培养基平板（打开 20 min），同时在室内四周地面打开放置几块同样的平板（打开 20 min），另外，在没有经过 UV 照射的普通实验室也放置几块同样的平板作对照。

e.将各平板盖好，并作好记号，做置 37 ℃恒温培养箱中倒置培养 12 h 以上；

f.对各平板的菌落进行计数，并进行无菌评价。

预备实验：制备细菌培养基平板。

③实训结果及评价，见表 3.4。

表 3.4 发酵空气过滤系统与接种系统的无菌检验结果

	菌落计数	性能评价
发酵罐过滤器		
超净工作台		
接种室		
普通实验室		

a.对发酵罐空气过滤器的性能进行评价；

b.对超净工作台的除菌系统进行评价；

c.对实训过程中存在的问题进行分析和讨论（对空气中存在的细菌或真菌进行初步判断）。

④空气过滤器的灭菌操作。

A.灭菌前的准备。

a.启动蒸汽发生器。将自来水引入水处理装置进行除杂、软化处理，处理后流入贮水罐，然后开启自动控制开关，泵送入蒸汽发生器。当蒸汽发生器水位达到规定高度，开启蒸汽发生器电源开关进行加热，蒸汽压力达到 0.2～0.3 MPa 时可供使用。

b.启动冷冻机。将自来水引入冷冻机，开启冷水机电源开关制冷。当冷水温度达到

10 ℃时,可供空气预处理使用。

c.启动空气压缩机。启动前,先关闭空气管路上所有阀门,然后打开空气压缩机电源开关,启动空气压缩机。当空气压缩机的压力达到 0.25 MPa 左右时,依次打开管路上的阀门,将空气引入冷冻机、油水分离器,压缩空气经过冷却、除油水后进入贮气罐,待用。图 3.40 是10 L实验罐空气管道示意图。

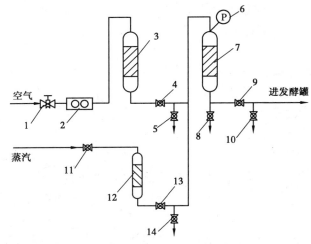

图 3.40　10 L 实验罐空气管道示意图
1—电动阀;2—电磁流量计;3—粗滤器;4—空气阀门1;
5—排气阀1;6—压力表;7—精滤器;8—排气阀2;9—空气阀门2;
10—排气阀3;11—蒸汽阀1;12—蒸汽过滤器;13—蒸汽阀2;14—排气阀4

B.空气过滤器的灭菌、吹干以及保压。一般只对精滤器灭菌。灭菌时,先关闭空气阀1,打开空气阀2、排气阀1、排气阀2、排气阀3以及发酵罐的排气阀,然后打开蒸汽阀,蒸汽经过蒸汽过滤器后,进入精滤器,再排进发酵罐。为了消除死角,废气由排气阀1、排气阀2、排气阀3以及发酵罐的排气阀排出。灭菌过程中,须控制蒸汽阀、空气阀2、排气阀1、排气阀2的开度,使过滤器上的压力表显示值为 0.10～0.12 MPa,维持 15 min,可完成空气过滤器灭菌。

灭菌完毕,关闭蒸汽阀,依次打开各个空气阀使空气进入,并打开排气阀4,让空气从排气阀1、排气阀2、排气阀3、排气阀4以及发酵罐的排气阀排出,以便吹干精滤器和相关管道,大约 20 min 可完成。最后,关闭空气阀2、排气阀1、排气阀2、排气阀4,空气保压至空气阀2以及蒸气阀2的位置,待用。

· 项目小结 ·

本项目主要介绍了为保证纯种培养,必须将空气中的微生物除去或灭活后才能通入发酵液。发酵工业对空气的无菌程度的要求,一般只要在发酵过程中不至于因为染菌而造成损失即可,但这不等于说可以放松对空气的无菌要求,当然应尽可能做到无菌。空气除菌的方法主要有辐射杀菌、加热杀菌、静电除菌和介质过滤除菌。

空气过滤除菌的工艺流程一般是:空气进入空压机之前要进行粗过滤,再进空气压缩机,空气经压缩后温度升到 120～150 ℃,应先冷却到 20～25 ℃经分离除去油水,再加热至适当的温度,使其相对湿度为 50% ~60% (一般用相对湿度为 60% 的压缩空气进行过滤除菌,不会将过滤器打湿而影响过滤效果),再通过空气过滤器除菌,从而获得无菌度、温度、压力和流量均符合发酵工业生产要求的无菌空气。

　　本章还介绍了布袋过滤、填料式过滤、油浴洗涤、水雾除尘、空气压缩机、空气贮罐、汽液分离器、空气过滤器、过滤介质等空气除菌过滤设备的结构和工作原理。

　　空气调节设备指的是向指定空间供给经过处理的空气,以保持规定的温度、湿度,控制灰尘、有害气体的含量的设备,简称空调设备。在空调设备中,对空气进行净化、加热或冷却、干燥或增湿等处理。本章对空气调温系统和空气增减湿设备的工作原理,空气调节设备(立式空调室和卧式空调室)的结构和工作原理也作了介绍。

复习思考题

1. 简述空气除菌的意义。

2. 发酵工厂无菌空气质量指标是什么? 如何控制?

3. 空气除菌原理是什么? 常用的设备有哪些?

4. 简述空气介质过滤除菌机理。

5. 空气除菌的方法有哪些?

6. 压缩空气预处理系统的工艺流程是什么? 需要哪些相关设备?

7. 试画出适合空气湿含量较大地区所需的一种空气预处理流程(用文字表示)。

8. 空气调节的目的是什么? 空气调温系统主要由哪些设备组成?

项目 4

种子制备及扩大培养设备

【知识目标】
- 了解种子制备及扩大培养的工艺过程及其中的基本概念;
- 理解种子扩培的目的和要求;
- 掌握种子制备及扩大培养设备的结构。

【技能目标】
- 掌握种子制备及扩大培养的过程;
- 掌握种子制备设备的原理,并会利用这些设备来制备种子;
- 掌握种子扩大培养设备的原理,并会利用这些设备来进行扩大培养。

【项目简介】>>>

本项目主要介绍了种子制备的工艺过程及其中的一些基本概念,种子扩培的目的和基本要求。详细介绍了种子制备过程中用的超净工作台、摇瓶机、种子罐等设备的结构及工作原理。介绍了酵母扩大培养的基本概念,并详细介绍了酵母扩大培养的两个阶段(实验室扩大培养阶段和生产扩大培养阶段)的工艺过程,着重介绍了酵母培养罐的结构及工作原理。

【工作任务】>>>

任务4.1 种子制备设备

4.1.1 概述

目前工业规模的发酵罐容积已达到几十立方米或几百立方米。如按 10% 左右的种子量计算,就要投入几立方米或几十立方米的种子。要从保藏在试管中的微生物菌种逐级扩大为生产用种子是一个由实验室制备到车间生产的过程。其生产方法与条件随不同的生产品种和菌种种类而异。如细菌、酵母菌、放线菌或霉菌生长的快慢,产孢子能力的大小及对营养、温度、需氧等条件的要求均有所不同。因此,种子扩大培养应根据菌种的生理特性,选择合适的培养条件来获得代谢旺盛、数量足够的种子。这种种子接入发酵罐后,将使发酵生产周期缩短,设备利用率提高。

种子扩大培养是指将保存在砂土管、冷冻干燥管中处休眠状态的生产菌种接入试管斜面活化后,再经过扁瓶或摇瓶及种子罐逐级扩大培养,最终获得一定数量和质量的纯种过程。这些纯种培养物称为种子。种子液质量的优劣对发酵生产起着关键性的作用,对种子的要求为:

①总量及浓度能满足要求;

②菌种细胞的生长力强,接种后在发酵罐中能迅速生长;

③生理状况稳定;

④活力强,移种至发酵后,能够迅速生长;

⑤无杂菌污染。

种子制备过程(见图4.1)可分为两大阶段:

1)实验室种子制备阶段

所用的设备为培养箱、摇床等实验室常见的设备,在工厂里,这些培养过程一般都在菌种室完成,因此将这些培养过程称为实验室阶段的种子培养,包括琼脂斜面、固体培养基扩大培养或摇瓶液体培养。

(1)细菌实验室扩大培养

冷冻管或斜面 → 斜面 → 斜面2代以上 → 种子罐 → 发酵罐

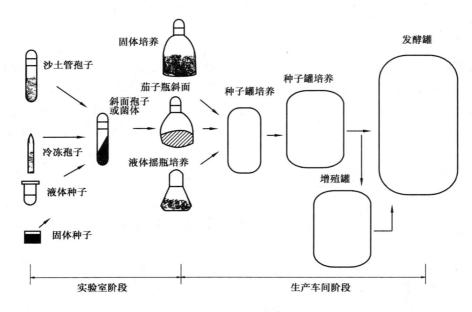

图 4.1　种子扩大培养流程图

（2）放线菌实验室扩大培养

（3）酵母菌实验室扩大培养

（4）霉菌实验室扩大培养

对于不产生孢子和芽孢的微生物,实验室阶段的种子扩培,可以采用液体培养法(采用摇荡式或回旋式三角瓶摇床),最终获得一定数量和质量的菌体,如谷氨酸发酵的种子培养。表面培养法在克氏瓶、瓷盘等表面积大的容器中培养。对于产生孢子能力强及孢子发芽、生长繁殖快的菌种可以采用固体培养基培养获得一定数量和质量的孢子,孢子可直接作为种子罐的种子,这样操作简便,不易染菌。固态培养法在三角瓶、蘑菇瓶、培养皿等装填固体培养基进行培养。

实验室阶段培养基的选择要有利于菌体和孢子的生长,在原料方面,由于实验室种子养阶段,规模一般比较小,为了保证培养基的质量,培养基的原料一般比较精细。

2）生产车间种子制备阶段

实验室制备的孢子或液体种子移种至种子罐里进行扩大培养，一般在工厂归发酵车间管理，因此称这些培养过程为生产车间阶段。移到种子罐扩大培养，种子罐培养基营养成分以菌体生长为目标。

种子罐的培养基虽因不同菌种而已，但其原理为采用易被菌利用的成分，如葡萄糖、玉米浆、磷酸盐等。如果是需氧菌，同时还需供给足够的无菌空气，并不断的搅拌，使菌（丝）体在培养液中均匀分布，获得相同的培养条件。

在生产车间阶段，最终一般都是获得一定数量的菌丝体，菌丝体比孢子更有利，有利于缩短发酵时间和获得好的发酵结果。生产车间阶段培养基选择，首先要考虑的是有利于孢子的发育和菌体的生长，所以营养要比发酵培养基丰富，培养基原料虽然不如实验室阶段那么精细，但是基本接近于发酵培养基。

孢子悬浮液一般采用微孔接种法接种，摇瓶菌丝体种子可采用火焰接种或压差法接种，种子罐或发酵罐之间的移种方式，采用压差法，操作过程中罐压不能降到零，否则会染菌。

一般实验室接种多在无菌洁净室内进行，对无菌操作间内的空气及室内用品的无菌程度要求较高。通常用紫外线杀菌，一般 30 W 紫外线灯开启 1 h 即可满足一般的无菌要求，有时也可用乳酸或甲醛等化学消毒剂熏蒸灭菌。

洁净室也称为无尘室或清净室。是指将一定空间范围内空气中的微粒子、有害空气、细菌等污染物排除，并将室内温度、洁净度、室内压力、气流速度与气流分布、噪声振动及照明、静电控制在某一需求范围内，而给予特别设计的房间。不论外在空气条件如何变化，其室内均能维持原先所设定要求的洁净度、温湿度及压力等性能特性。

洁净室主要用来控制微生物的污染，其内部材料一定要能经受各种灭菌剂的侵蚀。

洁净室的设计原则：有防止微生物污染和有害因素的影响措施，要求工作环境清洁、空气清新、干燥和无烟尘。洁净室最好能单独设置，如果条件有限，只能限制在一个大实验室内，应划分不同的功能区或用铝合金隔板隔开，将无菌操作室与清洗、消毒灭菌区、制备和储藏区分开。

4.1.2 超净工作台

超净工作台（见图 4.2）由鼓风机驱动空气通过高效过滤器得以净化，使工作区构成无菌环境。根据气流在超净工作台的流动方向不同，可分为侧流式、直流式和外流式 3 种类型。

超净工作台的原理主要是借助鼓风机将空气输入，通过粗滤、超滤纤维细滤，使进入净化工作台小室内的空气成为除去微生物、尘埃的无菌而洁净的空气。使用该种设备的房间要求保持洁净无尘，以免因过滤介质吸附饱和而造成短路失效，或者由于阻力太大、风压太小而保持不了小室正压，造成外部有菌空气入侵。

图 4.2 超净工作台

超净工作台在使用时平均风速保持在 0.32～0.48 m/s 为宜,过大、过小均不利于保持净化度。使用前开启超净台内紫外灯照射 10～30 min,然后让超净台预工作 10～15 min,以除去臭氧和使用工作台面空间呈净化状态。使用完毕后,要用 70% 酒精将台面和台内四周擦拭干净,以保证超净台无菌。

4.1.3　摇瓶机

1)摇瓶

在实验室的研究中,摇瓶机(见图 4.3)被广泛而大量地使用。通过摇瓶实验可广泛地改变培养条件和节省反复多次试验所需要的时间,同时,为进一步放大研究提供大量基础数据。

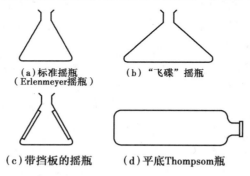

(a)标准摇瓶　　　　　　　(b)"飞碟"摇瓶
(Erlenmeyer摇瓶)

(c)带挡板的摇瓶　　　　　(d)平底Thompsom瓶

图 4.3　发酵实验室使用的摇瓶形状及类型

2)摇瓶机

摇瓶机是发酵工程实验室最常用和必备的设备之一,主要用于菌种繁殖、菌种筛选和培养基配方方面的研究。

摇瓶机的主要部件包括支持台、电动机和控制系统等。台上可放置若干不同大小的摇瓶,加 100,200,500 mL 的摇瓶,为了增加实验数量,有时还可使用 50 mL 的摇瓶或更小的试管。试管多用于菌株的初步鉴定、污染物微生物的鉴定、供孢子的发芽和积累微生物的实验中。

摇瓶机有往复式(见图 4.4)和旋转式(见图 4.5)两种。往复式摇瓶机往复频率为 80～120 次/min,冲程为 8～2 cm,适用于培养细菌和酵母等单细胞菌体,用于培养丝状菌时,往往在培养基表面形成固体菌膜。

图 4.4　往复式摇瓶机

图 4.5　旋转式摇瓶机

旋转式摇瓶机具有传氧速率较好、功率消耗小、培养基不会溅到瓶口等优点。旋转式摇瓶机的旋转速度一般为 60～300 r/min,偏心距为 3～6 cm。另外,也有 500 r/min 高转速的旋转摇瓶机,其传氧速率与液体深层搅拌培养相近,但使用时应注意安全。

4.1.4 种子罐

1)种子罐的作用

种子罐主要是使孢子发芽,生长繁殖成菌(丝)体,接入发酵罐能迅速生长,达到一定的菌体量,以利于产物的合成,如图 4.6 所示。

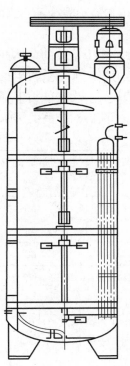

图 4.6 种子罐

发酵系统有两个罐,小一点的称为种子罐,大的称为发酵罐。种子罐培养是要把菌株扩大繁殖,适用于发酵、酿造、佐料、制药、化工及真菌培植,为全封闭卫生型发酵专用设备。

种子罐材料均采用进口 304,$1Cr_{18}Ni_9Ti$ 组成。种子罐具有节能、消声、耐腐蚀、生产力强、清洗和操作方便等优点。

种子罐有碳钢制种子罐和不锈钢制种子罐两种。冷却加热形式有夹套式、内盘管式、外环管式 3 种,供用户选用。

种子罐接种方法有微孔接种法、火焰保护法、压差法。

2)种子罐级数的确定

种子罐级数是指制备种子需逐级扩大培养的次数,取决于菌种生长繁殖特性、孢子发芽及菌体繁殖速度,孢子瓶中孢子的密度(密度大则级数少),发酵罐中种子的最低接种量,种子罐与发酵罐的容积比等。一般细菌生长快,种子用量比例少,级数也较少,二级发酵。

霉菌生长较慢,如青霉菌,三级发酵,制备过程为:孢子悬浮液→一级种子罐(27 ℃,40 h 孢子发芽,产生菌丝)→二级种子罐(27 ℃,10~24 h,菌体迅速繁殖,粗壮菌丝体)→发酵罐。放线菌生长更慢,采用四级发酵。酵母比细菌慢,比霉菌、放线菌快,通常用一级种子。

3)确定种子罐级数需注意的问题

种子级数受发酵规模、菌体生长特性、接种量的影响。种子级数越少越好,可简化工艺和控制,减少染菌机会。种子级数大,难控制、易染菌、易变异,管理困难,一般为 2~4 级。在发酵产品的放大中,反应级数的确定是非常重要的一个方面,虽然种子罐级数随产物的品种及生产规模而定,但也与所选用工艺条件有关。如改变种子罐的培养条件,加速了孢子发芽及菌体的繁殖,也可相应地减少种子罐的级数。

4)种龄

种龄是指种子罐中培养的菌体开始移入下一级种子罐或发酵罐时的培养时间。通常种龄是以处于生命力极旺盛的对数生长期,菌体量还未达到最大值时的培养时间较为合适。种龄太长,菌种趋于老化,生产能力下降,菌体自溶;种龄太短,菌体太少,造成发酵前期生长缓慢。表 4.1 列出了菌龄对产酶的影响。

表 4.1　菌龄对产酶的影响

菌龄/h	发酵时间/h	碱性纤维素酶活力/(U·mL^{-1})
12	72	62.37
18	56	66.12
24	48	74.55
30	60	52.10

资料来源:摘自舒琴,林学化学与工业,2004。

不同菌种或同一菌种在不同的工艺条件下,种龄是不一样的。一般需要经过多种实验来确定,例如,嗜碱性芽孢杆菌生产碱性蛋白酶的种龄以 12 h 最好。

5)接种量

接种量的大小决定于生产菌种在发酵罐中生长繁殖的速度。采用较大的接种量可以缩短发酵罐中菌丝繁殖达到高峰的时间,使产物的形成提前到来,并可减少杂菌的生长机会。但接种量过大或过小,均会影响发酵。过大会引起溶氧不足,影响产物合成,而且会过多移入代谢废物,不经济;过小会延长培养时间,降低发酵罐的生产率。表 4.2 列出了不同接种量菌丝体的生长情况。

$$接种量 = \frac{移入种子的体积}{接种后培养液的体积}$$

通常接种量,细菌 1%~5%,酵母菌 5%~10%,霉菌 7%~15%,大多数抗生素为 7%~15%,一般认为,大一点好,有时可增加至 20%~25%,但棒杆菌的谷氨酸发酵的接种量只需 1%。

表 4.2 不同接种量菌丝体的生长情况

组别	接种量 （孢子·mL^{-1}）	生长形态
1	1×10^7	24 h 后即生成大量分散型的菌丝体
2	0.5×10^7	24 h 后即大量生长,分散型的菌丝体较多,少量球形菌丝体存在
3	1×10^6	36 h 后开始大量生长,菌丝体球形,直径 1 ~ 2 mm,有少量分散型菌丝
4	1×10^5	48 h 后大量生长,菌丝体球形,直径 2 ~ 3 mm
5	1×10^4	72 h 后大量生长,菌丝体球形,直径 3 ~ 4 mm

任务 4.2 酵母的扩大培养设备

4.2.1 概述

酵母扩大培养是指从斜面种子到生产所用的种子的培养过程,这一过程也分为实验室扩大培养阶段和生产现场扩大培养阶段。

1)实验室扩大培养阶段

（1）斜面试管

一般为工厂自己保藏的纯粹原菌或由科研机构和菌种保藏单位提供。

（2）富氏瓶(或试管)培养

富氏瓶或试管装入 10 mL 优级麦汁,灭菌、冷却备用。接入纯种酵母在 25 ~ 27 ℃ 保温箱中培养 2 ~ 3 d,每天定时摇动,平行培养 2 ~ 4 瓶,供扩大时选择。

（3）巴氏瓶培养

取 500 ~ 1000 mL 的巴氏瓶(或大三角瓶),加入 250 ~ 500 mL 优级麦汁,加热煮沸 30 min,冷却备用。在无菌室中将巴氏瓶中的酵母液接入,在 20 ℃ 保温箱中培养 2 ~ 3 d。

（4）卡氏罐培养

卡氏罐容量一般为 10 ~ 20 L,放入约半量的优级麦汁,加热灭菌 30 min 后,在麦汁中加入 1 L 无菌水,补充水分的蒸发,冷却备用。再在卡氏罐中接入 1 ~ 2 个巴氏瓶的酵母液,摇动均匀后,置于 15 ~ 20 ℃ 下保温 3 ~ 5 d,即可进行扩大培养,或可供 1 000 L 麦汁发酵用。

（5）实验室扩大培养阶段的技术要求

①应按无菌操作的要求对培养用具和培养基进行灭菌;

②每次扩大稀释的倍数为 10 ~ 20 倍;

③每次移植接种后,要镜检酵母细胞的发育情况;

④随着每阶段的扩大培养,培养温度要逐步降低,以使酵母逐步适应低温发酵;

⑤每个扩大培养阶段,均应做平行培养:试管4~5个,巴氏瓶2~3个,卡氏罐2个,然后选优进行扩大培养。

2)生产现场扩大培养阶段

卡氏罐培养结束后,酵母进入现场扩大培养。啤酒厂一般都用汉生罐、酵母罐等设备来进行生产现场扩大培养。

(1)麦汁杀菌

取麦汁200~300 L加入杀菌罐,通入蒸汽,在0.08~0.10 MPa气压下保温灭菌60 min,然后在夹套和蛇管中通入冷水冷却,并以无菌压缩空气保压。待麦汁冷却至10~12 ℃时,先从麦汁杀菌罐出口排出部分沉淀物,再用无菌压缩空气将麦汁压入汉生罐内。

(2)汉生罐空罐灭菌

在麦汁杀菌的同时,用高压蒸汽对汉生罐进行空罐灭菌1 h,再通无菌压缩空气保压,并在夹套内通冷却水冷却备用。

(3)汉生罐初期培养

将卡氏罐内酵母培养液以无菌压缩空气压入汉生罐,通无菌空气5~10 min,然后加入杀菌冷却后的麦汁,通无菌空气10 min,保持品温10~13 ℃,室温维持13 ℃。培养36~48 h左右,在此期间,每隔数小时通风10 min。

(4)汉生罐旺盛期培养

当汉生罐培养液进入旺盛期时,一边搅拌,一边将85%左右的酵母培养液移植到已灭菌的一级酵母扩大培养罐,最后逐级扩大到一定数量,供现场发酵使用。

(5)汉生罐留种再扩培

在汉生罐留下的约15%的酵母培养液中,加入灭菌冷却后的麦汁,待起发后,准备下次扩大培养用。保存种酵母的室温一般控制在2~3 ℃,罐内保持正压(0.02~0.03 MPa),以防空气进入污染。

在下次再扩培时,汉生罐的留种酵母最好按上述培养过程先培养一次后再移植,使酵母恢复活性。

汉生罐保存的种酵母,应每月换一次麦汁,并检查酵母是否正常,是否有污染、变异等不正常现象。正常情况下此种酵母可连续使用半年左右。

(6)生产现场扩大培养的注意点

①每一步扩大后的残留液都应进行有无污染、变异的检查;

②每扩大一次,温度都应有所降低,但降温幅度不宜太大;

③每次扩大培养的倍数为5~10倍。

4.2.2 酵母扩培设备

酵母扩培设备用于啤酒厂生产现场的酵母扩大培养,并且对生产现场各种酵母进行有效的保藏。它采用二级、三级或多级进行培养,一次扩培量为200、400、600 L等多种规格,因而能满足各级啤酒厂家需求。

1)酵母扩培设备的特点

(1)加热、冷却结构独特,热交换率高。冷却形式为筒体米勒板夹层酒精水间接冷却。加热形式为锥底米勒板夹层蒸汽间接加热。

（2）罐体、管路等与介质物料接触部分均采用进口优质不锈钢；酵母培养罐的外壁表面粗糙度为 0.8 μm，内壁表面粗糙度为 0.4 μm；罐体结构采用创新设计的罐顶盖组合和与罐体直接连接的罐底阀，配有无菌取样阀和充氧管连清洗球，做到了罐内无死角、无残留，确保清洗彻底，排液干净。罐底管路采用 U 形管式闭合路，使用前和使用后都可以单独对罐底管路清洗和蒸汽灭菌，达到绝对的安全使用。

（3）系统自控

①采用触摸屏作为系统的操作和监控界面，所有自控参数的设置和对系统运行状态的监控均可在触摸屏上得以顺利实现。

②酵母培养罐的培养温度、压力、充氧条件以及麦汁添加量均可实现自动控制。

③根据工艺要求，可对酵母培养的温度、压力、充氧条件以及麦汁添加量等参数进行重新设置。

④可随时根据操作者的要求从自控状态切换到手动操作状态，也可随时将手动状态切换到自动控制状态。

2）工艺流程

扩培前，对系统容器及相应的管道进行 CIP 清洗和蒸汽灭菌。

①冷却麦汁按量进入一级酵母培养罐，在罐中对麦汁进行二次灭菌，再冷却至接种温度，然后将实验室培养好的卡式罐酵母接入其中。经 48 h 的间歇通风培养，即可转入二级培养罐。

②冷却麦汁按量进入二级酵母培养罐，在罐中对麦汁进行二次灭菌，再冷却至接种温度，然后将一级酵母培养罐培养好的酵母压入其中，经 45 h 的间歇通风培养。

3）酵母培养罐

酵母培养罐是用来培养和保存酵母的设备，主体是一立式圆柱形容器，与酵母液接触部分均用不锈钢或铜板挂锡制作。顶部为椭球形或锥形，顶盖上装有视镜、麦汁及蒸汽进口、压缩空气进口及排气孔，下端是椭球形封头与罐身焊接。罐下部有夹套，通入冰水或冷却水，使罐内保持低温，利于酵母培养，如图 4.7 所示。

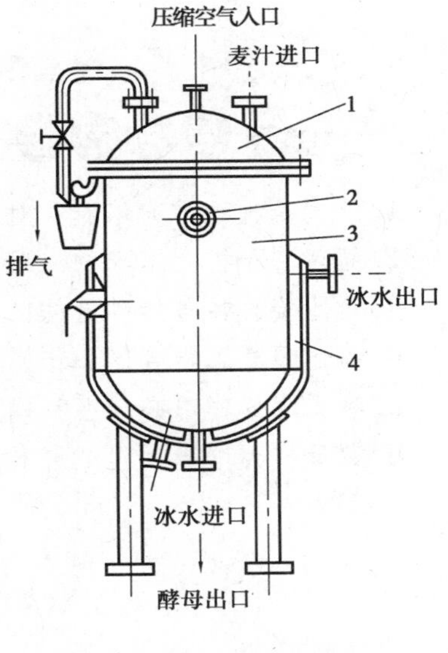

图 4.7 酵母培养罐
1—顶盖；2—视镜；
3—罐身；4—夹套外壳

【实践操作】

种子罐的构造及操作实训见项目 5"发酵罐的使用"。

· 项目小结 ·

种子制备及扩培过程可分为实验室种子制备阶段和生产车间种子制备阶段,实验室常见的设备为培养箱、摇床、超净工作台等,生产车间最主要的设备是培养罐、种子罐等。

超净工作台由鼓风机驱动空气通过高效过滤器得以净化,使工作区构成无菌环境。摇瓶机是发酵工程实验室最常用和必备的设备之一,主要用于菌种繁殖、菌种筛选和培养基配方方面的研究,摇瓶机的主要部件包括支持台、电动机和控制系统等。

种子罐的结构类似于发酵罐,主要是使孢子发芽,生长繁殖成菌(丝)体,接入发酵罐能迅速生长,达到一定的菌体量,以利于产物的合成。

酵母培养罐是用来培养和保存酵母的设备。主体是一立式圆柱形容器,与酵母液接触部分均用不锈钢或铜板挂锡制作。顶部为椭球形或锥形,顶盖上装有视镜、麦汁及蒸汽进口、压缩空气进口及排气孔,下端是椭球形封头与罐身焊接。罐下部有夹套,通入冰水或冷却水,使罐内保持低温,利于酵母培养。

 复习思考题

1. 什么是种子扩大培养? 对种子的要求有哪些?
2. 简述种子扩大培养的一般流程。
3. 简述接种龄与接种量的区别。
4. 简述超净工作台的工作原理。
5. 种子罐的作用是什么? 确定种子罐的级数需要注意哪些方面的问题?
6. 酵母扩大培养过程中主要用到的设备有哪些?

项目 5

发酵罐及附属设备

📖【知识目标】

- 掌握发酵的定义；
- 掌握发酵罐的类型、结构和性能，特别是通用式发酵罐的结构和主要部件功能；
- 了解发酵附属设备的种类、结构和功能。

📖【技能目标】

- 能够熟练掌握各种发酵罐的工作原理和操作程序；
- 能够熟练采取各种措施防止和减少发酵罐染菌；
- 能够熟练应用发酵罐制作各种发酵产品；
- 能够熟练操控发酵罐及附属设备。

【项目简介】>>>

　　发酵最初来自拉丁语"fervere"（发泡）这个词,是指酵母作用于果汁或发芽谷物产生 CO_2 的现象。随着科学的不断进步,微生物利用的范围也在不断扩大,科学家重新对"发酵"这一概念进行新的定义:凡是利用微生物在有氧或无氧条件下的生命活动来制备微生物菌体或其代谢产物或其转化发酵的过程统称发酵。那么,完成发酵过程的装置就称为发酵罐(微生物反应器),发酵罐是实现生物技术产品产业化的关键设备,是连接原料和产物的桥梁。广义的发酵罐是指为一个特定生物化学过程的操作提供良好而满意的环境容器。工业发酵罐一般指进行微生物深层培养的设备。根据发酵过程中微生物代谢繁殖的好氧还是厌氧可以将发酵罐分为好氧(通气)发酵罐和压氧(嫌气)发酵罐;根据发酵培养基的性质可分为固体发酵罐和液体发酵罐;根据发酵培养基的厚度可分为浅层发酵和深层发酵;根据发酵工艺流程可分为连续发酵设备和分批式发酵设备。

　　20 世纪初,出现了 $200 \ m^3$ 的钢质发酵罐,在面包酵母发酵中开始使用空气分布器和机械搅拌装置。1944 年,第一个大规模工业化生产青霉素的工厂投产,发酵罐体积为 $54 \ m^3$,标志着发酵工业进入一个新的阶段。随后,机械搅拌、通气、无菌操作、纯种培养等一系列技术逐渐完善起来,并出现了耐高温在线连续测定的 pH 电极和溶氧电极,开始利用计算机进行发酵过程控制。1960—1979 年,机械搅拌通气发酵罐的容积增大到 $80 \sim 150 \ m^3$,由于大规模生产单细胞蛋白的需要,出现了压力循环和压力喷射型发酵罐,计算机开始在发酵工业中得到广泛应用。1979 年后,随着生物工程技术的迅猛发展,大规模细胞培养发酵罐应运而生。胰岛素、干扰素等基因工程的产品商品化,对发酵罐的严密性、运行可靠性的要求越来越高。发酵过程的计算机控制和自动化应用已十分普遍。pH 电极、溶氧电极、溶解 CO_2 电极等在线检测在国外已相当成熟。

　　实验室研究型发酵罐一般为 $1 \sim 50 \ L$,其中 $1.2 \sim 10 \ L$ 的实验室小型发酵罐可由玻璃制成。$10 \ L$ 以上发酵罐由不锈钢材料制成。中试规模发酵罐一般 $50 \sim 5 \ 000 \ L$。生产规模发酵罐趋于大型化,如废水处理 $2 \ 700 \ m^3$ 发酵罐,单细胞蛋白 $1 \ 500 \ m^3$ 发酵罐,啤酒 $600 \ m^3$ 发酵罐,柠檬酸 $200 \ m^3$ 发酵罐。

　　总之,高效发酵罐有设备简单、不易染菌、电耗少、单位时间、单位体积的生产能力高、操作控制维修方便、生产安全、有良好的传质、传热和动量传递性能、检测功能全面和自动化程度高等特点。

【工作任务】>>>

任务 5.1　嫌气发酵设备

　　微生物培养根据对氧的需求情况不同,分为好氧发酵和厌氧发酵,因此,相应地发酵罐也有好氧发酵罐和厌氧发酵罐。而根据发酵物料的形态又分为固体发酵和液体发酵,那么,又可分为厌氧固体发酵设备和厌氧液体发酵设备。厌氧发酵产品的典型代表是酒精和啤酒。酒精发酵罐具有通用性,其可用于其他厌氧发酵产品的生产,如丙酮、丁醇等有机溶剂;而啤酒发酵设备则具有专用性。

5.1.1　厌氧固体发酵

我国传统发酵工业中的白酒和黄酒的酿造均采用厌氧固体发酵法,工艺独特,其主要设施设备包括发酵室、发酵槽(见图5.1)或发酵缸。

图 5.1　白酒发酵槽

5.1.2　厌氧液体发酵设备

1)酒精发酵罐

酒精既可在食品、医药等方面应用,又可作为生物能源物质,作为酒精燃料。用发酵技术生产酒精是今后发展的重要领域之一。酒精是酵母转化糖代谢而成的产物。相对于好氧发酵,在酵母代谢产酒精过程中,对氧的需求不再是制约性因素,因此,酒精发酵罐是严格控制氧的通入。但是,作为一个优良的酒精发酵罐,仍然需要具有良好的传质和操作性能。在酒精发酵过程中,酵母的生长和代谢必然会产生一定数量的生物热。若不及时移走该热量,必将导致发酵体系温度升高,影响酵母的生长和酒精的形成,因此酒精发酵罐要具有良好的换热性能。由于发酵过程中会产生大量的 CO_2,从而对发酵液形成自搅拌作用,因此酒精发酵罐不需要设置专用的搅拌装置,但需设置能进行 CO_2 回收的装置。由于现代发酵罐是向着大型化和自动化发展,酒精发酵罐还需要有自动清洗装置。相对于好氧发酵罐,酒精发酵罐的结构要简单得多。

从酒精发酵设备的变迁过程来看,发酵罐材料由木桶变为钢筋水泥发酵池(槽)再发展到碳钢发酵罐(内刷防腐涂料)到现在的不锈钢发酵罐。发酵容器由原来的开放式发展为密闭式,密闭式的发酵容器由立式圆柱碟形发酵罐→立式圆柱锥形发酵罐→立式圆柱斜底形发酵罐→卧式圆柱形发酵罐。

不同规模的生产企业采用的不同酒精发酵设备。中小型酒精生产企业一般采用传统的 500 m^3 以下的立式圆柱碟形或锥形发酵罐。大型酒精生产企业一般采用新型的 500 m^3 以上的立式圆柱斜底形发酵罐。500 m^3 以上的发酵罐是 20 世纪 90 年代之后才逐渐发展起来的。目前,美国最大的立式圆柱斜底形发酵罐,容积已达 4 200 m^3,而卧式圆柱形发酵罐正在推广应用之中。

（1）传统酒精发酵设备

立式圆柱碟形或锥形发酵罐是传统酒精发酵罐,如图 5.2 所示,罐顶装有人孔窥镜 7、CO_2 回收管 4、进料管和接种管 6、压力表 3、喷淋洗涤水入口 5 等。罐底装有发酵液和污水排出口 12、喷淋水收集槽 10 和喷淋水出口 11。罐身上、下部装有取样口 2 和温度计接口 9。对于大型发酵罐,为了便于维修和清洗,往往在近罐底装有人孔。

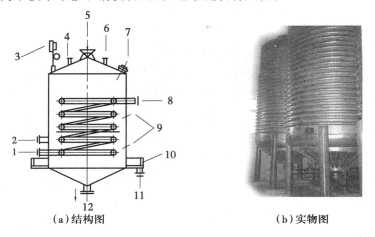

（a）结构图　　　　　　　（b）实物图

图 5.2　酒精发酵罐

1—冷却水入口;2—取样口;3—压力表;4—CO_2 回收管;5—喷淋洗涤水入口;
6—进料管和接种管;7—人孔窥镜;8—冷却水出口;9—温度计;10—喷淋水收集槽;
11—喷淋水出口;12—发酵液和污水排出口

①罐体。酒精发酵罐的筒体为圆柱形,圆柱体径高比为 1:（2~2.5）,底盖和顶盖为锥形和椭圆形。酒精发酵罐通常采用密闭式,这样可以在酒精发酵过程中需要对 CO_2 气体及其所带出的部分酒精方便回收。发酵罐顶装有人孔、视镜、CO_2 回收管、进料管、接种管、压力表及测量仪表接口管等,罐底装有排料口和排污口,罐身上下部有取样口和温度计接口。对于大型酒精发酵罐,为了便于维修和清洗,通常在锥底也装有人孔。

②换热装置。为了满足酵母生长,酒精发酵罐在工艺条件方面,最为重要的工艺参数是温度,由于酵母生长和代谢过程中会产生大量的生物热,因此,酒精发酵罐最主要的部件之一就是换热装置,对于中小发酵罐,多采用喷淋冷却的方式,即在罐顶喷水淋于罐外壁面进行膜状冷却;对于大型发酵罐,通常在罐内装有冷却蛇管或者是夹套冷却装置（蛇管冷却面积≥0.25 m^2/m^3 发酵醪液）,并且同时在罐外壁喷淋冷却。联合冷却的目的是增加换热面积,提高换热效率,以免发酵过程中温度过高,导致菌体生长和代谢受阻。为避免发酵车间的潮湿和积冰,要求在罐底部沿罐体四周装有集水槽。

③洗涤装置。酒精发酵罐的洗涤,过去均由人工操作,不仅劳动强度大,而且 CO_2 一旦未彻底排除,工人人工清洗会发生中毒事故。近年来,已逐渐采用水力喷淋洗涤装置,从而减少劳动强度,提高了生产效率。常见的水力洗涤装置如图 5.3 所示,水力喷淋洗涤器是一根直

立的喷水管,沿轴方向安装于罐的中央,在垂直喷水管上按一定间距均匀钻有 $\phi 4 \sim 6$ mm 的小孔,孔与水平呈 20°角。水平喷水管借助活接头上端和喷水总管相连,洗涤水压为 $0.6 \sim 0.8$ MPa。水流在较高的压力下,由水平喷水管出口处喷出,洒水管是借助两头的喷嘴以一定的速度喷水所形成的反作用力,使其以 $48 \sim 56$ r/min 的速度自动旋转,在旋转过程中,洒水管内的洗涤水由喷水小孔均匀喷洒在罐壁、罐顶和罐底,从而达到水力洗涤的目的。而垂直喷水管(见图 5.4)也以同样的水流速度喷射到罐体四壁和罐底。因此,一般在 5 min 内就可完成洗涤作业。

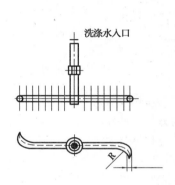

图 5.3 酒精发酵罐水力洗涤器

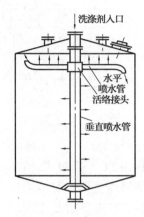

图 5.4 水力喷淋洗涤装置

(2)酒精连续式发酵设备系统

20 世纪 50 年代后期,国内外相继实现了以糖蜜原料制酒精的连续发酵生产技术。20 世纪 60 年代初期,西方发达国家首先实现了以淀粉质原料制酒精的连续发酵生产技术。20 世纪 70 年代初期,我国也实现了以淀粉质原料制酒精的连续发酵生产技术。

①以糖蜜原料制酒精多罐式连续发酵设备。目前,我国以糖蜜或淀粉质原料制酒精的连续发酵生产技术大多采用多罐式连续发酵设备,如图 5.5 所示。其使用的发酵罐为圆柱锥形酒精发酵罐(已介绍,见图 5.2),接下来将介绍以糖蜜原料制酒精多罐式连续发酵设备流程。

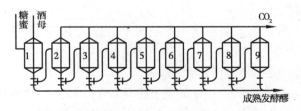

图 5.5 以糖蜜原料制酒精多罐式连续发酵设备流程

该流程由 9 个圆柱锥形酒精发酵罐组成,其容量依据生产能力的大小而定。除了在酵母槽中通入无菌空气之外(酵母菌是嫌气性微生物,在繁殖时期需要氧气),在 1 号罐中也通入适量空气,或加大 1 号罐的酵母接种量,以维持 1 号罐的酵母数。连续发酵周期结束,从末罐开始按逆向顺序依次排除发酵液入蒸馏塔蒸馏。而空罐则依次进行清洗和消毒灭菌,因而在设计管路时,应考虑对各罐的轮流消毒灭菌。CO_2 则由各罐罐顶排入总汇集管,送至 CO_2 车间进行综合利用。该设备流程在发酵中,酵母细胞数维持在 $(6 \sim 10) \times 10^7$ cfu/mL,连续发酵周期为 32 d,发酵液中酒精含量可达 9% ~ 10%,发酵转化率约为 85%。

②以淀粉质原料制酒精多罐式连续发酵设备。淀粉质原料制酒精多罐式连续发酵设备使用的发酵罐也是圆柱锥形酒精发酵罐(见图 5.2),其设备流程如图 5.6 所示。

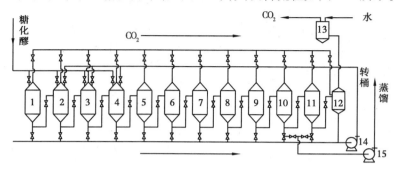

图 5.6　以淀粉质原料制酒精多罐式连续发酵设备流程

1—酵母繁殖罐;2~9—发酵罐;10,11—计量罐;12—泡沫捕集器;14—转桶泵;15—成熟醪液泵

该流程由 11 个罐组成,借助连接管而连通。糖化醪液和液体曲混合液能够同时平行流入前 3 个酵母繁殖罐。酵母繁殖罐应能相继依次轮换,如果只考虑一个罐,易导致杂菌污染和残糖升高。在发酵过程中,发酵液由罐底流出,经连通管进入下一个发酵罐的上部,以此类推,最后流入末尾的两个计量罐进行计量,并轮流泵入蒸馏工序。发酵过程中产生的 CO_2 气体由带有控制阀门的 U 形支管和总管相连,引入泡沫捕集器,再经鼓泡式 CO_2 洗涤塔回收酒精后,送至 CO_2 车间进行综合利用。各罐底均设置排污支管并与排污总管相连,排污支管和总管与蒸汽管相通,以便消毒和灭菌。

2)啤酒发酵罐

20 世纪 50 年代以来,啤酒发酵装置像其他发酵罐的发展一样,向大型化、连续化、联合化和自动化的方向快速发展。迄今为止,使用的大型发酵罐容量已达 1 500 m^3。原来的开放式发酵槽已逐步被淘汰,不锈钢结构密闭的新型联合罐取得了长足进步和广泛应用,且密闭罐也由原来的卧式圆筒形罐发展为立式圆筒体锥底发酵罐。

(1)传统啤酒发酵设备

传统啤酒发酵一般分为前发酵和后熟发酵两个过程。主要设备有前发酵池(槽)与前发酵室、后发酵罐与后发酵室。

①前发酵设备一般有发酵池(槽)与发酵室。

a. 发酵池(槽)。如图 5.7 所示传统的前发酵池(槽)均置于发酵室内,大多为开口式,少数为密闭式。最常见的是钢筋混凝土制成的水泥池(槽),形状为长方形和正方形,池(槽)内涂刷不饱和树脂、沥青石蜡或环氧树脂作为防腐层。

池(槽)底略有倾斜,以利排出酒液、酵母和废水。池(槽)一侧设有嫩啤酒出酒阀,高出池(槽)底 10 ~ 15 cm,其高度可调节,以阻挡沉降酵母进入后发酵罐;待嫩啤酒进入后发酵罐后,可拆去出口管头,可进行酵母回收。为了维持发酵池(槽)内醪液的低温,在池(槽)中装有冷却蛇管或排管,冷却面积为 0.2 m^2/m^3 发酵液,蛇管或排管中通 0 ~ 2 ℃ 的冰水。除了在发酵池(槽)内装有冷却蛇管或排管之外,还需在发酵室内配置冷却排管或空调装置,使室内

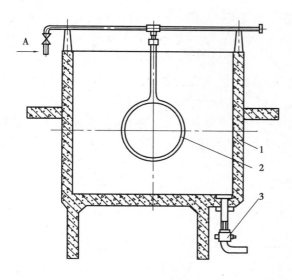
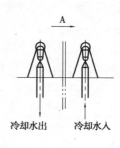

图 5.7　前发酵池(槽)

1—槽体;2—冷却水管;3—出酒阀

维持工艺要求的温度和湿度。

b. 前发酵室(见图 5.8 和图 5.9)。发酵室应具有良好的供排风系统和冷风循环系统。

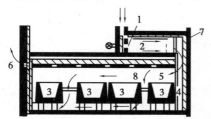
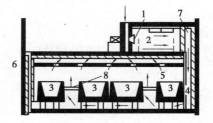

图 5.8　前发酵室的供排风系统	图 5.9　前发酵室的冷风循环系统
1—风机;2—空调室;3—前发酵池;	1—风机;2—空调室;3—前发酵池;
4—冷空气通道;5—气流方向控制阀门;	4—冷空气通道;5—气流方向控制阀门;
6—排风口;7—保温墙;8—操作台通道	6—排风口;7—保温墙;8—操作台通道

对于开口式发酵池(槽)的发酵室,室内不能积聚高浓度的 CO_2,否则危害人体健康。所以,一般采用供排风系统和空调设备,不断在室内补充 10% 的新鲜空气,并排出 CO_2 气体,同时进行冷风循环。既控制了室内 CO_2 浓度,又保证了室内低温的工艺要求。

对于密闭式发酵池(槽)的发酵室,室内也设置供排风系统和空调设备,除了补充新鲜空气并排出 CO_2 之外,主要进行冷风循环,保证室内低温的工艺要求。发酵室四周墙壁和顶棚应有较好的绝热结构,绝缘厚度 ≥5 cm。室内四周墙壁及发酵池(槽)外壁铺砌白瓷砖或红缸砖,再涂以暗淡的油漆。室内地面通道用防滑瓷砖铺设,并有一定斜度,便于废水排出。顶棚呈倾斜或光滑弧面,避免冷却水滴入发酵池(槽)中。室内空调不宜太高,单位体积发酵池(槽)应尽可能最大,以节省能耗。

②后发酵罐与后发酵室。

a. 后发酵罐(见图 5.10),又称储酒罐,该设备主要完成嫩啤酒的继续发酵,并饱和 CO_2,

促进啤酒的稳定、澄清和成熟。后发酵罐一般采用 A_3 碳钢板材料制成的金属圆筒形的密闭罐,内刷防腐涂料。有立式和卧式两种形式,大多采用卧式。由于后发酵的温度由室温控制,因此,后发酵罐内无须再安装冷却蛇管。由于发酵过程中需要饱和 CO_2,所以,后发酵罐应耐压 $0.1 \sim 0.2$ MPa。罐身装有人孔、取样阀、液位计、进出啤酒接口、CO_2 放气阀、压缩空气接口、温度计、压力表、安全阀等。根据工艺要求,后发酵室要比前发酵室维持更低的发酵温度,一般为 $0 \sim 2$ ℃,后发酵产生的发酵热借助室内低温将其带走。因此,贮酒室的建筑结构和保温要求均不能低于前发酵室;而且需要安装冷却排管或安装空调进行冷风循环。

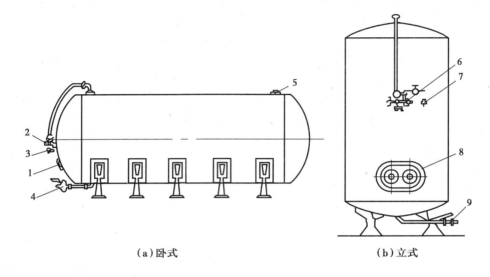

图 5.10 后发酵罐

1—人孔;2—连通接头(排 CO_2 等);3—取样旋塞;4—啤酒放出阀;5—压力表和安全阀
6—压力调节装置;7—取样口;8—人孔口;9—啤酒放出口

b. 后发酵室,又称贮酒室。根据工艺要求,后发酵室要比前发酵室维持更低的发酵温度,一般为 $0 \sim 2$ ℃。因此,贮酒室的建筑结构和保温要求均不能低于前发酵室;而且需要安装冷却排管或安装空调进行冷风循环。目前,先进的啤酒生产企业均将后发酵罐全部放置在隔热的后发酵室内,维持一定的后发酵温度。相邻的后发酵室外建有绝热保温的操作通道,通道内保持常温,开启发酵罐的管道和阀门都接通至通道内,在通道内进行后发酵的调节和操作。后发酵室和通道相隔的墙壁上开有玻璃窥镜窗,以观察后发酵室的情况。

(2)新型啤酒发酵罐

新型发展起来的啤酒发酵设备主要有奈坦罐、联合罐、朝日罐等。

①圆筒体锥底发酵罐,又称奈坦罐(见图5.11)。我国1984年后全面推广应用,已广泛用于啤酒生产领域。奈坦罐可以单独用于前发酵或后发酵,也可以将前酵和后酵合并在一罐中进行。它具有良好的适应性,还可以有效地降低发酵时间,提高发酵效率,在国内外的啤酒发酵工厂得到了广泛使用。

奈坦罐罐体径高比一般为 $1:(1.5 \sim 6)$,锥底内角一般为 $60° \sim 75°$,排污时可使酵母顺利滑出。其罐身用不锈钢板或碳钢制作,用碳钢材料时,需要涂料作为保护层。罐的上部封头设有人孔、视镜、安全阀、压力表、CO_2 排出口、真空阀等,人孔用于观察和维修罐内部,罐身还装有取样管和中、下两个温度计接管。已灭菌的新鲜麦芽汁和酵母由罐底部进入罐内,发酵过程中罐体通过冷却夹套维持适宜的发酵温度。冷却夹套可分为 2~4 段,视罐的径高比而定,罐锥体部分可设一段冷却夹套,锥形罐冷却夹套的形式有扣槽钢、扣角钢、扣半管、罐外缠无缝管、冷却夹套内加导向板及长形薄夹层螺旋环形冷却带等,效果较理想的是冷却夹套内加导向板和长形薄夹层螺旋环形冷却带。冷却夹套总传热面积与罐内发酵液体积之比,可使冷媒种类及冷却夹套的形式取 0.2~0.5 m²/m³。冷媒多采用乙二醇或乙醇溶液。

为了减少冷、热耗量,罐体一般加保温层,常用的保温材料为聚氨酯泡沫塑料、脲醛泡沫塑料、聚苯乙烯泡沫塑料或膨胀珍珠岩矿棉等,厚度根据当地的气候选定。如果采用聚氨酯泡沫塑料做保温材料,可以采用直接喷涂后,外层用水泥涂平。为了罐型美观和牢固,保温层外部可以加薄铝板外套,或镀锌铁板保护,外涂银粉。大型发酵罐和贮酒设备的洗涤,现在普遍使用自动清洗系统。该系统设有碱液罐、热水罐、甲醛溶液罐和循环用的管道和泵。

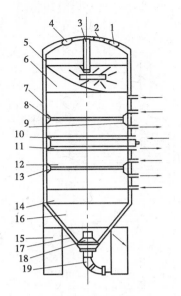

图 5.11　圆筒体锥底发酵罐
1—试镜;2—CO₂ 排出管;3—自动洗涤器;
4—人孔;5—封头;6—罐身;7—冷却夹套;
8—保温层;9—冷媒排出口;10—冷媒进入口;
11—中间酒液排出管;12—取样管;13—温度计;
14—支脚;15—基柱;16—锥底;
17—锥底冷却夹套;18—底部酒液排出口;
19—麦汁进口、酒液进口、酵母排放口

主发酵结束后沉积于锥底的酵母,可通过开启锥底阀门(一般为蝶阀)将酵母排出罐外,部分留作下次发酵使用,为了在后发酵过程中饱和 CO₂,罐底设有净化 CO₂ 充气管。

为了回收发酵过程中微生物排出的 CO₂,罐应设计为密封的耐压罐,罐内最高工作压力视其用于前、后发酵而不同,一般为 0.09~0.15 MPa,设计压力为工作压力的 1.33 倍,实际试压为工作压力的 1.55 倍。

大型发酵罐在发酵完毕后放料速度很快,可能会形成一定的负压。另外,放罐后罐内可能留有一定的 CO₂ 气体,当对罐进行清洗时,清洗溶液中碱性物质能与 CO₂ 起反应而除去 CO₂ 气体,也会造成罐内真空。所以锥形罐应设有防止真空的真空安全阀。

②大直径露天贮酒罐,是一种通用罐,国外称为"Uni-Tank"(意为单罐或联合罐)。它既可以做前、后发酵,又可以做贮酒罐,也能用于多罐法及一罐法生产。通用罐高径之比远比圆筒形锥底罐要小[高径比为 1:(1~3)]。大直径罐一般只要求贮酒保温,没有较大的降温要求,因此,其冷却系统的冷却面积远较圆筒形锥底罐小,安装基础也较后者简单。

大直径罐(见图 5.12)基本是一柱体形罐,略带浅锥形底,便于回收酵母等沉淀物和排除洗涤水。因其表面积与容量之比较小,罐的造价较低。冷却夹套只有一段,位于罐的中上部,上部酒液冷却后,沿罐壁下降,底部酒液从罐中心上升,形成自然对流。因此,罐的直径虽大,

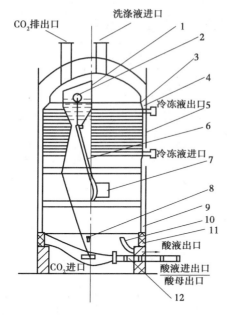

图 5.12 大直径露天酒罐

1—自动洗涤装置;2—浮球;3—罐体;
4—保温层;5—冷却夹套;6—可移动滤酒管;
7—人孔;8—CO_2喷射环;9—支脚;
10—酒液排出阀;11—机座;
12—酒液进出口(酵母排出口)

仍能保持罐内温度均匀。锥角较大,以便排放酵母等沉淀物。罐顶可设安全阀,必要时设真空阀。罐内设自动清洗装置,并设浮球带动一出酒管,滤酒时可以使上部澄清酒液先流出。为加强酒液的自然对流,在罐的底部加设一 CO_2 喷射环。环上 CO_2 的喷射眼的孔径为 1 mm 以下。当 CO_2 在罐中心向上鼓泡时,酒液产生向上运动,使底部出口处的酵母浓度增加,便于回收,同时挥发性物质被 CO_2 带走,CO_2 可以回收。大直径罐外部是保温材料,厚度为 100~200 mm。

③朝日罐,是由日本 Asahi 啤酒公司于1927 年试制成功的前发酵和后发酵合一的大型露天发酵罐,结构如图 5.13 所示,它采用了一种新的生产工艺,解决了沉淀困难,大大缩短了贮藏啤酒的成熟期。

朝日罐为一罐底倾斜的平底柱形罐,用厚4~6 mm 的不锈钢板制成,其直径与高度之比为1∶(1~2)。罐身外部设有两段冷却夹套,底部也有冷却夹套,用乙醇溶液或液氨为冷媒。罐内设有可转动的不锈钢出酒管,可以使放出的酒液中 CO_2 含量比较均匀。

朝日罐发酵法的优点是进行一罐法生产时,可以加速啤酒的成熟,提高设备的利用率,使罐容利用系数达到 96% 左右;在发酵液循环时酵母分离,发酵液循环损失很少;可以减少罐的清洗工作,设备投资和生产费用比传统法要低。其缺点是动力消耗大、冷冻能力消耗大等。

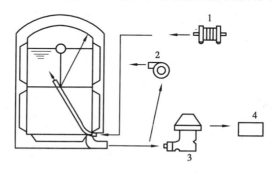

图 5.13 朝日罐系统图示

1—薄板换热器;2—循环泵;3—酵母离心;4—酵母;5—朝日罐

(3)自动清洗系统 CIP(Clean In Place)

由于发酵罐量的增大,清洗设备也有很大进步,大多采用 CIP 自动清洗系统。

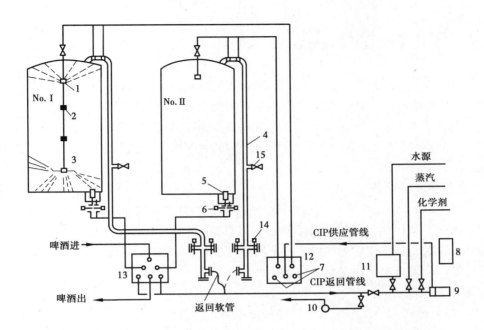

图 5.14　大型发酵罐与产品输送站及 CIP 清洗管的联结流程

1—固定喷头；2—滑到结头；3—回转喷头；4—通气管；5—沉渣阻挡器；6—双重出口；
7—微型开关；8—控制盘；9—CIP 供应泵；10—污水泵；11—水箱；12—清洗剂分配站；
13—啤酒进出站；14—压力调节阀；15—通气阀

任务 5.2　好氧（通风）发酵设备

大多数的生物化学反应都是需要氧的,但根据物料的状态不同,分为好氧（通风）固体发酵和好氧（通风）液体发酵。

5.2.1　好氧（通风）固体发酵设备

好氧（通风）固体发酵是应用最古老的发酵技术之一,其应用比液态发酵要早得多。好氧固体发酵是好氧微生物有氧条件下,在湿的固体培养基上的生长、繁殖、代谢的发酵过程。好氧（通风）固体发酵其固态湿培养基含水量一般在 50% 左右,但也有的固体发酵培养基含水量在 30% 或 70% 等。

好氧固体发酵的特点有:

①原料不经过复杂加工。发酵过程中,糖化与发酵同步进行,简化了工艺操作,节约了能源。

②适合某些对水活度要求较低的微生物的发酵,也使发酵微生物保持了自然生长状态,这也是许多丝状真菌适宜采用好氧固体发酵的原因之一。

③由于高浓度底物发酵可产生高浓度产物,所以产物的分离提取工艺简单可控。甚至许多好氧固体发酵产品无须分离提取,可直接烘干。既便于发酵产品的保藏运输,又无大量有

机废液的产生,可减少环境污染。

④在好氧固体发酵中,无菌压缩空气通过固体层的阻力比通过液体层的阻力小,可节省耗能。

⑤由于存在明显的气、液、固三相液面,可获得好氧液体发酵难以得到的发酵产物。

应用固体发酵的有农村的堆肥、青饲料的发酵酒曲生产,日常生活中的酱油、醋、白酒、面包的生产,以及工业产品生物杀虫剂,如绿僵菌、白僵菌、纤维素酶等多种酶制剂产品。

一般根据发酵罐是否安装搅拌装置或类似使物料固气混合装置,将固态发酵分为静态固体发酵和动态固体发酵。

1)静态固体发酵设备

静态固体发酵工艺是传统的发酵生产工艺,主要应用于酱油和酿酒生产,以及农副产品生产饲料、微生物肥料和农药等。固体静态发酵具有设备简单、投资小等优点。下面简要介绍静态固体发酵设备,其最常用的设备有家用曲盘、浅盘式发酵反应器、机械通风固体发酵设备等,这些发酵设备适用于农村作坊或中小型企业生产。

(1)家用曲盘设备

家用曲盘是静态固体发酵应用最早的传统设备,它采用自然通风方式进行发酵。其设备用的曲盘以及放置帘子和曲盘的曲架如图5.15所示,曲架可以用木材或毛竹制成,外表最好涂漆以防霉菌生长。曲盘可用竹木制成,常用浅盘尺寸有0.37 m×0.54 m×0.06 m或1 m×1 m×0.06 m等。大的曲盘没有底板,只有几根衬条,上铺竹帘、苇帘,或者干脆不用木盘,把帘子铺于架上,目的是为了扩大固体培养基与空气的接触面,减少了老法的许多笨重操作,提高了产品的质量。帘子可用芦苇、竹或柳等编成(便于卷在一起进行蒸煮灭菌)。曲架、曲盘和帘子的尺寸可根据产量及曲室的大小并考虑操作方便来确定。

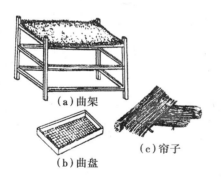
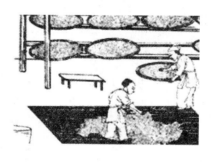

(a)曲架
(b)曲盘
(c)帘子

图5.15　家用曲盘设备

(2)浅盘式发酵反应器

浅盘式发酵反应器是比较常见的一种自然通风小型固体发酵设备(见图5.16),这种设备构造简单,类似于增加了空气循环的放大的密闭式生化培养箱,箱内由许多可移动的托盘组成,托盘可以是木料、金属(铁或铝)、塑料、竹编等制成,底部打孔,可以保证生产时底部通风良好。

浅盘式发酵反应器是一种没有强制通风的固态发酵生物反应器,特别适合酒曲的加工。装有的固体培养基最大厚度一般为15 cm,放在自动调温的房间中。它们排成一排,一个邻一个，之间有一个很小的间隙。这种技术用于规模化生产比较容易，只要增加盘子的数目就可以了。其反应器的优点是：料层薄，发酵过程通入调温调湿的空气，温湿度易控制，不易污染杂菌。其缺点是它需要很大的面积，自动化程度很低，消耗很多人力。

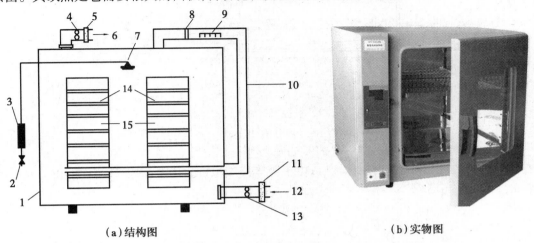

（a）结构图　　　　　　　　　　　　　（b）实物图

图 5.16　浅盘式生物发酵反应器

1—反应室；2—水压阀；3—紫外灯管；4,8,13—空气吹风机；5,11—空气过滤器；6—空气出口；
7—温度调节器；9—加热器；12—空气入口；14—盘子；15—盘子支持架

（3）机械通风固体发酵设备

机械通风固体发酵设备与自然通风固体发酵设备的区别主要是其使用了机械通风装置，因而强化了发酵系统的通风，使物料厚度大大增加，不仅使产品效率大大提高，而且便于控制物料发酵温度，提高了产品的质量。

机械通风固体发酵设备如图 5.17 所示。其发酵设备料室多用长方形水泥池，宽约 2 m，深 1 m，长度则根据生产场地及产量等选取，不宜过长，以保持通风均匀；料室底部应比地面高，以便于排水，池底应有 8°～10°的倾斜，以使通风均匀；池底上有一层筛板，将发酵固体料置于筛板上，料层厚度为 0.3～0.5 m；料池一端（池底较低端）与风道相连，其间设一风量调节闸门。料池通风常用单向通风操作，为了充分利用冷风或热量，一般把离开料层的排气部分经循环风道回到空调室，另吸入新鲜空气。据试验测试结果，空气湿度循环，可使进入固体料层空气的 CO_2 浓度提高，减少霉菌过度呼吸，从而减少淀粉原料的无效损耗。当然废气只能部分循环，以维持与新鲜空气混合后 CO_2 浓度在 2%～5% 最佳。通风量为 400～1 000 $m^3/(m^2 \cdot h)$，依固体料层厚度和发酵使用菌株、发酵旺盛程度及气候条件等而定。

2）动态固态发酵罐

动态固态发酵罐是指固体发酵基质如同液体过程中的一样，处于动态过程。这类发酵罐要求有动力系统促使动态反应料的流动和转动，因此需要消耗能量；由于固体反应料室处于不断转动状态，有利于氧气和温度等发酵工艺参数的控制。

（1）搅拌式固体发酵反应器

搅拌式固体发酵反应器形状结构分为立式和卧式（见图 5.18）两种形式。反应器主体静止不动，而反应器内的搅拌器搅拌固体基质颗粒处于间歇或连续运动状态；在反应器的一端

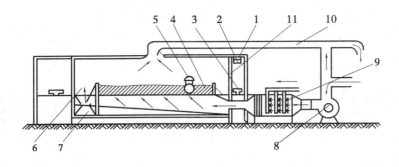

图 5.17　机械通风固体发酵设备

1—输送带;2—高位料斗;3—送料小车;4—料室;5—进出料机;

6—料斗;7—输送带;8—鼓风机;9—空调室;10—循环风道;11—室闸门

设有空气进、出口(以及加料和取样口);由于固体基质颗粒的特性,对搅拌桨叶的设计具有特殊要求。

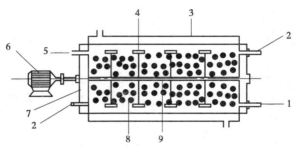

图 5.18　卧式搅拌式固体发酵反应器

1—空气进口;2—温度探针;3—水夹套;4—桨叶;5—空气出口;

6—搅拌电机;7—反应器;8—固体培养基;9—搅拌轴

　　①卧式搅拌式固体发酵反应器的工作原理。固态物料从进料口进入罐体内,装于搅拌轴上的搅拌叶片带动物料翻动、疏松、混合。蒸汽从蒸汽及灭菌空气进口直接通入罐体内,对物料进行灭菌,之后由夹套通入水,无菌空气直接通入罐体内,对物料进行冷却降温,当物料冷却到发酵温度时,液体菌种从接种分配管喷入,随着搅拌轴的正转与反转,在搅拌叶片的作用下,菌种与物料均匀混合。无菌空气直接通入罐体内喷向物料,保证微生物生长所需的足够氧源,夹套内通保温水保证微生物生长所需的温度,根据需要无菌水从接种分配管喷入。微生物生长完毕直接由排料管卸料。

　　②搅拌式固体发酵反应器的特点。优点是物料在罐内蒸煮、灭菌、降温、罐内接种、罐内淋加湿、自动翻料、温湿度检测显示以及自动控制、自动进出料;易于保持固体培养基物性的均一性。缺点是菌丝体易受伤、易结块。

　　③搅拌式固体发酵反应器常用于单细胞蛋白、酶和生物杀虫剂的发酵生产。

　　(2)转鼓式固体发酵反应器

　　转鼓式固体发酵反应器(见图5.19、图5.20)主要由空气系统、罐体(鼓)、通风装置、加热装置、冷却装置、转动装置等构成。转鼓式固体发酵反应器常用于纤维素酶和半纤维素酶的发酵生产。

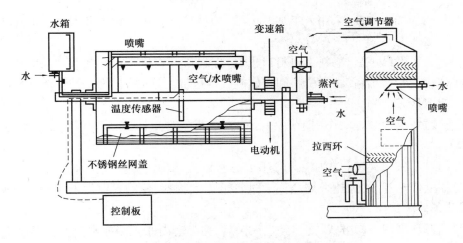

图 5.19　转鼓式固体发酵反应器系统

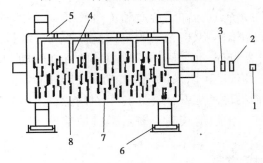

图 5.20　转鼓式固体发酵罐

1—空气入口;2—旋转联轴器;3—接合器;4—空气喷嘴;

5—空气通道;6—辊子;7—转鼓;8—固体培养基

　　转鼓式固体发酵反应器是将一个卧式水平或略带倾斜的圆柱形(鼓形)(见图 5.20)固体发酵罐安装在转动系统上。转鼓式固体发酵反应器集蒸煮、灭菌、降温、接种、发酵 5 大功能于一体,接种、罐内搅拌,工作状态处于密闭环境中,能严格避免杂菌污染。在整个发酵过程中,根据工艺要求,调节罐内温度、湿度,通入无菌空气,调节罐内氧气,可达到较佳的传质和传热效果。其工艺流程为:根据罐的大小,首先确定装料量,其反应料由固体培养基颗粒组成,在装料时装到占鼓形反应器体积的 10% ~ 40%,根据工艺配料加入鼓中,按要求加水。旋紧加料口螺丝,通入加热蒸汽,加热 121 ℃,罐内压力保持在 0.1 MPa,约 30 min,然后停止加热,通入冷水至夹套进行冷却;通入无菌空气,打开排气阀,保持一定压力,冷却至接种温度,进行接种;在培养与发酵过程中,菌体生产在固体颗粒表面,转鼓以低速(2 ~ 16 r/min)间歇或连续旋转,器内固体培养物沿器壁滑动,达到散热并与空气接触的目的。同时还可通入经过调温调湿的空气,利于控制发酵条件。正是这种巧妙构思使得转鼓式反应器以"动"区别于传统固体发酵生物反应器"静"。

　　这类反应器比较适合固体发酵的特点,研究较多,其转鼓发酵罐构造由以下部分构成:

　　①罐体:由圆柱形中部和圆锥形封头组成,由钢板阻焊而成,罐体壁按压力容器设计计算。

②加料口:为加料方便,采用人工加料方法,加料口开在锥形封头锥顶处,采用快开式入口结构。

③出料口:发酵结束后,物料由出料口出料,出料口开在锥形封头锥顶处,采用快开式入口结构,罐体边旋转边出料,将发酵料卸在螺旋式传送机上,送到干燥机上干燥或送到浸泡池进行浸泡,提取所需产物。

④通风装置:空气装置的作用是吹入无菌空气,供生物生长、繁殖、代谢之呼吸,主要使空气分布均匀。

⑤加热装置:采用夹套间接加热和蒸煮直接接触式两种。夹套间接加热是将蒸汽通入夹套内,通过器壁传热;间接加热采用蒸汽通过管道进入物料,使物料润湿并加热,加热时间和温度按工艺条件决定。

⑥冷却装置:采用冷却方式,物料经过灭菌后,在夹套内通入冷冻水使物料温度冷却到接种温度。

⑦翻料装置:按固体发酵特点,为加强传质和传热效果,在发酵过程中需要翻料,以防止物料结块,为此该反应器采用锥体旋转,内装固定式搅拌器进行翻料,当罐体转动时,物料被锥体带上然后抛下,被搅拌器打碎。由于搅拌器与罐体有相对运动,可达到翻拌的目的。

⑧传动装置:一台机器的传动可以采用齿轮传动、带传动和摩擦传动等。

转鼓式固体发酵反应器的优点是可有效防止菌丝体与反应器粘连;菌体所处环境条件稳定均一;利于供氧、传热;自动化程度较高。缺点是机械部件多,易染菌;菌丝体易受伤,易结块。

(3)压力脉动固体发酵反应器

压力脉动固体发酵反应器(见图5.21)是中国科学院工程研究所研制成功的一种新型固体发酵反应器。从0.5 L实验到800 L中试,再到25,50,75 m³工业规模,显示出诸多优于好氧液体深层发酵的技术经济指标。该反应器已用于苏云金芽孢杆菌、白僵菌等杀虫剂和纤维素酶的发酵生产。

①该反应器结构(见图5.21)包括卧式密闭发酵罐、罐内空气循环系统、罐内压力脉动控制系统、小推车盘架系统、机械输送系统。

a.卧式密闭发酵罐的罐身为圆柱形,两端封头为蝶形;圆柱体的径长比为1:(5~6),露天平卧放置。

b.罐内空气循环系统,卧式密闭发酵罐的前端设有快开门,快开门与无菌操作间相接;罐内设置循环风道和多组冷却排管;罐的后端连接离心式鼓风机,使无菌空气在罐内循环。

c.罐内压力脉动控制系统在卧式密闭发酵罐上安装进气电磁阀、排气电磁阀、电触点式压力表。其中,电触点式压力表、电磁阀与控制系统相连。

d.罐内压力脉动的工作原理。通过无菌空气对罐内气压施以周期性脉动,即罐内气压通过无菌空气的充压和降压,在峰压和谷压之间波动。脉动周期时间由充压时间、峰压稳定时间、降压时间、谷压稳定时间4段组成。峰压一般为0.15~0.35 MPa,谷压一般为0.01~0.05 MPa。一般充压时间较长(1~5 min),降压时间较短(≤1 min),使固体基质潮湿颗粒之间的气体突然膨胀而使料层发生松动,达到强化气体与料层间均匀传质和传热的目的。峰压稳定时间和谷压稳定时间根据需要人为设定,一般峰压稳定时间大于谷压稳定时间,脉动周

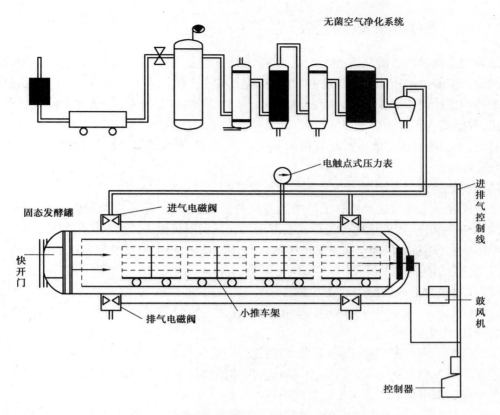

图 5.21 压力脉动固体发酵反应器

期时间为 15 ~ 150 min。脉动频率一般来说,对数生长期大于延迟期和稳定期。

e. 小推车盘架系统是由小推车盘架和放置固体培养基的浅盘组成。小推车盘架一般设有 2 排,每排 9 节,每节 21 层料盘,盘的大小为 490 mm × 450 mm × 20 mm,每盘料层厚度为 20 ~ 25 mm。在发酵过程中,固体基质颗粒是静止的,而气体是动态的。

f. 机械输送系统。罐内小推车盘架下的钢轮下设有钢轨,由机械牵引车牵引小推车盘架进出卧式密闭发酵罐。

②压力脉动反应器的特点有以下 4 个方面:

a. 通过无菌空气对罐内气压施以周期性脉动,并以快速降压方式使固体基质潮湿颗粒之间的气体突然膨胀而使料层发生松动,达到强化气体与料层间均匀传质和传热的目的。

b. 通过无菌空气对罐内气压施以周期性脉动,引发了多种外界环境条件(如氧浓度变化、内外渗透压力差、温度波动等)对菌体细胞膜的周期性刺激,加速了菌体细胞的生长繁殖、营养代谢及内外物质、能量、信息的传递过程,可使发酵周期缩短,发酵产率提高。

c. 与静态好氧固体发酵相比,发酵产率提高 2 ~ 3 倍,发酵周期缩短 1/3,而且容易进行反应器的放大。

d. 与好氧液体深层发酵相比,原料简单,成本降低;能耗降低 6 ~ 7 倍;无大量废水排出,减少了环境污染;投资费用降低 3 ~ 4 倍。

5.2.2 液体好氧发酵设备

通风液态发酵设备的制造已进入专业生产,并实现了温度、pH、溶解氧、消泡等的计算机自动控制。工业生产用的发酵罐趋向大型化,谷氨酸生产罐已在 600 m³ 以上,单细胞蛋白发酵罐的体积已达到 3 500 m³。大型发酵罐具有简化管理,节省投资,降低成本以及利于自控等优点,并已实现了自动清洗。

目前,常用的液体好氧发酵罐有机械搅拌式、气升式、自吸式等。以下就对上述几种发酵罐进行介绍。

1)机械搅拌通风发酵罐

机械搅拌通风发酵罐是发酵工厂中最常用的通风发酵罐,据不完全统计,它占了发酵罐总数的 70% ~80%,因此也称为通用式发酵罐。它是利用机械搅拌器的作用使通入的无菌空气和发酵液充分混合,促使氧在发酵液中的溶解,满足微生物生长繁殖和发酵所需要的氧气,同时强化热量的传递。

(1)机械搅拌通风发酵罐的基本要求

①发酵罐应具有适宜的径高比,其高度与直径之比为(2.5 ~5):1,罐身高,氧与液体表面接触时间长,利用溶氧。

②发酵罐结构严密,轴封严密可靠,始终保持一定的压力,减少泄漏。

③发酵罐应能承受一定的压力,经得起蒸汽的反复灭菌。内壁光滑,尽量减少死角,以利于灭菌彻底和减小金属离子对生物反应的影响。

④有良好的气-液-固接触和混合性能与高效的热量、质量、动量传递性能。发酵罐的搅拌通风装置应能使通入的气泡分散成细碎的小气泡,增加气液接触表面积,并使气液充分混合,保证发酵液必需的溶解氧,提高氧的利用率。

⑤在保持生物反应要求的前提下,降低能耗。

⑥有良好的热量交换性能,以维持生物反应最适温度。发酵罐应具有良好的冷却装置。

⑦有可行的管路比例和仪表控制,适用于灭菌操作和自动化控制。

(2)机械搅拌通风密闭发酵罐的特点

①利用机械搅拌的作用使无菌空气与发酵液充分混合,提高了发酵液的溶氧量,特别适合于发热量大、需要气体含量比较高的发酵反应。

②发酵过程容易控制,操作简便,适应广泛。

③发酵罐内部结构复杂,操作不当,容易染菌。

④机械搅拌动力消耗大,对于丝状细胞的培养与发酵不利。

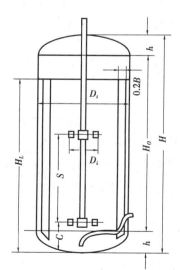

图 5.22 机械搅拌发酵罐的尺寸

(3)机械搅拌通风密闭发酵罐的几何尺寸及其比例(见图 5.22)

机械搅拌通风密闭发酵罐常见的几何尺寸及其比例如下：

$H/D_t = (2.5 \sim 4.0)/1$;　　　　　$H_0/D_t = 2/1$

$S/D_i = (2 \sim 5)/1$;　　　　　　$D_t/D_i = (2 \sim 3)/1$（一般为 $3/1$）

$C/D_i = (0.8 \sim 1.0)/1$;　　　　$D_t/B = (8 \sim 12)/1$

式中　H—罐身高;

　　　H_0—罐高;

　　　D_t—罐径;

　　　D_i—搅拌叶轮直径;

　　　S—相邻搅拌叶轮间距;

　　　B—挡板宽;

　　　C—下搅拌叶轮与罐底距离。

（4）机械搅拌通风发酵罐的结构

机械搅拌通风发酵罐的基本结构如图 5.23、图 5.24 所示,主要包括罐体、搅拌器、挡板、轴封、空气分布器、传动装置、冷却装置、消泡器、人孔、视镜、温度计、溶氧电极、pH 电极等。

①罐体:由圆柱体和两端椭圆形封头焊接而成,材料一般为碳钢或不锈钢。大型发酵罐可用内衬不锈钢板或复合不锈钢板制成（内衬不锈钢板厚度为 $2 \sim 3$ mm）,以节约不锈钢材。为防止杂菌潜伏在缝隙中,罐内焊缝处应磨光。发酵罐一般容量 50 m³ 左右为小型,100 m³ 左右为中型,500 m³ 左右及其以上为大型。小型发酵罐罐顶和罐身用法兰连接,罐顶设有清洗用的手孔。大中型发酵罐（见图 5.24）设有快开人孔 2,20,罐顶装有视镜和灯镜 25、进料管 21、补料管 22、接种管、排气管 23（尽量靠近罐顶中心位置）和压力表 18 等。进料管、补料管、接种管可合成一个整体。罐身装有冷却水进出管 12、通气管 8、温度计 11 和检测仪表。取样管 14 可以装在罐顶或罐身。罐身上的管路越少越好。放料可通过通风管 8 压出。

罐体必须能够承受 0.25 MPa 的灭菌压力和 130 ℃,所以需要一定的罐壁厚度来维持。当受内压时,发酵罐的壁厚及封头厚度的计算公式如下:

罐壁厚:

$$\delta_1 = \frac{pD}{230[\sigma]\phi - p} + C$$

封头壁厚:

$$\delta_2 = \frac{pDy}{200[\sigma]\phi} + C$$

式中　P——耐受压强,MPa;

　　　D——罐径,mm;

　　　ϕ——焊缝系数,双面对焊 $\phi = 0.8$,无焊缝 $\phi = 1.0$;

　　　C——腐蚀裕度,当 $\phi - C < 10$ mm 时, $C = 3$ mm;

　　　σ——许用应力;

　　　y——开孔系数,对发酵罐可取 2.3。

②搅拌器（见图 5.25）。

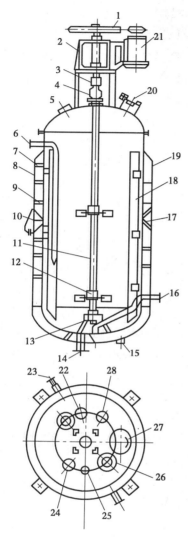

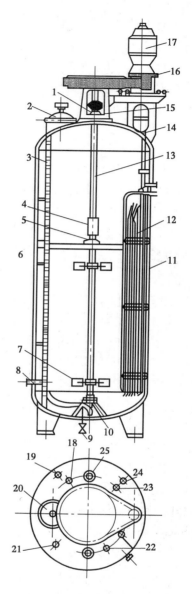

图 5.23　小型发酵罐图示

1—三角皮带转轴;2—轴承支柱;3—连轴节;

4—轴封;5—窥镜;6—取样口;7—冷却水出口;

8—夹套;9—螺旋片;10—温度计;11—轴;

12—搅拌器;13—底轴承;14—放料口;

15—冷水进口;16—通气管;17—热电偶接口;

18—挡板;19—接压力表;20,27—人孔;21—电动机;

22—排气口;23—取样口;24—进料口;

25—压力表接口;26—窥镜;28—补料口

图 5.24　大中型发酵罐图示

1—轴封;2,20—人孔;3—梯子;4—连轴节;

5—中间轴承;6—热电耦接口;7—搅拌器;

8—通气管;9—放料口;10—底轴承;11—温度计;

12—冷却管;13—轴;14,19—取样口;15—轴承柱;

16—三角皮带传动;17—电动机;18—压力表;

21—进料管;22—补料管;23—排气管;

24—回流口;25—窥镜

　　搅拌器的作用是打碎气泡,延长气液接触时间,加速和提高溶氧,有利于传质和传热。根据桨叶的形状和结构,常用的搅拌器有平桨式、螺旋桨式、涡轮式,其中以涡轮式使用最为广泛。

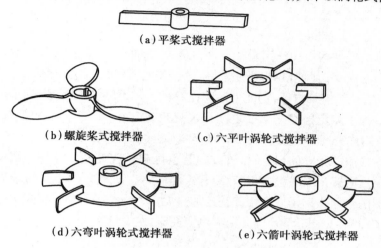

（a）平桨式搅拌器

（b）螺旋桨式搅拌器　　　　（c）六平叶涡轮式搅拌器

（d）六弯叶涡轮式搅拌器　　　　（e）六箭叶涡轮式搅拌器

图 5.25　搅拌器的类型

　　平桨式搅拌器的特点有:平桨式搅拌器的桨叶平直,借助轴套固定在轴上,产生径向液流,不产生轴向液流;若桨叶的倾角达到 45° ~ 60°,可形成径向液流和轴向液流;适用于固形物的缓慢溶解和保持均匀的悬浮状态。

　　螺旋桨式搅拌器的特点有:螺旋桨式搅拌器的桨叶是由 2 ~ 3 片沿叶片全长逐渐倾斜的螺旋桨叶构成;由于桨叶倾斜角度的改变,产生轴向液流,液体上下翻腾,混合效果较好,但对液体的剪切力较小,对气泡的分散效果不好;适用于黏性低的液体和悬浮液的混合。

　　涡轮式搅拌器叶片分为平叶式、弯叶式和箭叶式 3 种,叶片数量一般为 6 个,平叶式功率消耗及剪切力较大,弯叶式次之,箭叶式再次之。涡轮式搅拌器具有结构简单,传递能量高,溶氧速率高等优点,不足之处是其轴向流动较差。

　　搅拌器轴功率的计算,搅拌器轴功率是指搅拌桨叶输入发酵液的功率,即搅拌桨叶转动时克服发酵液阻力所消耗的功率,简称轴功率。

　　不通气条件下搅拌器轴功率的计算公式为

$$P_0 = N_p D_i^5 N^3 \rho$$

式中　P_0——不通气时搅拌器轴功率,kW;

　　　　N_p——功率准数;(六平叶、六弯叶、六箭叶涡轮式搅拌器分别取 6,4.7,3.7);

　　　　D_i——搅拌器直径,m;

　　　　N——搅拌转速,r/min;

　　　　ρ——液体密度,kg/m³。

　　通气条件下搅拌器轴功率的计算公式(micheL- miLLer 公式)为

$$P_g = Q_1 \left(\frac{P_0^2 N D_i^3}{Q^{0.56}} \right) Q_2$$

式中　P_g——通气时搅拌轴功率,kW;

　　　　P_0——不通气时搅拌轴功率,kW;

Q_1，Q_2——与流体黏度有关的系数；

N——搅拌转速，r/min；

D_i——搅拌器直径，m；

Q——通气量，L/min。

③挡板。罐内安装挡板的作用是改变液流方向，即将径向液流改变为轴向液流，消除径向液流产生的中心漩涡，促使液体剧烈翻动，增加氧的溶解，提高搅拌效率。罐内一般装有4~6块挡板，挡板一般为长方形，宽度为罐直径 D 的（1/12）~（1/8），垂直向下，接近罐底，上部与液面相平。为了避免挡板与罐壁之间形成死角，挡板与罐壁保持的距离为罐直径 D 的（1/8）~（1/5），用支架固定在罐壁上。

发酵罐热交换用的竖立的列管、排管或蛇管也可起相应地挡板作用。因此，一般具有冷却列管或排管的发酵罐内不另设挡板；而冷却管为横向盘管或蛇管时，则应设立挡板。

④热交换器的作用是用于发酵培养基的加热灭菌、冷却并调节发酵过程中发酵醪液的温度。热交换器的类型（见图5.26）有夹套式热交换器、蛇管热交换器和立式排管热交换器。

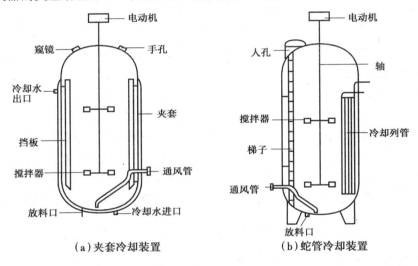

图 5.26　通用式发酵罐

夹套式热交换器主要用于小型发酵罐或种子罐，夹套高度稍高于静止液面。优点是结构简单，容易加工，罐内死角少，便于消毒和灭菌。缺点是传热壁厚，冷却水流速低，降温效果差，传热系数较小，一般为 $4.186 \times (150 \sim 250)$ kJ/（$m^2 \cdot h \cdot ℃$）。

立式蛇管热交换器主要用于大中型发酵罐。一般分为 4~8 组安装在罐内托架上，上端不超过液面，下端距罐底 100 mm 左右，每组蛇管 4~5 圈，每圈蛇管两直立管的中心距离为240~300 mm，相邻两圈管的中心距离为管径的 1.8~2.1 倍，每圈蛇管距管壁 100 mm。优点是管壁薄，冷却水流速大，传热系数高达 $4.186 \times (800 \sim 1\ 000)$ kJ/（$m^2 \cdot h \cdot ℃$）。缺点是所需冷却水温度较低（适合冷却用水温度较低地区），管的弯曲部分也容易被腐蚀而穿透。

⑤通风管。又称空气分布器，是将无菌空气引入发酵液中的装置。小型发酵罐常采用多孔环状管（见图5.27）或多孔十字型管，大型发酵罐采用单孔管。

多孔环状管或多孔十字型管安装在搅拌器圆盘之下，其直径为搅拌器直径的 0.8 倍左

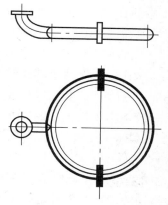

图 5.27　空气分布器

右,通风管上开有许多向下的小孔,小孔直径为 5~8 mm,小孔总面积约等于通风管截面积。

单孔管安装在搅拌器下面,正对圆盘中心,管口向下,与罐底距离约 40 mm,通风时,空气沿管口四周上升,被搅拌器桨叶打碎成小气泡而与醪液充分混合,增加了气液传质效果。一般通风管入口空气压力为 0.1~0.2 MPa,空气流速 20 m/s。在罐底中央衬上不锈钢圆板,防止空气喷出,延长罐底寿命。

⑥轴封。运动部件与静止部件之间的密封称为轴封。如搅拌轴与罐盖或罐底之间。轴封的作用是使罐顶或罐底与轴之间的缝隙加以密封,防止泄漏和污染杂菌。它的形式有填料函和端面轴封两种,目前多用端面式轴封。

a.填料函轴封,又称填料函密封圈,如图 5.28 所示。填料函轴封由填料箱体、铜环、填料、填料压盖、压紧螺栓等零件构成,使旋转轴达到密封效果。优点是结构简单。主要缺点是死角多,很难灭菌彻底,容易渗漏和染菌;轴的磨损情况严重;填料压紧后摩擦功率消耗大;寿命短;维修工时较多。目前,填料函轴封已很少采用,而绝大多数采用的是端面轴封。

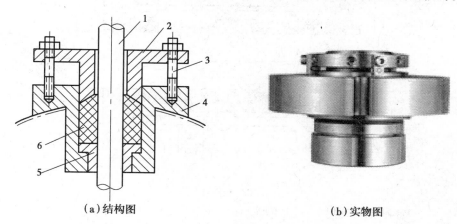

（a）结构图　　　　　　　　　　（b）实物图

图 5.28　填料函轴封

1—转轴;2—填料压盖;3—压紧螺栓;4—填料箱体;5—铜环;6—填料

b.端面轴封,又称机械轴封,如图 5.29、图 5.30 所示。常见的端面轴封包括单端面轴封和双端面轴封。单端面轴封由静环、动环、弹簧、辅助密封圈(O 形密封圈)等构成。双端面轴封由冷却(或杀菌)夹套、密封油框、动环、静环、辅助密封圈(O 形密封圈)、弹簧和弹簧座等

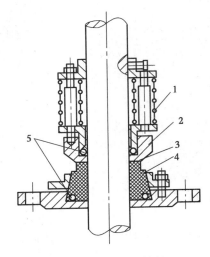

图 5.29 单端面轴封

1—冷却(或杀菌)夹套;2—密封油框;

3—O 形密封圈;4—静环;5—动环;

6—O 形密封圈;7—动环座;8—弹簧座

构成。单端面轴封在密封机构中仅有一对摩擦环(动环、静环),双端面轴封在密封机构中有两对摩擦环(动环、静环)。由于端面轴封中的动环和静环之间会摩擦产生大量热量。因此,不论是单端面轴封还是双端面轴封,其外都要设置冷却夹套。小型发酵罐的搅拌轴安装在罐顶,一般采用单端面轴封即可。大中型发酵罐的搅拌轴安装在罐底,密封要求高,需采用双端面轴封。

端面轴封的基本工作原理是靠弹簧和液体的压力,在作相对运动的动环和静环的接触面(端面)上产生适当的压紧力,使这两个光洁平直的端面紧密贴合,端面间维持一层极薄的液体膜而达到密封目的。在动环和静环之间以及动环与轴之间还有辅助密封圈(O形密封圈),防止流体从缝隙中露出。动环及静环与轴封所用的辅助密封圈一般为 O 形密封圈。端面轴封的优点是密封可靠,不会发生泄漏或很少发生泄漏,清洁、无死角,易消毒灭菌,摩擦功率小,一般为填料函轴封摩擦功率的 10% ~50%;寿命长,一般 2~5 年不需维修;轴或轴套不受磨损;对轴的振动敏感性小;对轴的精度和光洁度没有填料函要求严格。但端面轴封结构比填料函复杂,装拆不便,对动环和静环的光洁度和平直度要求较高。

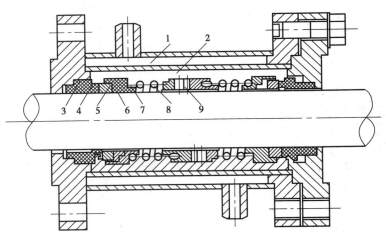

图 5.30 双端面轴封

1—弹簧;2—动环;3—堆焊硬质合金;4—静环;5—O 形密封圈

⑦消泡装置(消泡器)。某些发酵料如谷氨酸、蛋白酶、淀粉酶等。在发酵过程中产生大量泡沫,如泡沫溢出会使发酵液损失且增加杂菌污染机会。除添加消泡剂外,在罐内液面之上安装消泡装置(消泡器)同样起到很好的消泡效果。

常见的消泡器的类型有耙式消泡器、旋转圆盘式消泡器、流体吹入式消泡器、冲击反射板式消泡器、碟片式消泡器、超声波消泡器等。

a. 耙式消泡器,如图 5.31 所示。耙式消泡器安装在内搅拌轴上,齿面略高于液面。桨的直径为罐直径的 0.8~0.9 倍,以不妨碍旋转为原则。产生少量泡沫时,耙齿随时将泡沫打碎;产生大量泡沫而超过耙桨,就会失去消泡作用,此时,仍需要添加消泡剂。该消泡器是一种简单的消泡装置。

b. 旋转圆盘式消泡器,如图 5.32 所示。旋转圆盘式消泡器设置在发酵罐内的气相与液相之间。圆盘旋转时,将罐内发酵液注入圆盘中央,通过离心力将破碎成微小泡沫的微粒散向罐底,达到消泡的目的。提高圆盘旋转及发酵液的供给率,可提高消泡效果。

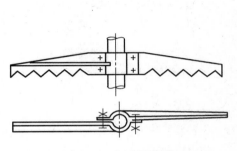

图 5.31 耙式消泡器

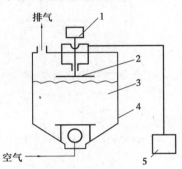

图 5.32 旋转圆盘式消泡器
1—马达;2—旋转圆盘;3—槽内液;
4—发酵罐;5—供液泵

c. 液体吹入式消泡器,如图 5.33 所示。液体吹入式消泡器是一种把空气与培养液以切线方向吹入发酵罐中的消泡方法。气体或液体吹入管以切线方向与罐内侧相连。

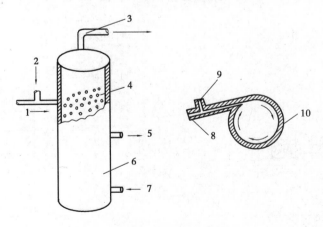

图 5.33 液体吹入式消泡器
1,8—供液管;2,9—供气管;3—排气管;4—泡沫;5—排液管;6,10—发酵罐;7—空气吸入管

d. 吸引式消泡器,如图 5.34 所示。吸引式消泡器是将发酵罐内形成的气泡群通过吸入管 5 吸引到气体吹入管 3,再利用气体吹入管 3 吸入无菌气体进行消泡。在靠近吸入口附近的气体吸入管 5 内安装增速用的喷头,吸入管用来连接液面上部与增速喷头的负压部位。

e. 冲击反射板式消泡器,如图 5.35 所示。冲击反射板式消泡器是一种把气体吹入液面上部,然后通过液面上部设置的冲击板反射,吹到液面上,将液面上产生的泡沫击碎的方法。冲

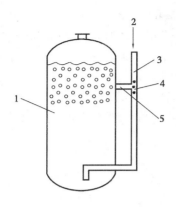

图 5.34　吸引式消泡器

1—发酵罐;2—无菌空气;3—空气吹入管;
4—增速喷头;5—吸入管

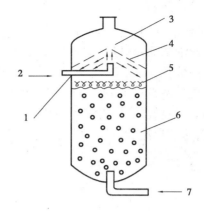

图 5.35　冲击反射板式消泡器

1—喷嘴;2—气体;3—小孔;4—冲击板;
5—气泡;6—发酵罐;7—空气

击板为圆锥状,与罐内之间的间隙很小。

　　f.超声波消泡器,如图 5.36 所示。超声波消泡器是将空气在 1.5 ~ 3.0 MPa 下以 1 ~ 2 L/s的速度由喷嘴喷入共振室而达到消泡的目的。喷嘴与共振室之间的间隙可以根据振动次数的需要而调整。这种消泡法只适于实验室小型发酵罐消泡的需要,当发酵罐直径大于 0.3 m 时,消泡效率明显降低。

　　g.碟片式消泡器,如图 5.37 所示。碟片式消泡器是一种较为新型的消泡装置。将碟片式消泡器装在发酵罐顶部,碟片位于罐顶的空间内,用固定法兰与排气口相连接,当其高速旋

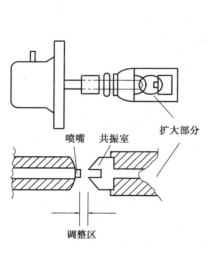

图 5.36　超声波消泡器

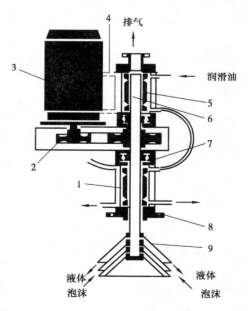

图 5.37　碟片式消泡器

1—夹套;2—皮带轮传动;3—马达;4—冷却水;5—轴封;
6—空心轴;7—滚动轴承;8—固定法兰;9—碟片

转时,进入蝶片间空气中的气泡被打碎,同时将液滴甩出,返回发酵液中。被分离后的气体由空心轴排气口排除。

它是将圆锥形碟片像碟片离心机一样叠合在一起,装在空心轴上。碟片上具有径向筋条,两碟片之间的空隙为空气通道,与空心轴相连。传动皮带轮位于两滚珠轴承之间,空心轴两端装有端面轴封,以防泄漏。

与上述各种消泡器比较,这种消泡器消泡效果较好。缺点是结构复杂,加工麻烦,功率消耗大。

⑧联轴器及轴承:

大型发酵罐搅拌轴较长,为了加工和安装的方便,常将轴分为几段,用联轴器使几段搅拌轴上下成牢固的钢性联接。联轴器分为鼓型(见图5.38)和夹壳型(见图5.39)两种。

图 5.38　鼓型　　　　　　　　　　　图 5.39　夹壳型

为了减少振动,中型发酵罐装有底轴承,大型发酵罐装有中间轴承。

⑨变速装置。小型试验罐一般采用无级变速装置。生产用发酵罐常用的变速装置有V带传动,圆柱或螺旋圆锥齿轮变速装置,其中以V带变速传动较为简单,噪声较小。

2)气升式发酵罐

气升式发酵罐也是应用最广泛的好氧发酵设备之一,它属于非机械搅拌发酵罐。它是利用含气量高的发酵液密度小而向上升,而含气量低的发酵液密度大向下降,依靠发酵液密度不同而产生的压力差,推动发酵液在罐内循环的生物反应器。

该发酵罐是20世纪70年代开始研究并应用的发酵罐,主要应用于微生物菌体细胞的高密度培养以及对溶氧要求不高的微生物的代谢反应。

其罐的类型根据罐内安装多层水平多孔筛板还是安装上升管和下降管,可分为空气搅拌高位发酵罐(或称鼓泡式发酵罐或塔式发酵罐)、带升式发酵罐、气升式发酵罐。根据上升管和下降管的位置,可分为内循环气升式发酵罐(上升管和下降管安装在罐内)和外循环气升式发酵罐(上升管和下降管安装在罐外)。

气升式发酵罐的类型有气升环流式、鼓泡式、空气喷射式等,如图5.40所示。

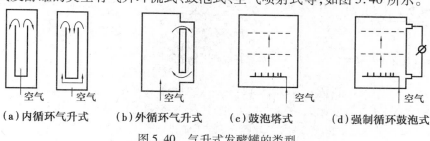

(a)内循环气升式　　(b)外循环气升式　　(c)鼓泡塔式　　(d)强制循环鼓泡式

图 5.40　气升式发酵罐的类型

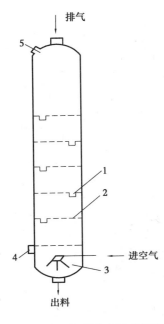

图 5.41　空气搅拌高位发酵罐
1—降液管;2—多孔筛板;
3—空气喷嘴;4,5—人孔

(1)空气搅拌高位发酵罐(鼓泡式发酵罐或塔式发酵罐)

空气搅拌高位发酵罐(见图 5.41)属于初期的气升式发酵罐,没有安装上升管和下降管,而是在罐内设置了多层水平多孔筛板,水平多孔筛板上设有降液管,罐底装有出料管、进气管和空气分布器(空气喷嘴);罐顶设有排气管;罐身上下分别设有人孔。罐体高大,径高比一般为 1:(6~10)。需要较高压力的空气压缩气克服罐内液体的压力。

其罐的工作原理是当压缩空气从罐底进入罐内时,通过进气管和空气喷嘴的作用使空气高度分散并与发酵液混合,气泡由于自身的浮力和喷射时的压力而向发酵液上部扩散。多层水平多孔筛板使空气在罐内多次聚集与分散。水平多孔筛板上的降液口可阻挡气泡上升,延长气泡滞留时间并使其体重新分散,提高了氧的利用率。所以此设备适合多级连续培养与发酵。

(2)气升式发酵罐

气升式发酵罐(见图 5.42)包括罐体、进气管及空气喷嘴、上升管及冷却加套、带升管(下降管)以及辅助元件。其工作原理是在上升管的下部设置进气管及空气喷嘴,空气以 250~300 m/s 高速喷入上升管,使气泡分散在上升管中的发酵液中,发酵液的密度下降而上升,罐内发酵液由于密度较大而下降进入上升管,从而形成了发酵液的循环。

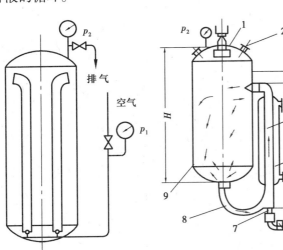

(a)内循环气升式发酵罐

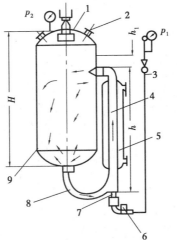

(b)外循环气升式发酵罐

(c)实物图

图 5.42　气升式发酵罐
1—人孔;2—视镜;3—进气管;4—上升管;5—冷却加套;6—单向阀门;
7—空气喷嘴;8—带升管;9—罐体

气升式发酵罐有内循环气升式发酵罐和外循环气升式发酵罐两种类型。

气升式发酵罐反应溶液分布均匀,有较高的溶氧速率和溶氧效率,因为没有搅拌叶片,剪切力小,降低了菌种的死亡率;设备传热良好,结构简单;设备操作和维修方便;罐的装料系数高。

3)自吸式发酵罐

自吸式发酵罐是一种不需要空气压缩机提供加压空气,而依靠特设的机械搅拌吸气装置或液体喷射吸气装置吸入无菌空气并同时实现混合搅拌与溶氧传质的发酵罐。该发酵罐自20世纪60年代开始研究并在联邦德国开始发展,1969年首先在美国取得专利。我国自20世纪60年代开始研制自吸式发酵罐,已应用于醋酸、酵母、蛋白酶、维生素 C 和利复霉素等发酵产品中。

与机械搅拌式通风发酵罐相比,自吸式发酵罐的优点有:节省了空气压缩系统,减少了设备投资约30%;溶氧系数高,吸入空气30%的氧被利用,能耗低,供给 1 kg 溶氧耗电仅为 0.5 kW;应用范围广,便于实现自动化和连续化。其缺点是:进罐空气处于负压状态,容易增加杂菌侵入的机会,不适合无菌要求较高的发酵过程;装料系数较低,约40%左右;搅拌容易导致转速提高,有可能使某些微生物的菌丝被切断,影响细胞的正常生长。

根据搅拌器的不同及相应装置,可分为机械搅拌自吸式发酵罐、喷射自吸式发酵罐、溢流喷射自吸式发酵罐。

（1）机械搅拌非循环式自吸式发酵罐

机械搅拌非循环式自吸式发酵罐(见图5.43、图5.44)与机械搅拌通风式发酵罐相似,不同之处在于罐内设有代替搅拌浆的自吸式搅拌器和导轮(分别简称为转子和定子,见图5.43)以及吸气管。

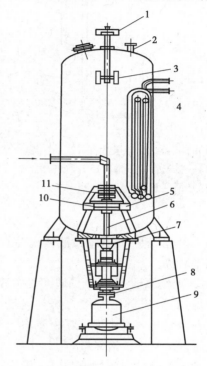

图 5.43 机械搅拌自吸式发酵罐
1—皮带轮;2—排气管;3—消泡器;
4—冷却排管;5—定子;6—轴;
7—双端面轴封;8—联轴节;
9—马达;10—转子;11—端面轴封

转子有九叶轮、六叶轮、四叶轮、三叶轮、十字形叶轮等空心型叶轮(见图5.44)。

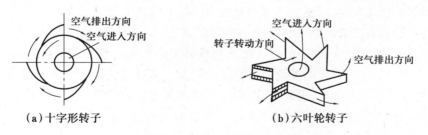

（a）十字形转子   （b）六叶轮转子

图 5.44 机械搅拌自吸式发酵罐的转子类型

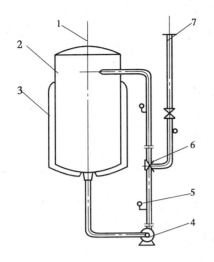

图 5.45　文丘里管自吸式发酵罐
1—排气管；2—罐体；3—换热夹套；
4—循环泵；5—压力表；6—文氏管；
7—吸气管

机械搅拌自吸式发酵罐工作原理是转子由罐底主轴或罐顶主轴带动而旋转，空气则由通气管吸入。启动前，先用培养液浸没转子，然后启动马达使转子迅速旋转，液体或空气在离心力的作用下，被甩向叶轮外缘，此时，转子中心处形成负压，将罐外的空气通过过滤器和通气管吸入罐内。转子转速越大，转子中心处形成的负压也越大，吸气量也越大。转子的搅拌在液体中产生的剪切力又使吸入的无菌空气粉碎成细小的气泡，均匀分散在液体之中。

（2）喷射自吸式发酵罐

文式管发酵罐是喷射自吸式发酵罐中比较典型的代表，其结构如图 5.45 所示。其与机械搅拌通风发酵罐的不同之处在于：不设置机械搅拌装置，而增加了体外循环的文式管喷射自吸式装置，包括文式管（Venturi tube，文丘里管）、吸气管、上升管、循环泵、压力表、上端排气管和下端排料管。

文式管是文式管发酵罐的主要部件（见图 5.46），经验表明，当收缩段液体流动的雷诺系数 $Re > 6 \times 10^4$ 时，气液混合剧烈，吸气量及溶氧速率较高。

其工作原理：文氏管的收缩段中液体的流速增加，形成负压而将无菌空气吸入，并被高速流动的液体打碎，与液体均匀混合，提高了发酵液中的溶氧量。

由于上升管中发酵液与气体混合后，密度较罐内发酵液小，再加上泵的提升作用，

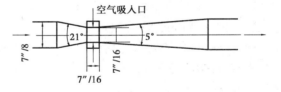

图 5.46　文丘里管的结构

使发酵液在上升管内上升而进入发酵罐。发酵液进入发酵罐后，微生物耗氧，同时将代谢产生的 CO_2 和其他气体不断地从发酵液中分离并从排气管中排出，发酵液的密度增大而向发酵罐底部循环。待发酵液中的溶解氧即将耗竭时，发酵液又从发酵罐底部经循环泵打入上升管，开始下一个循环。

（3）溢流喷射自吸式发酵罐

溢流喷射自吸式发酵罐（见图 5.47、图 5.48）典型代表是欧洲的福格布尔（VogeLbusch）公司研制的单层或双层溢流喷射自吸式发酵罐。其主要应用于活性干酵母培养及单细胞蛋白的生产中。溢流喷射自吸式发酵罐的结构与机械搅拌通风发酵罐有差异，该罐不设置机械搅拌装置，而增加了体外循环的溢流喷射自吸式装置。该装置包括溢流喷射器、吸气管、溢流尾管、上升循环管与冷却加套、循环泵、上端排气管和下端排料管等。其工作原理是通过溢流喷射器吸气供氧，即溢流喷射器在液体溢流时形成抛射流，由于液体的表面层与相邻的气体的动量传递作用，使靠近液体表面边界层的气体具有一定的速率，从而带动气体的流动而形成自吸气作用。

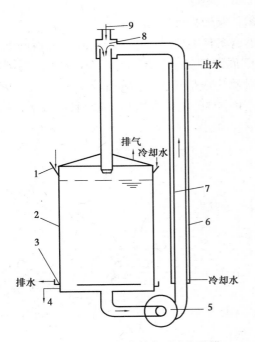

图 5.47　单层溢流喷射自吸式发酵罐

1—冷却水分配槽;2—罐体;3—排水槽;4—放料口;
5—循环泵;6—冷却夹套;7—循环管;
8—溢流喷射器;9—进风口

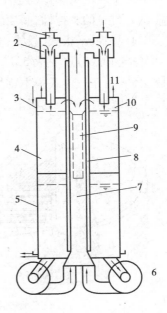

图 5.48　双层溢流喷射自吸式发酵罐

1—进风管;2—溢流喷射器;
3—冷却水分配器;4—上层罐体;
5—下层罐体;6—循环泵;
7—冷却水进口;8—循环管;
9—冷却夹套;10—气体循环;
11—排气口

　　若使液体处于抛射而非淹没溢流状态,则溢流尾管应高于液面,当溢流尾管高于液面
1~2 m时,吸气速率较大。

任务5.3　新型生物反应器

　　膜生物反应器是将膜分离技术和生物反应技术有机结合,在生物反应器内既可控制微生物的培养,同时又可排除全部或部分培养液,用指定成分的新鲜培养基来代替,在去除培养液时将细胞或其他生物作用剂截留下来,实现了反应和分离过程的耦合。它具有传统生物反应装置不可比拟的优点,成为近些年来发酵工程领域的研究热点。生物学中有许多反应是产物反馈抑制型,随着反应过程中产物浓度的提高,反应受到抑制,产物生成速率下降。而在膜生物反应器中可以将反应过程中形成的产物适时移去,使产物浓度保持在较低水平,降低对反应速率的抑制作用,从而提高生物转化效率。同时,由于膜生物反应器使反应和分离在同一反应器中完成,简化了操作步骤,降低了劳动量,提高了劳动效率。膜反应器可以有效地截留生物催化剂,使细胞或酶在高浓度下进行,降低了生物作用剂的用量和损耗量,节约了成本。

　　膜生物反应器从整体构造上来看,是由膜组件及生物反应器两部分组成的。根据这两部分操作单元自身的多样性,膜生物反应器也必然有多种类型。应用于膜生物反应器的膜组件形式主要有管式、平板式、卷式、微管式以及中空纤维等膜组件形式(见图5.49)。不同的膜组件具有不同的特点(见表5.1),在分置式膜生物反应器工艺中,应用较多的是管式膜和平板式膜组件;而在一体式膜生物反应器中,多采用中空纤维膜和平板式膜组件。膜组件的设计主要是考虑如何使膜抗堵塞,从而维持长久的寿命。

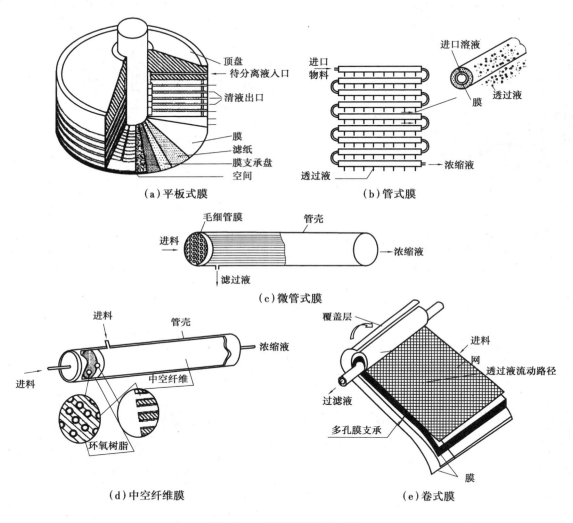

图5.49　各种形式的膜组件

　　在膜生物反应器设计中,通常根据物料特性和工艺要求,确定反应器的类型和结构、最佳工艺、操作条件和工艺控制方式、反应器大小和结构参数等。主要考虑的因素有生物因素、水力学因素和膜,同时考虑投资费用和操作费用,由于涉及面广,参数多,设计优化复杂,通常从经济角度进行全面的系统分析来优化。

表5.1 不同形式膜组件的性能比较

膜组件形式	膜填充面积/$(m^2 \cdot m^{-3})$	投资费用	操作费用	稳定运行	膜的清洗
管式	20~50	高	高	好	容易
平板式	400~60	高	低	较好	难
卷式	800~1 000	很低	低	不好	难
微管式	600~1 200	低	低	好	容易
中空纤维膜	8 000~15 000	低	低	不好	难

【实践操作】

1)发酵罐的使用

（1）实训目的

了解实验室使用的全自控不锈钢发酵罐的结构及其配套设备,掌握实验罐的操作过程。

（2）实训器材

10 L 实验室发酵罐。

（3）实训方法

①发酵罐的空罐灭菌。

发酵罐空罐灭菌前,必须首先检查并关闭发酵罐夹套的进水阀门,然后启动计算机,按照操作程序进入显示发酵罐温度的界面,以便观察温度的变化。

空罐灭菌时,先打开夹套的冷凝水排出阀,以便夹套中残留的水排出,然后从两路管道将蒸汽引入发酵罐:一路是发酵罐的通风管,另一路是发酵管的放料管。每一路进蒸汽时,都是按照"由远处到近处"依次打开各个阀门,即在一个管路中,先打开离发酵罐最远的阀门,然后顺着管路向发酵罐移动,逐个打开阀门。两路蒸汽都进入发酵罐后,适当打开所有能够排气的阀门充分排气,如管路上的小排气阀、取样阀、发酵罐的排气阀等,以便消除灭菌的死角。灭菌过程中,密切注意发酵罐温度以及压力的变化情况,及时调节各个进蒸汽阀门以及各个排气阀门的开度,确保灭菌温度在(121 ± 1)℃,维持 30 min,即可达到灭菌效果。

灭菌完毕,先关闭各个小排气阀,然后按照"由近处到远处"依次关闭两路管道上各个阀门。待罐压降至 0.05 MPa 左右时,关闭发酵罐的排气阀,迅速打开精过滤器后的空气阀,将无菌空气引入发酵罐,利用无菌空气压力将罐内的冷凝水从放料阀排出。最后,关闭放料阀,适当打开发酵罐的排气阀,并调节进空气阀门开度,使罐压维持在 0.1 MPa 左右,保压,备用。

②培养基的实罐灭菌。

培养基灭菌前,关闭进空气阀门并打开发酵罐的排气阀,排出发酵罐内空气,使罐压为0 MPa,再次检查并关闭发酵罐夹套的进水阀门、发酵罐放料阀。将事先校正好的 pH 电极、DO 电极以及消泡电极等插进发酵罐,并密封、固定好。然后,拧开接种孔的不锈钢塞,将配制好的培养基从接种孔倒入发酵罐。启动计算机,按照操作程序进入显示温度、pH、DO、转速等参数的界面,以便观察各种参数的变化。同时,启动搅拌,调节转速为 100 r/min 左右。

培养基灭菌时,先打开夹套的进蒸汽阀以及冷凝水排出阀,利用夹套蒸汽间接加热至

80 ℃左右,为了节约蒸汽,可关闭夹套的进蒸汽阀,但必须保留冷凝水排出阀处于打开状态。然后,按照培养基灭菌操作,从通风管和放料管两路进蒸汽直接加热培养基。培养基灭菌过程中,所有能够排气的阀门应适当打开并充分排气,根据温度变化及时调节各个进蒸汽阀门以及各个排气阀门的开度,确保灭菌温度和灭菌时间达到灭菌要求(不同培养基灭菌要求不一样)。

灭菌完毕,先关闭各个小排气阀,然后关闭放料阀,并按照"由近处到远处"依次关闭两路管道上的各个阀门。待罐压降至 0.05 MPa 左右时,迅速打开精过滤器后的空气阀,将无菌空气引入发酵罐,调节进空气阀门以及发酵罐排气阀的开度,使罐压维持在 0.1 MPa 左右,进行保压。最后,关闭夹套冷凝水排出阀,打开夹套进冷却水阀门以及夹套出水阀,进冷却水降温,这时,启动冷却水降温自动控制,当温度降低至设定值即自动停止进水。自始至终,搅拌转速保持为 100 r/min 左右,无菌空气保压为 0.1 MPa 左右,降温完毕,备用。

③接种操作。

接种前,调节进空气阀门以及发酵罐排气阀门的开度,使罐压为 0.01 ~ 0.02 MPa。用酒精棉球围绕接种孔并点燃。在酒精火焰区域内,用铁钳拧开接种孔的不锈钢塞,同时,迅速解开摇瓶种子的纱布,将种子液倒入发酵罐内。接种后,用铁钳取不锈钢塞在火焰上灼烧片刻,然后迅速盖在接种孔上并拧紧。最后,将发酵罐的进气以及排气的手动阀门开大,在计算机上设定发酵初始通气量以及罐压,通过电动阀门控制发酵通气量以及罐压,使其达到控制要求。

④发酵过程的操作。

A. 参数控制。发酵过程中在线检测参数可通过计算机显示,通气量、pH、温度、搅拌转速、罐压等许多参数可按照控制软件的操作程序进行设定,只要调节机构在线,即可通过计算机控制调节机构而实现在线控制。

B. 流加控制。一般情况下,流加溶液主要有消泡剂、酸液或碱液、营养液(如碳源、氮源等)。流加前,将配制好的流加溶液装入流加瓶,用瓶盖或瓶塞密封好,用硅胶管把流加瓶和不锈钢插针连接在一起,并用纱布、牛皮纸将不锈钢插针包扎好,置于灭菌锅内灭菌。

流加时,在火焰区域内解开不锈钢插针的包扎,并将插针迅速插穿流加孔的硅胶塞,同时,将硅胶管装入蠕动泵的挤压轮中,启动蠕动泵,挤压轮转动可以将流加液压进发酵罐。通过计算机可以设定开始流加的时间、挤压轮的转速,从而可以自动流加以及自动控制流加速度。另外,计算机可以显示任何时间的流加状态,如瞬时流量以及累计流量。

C. 取样操作。发酵过程中,需定时取样进行一些理化指标的检测,如 OD 值、残糖浓度、产物浓度等。取样时,可调节罐底的三向阀门至取样位置,利用发酵罐内压力排出发酵液,用试管或烧杯接收。取样完毕,关闭三向阀门,打开与之连接的蒸汽,对取样口灭菌几分钟。

D. 放料操作。发酵结束后,先停止搅拌,然后,关闭发酵罐的排气阀门,调节罐底的三向阀门至放料位置,利用发酵罐内压力排出发酵液,用容器接收发酵液。

⑤发酵罐的清洗与维护。放料结束后,先关闭放料阀以及发酵罐进空气阀门,打开排气阀门排出罐内空气,使罐压为 0 MPa。然后,拆卸安装在罐上的 pH、DO 等电极以及流加孔上的不锈钢插针,并在电极插孔和流加孔拧上不锈钢塞。接着,从接种孔加入 7L 左右的清水,启动搅拌,转速为 100 r/min 左右,用蒸汽加热清水至 121 ℃左右,搅拌约 30 min,以此清洗发

酵罐。清洗完毕,利用空气压力排出洗水,并用空气吹干发酵罐。

停用蒸汽时,切断蒸汽发生器的电源,通过发酵罐的各个蒸汽管道的排气阀排出残余蒸汽,直至蒸汽发生器上压力表显示为 0 MPa。停用空气时,切断空气压缩机的电源,通过空气管道的排气阀排出残余空气,直至贮气罐上压力表显示为 0 MPa。最后,关闭所有的阀门以及计算机。

⑥电极的使用与维护。

A. pH 电极的使用与维护。pH 电极为玻璃电极,不使用时将电极洗净,检测端须保存在 3 mol/L 的 KCl 溶液中,防止出现"干电极"现象而造成损坏。pH 电极耐高温有一定极限,一般不超过 140 ℃,在灭菌温度范围内,温度越高对其破坏性越大,造成使用寿命越短,其正常使用寿命为 50～100 次。因此,应尽可能减少 pH 电极受热的机会,且在培养基灭菌时注意控制灭菌温度。

在 pH 电极装上发酵罐之前,须对 pH 电极进行两点校正。pH 电极与计算机连接后接通电源,将 pH 电极分别浸泡在两种不同 pH 的标准缓冲溶液中进行校正,检查测定值的两点斜率,一般要求斜率≥90%,方可使用。需根据发酵控制 pH 范围选择标准缓冲溶液,例如,发酵 pH 为酸性时,可选择 pH 4.00 与 pH 6.86 的标准缓冲溶液;如果发酵 pH 为碱性时,可选择 pH 6.86 与 pH 9.18 的标准缓冲溶液。

B. DO 电极的使用与维护。使用 DO 电极测量时,由于缺乏氧在不同发酵液中饱和溶解度的确切数据,因此,常用氧在发酵液中饱和时的电极电流输出值为 100%,残余电流值为 0 来进行标定,测量过程中的氧浓度以饱和度的百分数(%)来表示。使用前,DO 电极与计算机连接并接通电源,将 DO 电极浸泡在饱和的亚硫酸钠溶液中,此时的测量值标定为 0。发酵培养基灭菌并冷却至初始发酵温度时,DO 电极的测量值标定为 100%。

DO 电极的耐高温性也有一定极限,应尽可能减少 DO 电极受热的机会,且培养基灭菌时注意控制灭菌温度,一般不超过 140 ℃。每次使用后,将电极洗净,检测端保存在 3 mol/L 的 KCl 溶液中。

⑦折叠膜过滤芯的维护。折叠膜过滤芯其锁扣、外筒、端盖以及密封胶圈虽然都是热稳定材料,但耐高温有一定限度。灭菌时,必须严格控制灭菌温度和灭菌时间,若灭菌温度过高、灭菌时间过长,容易造成损坏。灭菌后必须用空气吹干,才能使用,否则过滤效率降低或失效。不使用时,必须保持干燥,以免霉腐。

⑧蒸汽发生器的维护。用于蒸汽发生器的水必须经过软化、除杂等处理,以免蒸汽发生器加热管结垢,影响产生蒸汽的能力。使用时,必须保证供水,使水位达到规定高度,否则会出现"干管"现象造成损坏。蒸汽发生器的电气控制部分必须能够正常工作,达到设置压力时能够自动切断电源。蒸汽发生器上的安全阀与压力表须定期校对,能够正常工作。每次使用后,先切断电源,排除压力后,停止供水,并将蒸汽发生器内的水排空。

2) 小型发酵罐应用和酵母菌发酵

(1)实训目的

①了解发酵罐的结构,掌握小型发酵罐培养基灭菌及发酵条件的控制。

②了解酵母菌生长代谢的基本规律。

（2）实训器材

1 L发酵罐、5 L发酵罐、50 L发酵罐、一套空气除菌系统、检查无菌用的肉汤培养基和装置。

（3）实训方法

①前期准备工作。

A.发酵罐的清洗。发酵罐使用前后都应认真清洗，特别是前后两次培养采用不同的菌株时，更应该注意清洗和杀菌工作。

发酵罐内可进行清洗的任何部分都应认真清洗，否则，都可能成为杂菌的滋生地。易被忽略而未能充分清洗的地方有喷嘴内部与取样管内以及罐顶等处。

B.种子培养基（沙保培养基）及培养条件。

a.蛋白胨10 g，葡萄糖40 g，蒸馏水1 000 mL，pH自然。500 mL三角瓶装液量为100 mL，115 ℃，灭菌20 min。

b.培养条件：用接种环从保存斜面中接一环至三角瓶中，150 r/min，28 ℃，摇瓶培养48 h。

C.发酵罐的组装工作。

a.连接好冷却水管。若采用自来水冷却，连接部要充分牢固，并且注意连接管管径与自来水管管径应一致，尽可能采用耐压管。

b.由于通入的空气有一定压力，应注意连接压缩空气的管子应能承受一定压力。

c.安装pH及溶解氧等检测装置，注意各接线口不要出现差错。由于操作过程要和水打交道，故线路连接一定要注意安全，要特别注意防止漏电。

D.发酵罐灭菌。

a.排气管为玻璃管，内装有棉花，以保证蒸汽能自由出入发酵罐，同时不会出现染菌现象。

b.取样口上连接一段硅胶管，在硅胶管上安装节流夹，以防止培养基在灭菌时流出。

c.装入发酵罐容积60%的培养基（成分同种子培养基）后，将发酵罐放入灭菌釜内，在115 ℃下灭菌20 min。当灭菌完成后，温度降到60 ℃以下时，打开灭菌釜，确认发酵罐上所连接的管路完好后，将罐取出。尽快将通气管接好，确认排气口非常后，以0.3～0.5 L/min的通气量通入空气。接通冷却水管路，开搅拌在低转速下进行培养基的冷却。

②酵母菌培养。

A.接种操作。接种是在发酵罐顶部接种口进行。适当降低通风量，在接种口四周围绕上经酒精浸泡的脱脂棉，点燃后戴上石棉手套，迅速打开接种口，将菌种加入发酵罐中，接种量为10%，然后将接种口盖子在火焰中灭菌后盖好，开始培养。

B.培养初始阶段应注意的事项。培养初始阶段是最易出现故障的阶段，因此，在这段时间里，有必要再次确认并保证发酵罐及相关装置的正常运行。特别要注意接种前后取样品分析，以及pH、温度和气泡等的变化。

C.培养中的注意点。要注意蠕动泵运转中由于硅胶管的弯曲折叠，出现的阻塞现象以及水的渗漏等问题。特别要注意在一定的阶段泡沫有可能大量生成。每次取样有必要进行检查。

D. 培养完成时的操作。培养完成时,除取出足够量的培养液作为样品外,剩余培养液要经过灭菌处理。此时发酵罐所装有的电极可一同经灭菌处理。如果培养液为无害物质,可将电极单独取出处理,以利于延长电极使用寿命。

③取样与分析方法。自培养操作开始起,每 3 h 取一次样。取样时,将取样管口流出的最初 15 mL 左右培养液作为废液,取随后流出的培养 10 mL,在 OD505 下测定吸光度。所得数值基于已制得的菌体量与吸光度之间的关系曲线,换算出菌体浓度。

④结果的整理。以时间为横坐标,OD 值等为纵坐标作图。

⑤结果与讨论。

a. 通气搅拌发酵罐培养与摇瓶培养有何区别?

b. 如除菌空气中发现有杂菌,试分析原因,提出解决办法。

· 项目小结 ·

　　微生物培养装置一般称为发酵罐,由于微生物主要可分为好气性和嫌气性两大类,所以发酵罐也分为两大类。一类是液体通风(好氧)发酵罐,主要有机械搅拌通风发酵罐、气升式发酵罐、自吸式发酵罐;固体通风(好氧)发酵罐里有家用曲盘设备、浅盘式发酵设备、机械通风固体发酵设备、搅拌式固体发酵反应器、转鼓式固体发酵反应器、压力脉动固体发酵反应器。另一类是厌氧发酵罐,主要有酒精发酵罐、啤酒发酵罐。根据微生物细胞的差异,发酵罐对氧的需求不同,而微生物细胞对箭切力的承受力不同,发酵罐在培养装置的设计和控制方面有一些特殊的需求。

　　发酵罐必须具有适宜微生物生长和形成产物的各种条件,促进微生物的新陈代谢,使之能在低消耗下获得较高产量。因此,生物反应器必须具备微生物生长的基本条件。例如,需要维持合适的培养温度,保持罐内的无菌状态,保持一定溶解氧的通气装置。另外,由于发酵时采用的菌种不同,产物不同或发酵类型不同,培养或发酵条件又各有不同,还要根据发酵过程的特点和要求来设计和选择发酵反应器的形式和结构。

 复习思考题

1. 以外循环为例来说明气升式发酵罐的工作原理。

2. 通用式机械搅拌发酵罐中的平直叶涡轮搅拌器为什么要安一个圆盘?

3. 叙述机械搅拌自吸式发酵罐的工作原理。

4. 什么是轴封? 机械轴封与填料函轴封相比有哪些优缺点?

5. 画出通用式机械搅拌发酵罐(20 m^3 以上)的示意图,并至少注明 10 个部件的名称。

6. 画出柠檬酸厂 4 m^3 通用式机械搅拌种子发酵罐的示意图,并至少注明 10 个部件的名称。

7. 画出多罐式啤酒连续发酵的流程图,并注明各个设备的名称。

项目 6
液固分离设备

【知识目标】

- 掌握沉降、过滤和离心分离等常用液固分离方法的原理;
- 掌握降尘室、沉降槽的工作原理和设备结构;
- 掌握板框压滤机、硅藻土过滤机的工作原理和设备结构;
- 掌握转筒真空过滤机、带式真空过滤机的工作原理和设备结构;
- 掌握常见的过滤式离心机、沉降式离心机、分离式离心机的工作原理和设备结构;
- 掌握膜分离系统组成、常用的膜器件、电渗析器的工作原理和设备结构;
- 掌握超滤过程和微滤过程。

【技能目标】

- 能进行常见离心分离设备的操作及维护;
- 能进行常见过滤设备的操作及维护;
- 能进行陶瓷膜实验设备的操作及维护。

【项目简介】>>>

发酵工业中,一般都需要从发酵液中除去菌体以得到产品,或从培养基中除去未溶解的残余固体颗粒以便后续加上,如啤酒生产中麦汁的过滤,啤酒酵母的过滤分离。另外,在提取过程中,也经常遇到晶体与母液的分离问题。它们都属于化工单元操作中的液固分离过程。

微生物发酵的悬浮液中,固体粒子的性质差异很大,且具有一定的可压缩性,使得分离较一般化工产品的分离更加困难。通常分离前先对悬浮液进行预处理,改变液体的物理性质,再选择适宜的分离手段和操作条件,达到分离的目的。

液固分离过程常采用沉降、过滤和离心等操作来完成。沉降有重力沉降和离心沉降之分。过滤则有常压、加压、真空及离心过滤等不同形式。离心有过滤式、沉降式及分离式离心等形式。本项目重点介绍发酵工业中常用的加压过滤、真空过滤和离心过滤的有关设备及工作原理,并讨论相关设备的实践操作。另外,膜分离技术是目前新兴的过滤方法,在此也予以介绍。

【工作任务】>>>

任务 6.1　液固分离方法

在发酵技术产业中,微生物发酵液、动植物细胞培养液、酶反应液或各种提取液,常常是由固相与液相组成的。而这种悬浮液的固液分离是发酵产品生产过程中经常遇到的重要单元操作之一。其中发酵液由于种类很多,大多数表现为黏度大和成分复杂,其固-液分离最为困难。

固体微粒悬浮在液体中成为悬浮液,根据悬浮固体微粒的大小可将悬浮液分为 4 类:

(1)粗粒子悬浮液

固体微粒大于 $100~\mu m$,如糖化醪。

(2)细粒子悬浮液

固体微粒大小为 $0.5 \sim 100~\mu m$。如麦芽汁热凝固物为 $30 \sim 80~\mu m$,冷凝固物大多在 $0.5 \sim 1~\mu m$,成熟啤酒中杂质的等效直径如酵母为 $4 \sim 5~\mu m$,细菌为 $0.5 \sim 1~\mu m$,蛋白质为 $0.25 \sim 1~\mu m$。

(3)浑浊液

固体微粒为 $0.1 \sim 0.4~\mu m$。

(4)胶体溶液

固体微粒大小由 $0.1~\mu m$ 到分子大小。

液固分离过程常采用沉降和过滤两种操作来完成。沉降有重力沉降和离心沉降之分。过滤则有常压、加压、真空及离心过滤不同形式。

固液分离的方法很多,发酵工业中运用的方法有分离筛、重力沉降、浮选分离、离心分离和过滤等,其中最常用的主要是沉降、过滤和离心分离。

不同性状的处理液应选用不同的固液分离方法。在生化物质液固分离时,我们常需考虑的重要参数有:分离粒子的大小和尺寸,介质的黏度,粒子和介质之间的密度差,固体颗粒的含量,粒子聚集或絮凝作用的影响,产品稳定性,助滤剂的选择,料液对设备的腐蚀性,操作规模及费用等。同时在选择分离方法时,还需考虑它对后续工序的影响,尽量不要带入新的杂质,以免给后道工序的操作带来更多困难。

6.1.1　重力沉降

重力沉降指将悬浮液放在一设备中,静置一段时间,利用悬浮固体颗粒本身的重力完成分离的操作,如麦汁冷却沉降槽。此种操作一般适用于分离较大的颗粒,且与液体有较大的重度差,不致使沉降时间过长才有实用价值。但这个方法不能获得较干的固体,通常用于大量悬浮液的浓缩。重力沉降的特点是能量消耗少,但沉降速度慢、设备庞大。

6.1.2　旋液分离

使悬浮液以较高速度沿切线方向进入旋液分离器,如麦汁回旋沉淀槽,因受离心力不同,轻相的麦汁由分离器周边流出,重相的固体微粒则在中央下降,由沉淀槽下部排出。旋液分离的特点是沉降速度比重力沉降速度大,沉淀较结实,生产能力大,操作简单。但所分离的固体仍带有较多量液体,对小于 5 μm 的颗粒很难分离。

6.1.3　过滤

过滤是分离悬浮液应用最广泛和有效的方法,是混合物中的流体在推动力(重力、压力、离心力等)作用下通过过滤介质时,流体中的固体颗粒被截留,而流体通过过滤介质,从而实现流体与颗粒物的分离(见图 6.1)。

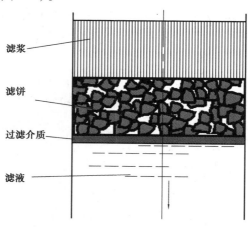

图 6.1　过滤过程示意图

1)过滤介质

过滤介质是一种多孔物质,它是滤饼的支承物,它应具有足够的机械强度和尽可能小的

流动阻力,过滤介质的孔道直径往往会大于悬浮液中一部分颗粒的直径,工业上常用的过滤介质主要有以下几类:

(1)固体颗粒

由各种固体颗粒(砂、木炭、石棉、硅藻土)或非纺织纤维等堆积而成,多用于深床过滤中,其中最常用的是硅藻土,是优良的过滤介质,其性质为:

①一般不与酸碱反应,化学性能稳定;

②形状不规则,空隙大且多孔,具有很大的吸附表面;

③无毒且不可压缩,形成的过滤层阻力不随操作压力变化。

硅藻土过滤介质通常有 3 种用法:

①作为深层过滤介质。硅藻土过滤层具有曲折的毛细孔道,借筛分、吸附和深层效应作用除去悬浮液中的固体粒子,截留效果可达到 1 μm。

②作为预涂层。在支持介质的表面上预先形成一层较薄的硅藻土预涂层,用以保护支持介质的毛细孔道不被滤饼层中的固体粒子堵塞。

③用作助滤剂。

(2)织物介质

织物介质又称滤布,是用棉、毛、丝、麻等天然纤维及合成纤维织成的织物,以及由玻璃丝或金属丝织成的网。

(3)多孔固体介质

具有很多微细孔道的固体材料,如素瓷板或管、烧结金属板或管等。

(4)多孔膜

用于膜过滤的各种有机高分子膜和无机材料膜。广泛使用的是醋酸纤维素和芳香酰胺系两大类有机高分子膜。可用于截留 1 μm 以下的微小颗粒。

过滤介质应具有如下性质:

①多孔性,液体流过的阻力小;

②有足够的强度;

③耐腐蚀性和耐热性;

④孔道大小适当,能发生架桥现象。

2)过滤方法的分类

(1)根据过滤所分离粒子的大小分类

根据所分离粒子的大小,过滤可分为一般过滤、精密过滤(又称微孔过滤)、超过滤和反渗透。精密过滤、超过滤和反渗透都是分子水平的分离方法。

(2)根据过滤的作用力分类

过滤可分为常压过滤、加压过滤和真空过滤。

①常压过滤。它是靠悬浮液的液位差为推动力的过滤(见图 6.2)。推动力的大小由液位高度决定,糖化醪过滤槽和沙滤器即属此类设备。常压过滤的特点是过滤推动力不大,因而过滤速度慢,生产能力低,但由于设备简单,滤液质量稳定,啤酒厂仍广泛使用,而且实验室常用的滤纸过滤以及生产中使用的吊

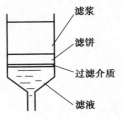

图 6.2　常压过滤示意图

篮或吊袋过滤都属于常压过滤。

②加压过滤。以压力泵或压缩空气产生的压力为推动力的过滤(见图6.3)。压力差一般为$(0.98\sim4.9)\times10^5\ Pa(1\sim5\ kgf/cm^2)$。由于加压过滤的推动力大,所以过滤速度快,适用于滤液颗粒较小,黏度大,滤渣为可压缩性的各类物料。生产中常用各式压滤机进行加压过滤,如板框压滤机、棉饼过滤机和叶片式硅藻土过滤机即属于这类设备,但这种设备单位面积处理量小,设备费用高。添加助滤剂、降低悬浮液黏度、适当提高温度等措施,均有利于加快过滤速度和提高分离效果。

③真空过滤。又称为减压过滤或抽滤,是通过在过滤介质的下方抽真空的方法,以增加过滤介质上下方之间的压力差,推动液体通过过滤介质,而把大颗粒截留的过滤方法(见图6.4)。实验室常用的抽滤瓶和生产中使用的各种真空抽滤机均属于此类,可连续操作。缺点是附属设备多,设备费用高,如减压过滤需要配备有抽真空系统。由于压力差最高不超过0.1 MPa,多用于粘性不大的物料的过滤。

图6.3　加压过滤示意图

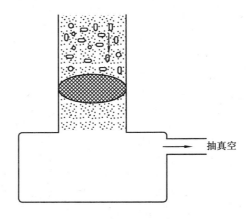

图6.4　减压过滤示意图

(3)根据悬浮液性质的不同要求分类

根据悬浮液性质的不同要求采用不同的过滤方法,过滤方法又可分为滤饼过滤和澄清过滤。

①滤饼过滤。若悬浮液中固体颗粒的体积百分数大于1%,则过滤过程中在过滤介质表面会形成固体颗粒的滤饼层,这种过滤操作称为饼层过滤(见图6.5)。如糖化醪过滤中的麦糟过滤称滤饼过滤,也称滤渣过滤。在滤饼过滤中,由于悬浮液中的部分固体颗粒的粒径可能会小于介质孔道的孔径,因而过滤之初会有一些极小颗粒穿过介质而使液体浑浊,但颗粒会在孔道内很快发生"架桥"现象,并开始形成滤饼层,滤液由浑浊变为清澈。此后过滤就能有效进行了。其实在滤饼过滤中,真正起截留颗粒作用的是滤饼层而不是过滤介质,在滤饼过滤过程中,滤饼会不断增厚。过滤的阻力随之增加,在推动力不变下,过滤速度会越来越小。

②澄清过滤,又称深层过滤。当悬浮液中固体颗粒的百分数在0.1%以下且固体颗粒的粒度很小时,若以小而坚硬的固体颗粒堆积生成的固定床作为过滤介质,将悬浮于液体中的固体颗粒截留在床层内部且过滤介质表面不生成滤饼的过滤称为深层过滤。深层过滤适用

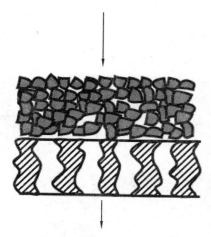

图 6.5 滤饼过滤示意图

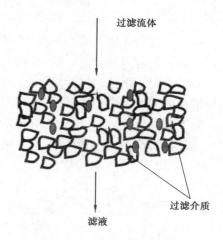

过滤流体

过滤介质

滤液

图 6.6 澄清过滤示意图

于浮液中固体颗粒的体积百分数小于 0.1%,且固体颗粒粒径较小的场合。在深层过滤中,由于悬浮液的粒子直径小于床层孔道直径,所以粒子随着液体一起流入床层内的曲折通道,在穿过此曲折通道时,因分子间力和静电作用力的作用,使悬浮粒子黏附在孔道壁面上而被截留。过滤介质表面不生成滤饼,且整个过滤过程中过滤阻力不变(见图 6.6)。啤酒工厂广泛应用的棉饼过滤机、板式过滤机、薄膜过滤机、水过滤器均属于澄清过滤。

3)过滤机理

啤酒中的悬浮颗粒被过滤介质分离的作用有 3 种情况:

(1)筛分作用

液固混合物中颗粒通过这些曲折的过滤通道时,比通道孔径大的颗粒无法通过,被截流在孔隙之间被去除(见图 6.7)。这些被截留在介质表面的颗粒,如果其性质是坚实的,则像一层附布在介质表面的粗滤层,可以加速过滤效应;如果截留颗粒的性质是易变形的软粘性物质,则将在介质表面形成一层难过滤层而使过滤效率降低。

(2)深度效应

由于过滤介质深而曲折的毛细孔通道,对流体中的悬浮颗粒起阻留作用,虽然细小粒子比过滤介质的孔隙小,但由于细小颗粒在孔道上及孔道中发生"架桥"现象,拦截住后来的颗粒,使细小微粒被截留在微孔结构中(见图 6.8)。如硅藻土过滤和滤棉过滤都存在这种现象。

图 6.7 筛分作用示意图

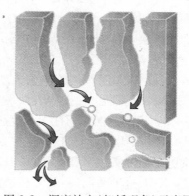

图 6.8 深度效应(架桥现象)示意图

（3）吸附作用

有些比过滤介质孔隙小的颗粒,利用颗粒的表面电荷的吸附作用,将与之电性相反的过滤媒介的表面电荷所吸引,从而被捕获(见图6.9)。例如,一般微生物带负电荷,能被带正电荷的石棉吸附一部分,过滤介质中添加不溶性的聚乙烯聚吡咯烷酮(PVPP),尼龙66,就会吸附啤酒中的部分多酚物质;另一种情况是粒子之间的相互吸引,形成链团而黏附在过滤介质上。除颗粒悬浮体外,在酒中凡具有较高表面活性的物质,如蛋白质、酒花树脂、色素物质、高级醇、酯类等都易被介质吸附一定数量。

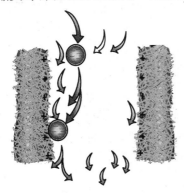

图6.9 吸附作用示意图

图6.10 过滤机理总图

4)过滤速度的强化

过滤速度的大小决定于过滤推动力与过滤阻力之比。过滤机理总图如图6.10所示。提高过滤速度一方面可通过改变悬浮液的物理性质而促其分离,即对发酵液进行预处理;另一方面,选择适当的过滤介质和操作条件可实现此目的。提高过滤速度的常见措施有:

（1）加热

加热是发酵液预处理最简单且最常用的方法。加热能改善发酵液的操作特性,是蛋白质变性凝固的有效方法。如柠檬酸发酵液加热至80 ℃以上,可使蛋白质变性凝固、过滤速度加快,此外,加热能使发酵液黏度明显降低。液体黏度是温度的指数函数,升高温度是降低黏度的有效措施。如12度的麦芽汁糖化醪在78 ℃仅是40 ℃时的1/2。因此,在78 ℃过滤比在40 ℃时过滤速度可提高1倍。但加热处理只适用于对热较稳定的液体,而且加快的速度也很有限。

（2）降低滤饼比阻

①添加电解质、絮凝剂及凝固剂。悬浮的固体粒子越大,硬度越高,则形成滤饼的比阻力越低。粒子尺寸增大,一般会导致毛细管孔道横截面积的增大,流体阻力降低。发酵液体中的细菌菌体及其他大量存在的胶体粒子,尺寸在10 μm以下,因此滤饼的比阻力是相当高的。另外,悬浮固体粒子表面上发生的表面现象对滤饼比阻力也有重大影响,如胶体粒子表面上吸引了许多水分子,这些水分子在毛细管壁面上形成不流动的液体层,导致毛细管有效横截面积的减小,使滤饼比阻力增加。

菌体细胞壁面上有羧基和氨基,在中性液体中,由于离解度的差异,酵母、细菌表面上一般带负电荷。针对这种情况,一般可在悬浮液中添加无机盐电解质,以中和粒子表面上的电荷,并使小的粒子得以互相碰撞聚集成大的颗粒,也可以使用有机聚合电解质。

高分子合成絮凝剂,它本身可能是一种聚合电解质,也可能是非电解质。絮凝剂的分子很大,它的各个区段上具有特殊的吸附作用,它可以与悬浮的粒子起桥联作用,形成大的絮团,因此,絮凝剂可以是非电解质的。也就是说,带电荷粒子被絮凝剂所絮凝,中和电荷并不是先决条件。但是聚合电解质絮凝剂的效果往往更好,它可能兼有絮凝和凝固两种作用。无机盐不能使悬浮粒子絮凝,它只能通过中和颗粒上的电荷而有利于絮凝。还有另外一种作用机制,是用无机盐生成的庞大的沉淀物,把液体中的悬浮粒子机械地包着吸附在其中。

高分子电解质絮凝剂的添加浓度一般很低,而上述磷酸钙凝胶的浓度一般不低于1%。高分子絮凝剂的使用效果与许多因素有关,其中最重要的因素是添加的浓度、pH值、搅拌的雷诺数和在一定的搅拌雷诺数时的搅拌时间。这些条件只能根据实验来确定。

絮凝剂添加浓度从零开始增加时,悬浮粒子被絮凝的量(以取得定量滤液的时间表示)也随之增加,但超过一定浓度后,已絮凝的粒子又发生分散。这里有一个最佳的添加浓度。絮凝剂与悬浮粒子接触是发生絮凝的前提条件,必须搅拌,但生成的絮凝物是很脆弱的,过分的搅拌使絮状物破碎大于絮状物的生成。因此又必须控制搅拌转速和时间。

②添加硅藻土等助滤剂。对于可压缩性滤饼,压差增加时,饼层颗粒间的孔道会变窄,有时会因颗粒过于细密而将通道堵塞,为了避免此种情况的发生,可将某种质地坚硬且能形成疏松床层的另一种固体颗粒预先涂于过滤介质上,或者混入悬浮液中,以形成较为疏松的滤饼,使滤液得以畅流,这种物质称为助滤剂,目前食品工业常用的助滤剂有硅藻土、纤维素、石棉粉、活性炭粒、珍珠岩粉、石英砂、皂土等。在含有大量细微胶体粒子的悬浮液,如含酵母和胶体粒子的成熟啤酒,在其中加入粒度分率适当的硅藻土助滤剂,这些细微粒子就可能附着在硅藻土粒子的凹凸不平的表面上,这样,较大的坚硬的硅藻土粒子就作为许多胶体粒子的载体,均匀地分布于滤饼之中,相应地改变了原悬浮液的滤饼结构,它的可压缩性下降了,过滤阻力也降低了。

添加硅藻土的量和适当的粒度分布应根据实验确定。一般来说,在悬浮液主体中添加的硅藻土,中等粒度的应该多一些,这样,形成的滤饼阻力小。但有些细小的胶体粒子可能使滤布毛细孔道堵塞,为了防止这种现象,在滤布上预先用粒度小一些的硅藻土形成预涂薄层,以保护滤布的毛细孔不被过早地堵塞。

(3)关于提高过滤压力差 ΔP

在一定限度内,增大滤饼和过滤介质两侧的压力差对提高过滤速度是有效的。原则上开始过滤时,应在较低 ΔP 范围进行,然后逐步缓慢增加,一般不超出 $(1.96 \sim 3.92) \times 10^5$ Pa $(2 \sim 4 \text{ kgf/cm}^2)$。

此外,还可设法降低悬浮液中悬浮固体含量,降低培养基中固形物的含量,即以精料代替粗料,适当减少滤饼厚度,采用连续排渣设备等。

6.1.4 离心分离

离心分离是利用惯性离心力和物质的沉降系数或浮力密度的不同而进行的分离、浓缩等操作。离心分离对那些固体颗粒很小且黏度很大、过滤速度很慢,甚至难以过滤的悬浮液分离有效,对那些忌用助滤剂的悬浮液的分离,也能得到满意的结果。又可分为:

（1）离心分离

对于鼓壁上无孔且分离的是乳浊液，则两种液体按轻重分层，重者在外，轻者在内，各自从适当位置引出的过程。常见设备有三足式离心机、锥篮式离心机等。

（2）离心沉降

对于鼓壁上无孔，且分离的是悬浮液，则密度较大的颗粒沉于鼓壁，而密度较小的流体集中于中央并不断引出的过程。

（3）离心过滤

在有孔的鼓内壁面覆以滤布，则流体甩出而颗粒被截留在鼓内的过程。

（4）超离心

利用不同溶质颗粒在液体中各种部分分布的差异，分离不同相对密度液体的操作。

任务6.2 重力沉降设备

6.2.1 降尘室

依靠重力沉降原理从气流中除去尘粒的设备称为降尘室（见图6.11），工业上降尘设备多为扁平形状或一室多板结构（见图6.12），一般适用于分离粒度大于 50 μm 的粗颗粒，作为预除尘使用，气流速度一般应保证气体处于层流流动区，以免干扰颗粒的沉降或把已沉降下来的颗粒重新扬起。

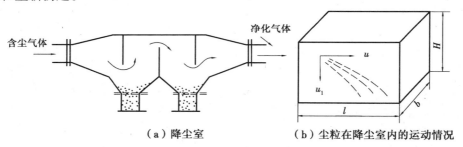

（a）降尘室　　　　　（b）尘粒在降尘室内的运动情况

图6.11　降尘室示意图

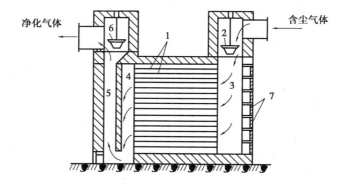

图6.12　多层除尘室

1—隔板；2,6—调节闸阀；3—气体分配道；4—气体集聚道；5—气道；7—轻灰口

6.2.2 沉降槽

籍重力沉降从悬浮液中分离出固体颗粒的设备称为沉降槽。如用于低浓度悬浮液分离时也称为澄清器;用于中等浓度悬浮液的浓缩时,常称为浓缩器或增稠器。图 6.13 为连续沉降槽。

沉降槽适于处理颗粒不太小、浓度不太高,但处理量较大的悬浮液的分离。这种设备具有结构简单,可连续操作且增稠物浓度较均匀的优点,缺点是设备庞大,占地面积大,分离效率较低。

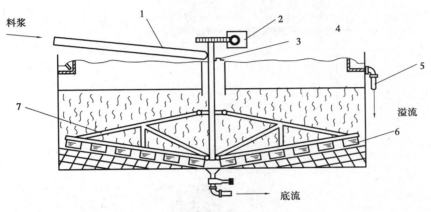

图 6.13 连续沉降槽

1—进料槽道;2—转动机构;3—料井;4—溢流槽;5—溢流管;6—叶片;7—转耙

任务 6.3 过滤设备

过滤设备按过滤推动力,可分为常压过滤机、加压过滤机和真空过滤机 3 类。常压过滤效率低,仅适用于易分离的物料,加压和真空过滤设备在发酵工业中被广泛采用。

6.3.1 加压过滤设备

1) 板框压滤机

板框压滤机的过滤推动力来自泵产生的液压或进料贮槽中的气压,其广泛应用于培养基制备的过滤及霉菌、放线菌、酵母菌和细菌等多种发酵液的固液分离,以及适合于固体含量 1% ~10% 的悬浮液的分离。

(1)结构

板框压滤机主要由滤板、滤框、压紧装置、机架等组成,如图 6.14 所示。板和框常做成正方形(见图 6.15),角端均开有小孔,装合压紧后即构成供滤浆或洗水流通的孔道。框的两侧覆以滤布,空框与滤布围成了容纳滤浆及滤饼的空间,滤板用以支撑滤布并提供滤液流出的通道。

①滤板。凹凸不平的表面,凸部用来支撑滤布,凹槽是滤液的流道。滤板右上角的圆孔,是滤浆通道;左上角的圆孔,是洗水通道(见图6.16)。分为洗涤板和非洗涤板两种。

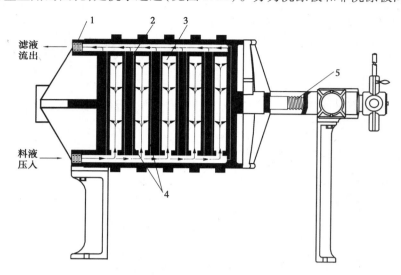

图6.14　板框压滤机结构图

1—固定头;2—滤板;3—滤框;4—滤布;5—压紧装置

图6.15　板和框的实物图

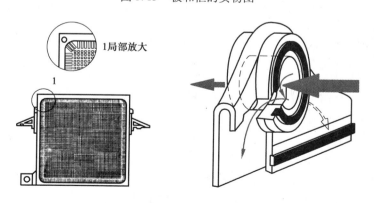

图6.16　滤板和滤板角孔(圆孔)

a.洗涤板:左上角的洗水通道与两侧表面的凹槽相通,使洗水流进凹槽;

b.非洗涤板:洗水通道与两侧表面的凹槽不相通,如图6.17所示。

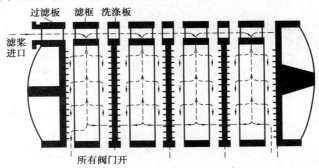

图 6.17　洗涤板与非洗涤板

②滤框。有供料浆通过的暗孔,料浆在压差的推动下籍框两侧覆盖的滤布进行过滤分离。

a.滤浆通道:滤框右上角的圆孔。

b.洗水通道:滤框左上角的圆孔,如图6.18、图6.19所示。

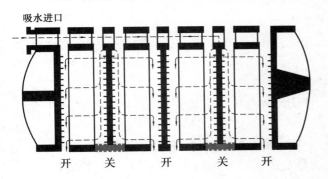

图 6.18　洗水进框过程

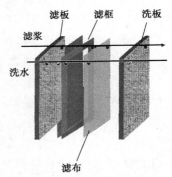

图 6.19　滤浆通道与洗水通道

为了避免这两种板和框的安装次序有错,在铸造时常在板与框的外侧面分别铸有一个、两个或三个小钮。非洗涤板为一钮板,框带为两个钮板,洗涤板为三钮板。

(2)工作过程(见图6.20)

①过滤操作液体流动路径。料浆沿1通道输入,通过滤框的暗孔进入滤框,框中的料浆在压差的推动下籍框两侧覆盖的滤布进行过滤分离。滤饼在框内两侧生成并增长,滤液通过滤布流到滤板板面的凹槽后,因板面凹槽有暗孔与2,4通道相连或与3通道相连,故滤液可由3条通道流到过滤机外。

②洗涤操作液体流动路径。洗涤液由3通道进到洗涤板两侧,横贯滤框,穿过框内两层滤饼及两层滤布,到达非洗涤板的两侧凹槽,然后由2,4通道流出。

③工作中注意事项。过滤时一个滤框提供两侧过滤面积,洗涤时若恒压洗涤的压差与过滤终了时的压差相等,洗涤液黏度与滤液黏度相同,由于洗涤液通过框内两层滤饼和两层滤布,洗涤路径是过滤终了时滤液路径的两倍,且洗涤面积为过滤面积之半,故洗涤速率为过滤终了时的速率的1/4。

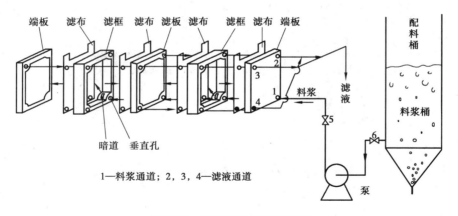

1—料浆通道；2，3，4—滤液通道

图6.20　板框压滤机工作过程

（3）板框压滤机的特点

①结构简单，价格低廉，占地面积小，过滤面积大。

②可根据需要增减滤板的数量，调节过滤能力。

③对物料的适应能力较强，由于操作压力较高（3～10 kgf/cm²），对颗粒细小而液体黏度较大的滤浆，也能适用，这是真空过滤器无法达到的。

④间歇操作，不能连续操作，设备笨重，卫生条件差，生产能力低，卸渣清洗和组装阶段需用人力操作，劳动强度大，所以它只适用于小规模生产。

（4）自动板框式压滤机

①自动板框压滤机在板框压紧、卸饼、清洗等操作中可自动完成，劳动强度小，辅助操作时间短。

②自动压滤机结构复杂，价格昂贵，在一定程度上限制了它的应用和发展。

③过滤时，悬浮液从板框上部两个角孔形成的通道并行压入滤框，滤液穿过滤框两侧的滤布，沿滤板表面的沟槽流入下部角孔形成的通道，滤饼则在滤框内形成。洗饼完毕，油压机将板框拉开，使滤框下降。开动滤饼推板，框内滤饼以水平方向推出落下。传动装置带动环形滤布绕一系列转轴旋转，达到洗滤布的目的。滤框复位，重新压紧，完成一个操作周期，如图6.21所示。

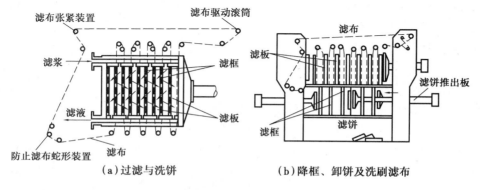

（a）过滤与洗饼　　　　　　　（b）降框、卸饼及洗刷滤布

图6.21　自动板框压滤机工作原理图

2）硅藻土过滤机

硅藻土过滤机是目前广泛采用的过滤机，世界各国已用它取代了棉饼压滤机，在啤酒生

产中还可用于啤酒的过滤。它还广泛用于葡萄酒及其他含有低浓度细小蛋白质类胶体粒子（为0.1～1 μm）悬浮液的过滤。

（1）硅藻土过滤机工作性质

①硅藻土性质。硅藻土中的硅藻有许多不同的形状，由于硅藻土具有细腻、松散、质轻、多孔、吸水和渗透性强的特性，所以它是一种性能优良的工业滤剂。

硅藻土是一种对发酵产品风味影响较小的助滤剂，具有巨大的表面积，能滤除如啤酒中的固体颗粒，也能吸附细菌和胶体微粒，这种吸附对提高产品生物稳定性有良好的影响，但要保证风味物质不被吸附。

②硅藻土过滤系统。通常硅藻土过滤系统包括混合罐、过滤机、泵等。硅藻土过滤机过滤系统预涂层流程如图6.22所示。

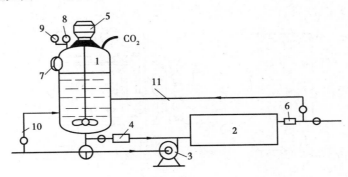

图6.22　硅藻土过滤系统预涂层流程图

1—硅藻土混合罐；2—硅藻土过滤机；3—啤酒泵；4—硅藻土供料泵；5—搅拌用电机；6—视镜；
7—硅藻土进料口；8—通风口；9—压力计；10—混合罐添加啤酒设施；11—预涂硅藻土时的回流管

预涂的作用，一是阻拦杂质，二是保护过滤介质（滤布、纸板）的孔径不被蛋白质和酵母堵塞。操作时，先开泵，以2.94×10^5 Pa（表）压力走水5～6 min，排气3次，排气必须彻底，它直接关系硅藻土预涂效果。然后在混合罐内将硅藻土和水（或啤酒）配成悬浮液，按每平方米过滤面积需0.5 kg硅藻土粉末的量调浆，一般为0.6%～3%浓度，搅匀后泵入过滤机，使形成过滤层，开始时，硅藻土将有部分穿过网孔，故须在密闭系统内循环，直至水清澈无硅藻土微粒流出为止。预涂过程先在滤布表面形成1～3.5 mm厚的滤层，为10～15 min，随后以$(3.5～6) \times 10^5$ Pa（表）泵入待滤啤酒和硅藻土混合液，在啤酒中补加部分硅藻土（60～100 g/100 L啤酒），可连续更新滤层，使滤速保持快速稳定，滤速约500 L/（m² · h）。开始滤出啤酒若不够清澈，可送回混合罐，待滤清后再送往清酒罐。

啤酒过滤期间，压差每小时上升$(0.2～0.4) \times 10^5$ Pa，待进口压差达到$(3～4) \times 10^5$ Pa，停止过滤，用压缩空气（或CO_2）压出滤饼内啤酒，然后反向压入清水，使滤饼疏松，再打开顶盖卸除滤饼。用过的硅藻土一般弃置。

一般混浊的成熟啤酒，经硅藻土一次过滤，滤出清酒浊度可达0.4～0.6EBC单位，含酵母细胞数在10～20个/L。若要求澄清度更高，细胞数更少，可采取二次预涂层法，即第一次涂粗粒硅藻土，第二次预涂用的及随后在酒液中补加的硅藻土，应含有60%～75%的细粒。

硅藻土过滤机通常用于啤酒粗滤，有时也用于精滤。粗滤时，其后再加一道棉饼过滤或

板式过滤机精滤,过滤质量很好。国内已有多厂使用进口板框式压滤机、以过滤纸板作为过滤介质,过滤纸板上涂硅藻土过滤啤酒获得良好质量。

(2)叶片式硅藻土过滤机

①立式叶片硅藻土过滤机。叶片可以装在卧式罐或立式罐中,对于较小流量(<25 m³/h)者,一般设置在立式罐中,以减少设备费用。对于 50 m³/h 以上流量者,可采用卧式罐。过滤面积为 5 ~ 34 m²,生产能力为 0.6 ~ 1 m³/(m² · h),结构如图6.23 所示。圆形滤叶垂直挂在卧式圆筒机壳内。容器的底部有一根较粗的水平滤液汇集总管,在它的上面有与它相垂直排列的滤叶,每个滤叶的下部有一根滤液流出管,各用活接头与汇集总管接通。

滤叶是两面紧覆着细金属丝的滤框,骨架用管子弯制,框的中间平面上夹持着一层粗的大孔格金属丝网,在它的两侧紧覆着细密的金属丝网(400 ~ 500 目),以支持硅藻土层,而中间的粗金属丝网则是支持两侧细金属丝网的。

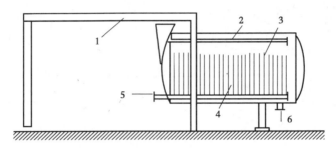

图6.23　立式叶片硅藻土过滤机(卧式罐)
1—机头和叶片能向前移动的拖行滑架;2—摆动喷水管;
3—过滤叶片;4—啤酒进口;5—清酒出口;6—滤渣出口

每个滤叶以接管支承在汇集总管上,它的两边则受到容器壁上定位槽架的支持。

过滤时器盖紧闭,用泵将啤酒与硅藻土的混合液压入过滤器,悬浮液中的硅藻土则被截留在滤叶表面的细金属丝网上,而啤酒则穿过硅藻土层及细金属丝网进入滤叶的内腔,从下部汇集总管流出。开始流出的啤酒浑浊,回流到混合槽,直至流出澄清啤酒。

近年来,国内厂家试制的移动式饮料过滤机就是加压叶滤机,圆形滤叶片垂直挂在卧式圆筒机壳内,过滤机壳密封,过滤盘直径400 mm,过滤面积多在5 m² 左右。

②水平叶片式硅藻土过滤机(转盘式)结构如图6.24 所示,在一垂直的空心轴上装有水平叶片(或称转盘),叶片(又称滤叶)数量随过滤面积而异。叶片上面是一层细金属丝网,约250 目左右,作为硅藻土层的支持介质,它的下方是一层粗的大孔格的金属丝网,一般有6 ~ 8目,作为细金属丝网的支持介质,滤叶的底面是厚5 mm 的不开孔的不锈钢板。滤叶的内腔与空心轴内相通,滤液从内腔流入空心轴,从底部流出。

过滤终了时,从空心轴反向泵入清水,使滤饼疏松。然后开动电机通过皮带轮带动空心轴旋转(200 ~ 350 r/min),带动滤叶旋转,借离心力的作用将滤饼卸除,并以浆状从过滤器底部排出。

这种过滤机的优点是自动进行卸渣操作,减轻了劳动强度。

过滤面积为20 ~ 100 m²,过滤速度600 ~ 1 000 L/(m² · h),每过滤 6 ~ 7 h,压出滤泥一次。

③环式硅藻土过滤机(或称烛柱式、柱式),结构如图6.25 所示。每根烛柱是由很多不锈

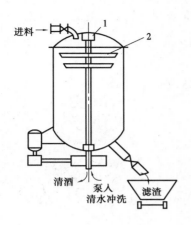

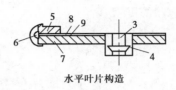

水平叶片构造

图 6.24 水平叶片硅藻土过滤机示意图

1—轴承;2—水平叶片;3—空心轴;4—轴与叶片相通的斜孔;5—压紧圈;
6—O 形橡胶密封垫圈;7—不锈钢叶片($\delta = 5$ mm);8—细金属丝网;9—粗金属丝网

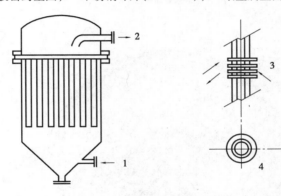

图 6.25 环式硅藻土过滤机

1—啤酒进口;2—滤清啤酒;3—用顶面扇形突起分隔的叠装圆环;4—圆环与开槽的中心柱

钢环($\phi28$ mm,长 1 067 mm)组成,作为滤层的支承,圆环的底面扁平,顶面有扇形突起,突起的高度为 0.075 ~ 0.1 mm。圆环叠装在开槽的中心柱上,并用端盖固定位置。在环面之间沉积硅藻土,形成硅藻土架桥而起着滤器的作用。环的表面平整度要好,便于滤层附着均匀。由于滤层铺设在钢硬的支承环上,管路压力波动,不致引起预涂层拆裂变形,滤柱是圆形截面,过滤表面积随着滤层厚度而增加。机壳内部没有任何活动部件,对灭菌有利,易于实现自动化控制。每台过滤面积为 100 ~ 150 m²,过滤速度达 50 ~ 150 m³/h。

6.3.2 真空过滤设备

真空过滤设备以大气与真空之间的压力差作为过滤操作的推动力。发酵工业中,用的较多的是转筒式真空过滤机和带式真空过滤机。

1)转筒真空过滤机

(1)结构

转筒真空过滤机是一种连续操作的过滤设备,设备的主体是一个由筛板组成能转动的水平圆筒,表面有一层金属网,长、径之比为 1/2～2,网上覆盖滤布(见图 6.26、图 6.27)。其中最重要的结构为转筒、滤浆槽、金属网和滤布,转筒内沿径向被筋板分隔成 18 个扇形格,18 格分成 6 个工作区(见图 6.28):

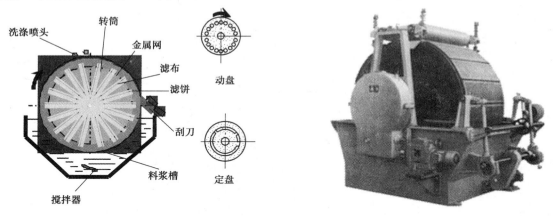

图 6.26　转筒真空过滤机结构示意图　　　　　　图 6.27　转鼓真空过滤机实物图

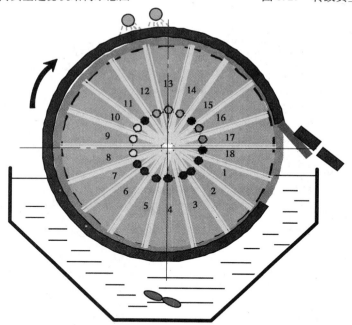

图 6.28　转筒及分配头的结构

1 区(1～7 格):过滤区;

2 区(8～10 格):滤液吸干区;

3 区(12～13 格):洗涤区;

4 区(14 格):洗后吸干区;

5 区(16 格):吹松卸渣区;

6 区(17 格):滤布再生区。

转筒又由滤室和分配头组成,分配头可分为动盘(18 个孔,分别与扇形格的 18 个通道相连)和定盘(3个凹槽:滤液真空凹槽、洗水真空凹槽、压缩空气凹槽,分别将动盘的18个孔道分成3个通道)两种。

（2）工作过程

转筒下部浸入滤浆槽中,浸没于滤浆中的过滤面积占全部面积的30% ~40%。圆筒缓慢旋转时(转速为0.5 ~2 r/min),筒内每一空间相继与分配头中的3个室相通,可顺序进行过滤、洗涤、吸干、吹松、卸饼等项操作。即整个转筒圆周在任何瞬间都划分为过滤区、洗涤区、吹干及卸渣区3个区域(见图6.29),具体区分为(见图6.30):过滤区(1~2区):f槽;洗涤区(3~4区):g槽;吹干卸渣区(5~6区):h槽。

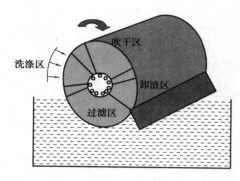

图6.29　转鼓真空过滤机转筒上的区域

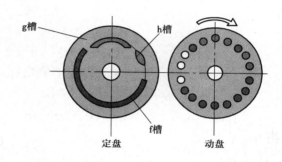

图6.30　转鼓真空过滤机转筒上的区域划分

①过滤。转鼓中下面的一些过滤室与料液相接触。过滤室与真空系统相通,于是料液中的固体粒子被吸附在滤布的表面而形成滤渣层,滤液被吸入鼓内经导管和分配头排至滤液贮罐中。

②洗涤及脱水。当转鼓从料液槽中转出后,洗涤水喷嘴将洗涤水喷向鼓上的滤渣层进行洗涤。同于处在真空情况下,于是洗涤水和滤渣的残余水分不断地被抽入鼓内,并通过分配头将其引入另一贮罐中。

③卸渣及再生。此区内通入压缩空气或蒸汽使滤渣松散与滤布脱离,随后由刮刀刮下。目前使用的为GP型。

（3）优点

转筒真空过滤机可吸滤、洗涤、卸饼、再生连续化操作,生产能力大,劳动强度小,适于量大而易过滤的物料。

（4）缺点

①辅助设备多,投资大;

②由于真空过滤,推动力小(不超过8×10^4 Pa),滤饼湿度大(20% ~30%);

③主要适用霉菌发酵液,对于滤饼阻力较大的物料适应能力较差。

2）带式真空过滤机

带式真空过滤机是自动连续运转、并能按工艺要求进行无级调速以及操作方便和动力消耗低的一种新型高效的脱水设备。带式真空过滤机的流程如图6.31所示。

①进料→过滤→滤饼洗涤→吸干→卸料→滤布清洗连续进行,配有PLC控制,自动化程度高。

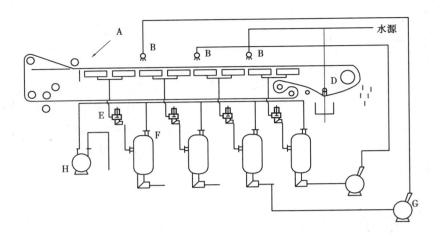

图 6.31　带式真空过滤机流程图

②真空过滤盘分段设计,可满足不同物料过滤、洗涤、吸干的工艺要求,滤带运行速度采用变频无级调速,对不同物料有广泛的适应性。

③在同一设备上可采用多次逆流洗涤得到高浓度的滤液,也可采用并流洗涤或顺流洗涤获得高纯度的滤饼。

任务6.4　离心分离设备

离心分离设备是利用分离筒的高速旋转,使物料中具有不同比重的分散介质、分散相或其他杂质在离心力场中获得不同的离心力,达到分离的目的。离心机主要应用于砂糖糖蜜分离、奶制品工业牛奶分离、制盐工业的晶盐脱卤、淀粉工业中淀粉与蛋白质等及其他发酵工业中产品的分离。

6.4.1　离心机分类

离心分离机可有不同的分类方式。常见的分类因素有:分离因数、用途、操作原理、操作方式、卸料方式和轴向等。

1)按离心机的离心分离因数大小来分类

(1)常速离心机 $\alpha < 3\,000$,主要用于分离颗粒不大的悬浮液和物料的脱水;

(2)高速离心机 $3\,000 < \alpha < 50\,000$,主要用于分离乳状和细粒悬浮液;

(3)超高速离心机 $\alpha > 50\,000$,主要用于分离相不易分离的超微细粒的悬浮系统和高分子的胶体悬浮液。

2)按用途分类

离心分离机按用途分为分析型和制备型两种。

3)按操作原理的不同分类

(1)过滤式离心机

过滤式离心机是鼓壁上有孔,壁内有过滤网(滤布),悬浮液在转鼓内旋转,靠离心力把液相甩出筛网,而固相颗粒被筛网截留,形成滤饼,从而实现固、液分离。转速一般在 1 000 ~ 2 000 r/min范围,分离因数不大。适用于易过滤的晶体和较大颗粒悬浮液的分离,在食品、医药、化工、轻工等各行业得到广泛的应用。

过滤式离心机分为以下几种类型:

①三足式过滤离心机;

②上悬式过滤离心机;

③卧式刮刀卸料离心机;

④卧式活塞卸料离心机;

⑤离心卸料离心机;

⑥振动卸料过滤离心机;

⑦进动卸料离心机;

⑧螺旋卸料过滤离心机。

(2)沉降式离心机

沉降式离心机鼓壁上无孔,也无滤网。悬浮液随转鼓高速旋转,因固、液两相的比重不同,则产生不同的离心惯性力,离心力大的固相颗粒沉积在转鼓内壁上,液相则沉降在里层,然后分别从不同的出口排出,达到分离的目的。适用于固体含量少,颗粒较细,不易过滤的悬浮液。

沉降式离心机分为以下 3 种类型:

①螺旋卸料式沉降离心机;

②刮刀卸料卧式沉降离心机;

③三足式沉降离心机。

(3)分离式离心机

分离式离心机是一种鼓壁上无孔,依据液-液两相的密度差,在高速离心力场下,使液液分层,重相在外层,轻相在内层,然后分别排出,达到分离目的的离心机。一般转速在 4 000 r/min以上,分离因数在 3 000 以上。

①管式分离机。转速可达 2×10^4 r/min,离心力较大,设备简单,分离效率高,操作稳定;但沉降面积小,处理能力低。

②碟式分离机。沉降面积大(碟片),处理能力高;但转速较管式离心机低,一般转速为 1×10^4 r/min,结构复杂。

③室式分离机。

4)按操作方式的不同分类

(1)间歇式离心机

间歇式离心机是指转鼓对所承载的被分离而截留的物料有一定质量限度的离心机,卸料时必须停车或减速,然后采用人工或机械方法卸出物料,主要用以固-液悬浮混合液的分离。如三足式沉降离心机、刮刀卸料沉降离心机、上悬式沉降离心机等。

(2)连续式离心机

整个设备的操作均在连续化状态下进行,用于固-液悬浮液和液-液乳浊液的分离,如螺旋卸料沉降离心机。

5) 按卸料方式分类

离心机按卸料方式分类,可分为:

人工卸料离心机、重力卸料离心机、刮刀卸料离心机、活塞推料离心机、螺旋卸料离心机、离心卸料离心机、振动卸料离心机、进动卸料离心机。

6) 按转鼓主轴位置分类

离心机按转鼓主轴位置分类,可分为:卧式离心机和立式离心机两种。

6.4.2 过滤式离心机

1) 三足式过滤离心机

三足式过滤离心机是一种人工上部上料式离心机、广泛用于食品工业中如味精、柠檬酸及其他有机酸生产中的结晶与母液的分离。

(1) 结构

三足式过滤离心机主要由转鼓、滤网、主轴、轴承、底盘、外壳、三根支脚、皮带轮、电机等组成,如图 6.32 所示。

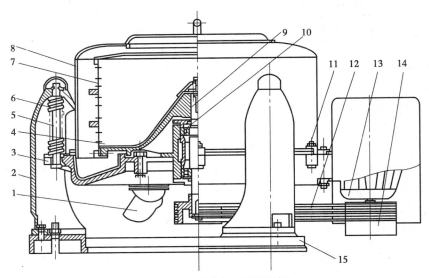

图 6.32　三足式离心机结构图

1—出液管;2—支脚;3—底盘;4—轴承座;5—摆杆;6—弹簧;7—转鼓;8—外壳;
9—主轴;10—轴承;11—压紧螺栓;12—三角带;13—电机;14—离合器;15—机座

①转鼓:又称滤筐,由不锈钢制成,鼓壁开有滤孔。转鼓由电机通过传动装置,最后通过装在其轴下端的 V 形皮带轮驱动。

②结构特点:外壳、转鼓和传动装置都通过减振弹簧组件悬在 3 个支柱上(故称作三足式离心机),以减弱离心机转鼓运转时产生的振动。

(2) 工作顺序

工作顺序:启动→加料→过滤→洗涤→甩干→停车→卸料,启动前要盖紧盖子,完全停止运转后才能卸渣。为使物料在转鼓内均匀分布,避免载荷偏心,宜采用低速加料,高速过滤、脱水,降速或停机卸料。

（3）分离原理（见图6.33）

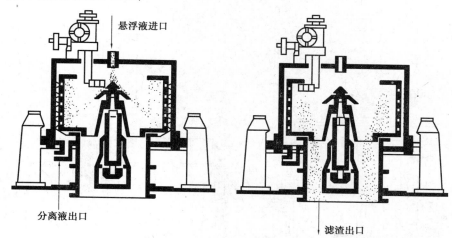

图6.33　三足式离心机分离原理

转鼓内壁开有小孔，并在其上覆盖滤布，滤液穿过滤布而滤渣残留在转鼓中，当滤渣积累到一定量后停机，从上或下卸出。

（4）特点

①对物料适应性强，可用于固液分离、成品脱液、滤饼洗涤；

②结构简单，制造、安装、维修、使用成本低；

③运转平稳，易于实现密闭和防爆；

④卸料要停车，效率低。

（5）其他种类

①三足自动刮刀下部卸料式；

②三足吊出卸料式；

③三足气流卸料式；

④三足活塞上部卸料式。

2）上悬式过滤离心机

（1）结构

电机位于转鼓的上方，转鼓固定在细长轴下端，轴的支点远离转鼓的质量中心，轴上端有轴承悬挂机构与电机相连，轴带动转鼓旋转。运转时转鼓能自动对中，保证运行时的平稳性（见图6.34至图6.36）。

（2）应用

食品工业中，上悬式过滤离心机主要用于蔗糖和食盐的晶体与糖蜜（母液）的分离。

（3）工作循环

上悬式过滤离心机每个工作循环包括加料、分离、洗涤、脱水、卸料、滤网清洗等工序。根据操作要求，加料及卸料一般在低转速下进行。

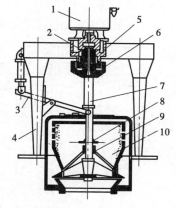

图6.34　上悬式过滤离心机示意图
1—电动机；2—联轴器；3—密封罩提升装置；
4—机架；5—轴承室；6—刹车机；7—主轴；
8—布料盘；9—密封罩；10—转鼓

181

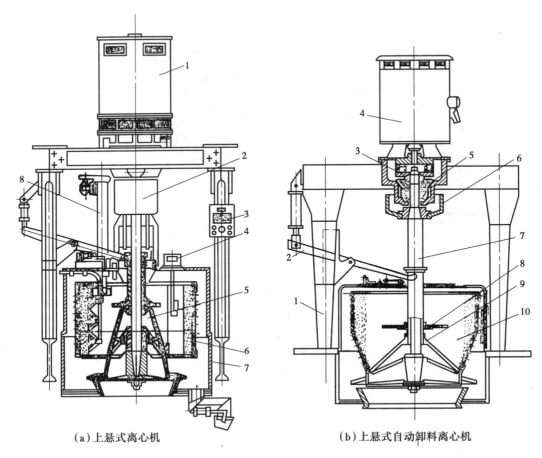

（a）上悬式离心机　　　　　　　（b）上悬式自动卸料离心机

图6.35　机械卸料的上悬式离心机及上悬式自动卸料离心机

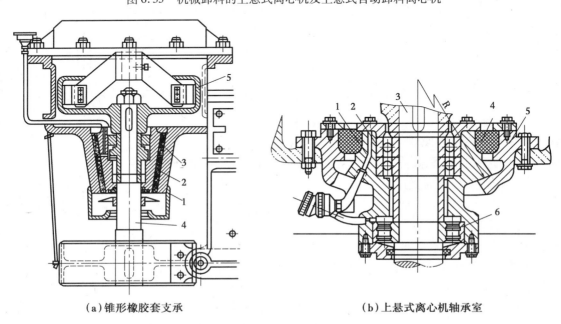

（a）锥形橡胶套支承　　　　　　（b）上悬式离心机轴承室

图6.36　锥形橡胶套支承及上悬式离心机轴承室

（4）工作特点

离心机运行时转鼓回转速度连续作周期性变化，低速上部加料，全速分离、洗涤、脱水，低速下部卸料。转速连续但周期性变化。上悬式过滤离心机均采用下部卸料。

（5）优点

①稳定并允许转鼓有一定的自由振动；

②卸除滤渣较快、较易；

③支承和传动装置不与液体接触而不受腐蚀；

④处理结晶物料时，采用重力卸料则晶形保持完整无破损；

⑤结构简单、操作与维修方便。

（6）缺点

①加料、卸料时要减速，运转具有周期性；

②主轴较长，易产生挠曲变形，运转时振动较大，卸料时要先提起锥罩后才能将滤渣刮下，劳动强度较大。

（7）其他结构类型

①上悬刮刀卸料式；

②上悬自动卸料式。

3）卧式刮刀卸料离心机

（1）应用

卧式刮刀卸料离心机主要应用于化工、制药、轻工、食品等行业。如食盐、硫铵、碳酸氢铵、聚氯乙烯等。在高速运转下间歇加料、过滤、洗涤、分离、间歇卸料。可处理粗、中、细颗粒的悬浮液。

（2）结构及工作原理

卧式刮刀卸料离心机主要由转鼓、滤网、加料管、刮刀机构（刮刀的长度应短于转鼓长度）、卸料槽、外壳、主轴、机体、电机等组成。在分离过程中，刮刀伸入转鼓内，在液压装置控制下刮卸滤饼。卸渣时刮刀除了向转鼓壁运动外，还沿轴向运动，适用于滤饼较密实的场合，如图 6.37 和图 6.38 所示。

（3）优点

①对物料适应性强，可处理粗、中、细颗粒的悬浮液；

②对过滤、洗涤、分离、卸料过程时间可任意调节；

③运转连续，速度均匀，效率高。

（4）缺点

①刮刀磨损较快，易产生冲击；

②刮刀片工作时受磨损、冲击和腐蚀作用，最容易损坏，所以要选用耐磨、耐腐蚀、高强度材料制造。

4）卧式活塞卸料离心机

（1）结构及工作循环

卧式活塞卸料离心机主要由转鼓、筛网、推料盘、布料斗、空心轴、推杆、复合油缸、机壳、机座、液压系统等组成（见图 6.39）。在全速下连续加料、分离、洗涤、甩干，活塞连续推卸料。

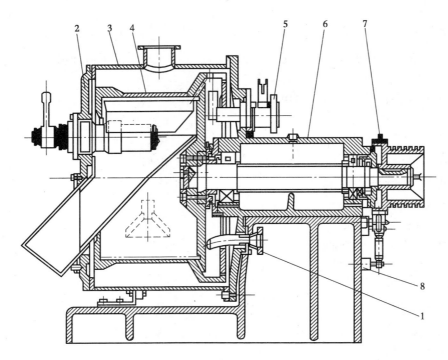

图 6.37　刮刀卸料离心机基本结构图
1—反冲装置;2—门盖组件;3—机壳组件;4—转鼓组件;
5—虹吸管机构;6—轴承箱;7—制动器组件;8—机座

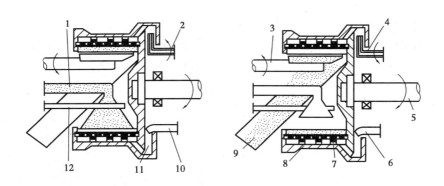

图 6.38　刮刀卸料离心机工作原理图
1—悬浮液入口;2—分离液出口;3—刮刀;4—虹吸管;5—主轴;6—反冲管;7—内转鼓;
8—外转鼓;9—滤渣出口;10—反冲水入口;11—虹吸室;12—洗涤液入口

推送器装在转鼓内部与转鼓一同旋转并通过活塞杆与液压缸中往复运动的活塞相连。悬浮液由锥形布料器均匀分布在转鼓端部区域,滤液经滤网和鼓壁上的开孔甩出被收集,滤饼层则被往复运动的活塞推送器一段一段地往前推送。在适当的轴向位置引入洗水洗涤滤饼,洗液分别收集,脱水后的滤饼则被推出机外(见图6.40)。

（2）工作特点及应用

匀速连续运转,自动连续加料,液压脉动活塞卸料,可实现无人值守,自动操作。主要应

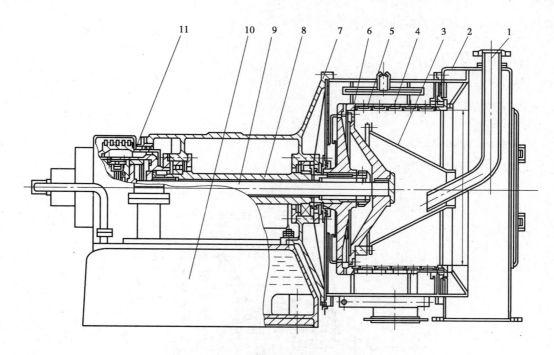

图 6.39 活塞推料离心机的基本结构

1—进料管;2—前机壳;3—布料斗;4—转鼓;5—筛网;6—推料盘;

7—轴承箱;8—主轴;9—推杆;10—油箱;11—复合油缸

用于化工、化肥、制药、制糖等行业。

（3）优点

①效率高,产量高,操作稳定;

②可自动上、卸料,实现无人值守;

③对物料适应性强,适应粗、中颗粒的悬浮液。

（4）缺点

①不适应细颗粒悬浮液;

②对浓度波动比较敏感,易产生漏料现象;

③结构相对复杂,推料盘作往复运动,往复次数为 20~30 次/min;行程为转鼓长的 1/10。

（5）分类

①单级活塞推料式离心机;

②多级活塞推料式离心机,每级转鼓短,推渣容易,滤渣层薄,滤渣停留时间长,有利于脱水和洗涤。

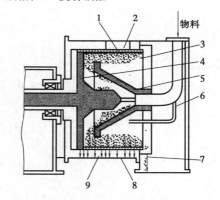

图 6.40 单级活塞推料离心机

1—转鼓;2—滤网;3—滤饼;4—活塞推进器;

5—进料斗;6—冲洗管;7—固体排出;

8—洗水出口;9—滤液出口

5）离心卸料离心机——锥篮型离心机

（1）结构

锥篮式离心机主要应用于化工、化肥、制药、食品等。主要由锥形转鼓、滤网、进料管、分

185

配器、主轴、机壳、隔振器、电机等(见图6.41)组成。全速下自动连续加料、分离、洗涤、甩干、卸料。主要有立式锥篮型和卧式锥篮型两种类型。

(2)优点

①结构简单,体积小,造价低;

②效率高,耗电少;

③可自动上、卸料,无人值守。

(3)缺点

①对物料性质、浓度变化敏感,适应性差;

②物料停留时间不易控制,易产生跑液。

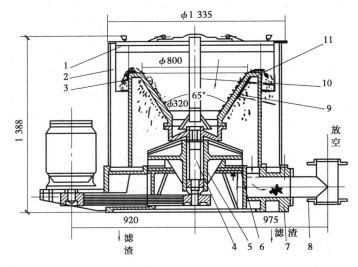

图6.41　锥篮型离心机

1—盖;2—外机壳;3—内机壳;4—主轴;5—传动座;
6—吸振圈;7—机座;8—排液管;9—筛篮;10—进料管;11—排渣

6.4.3　沉降式离心机

1)螺旋卸料式沉降离心机

(1)结构特点

螺旋卸料沉降离心机主要应用于化工、石油、冶金、制药、轻工、食品、污水处理等。用来处理颗粒粒度为 2~5 mm、固体含量小于 10%~50%、固液密度差大于 0.05 g/cm³ 的悬浮液。主要由转鼓、螺旋输送器、变速器、进料管、带轮、外壳、过载保护装置及液位调节装置等组成(见图6.42),其实物图如图6.43所示。可连续加料、分离、卸料,全速运转,转速较高($n = 7 000~8 000$ r/min)。

①转鼓。

a.种类:圆筒形、圆锥形、筒锥组合形。

b.长径比:1~2(或1~1.5)。圆锥筒锥角10°~11°。

c.易于输渣锥角:5°~18°。

d.转鼓材料:不锈钢,高强不锈钢,钛钢,玻璃钢。一般转鼓为整体铸造或焊接而成。

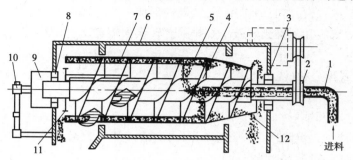

图 6.42 卧式螺旋卸料式沉降离心机结构图

1—进料管;2—V 形带轮;3,8—轴承;4—输料螺旋;5—进料孔;6—机壳;7—转鼓;
9—形星差速器;10—过载保护装置;11—溢流孔;12—排渣口

②螺旋输送器。用来输送沉渣,螺旋叶片易磨损,表面一般要堆焊硬质合金(钴铬合金、钴镍合金、碳化钨)。

a.主要组成部件:螺旋叶片,内管,进料室。

b.螺旋叶片形式:整体形,带状形,断开形。分单头、双头,左旋式、右旋式。

③变速器。主要有摆线针轮行星变速器和渐开线行星齿轮变速器(见图6.44)两种。

图 6.43 卧式螺旋卸料沉降离心机实物图

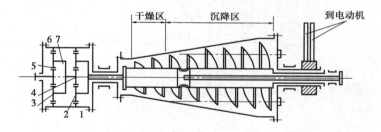

图 6.44 渐开线行星齿轮变速转动示意图

1—第二级内齿轮;2—第二级行星轮;3—第一级行星轮;4—第二级中心轮;
5—第一级中心轮(不转动);6—第一级内齿轮;7—第一级系杆

a.功用:实现转鼓与螺旋输送器之间的差速(变速),传递大扭矩。

b.驱动方法:电机经三角带轮,带动转鼓旋转,由行星轮变速器变速后,带动螺旋输送器转动。

转鼓转速为 n_b——由电机直接带动,转鼓上只有卸料口。

螺旋输送器转速 n_s——由转鼓驱动行星差速器带动,转向与转鼓相同。

$n_s > n_b$　　　为正差转速(一般机型);

$n_s < n_b$　　　为负差转速。

c.特点:行星轮变速器可实现同轴传动,转向相同,任意传动比,大扭矩。

④过载保护装置。分电控机械式、机械液压式和机械式等类型。

（2）工作原理

悬浮液由中心进入，在离心力作用下，转鼓内形成一个环形液池，重相颗粒沉降到转鼓内表面，形成沉渣，由螺旋叶片推到转鼓小端排除。转鼓大端盖上有圆形排列的溢流孔，澄清液从溢流孔排出。

2）沉降-过滤式离心机（见图6.45）

（1）沉降段

①形式有圆柱与圆锥形、全圆锥形两种。

②功用：悬浮液进入沉降段，进行沉降分离，澄清液从大端溢流孔溢出；沉渣由螺旋输送器输送到过滤段，进行过滤和脱水。

（2）过滤段

①形式为圆柱形，有滤网和筛孔。

②功用：沉渣在此段经筛网过滤，液体被分离，滤渣由左端大孔排出。滤渣若要求洗涤或干燥处理，则中心孔通入洗涤液或蒸汽，在过滤段洗涤滤渣。

③筛网反新：由反吹管通入压缩空气或清水，反吹筛网，使之反新。

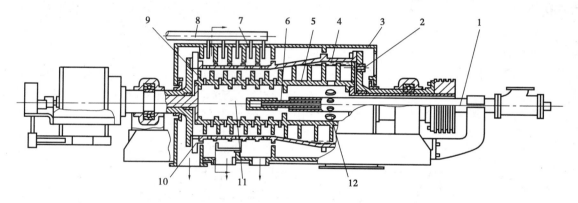

图6.45　沉降-过滤式离心机结构图

1—进料管；2—溢流口；3—机壳；4—转鼓；5—螺旋；6—洗液管；7—空气管；
8—总管；9—管；10—出渣口；11—室；12—孔

3）螺旋-碟片式离心机

（1）机构及工作原理

螺旋-碟片式离心机由卧式螺旋卸料离心机和蝶片分离机两部分组成，如图6.46所示。螺旋卸料离心机把固、液分离，蝶片分离机把液体进一步处理，可获得澄清度很高的液相产品。悬浮液由中心管进入螺旋离心机段，靠高速下的离心力固体颗粒与液体分离开来，沉渣由输送器从小端排出孔排出。液体由离心机大端溢流孔进入蝶片式分离机，再次进行固液分离，细小颗粒由周边孔排出，高澄清度液体由中部溢流孔排出。

（2）转鼓

转鼓由主分离室和辅助分离室两部分组成。

①主分离室：为卧式螺旋离心机，主要进行固、液分离，大部分固体颗粒被分离出来，由螺旋输送器排出。

②辅助分离室：为蝶片式分离机，对液体进一步分离，分离出更细小的颗粒。

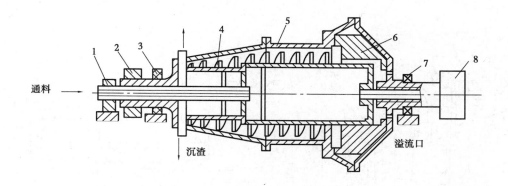

图 6.46 螺旋-碟片式离心机结构图

1—进料管托架；2—皮带轮；3—主轴承；4—螺旋输送器；5—转鼓；6—碟片；7—主轴承；8—差速器

6.4.4 分离式离心机

分离式离心机主要应用于油料、油漆、制药、化工等行业,如油水分离、蛋白质、青霉素、香精油等乳浊液的分离,含微量固体颗粒的乳浊液($d<5$ μm)。依据液-液两相的密度差,在高速离心力场下,使液-液分层,重相在外层,轻相在内层,然后分别排出,达到分离目的。常见的有管式分离机、室式分离机、碟式分离机等机型。

1)管式分离机

（1）特点

转鼓(管)直径小、长度大、转速高、分离效率很高,转速高达 15 000 r/min(为高速型分离机),分离因数 $F_r = 13\ 205$。分离两相密度大于 10 的乳浊液,也可分离固相颗粒 $d = 0.01 \sim 1.0$ μm 或固相浓度小于 1% 的悬浮液。

（2）结构

主要由管状转鼓(转鼓内径为 105 mm,转鼓长 730 mm)、挠性主轴、上下轴承室、机壳、机座和制动装置等构成。转鼓与轴的转速较高,要克服因转鼓不平衡而产生的振动,则上下轴承必须采用减振性能良好的挠性轴承(见图 6.47)。

①下部轴承。用酚醛夹布树脂制造,称为挠性滑动轴承,可降低临界转速,达到自动对中。滑动轴承与轴套可上下滑动(见图 6.48)。

②上部轴承。球面形自对中滑动轴承,注入高压油,形成油膜润滑。此轴承的优点为对中性好,振幅小(见图 6.49)。

③管式转鼓。采用高强度材料制造,增大转鼓直径,提高处理量和分离因数转鼓还可制造为能耐内压的密封转鼓,使乳浊液在压力作用下分离,同样能提高处理量。

（3）工作原理

可连续操作,悬浮液或乳浊液由底部进入转鼓内,在高速离心力作用下将两种液体分离。重相液体在外层,轻相液体在里层。重相液体经转鼓上喷口卸出,轻相液体经分离头中心到流道排出。国产离心机有 GQ 型和 GF 型两种,分离原理如图 6.50、图 6.51 所示。

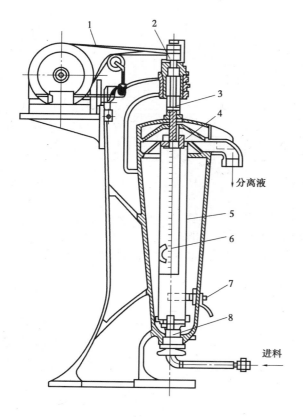

图 6.47　管式分离机结构图

1—平皮带;2—皮带轮;3—主轴;

4—液体收集器;5—转鼓;6—三叶板;

7—制动器;8—转鼓下轴承

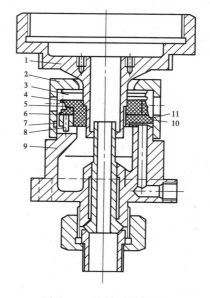

图 6.48　转鼓下轴承结构

1—转鼓;2—压盖;3,10—弹簧;

4—轴承盖;5—轴承;6—轴套;7—轴承座;

8—销;9—进料管座;10—顶头

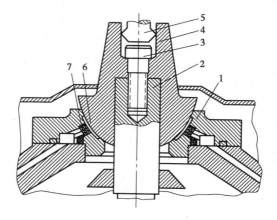

图 6.49　上轴承结构

1—凹球面座;2—转鼓轴颈;3—联接螺栓;

4—凸球体;5—万向联轴节;6—油室;7—油管

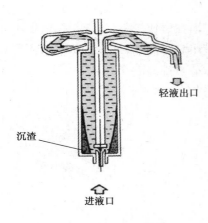

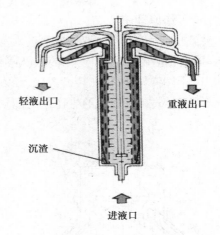

图 6.50　GQ 型(澄清型)

图 6.51　GF 型(分离型)

2)碟式分离机

(1)结构及功能

碟式分离机是高速分离机中应用最广泛的一种。主要应用于分离两种密度不同的乳浊液、液-液-固相的乳浊液及处理粒径 0.1 ~ 100 mm、固含量小于 25% 的悬浮液。分为人工排渣型、喷嘴排渣型、活塞排渣型 3 种。主要由转鼓、锥形碟片、主轴、隔板、轴承、增速机构、机座及电机等构成,如图 6.53 所示,其中转鼓和锥形碟片是关键部件,多个锥形碟片重叠放置,如图 6.52 所示。

(a)碟片　　　　　　(b)转鼓

图 6.52　碟片和转鼓

①碟片间距:0.4 ~ 1.5 mm;

②碟片厚度:0.4 mm,直径:70 ~ 600 mm;

③碟片半锥角:30° ~ 50°;

④转鼓转速:$n = 4\,000 ~ 14\,000$ r/min;

⑤碟片数:40 ~ 160 个。

(2)特点

①结构复杂,价格昂贵;

②分离效率高,产量高,自动化程度高;

③沉降面积大,可达 10 000 ~ 200 000 m²,生产能力可达 100 m³/h。

（3）工作原理

转鼓全速旋转，乳浊液从中间进入碟片之间，在离心惯性力作用下，各液相按密度不同而分离，重液相沿碟片间隙向外移动，从隔板外部溢流孔排出。轻液相在内层，从隔板内部溢流孔排出。固相颗粒沉降在转鼓内壁，经人工排渣或喷嘴、活塞排渣。碟片扩展了沉降面，缩短了沉降距离，故具有较大的生产能力和较高的分离效率（见图6.54、图6.55）。

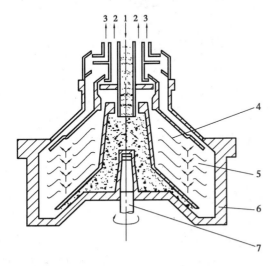

图6.53　碟式分离机示意图
1—进料口;2—轻液出口;3—重液出口;
4—碟片;5—颗粒沉降区;6—转鼓;7—转轴

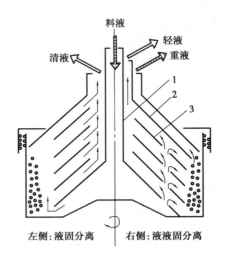

图6.54　碟片分离机工作原理示意图
1—进料管;2—重轻液分隔板;3—碟片

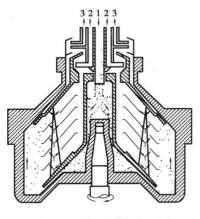

（a）DRY碟片分离机原理图

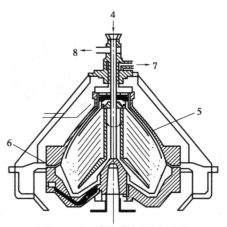

（b）DHY500碟片分离机原理图

图6.55　DRY碟片分离机和DHY500碟片分离机原理图
1,4—进料口;2—轻液;3—重液;5—碟片;
6—固液排渣口;7—重液出口;8—轻液出口

任务6.5 膜分离设备

6.5.1 膜分离概述

1）膜分离

膜分离是近20多年来正迅速崛起的高新技术,利用天然或人工合成的高分子半透膜分离的方法,利用膜两侧的压力差或电位差为动力,使流体中的某些分子或离子透过半透膜或被半透膜截留下来,以获得或去除流体中某些成分的一种分离技术。

2）膜分离方法

膜分离技术的核心是膜,膜的选择性是分离的关键,膜分离技术所包含的方法有多种,较常使用的有以下几种。

（1）压力推动

反渗透、纳滤、超滤、微滤均为压力推动的膜过程（见图6.56）,即在压力的作用下,溶剂及小分子通过膜,而盐、大分子、微粒等被截留,其截留程度取决于膜结构。

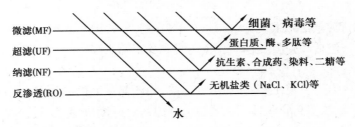

图6.56 膜分离特性示意图

①反渗透膜:几乎无孔,可以截留大多数溶质（包括离子）而使溶剂通过,操作压力较高,一般为2~10 MPa;

②纳滤膜:孔径为2~5 nm,能截留部分离子及有机物,操作压力为0.7~3 MPa;

③超滤膜:孔径为2~20 nm,能截留小胶体粒子、大分子物质,操作压力为0.1~1 MPa;

④微滤膜:孔径为0.05~10 μm,能截留胶体颗粒、微生物及悬浮粒子,操作压力为0.05~0.5 MPa。

（2）其他推动力

①电渗析（见图6.57）:采用带电的离子交换膜,在电场作用下膜能允许阴、阳离子通过,可用于溶液去除离子。

②气体分离:是依据混合气体中各组分在膜中渗透性的差异而实现的膜分离过程。

③渗透汽化:是在膜两侧浓度差的作用下,原料液中的易渗透组分通过膜并汽化,从而使原液体混合物得以分离的膜过程。

3）膜分离的应用范围

膜分离技术目前已经被广泛地应用于海水、苦咸水淡化,超纯水制备,废水处理过程以及

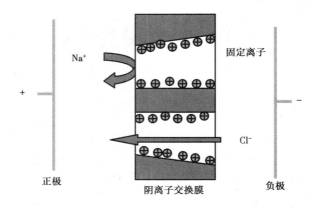

图6.57　电渗析的过程

食品工业中的牛奶、乳清蛋白、茶叶的浓缩和其他食品的精制、提纯与浓缩。此外,在染料工业、化学工程和生物工程、航天技术上也得到广泛的应用。比如,反渗透和超滤在医疗行业方面用于血过滤、人工血液的制造、人参蜂王浆处理、中草药制剂的精制、病菌、酶、病毒、核酸、蛋白质等生理活性物质的浓缩、分离、精制以及激素的精制等。

4)膜材料及分类

(1)常用膜材料

①有机高聚物膜:包括纤维素类、聚砜类、聚酰胺类、聚酯类、含氟高聚物、聚烯烃等。

②无机分离膜:包括陶瓷膜、玻璃膜、金属膜和分子筛炭膜等。

(2)膜的种类

①对称膜:又称为均质膜,是一种均匀的薄膜,膜两侧截面的结构及形态完全相同。包括致密的无孔膜和对称的多孔膜两种。传质阻力由膜的总厚度决定,降低膜的厚度可以提高透过速率。

②非对称膜:横断面具有不对称结构。包括一体化非对称膜和复合膜两类。分离效能主要或完全由很薄的皮层决定,传质阻力小,其透过速率较对称膜高得多。

醋酸纤维素膜的结构示意图如图6.58所示。

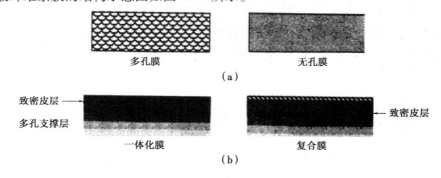

图6.58　醋酸纤维素膜的结构示意图

5)膜分离的特点

①膜分离是一个高效分离过程,可以实现高纯度的分离;

②大多数膜分离过程不发生相变化,因此能耗较低;

③膜分离通常在常温下进行,特别适合处理热敏性物料;

④膜分离设备本身没有运动的部件,可靠性高,操作、维护都十分方便;

⑤处理能力和规模选择性强;

⑥体积小,占地少。

6.5.2 膜分离装置

1)膜分离系统组成

膜分离系统的构成主要由膜器件、泵、过滤器、阀、仪表、管路等构成,如图6.59所示。常用膜器件的类型有板框式、圆管式、螺旋卷式、中空纤维式、毛细管式等。

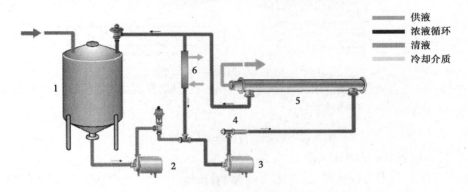

图6.59 间歇式膜过滤装置
1—产品罐;2—供料泵;3—循环泵;4—筛网;5—膜模型;6—冷却器

2)常用的膜器件

(1)板框式膜器件

①基本部件及特点。板框式膜器件的基本部件为平板膜、支撑盘、间隔盘,三种部件相互交替、重叠、压紧(见图6.60)。所以组装比较简单,可以简单地增加膜的层数以提高处理量,操作比较方便;但板框式膜组件组装零件太多,装填密度低,膜的机械强度要求较高。主要应用于超滤(UF)、微滤(MF)、反渗透(RO)、电渗析(ED)中。

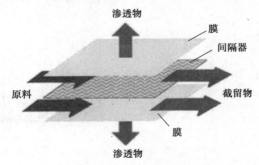

图6.60 板框式膜器件基本部件示意图

②板框式反渗透膜组件。结构单元主要由承压板、多孔支撑板、滤膜组成滤板。结构形式由多层滤板堆叠,经密封后,由紧固螺栓固定(见图6.61)。

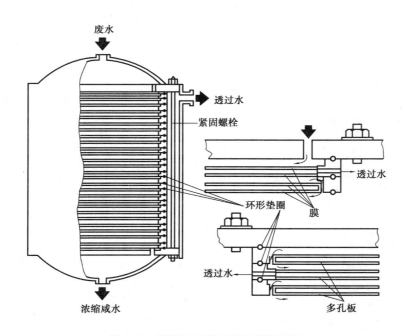

图 6.61　板框式反渗透膜组件装配图

（2）圆管式膜器件（见图 6.62）

①基本部件。主要由管状膜、圆筒形支撑体、管束板、不锈钢外壳、端部密封等部件组成，可分为内压型和外压型两种。内压型有单管式和管束式两种。

②特点。

a. 流动状态好，流速易控制；

b. 结构简单，容易清洗，安装、操作方便；

c. 装填密度较小，单位体积内有效膜面积小；

d. 耐高压，无死角，适宜于处理高黏度及固体含量较高的料液，比其他形式应用更为广泛。

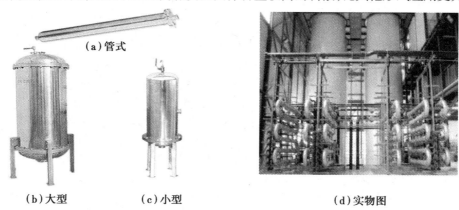

图 6.62　管式膜组件实物图

③应用举例。由 Paterson and Candy 国际有限公司（PCI）生产的这种系统是乳品工业上使用管式系统的一个实例。用于 UF 的 PCI 模型如图 6.63 所示。这个模型有 18 mm × 12.5 mm 的多孔不锈钢管，固定在壳管式结构中，所有 18 管均并联连接。可替换的膜套管被

固定在每一根空心不锈钢支撑管上。清液被收集在管束的周围,包在不锈钢管中。这种模型可以很快地实现从 UF 到 RO 的转换。

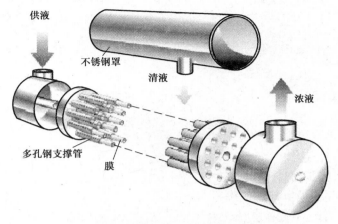

图 6.63　管式模型组成 UF(或 RO)系统(PCI)

　　用陶瓷薄膜的管式装置在乳品工业上已逐渐占有优势,特别是用在减少牛乳、乳清、乳清蛋白浓缩物以及盐中的细菌。过滤器组件,如图 6.64 所示,是由法国公司生产的陶瓷过滤器。通道的薄壁侧由细粒陶瓷制成,并构成膜。支撑此膜的材料是粗制陶瓷。在用于除去细菌的 MF 系统中,加入脱脂乳。供液的大部分(约 95%)作为清液通过膜,此时,清液是细菌减少了的脱脂乳,浓缩液约是供液的 5%,是细菌含量高的脱脂乳。过滤元件(1,7 或 19 并联)被安装在一个模型中,如图 6.65 所示的是一个过滤元件的模型。其中的一个元件被展示在模型左侧。为了满足工业要求,两个模型串联在一起,形成一个循环,共同拥有一个浓缩液循环泵和一个清液循环,根据生产能力的要求,若干个过滤器循环可以并联安装在一起。

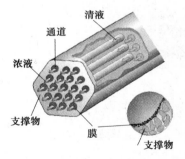

图 6.64　在多通道元件(19 个通道)中的错流过滤

图 6.65　过滤元件

　　(3)螺旋卷式膜器件

　　①构成。基本部件有膜、多孔支撑层、原料水隔网、多孔中心管等,两层膜三边封口,构成信封状膜袋,膜袋内填充多孔支撑层,一层膜袋衬一层隔网,从膜袋开口端开始绕多孔中心管卷绕而形成螺旋卷式膜器件,如图 6.66 所示。

　　一种塑料网状材料,作为供料液穿过系统的通道和供料通道的衬垫,它与每一个膜信封的一侧相连。由于是网状形成,此供料衬垫也可以使液体形成湍流。即使在较低的流速下,也能保持膜的清洁。全套的装置用一带孔的清液收集管包裹,从而形成螺旋膜,在膜的出口

端,螺旋膜还带有一个抗套迭装置,以防止由于处理液的速度而引起膜层之间的滑动。带有抗套迭装置的螺旋膜装置如图6.67所示。

图 6.66　螺旋式过滤器设计的信封造型　　　　图 6.67　带有抗套迭装置的螺旋膜

②特点。

a.结构紧凑,装填密度高;

b.制作简单,安装、操作方便;

c.适合低流速、低压下操作;

d.制作工艺复杂,膜清洗困难。

③工作过程。原料从端部进入组件后,在隔网中的流道沿平行于中心管方向流动,而透过物进入膜袋后旋转着沿螺旋方向流动,最后汇集在中心收集管中再排出,浓液则从组件另一端排出。卷式膜器件示意图如图6.68所示。

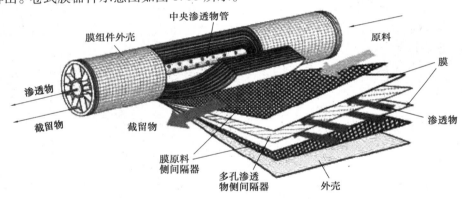

图 6.68　卷式膜器件示意图

④膜组件的结构与组装。通常由3个元件以串联的方式装在同一个不锈钢管子里,如图6.69所示,薄膜和清液衬垫材料为聚合物。螺旋卷式膜组件实物图如图6.70所示。

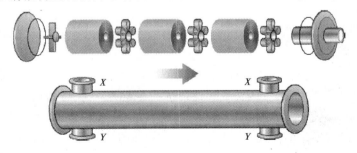

图 6.69　螺旋模型的安装

图 6.70 螺旋卷式膜组件实物图

（4）中空纤维式膜器件

①基本构成。

a. 中空纤维膜（见图 6.71）。将膜材料制成外径为 80～400 μm、内径为 40～100 μm 的空心管，即为中空纤维膜。

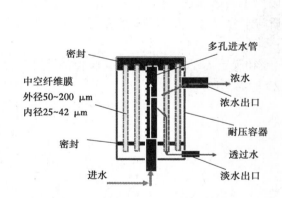

图 6.71 中空纤维膜结构示意图

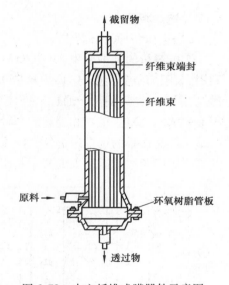

图 6.72 中空纤维式膜器件示意图

b. 中空纤维膜组件（见图 6.72）。将大量的中空纤维一端封死，另一端用环氧树脂浇注成管板，装在圆筒形压力容器中，就构成了中空纤维膜组件。

②特点。

a. 结构紧凑，装填密度高；

b. 清洗困难；

c. 中空纤维膜一旦损坏无法维修，只能更换膜组件；

d. 液体在管内流动时阻力很大，易阻塞。

③工作过程。

a. 内压式。料液从空心纤维管内流过，透过液经纤维管膜流出管外，这是常用的操作方式，如图 6.73 所示。

b.外压式。料液从一端经分布管在纤维管外流动,透过液则从纤维膜管内流出。

中空纤维式膜器件实物图如图6.74所示。

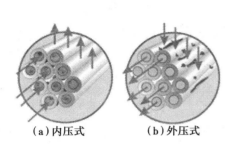

（a）内压式　　　（b）外压式

图6.73　中空纤维膜过滤方式

图6.74　中空纤维式膜器件实物图

3）电渗析器

（1）电渗析原理和特点

①电渗析的基本原理（见图6.75）。电渗析是在直流电场的作用下,以电位差为推动力,利用阴、阳离子交换膜对（见图6.76）溶液中阴、阳离子的选择透过性（即阳膜只允许阳离子通过,阴膜只允许阴离子通过）,而使溶液中的溶质与水分离的一种物理化学过程。从而实现溶液的浓缩、淡化、精制和提纯的一种膜过程。

离子交换膜的选择透过性主要是由于膜上孔隙和膜上离子基团的作用。膜上的孔隙容许离子进出和通过。膜上的离子基团容许电性相反的离子通过。

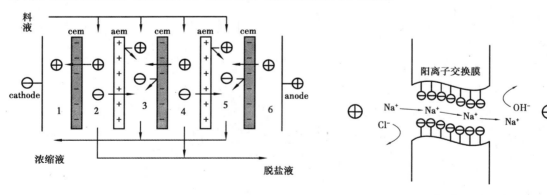

图6.75　电渗析基本原理示意图

图6.76　离子交换膜示意图

②电渗析法的特点。

a.耗电能与盐溶液的浓度成正比,不适合于浓溶液;

b.不能除去不带电荷的杂质。

（2）电渗析器的结构

①构造。电渗析器由膜堆、极区、压紧装置3部分构成。膜堆是由相当数量的膜对组装而成的,膜对是由一张阳离子交换膜,一张隔板甲（或乙）,一张阴膜,一张隔板乙（或甲）组

成,如图6.77所示。极区包括电极、极框和导水板。压紧装置是用来压紧电渗析器,使膜堆、电极等部件形成一个整体,不致漏水。

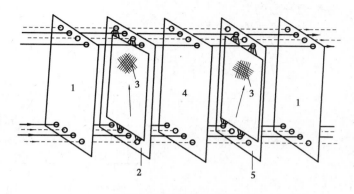

图6.77 膜对的组成

1,4—离子交换膜;2,5—隔板;3—隔板网

②组装方式。电渗析器的组装是用"级"和"段"来表示,一对电极之间的膜堆称为"一级"。水流同向的每一个膜堆称为"一段",如图6.78所示。增加段数就等于增加脱盐流程,也就是提高脱盐效率,增加膜对数,可提高水处理量。

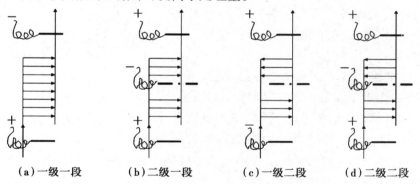

(a)一级一段   (b)二级一段   (c)一级二段   (d)二级二段

图6.78 电渗析器的组装形式

一般有以下几种组装形式:一级一段;一级多段;多级一段;多级多段。图6.79为电渗析器实物图。

(3)电渗析工艺流程

电渗析工艺流程主要有循环操作流程和三级连续操作两种,分别如图6.80和图6.81所示。

(4)应用

电渗析法可应用于下列场合中:

①海水的浓缩、淡化;

②加工厂废水、废液的脱盐,有价值物的回收;

③有机物和无机盐类的分离;

④有机酸的精制、浓缩及回收;

⑤脱盐饮料水的制备;

图6.79 电渗析器实物图

⑥牛乳、乳清、糖蜜的脱盐；

⑦低盐酱油的制造；

⑧果汁类中柠檬酸、酒石酸的去除。

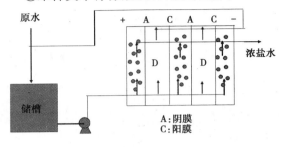

A:阴膜
C:阳膜

图6.80　电渗析循环操作流程

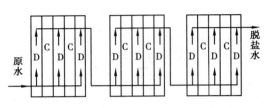

图6.81　电渗析三级连续操作流程

6.5.3　超滤与微滤

1)超滤过程

（1）膜

非对称性膜,表面活性层孔径为 1 ~ 20 nm 的微孔,能截留分子量500以上的大分子或胶体微粒。

（2）原理

在超滤中,如果颗粒小到亚微细粒的程度,半透膜孔的大小也要趋近于能阻止溶液中大分子的通过,这种利用半透膜的微孔过滤以截留溶液中大溶质分子的操作称为超滤,而这样的半透膜则被称为超滤

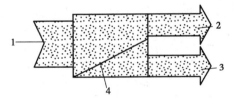

图6.82　超滤原理示意图
1—进料;2—浓缩液;3—清液;4—超滤膜

膜,超滤的驱动力是压差,通常高达 1.0 MPa,在溶液侧加压,使溶剂和小分子透过膜而得到分离。超滤原理示意图如图6.82所示。

2)微滤过程(微孔过滤)

（1）膜

微孔,均质的多孔膜,孔径为 0.02 ~ 10 μm 的微孔,能截留直径为 0.05 ~ 10 μm 的微粒或分子量大于 10^6 的高分子。

（2）原理

原料液在压差作用下,小分子物质与小分子量物质透过膜上微孔,流到低压侧,悬浮微粒和分子胶体被截留。

3)浓差极化

（1）概念

膜传质过程中,靠近膜表面的边界层处会存在浓度梯度或分压差,对于给定的主体流体浓度,边界层阻力的存在降低了膜分离的传质推动力,渗透物的通量也相应降低。由于传质阻力而引起边界层组分浓度的增加或降低的现象被称为浓差极化。

（2）浓差极化对膜分离过程的不利影响

①引起渗透压的增大，减小传质推动力；

②增加透过阻力；

③改变膜的分离特性；

④恶化膜的性能；

⑤严重的浓差极化导致结晶析出，阻塞流道，运行恶化。

（3）减轻浓差极化的方法

①改变流向、提高流速；

②设置湍流促进器；

③脉冲加料法；

④搅拌法；

⑤适当提高原料侧温度。

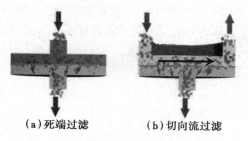

（a）死端过滤   （b）切向流过滤

图 6.83 切向流过滤与死端过滤比较

4）切向流：料液流向与膜平面平行

切向流过滤与死端过滤的比较如图 6.83 所示。

5）超滤的影响因数

（1）操作压差（推动力）

压差大，通量大，能耗大。

（2）料液流速

采用错流装置，使料液与膜面平行流动，流速高，传质系数大，有利于提高渗透通量。

（3）温度

温度高，料液黏度小，扩散系数大，有利于提高渗透通量。

（4）截留液浓度

浓度增加，浓度边界层增厚，易形成凝胶层，使渗透通量减小。

6）应用

利用超滤进行食品的浓缩和提纯可充分保留食品原有风味和香味成分，因为没有物料相态的变化，对料液的物化结构没有破坏。

①纯水和超纯水的制备，工业用水的初级纯化，污水和苦咸、海水淡化的处理。

②生物制药酶、病毒、毒素、噬菌体及各种蛋白质稀溶液的浓缩、脱盐和提纯；医用水处理；血液及生物制品的浓缩精制。

③食品工业饮料、饮用水的除菌净化，矿泉水的澄清制备，豆制品及乳品加工，有价值物质的回收。超滤用于脱脂乳的浓缩，可制取含蛋白质达 50% ~80% 的脱脂浓乳，是在乳清中浓缩和回收蛋白质的有效方法；应用于低度酒、果酒及饮料的澄清。

【实训操作】 >>>

1）立式压滤机的使用操作

（1）实训目的

认识立式压滤机的结构及工作原理，学会其使用方法，能进行独立操作及维护。

（2）实训器材

BLZG60/2 500×10 000NB 型立式压滤机。

（3）实训方法

①操作。

a.检查高压水站液位、油槽液位、板间状况、滤布与隔膜状况、气阀水阀状况；

b.开启电源，液压装置开关位置打至"1"位；

c.清除所有报警；

d.程序复位至压力释放；

e.选择自动运行方式，设定好程序时间；

f.选择好对应的浆液泵；

g.按下"运行"按钮，压滤机自动运行；

h.根据浆液情况设定调节各参数；

i.停止压滤机，选择结束模式自动停止。如果压滤机由于报警或停电处于停止状态，压滤机应以手动模式在卸料阶段驱动，直至滤布全部清洗到，再按下"停止"按钮；

j.液压装置开关打至"0"位，关闭电源。

②安全操作规程。

a.启动压滤机前，确认压滤板之间无异物。

b.启动压滤机前，确认压滤机平台前附件1 m区域内以及皮带平台无人。

c.压滤机风管、水管、高压液压油管浆液软管在压力运行状态下，需确保这些压力管线无破损。

d.压滤机运行时，不得维护设备。如需维护，修理或调节工作时，在运行周期最后步骤停机，按下事故停车按钮，且挂好检修牌。

e.压滤机运行时，严禁触碰接触传动部位。

f.长时间停机或无论什么时候需在板子之间工作，在压滤周期结束后停车，锁住板组，关闭手动阀，从主开关切断电源。

g.压滤机运行期间不得打开软管护套。

h.如需临时进行维护、修理或调节，必须在"试验"方式锁好板组，方可进行操作。

③维护。在进行任何维护或维修工作之前，断开主开关和保险丝，在进行维护和维修工作时将主开关锁定在 OPEN（断开）位置。关闭所有手动执行的工艺阀。

在可能的事故情况下，有几个事故停止按钮。它们在控制盘上、滤布输送机装置外壳的侧面、压力水站和手操装置。事故停止开关立即停止压滤机。在再次启动前，确认事故停止开关自己释放。

A.触摸屏的保养。触摸屏使用一块软的布或者纸巾擦拭。为了防止损坏显示屏表面的塑料膜，小心地清除掉显示屏表面的任何磨损性的颗粒，然后再按上述建议精细清洁。

B.检查分配管线和软管及它们的衔头部位的磨损情况。压滤机使用液压，这样如果发生故障时压力就会立即释放。压滤机总是在滤液侧打开。检查软管防护罩在其位置上，因为如果软管损坏的话，软管防护罩可以承受液压油喷射出来的压力。

在更换滤布时，要清楚辊子形成的夹点。遵守操作和维护手册中给出的关于滤布更换的说明。

如果压滤机位于有爆炸危险的位置,确认在滤布移动之前已经被有传导性的液体(即水)全部打湿。注意! 如果在干燥时移动,必须确认没有危险气体、灰尘或者任何爆炸性敏感物料在压滤机附近。

C. 板组的维护。在维护板组时,确认压滤机已停止工作,管子的手动阀已关闭,手操装置上的"EMERGENCY STOP"事故开关已被按下。如果板组在打开位置,确认锁紧销已经锁紧。

a. 找出隔膜的漏点时必须带上安全护目镜,当板组关闭时不要打开给料管。

b. 清洗板组。板组必须每天用水清洗。清洗辊子和刮刀也很重要。这能保证滤布跟踪功能正常,板组关闭时能密封。

D. 软管维护。在更换软管时,确认"EMERGENCY STOP"被按下,板组在打开位置,锁销锁紧,关闭所有手动执行的工艺阀。记住带上护目镜。

E. 滤布维护。

a. 修补滤布。使用缝纫机来修补滤布。适合的缝纫机型号为 SINGER 20U43,此缝纫机带有一个润滑装置(硅油)。

按以下步骤来修补滤布:

- 驱动滤布,使滤布上的洞到张紧装置的下部分,大约在压紧棍上的 0.5 m 处;
- 用高压洗涤器洗涤滤布洞的周围 10 cm × 10 cm;
- 压缩风吹干洗涤区域;
- 松开滤布;
- 缝补滤布的孔,小心补补丁的前边,因为这个缝大部分是被刮刀损坏;
- 首先紧紧地修补洞边,并在补丁上交叉缝补。

b. 更换滤布。

- 当更换滤布时,小心不要将手指放在板子之间,锁住板组(上部位置),关闭所有手动工艺阀;
- 驱动夹缝向上到压紧辊并到自动调偏辊一般的位置;
- 松开滤布;
- 拆开滤布接缝的线,这样夹缝被分开;
- 将新滤布的端部连接到旧的滤布的上端,这样将夹缝连接在一起;
- 固定滤布;
- 小心驱动新的滤布进入压滤机,同时将压滤机前的驱动辊的旧滤布对折;
- 将接缝停止在压紧辊和自动调偏辊中点;
- 松开滤布;
- 拆开新滤布和旧滤布之间的夹缝,将新滤布的端部连接在一起;
- 拉紧滤布;
- 驱动滤布几圈,检查滤布对中情况。

2)离心机的使用操作

(1)实训目的

认识离心机的结构及工作原理,学会其使用方法,能进行独立操作及维护。

（2）实训器材

SSN-300 型三足式离心机。

（3）实训方法

①操作。

A. 开车前检查。

a. 先松开离心机刹车,以手试转篮,看有无卡滞情况。

b. 检查其他部分有无松动及不正常现象,如主轴螺帽有无松动、出液口有否阻塞、刹车是否有效。

c. 衬袋布须与转篮壁均匀平服,无破洞。

d. 启动时,先盘动转篮,方可接通电源,依顺时针方向转动,切忌在静止状态时开车。

e. 为避免电机因启动负荷太大而导致烧毁或由于加速过快而使全机遭到剧烈振动,应使离心机缓慢起步,通常从静止状态到正常转速需 40~60 s。

B. 运转。

a. 不均匀加料常是引起机器振动的原因。机器振动会缩短机器的使用寿命,甚至造成事故,所以一般先将机器启动,然后逐渐把料倾入,这样不但使料均匀,而且电机的启动转矩小。

b. 运转时应加盖子。在运转时禁止在离心机内用手去做任何工作,以避免人身事故。

c. 机器开动后若有异常声响,或转篮摇晃严重,必须停车检查,必须拆洗修理。

C. 停车。

切断电源以后,切忌立即使用刹车(除了发生事故外,一般不允许急刹车)。通常应在2~5 min 后再使用刹车。刹车使用方法:应刹紧后立即放松,然后再刹。切忌车刹紧后不放,致使车轴扭伤,刹车失灵。

②维护。

a. 正常时间停车后,使用前必须检查设备的完好状况,包括传动皮带、润滑、电气绝缘情况、连接螺栓紧固件、传动部件等腐蚀情况;用手转动转鼓无卡滞现象、点动运转无明显异常后通电空载运转,观察运转情况及刹车是否灵敏可靠。

b. 装料时必须在完全停车状态下进行并要均匀,物料的容积和质量必须严格控制在规定范围内,严禁超载。

c. 物料装好运行前操作人员、工具及其他杂物应远离离心机,防止意外事故发生。

d. 先点动离心机,观察其是否平稳,不平稳时须经调整,但必须在完全停车状态实施;平稳时即可转入正常运行。

e. 在离心机运转时或未停稳之前严禁人手、工具及其他物品进入机内进行人工卸料、清理,同时严禁在离心机上进行任何作业。

f. 离心机运行结束切断电源后,目测转速小于 100 r/min 时再操纵制动手柄进行刹车。注意三收三放,切不可一次性刹死。严禁用其他物件进行刹车,制动摩擦片严重磨损时应及时更换。

g. 工作完毕后应做好清洁工作,特别应防止转鼓结料。

h. 保持离心机外表干净及良好的电气绝缘性,保证主转动轴的垂直性。

i. 离心机出现异常声响或振动应立即切断电源,然后离开现场,等待离心机完全停稳后进行处理。

j. 日常要做好离心机的维护保养等工作。

3)膜过滤设备的使用操作

（1）实训目的

①掌握膜处理的特点以及实验装置的结构,掌握其操作规程。

②加深对无机膜分离机理和优缺点的理解,熟悉其应用领域。

（2）实训器材

本实训设备为 0.1 m² 小试设备,示意图如图 6.84 所示。其陶瓷膜组件性能指标如下:膜面流速为 2 ~ 5 m/s;支撑体结构:通道多孔氧化;铝陶瓷芯,氧化铝含量大于 99%;外形尺寸:组件外径 φ45 mm;膜管外径 φ30 mm,通道内径 φ4 mm,管长 500 mm;膜材质:氧化锆、氧化铝;膜孔径:0.1,0.2,0.05 μm;爆破压力:60 MPa;最大工作压力:小于 1 MPa;pH 适用范围:0 ~ 14;膜管烧结温度:大于 1 000 ℃;抗氧化剂性能:优;抗溶剂性能:优。

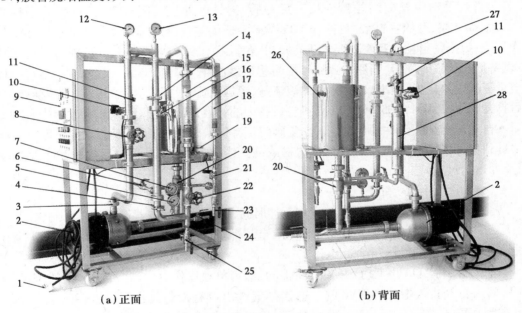

（a）正面　　　　　　　　　　（b）背面

图 6.84　陶瓷膜实验设备正背面示意图

1—电源插头;2—泵;3—活接;4—卡箍;5—膜出口压力表;6—反冲管手动球阀 V06;

7—渗透侧压力表;8—膜进口截止阀 V03;9—控制柜;10—排气电磁阀 XV03;

11—反冲电磁阀 XV02;12—温度表;13—组件进口压力表;14—卡箍;15—循环侧流量计;

16—渗透侧排气球阀 V04;17—原料罐;18—渗透侧流量计;19—冷却(加热)水进口;

20—泵进口球阀 V01;21—工作电磁阀 XV01;22—膜出口截止阀 V09;23—渗透侧排污球阀 V07;

24—原料罐排污球阀 V02;25—循环侧排污球阀 V08;26—冷却(加热)水出口;

27—循环侧排气球阀 V05;28—反冲罐

（3）实训方法

①系统准备。

a. 电源准备:电源为 380 V,50 Hz,三相四线制(注:必须为三相四线制,其中三相火线一相零线,否则泵无法启动)。

b. 安装空气压缩机,并与膜设备连接:气管连接要求用手用力插到位;断开时用一只手压下接口处的塑料环,一只手拔下气管。

c. 打开控制柜柜门,合上小型断路器,给控制柜送电,再合上其他空气开关,关闭控制柜柜门。

d. 检查阀门,保证以下阀门在关闭状态:V02,V04,V05,V07,V08,XV02,XV03;保证以下阀门在开启状态:V01,V06,V09,XV01。

②操作指南。

a. V03 半开(把截止阀全关,然后再全开,观察阀杆位置,把阀门开到阀杆中间位置,即为半开)。

b. 启动空压机,接通压缩空气,给设备通气,气压控制在 0.3~0.7 MPa;

c. 开机。

● 手动运行:向原液罐中加入料液;恢复阀门至待机状态;将控制面板上"手动/停止/自动"开关打到手动位置(注:控制面板上反冲阀、排气阀处于关闭位置,工作阀处于打开位置);开启循环泵,开始物料浓缩;打开 V05 排净渗透侧空气;调节阀 V03,V09 至所需流量和操作压力;根据物料性质和实验要求进行反冲操作,操作方法见反冲运行过程中手动反冲过程;设备运行一段时间后,当原料罐原料浓缩达到要求时,关闭循环泵;根据要求,运行一段时间记录下膜进口压力,膜出口压力,浓缩液流量,渗透液流量,温度,取渗透样、浓缩样;运行结束后打开阀 V02,V04,V05,V07,V08,排空设备中的料液;恢复阀门至待机状态,准备清洗。

● 自动运行:原液罐中加入料液;恢复阀门至待机状态;将控制面板上"手动/停止/自动"开关打到自动位置;启动循环泵,开始物料浓缩。注:自动运行过程时反冲过程也是自动的(见反冲运行过程)。

● 反冲运行:接通压缩空气。

自动反冲:通过反冲时间继电器设定反冲时间,排气时间继电器设定排气时间,控制柜面板上反冲周期时间即电器设定反冲周期,将"自动/停止/手动"开关打向自动,即可实现自动反冲。

手动反冲:将"自动/手动"开关打向手动,即可单独操作电磁阀。首先关闭工作电磁阀 XV01,然后打开排气电磁阀 XV03 排气,当排气阀出口有液体排出时,关闭排气阀,打开反冲电磁阀 XV02 进行反冲。注:反冲时间、排气时间、反冲周期根据实训过程具体分析设定。

───● 项目小结 ●───

该项目主要介绍在发酵工业中常见的液固分离设备。液固分离过程常采用沉降、过滤和离心等操作来完成。沉降有重力沉降和离心沉降之分。过滤则有常压、加压、真空及离心过滤不同形式。离心有过滤式、沉降式及分离式离心等形式。

重力沉降指将悬浮液放在一设备中,静置一段时间,利用悬浮固体颗粒本身的重力完成分离的操作。常用的重力沉降设备有降尘室和沉降槽。降尘室一般适用于分离粒度大于 50 μm 的粗颗粒,作为预除尘使用,沉降槽适于处理颗粒不太小、浓度不太高,但处理量较大的悬浮液的分离。

过滤是分离悬浮液应用最广泛和有效的方法,是混合物中的流体在推动力作用下通过过滤介质时,流体中的固体颗粒被截留,而流体通过过滤介质,从而实现流体与颗粒物的分离。

过滤设备按过滤推动力,可将过滤设备分为常压过滤机、加压过滤机和真空过滤机3类。加压过滤设备主要有板框压滤机和硅藻土过滤机。板框压滤机主要由滤板、滤框、夹紧装置、机架等组成,广泛应用于培养基制备的过滤及霉菌、放线菌、酵母菌和细菌等多种发酵液的固液分离,以及适合于固体含量为 1% ~ 10% 的悬浮液的分离。硅藻土过滤系统主要由混合罐、过滤机、泵等组成,是现代广泛采用的过滤机,广泛用于啤酒、葡萄酒及其他含有低浓度细小蛋白质类胶体粒子悬浮液的过滤。

真空过滤设备常见的有转筒真空过滤机及带式真空过滤机。转筒真空过滤机是一种连续操作的过滤设备,设备的主体是一个由筛板组成能转动的水平圆筒,表面有一层金属网,网上覆盖滤布。带式真空过滤机是自动连续运转、并能按工艺要求进行无级调速以及操作方便和动力消耗低的一种新型高效的脱水设备。

离心分离设备是利用分离筒的高速旋转,使物料中具有不同比重的分散介质、分散相或其他杂质在离心力场中获得不同的离心力,达到分离的目的。

离心分离机按不同的分类方法可有不同的分类方式,按操作原理的不同可分为过滤式离心机、沉降式离心机、分离式离心机。过滤式离心机主要有三足式过滤离心机、上悬式过滤离心机、卧式刮刀卸料离心机、卧式活塞卸料离心机、离心卸料离心机及锥篮型离心机等。其中,三足式过滤离心机是一种人工上部上料式离心机,广泛用于食品工业中,如味精、柠檬酸及其他有机酸生产中的结晶与母液的分离。沉降式离心机主要有螺旋卸料式沉降离心机和沉降-过滤式离心机。分离式离心机主要有管式分离机和碟式分离机,其中碟式分离机是高速分离机中应用最广泛的一种。

膜分离是近20多年来在迅速崛起的高新技术,利用天然或人工合成的高分子半透膜分离的方法,利用膜两侧的压力差或电位差为动力,使流体中的某些分子或离子透过半透膜或被半透膜截留下来,以获得或去除流体中某些成分的一种分离技术。膜分离系统主要由膜器件、泵、过滤器、阀、仪表、管路等构成,其中常用的膜器件有板框式膜器件、圆管式膜器件、螺旋卷式膜器件及中空纤维式膜器件。圆管式膜器件主要由管状膜、圆筒形支撑体、管束板、不锈钢外壳、端部密封等部件组成,尤其用陶瓷薄膜的管式装置在乳品工业上已逐渐占有优势,特别是用在减少牛乳、乳清、乳清蛋白浓缩物以及盐中的细菌。

电渗析是在直流电场的作用下,以电位差为推动力,利用阴、阳离子交换膜对溶液中阴、阳离子的选择透过性,而使溶液中的溶质与水分离的一种物理化学过程,从而实现溶液的浓缩、淡化、精制和提纯的一种膜过程。广泛应用于海水的浓缩、淡化,加工厂废水、废液的脱盐,有价值物的回收、有机物和无机盐类的分离等。

 复习思考题

1. 液固分离方法分为哪几种？

2. 糖化醪过滤槽法如何提高过滤速度？

3. 过滤的原理是什么？

4. 糖化醪的过滤形式有哪些？

5. 根据过滤推动力不同，可将过滤设备分为哪几类？

6. 简述板框过滤机的基本构造和工作过程。

7. 简述转筒真空过滤机的工作过程。

8. 简述过滤操作的基本原理和过滤分离的工作过程。

9. 叙述旋液器的工作原理。

10. 简述过滤操作的基本原理和过滤分离的工作过程。

11. 名词解释：离心分离、相对离心力、沉降系数。

12. 按离心机转速分，离心机有哪些种类？各自的适用范围是什么？

13. 超速离心方法有哪些？

14. 离心操作应注意控制哪些条件？离心转速和沉降时间有何关系？

15. 离心机的工作原理是什么？

16. 什么叫做相对离心力？

17. 简述三足离心机的工作原理。

18. 什么是膜？

19. 什么是膜分离？

20. 膜分离技术有何特点？

21. 什么是反渗透？它适合于分离什么？

22. 什么是超滤？它适合于分离什么？

23. 什么是电渗析？

24. 膜分离在发酵工业上主要应用于那些方面？

25. 简述无机陶瓷膜的特点。

26. 画出陶瓷膜实训装置的运行工艺流程图和反冲洗工艺流程图，并进行简单的文字说明。

项目 7

萃取及离子交换设备

【知识目标】

- 掌握液-液萃取、浸取的工艺过程及分离原理;
- 熟悉萃取设备选择的原则,掌握萃取设备的分类;
- 掌握液-液萃取、浸取萃取中常见的设备结构、工作原理及应用范围、特点;
- 掌握超临界流体萃取的工艺及典型萃取设备;
- 掌握典型离子交换设备的结构及应用范围。

【技能目标】

- 具备根据工艺特点,识别工艺流程图的能力;
- 具备识别萃取、离子交换设备结构图的能力;
- 具备根据工艺条件对萃取设备进行选择的能力,能够对典型的萃取设备进行操作。

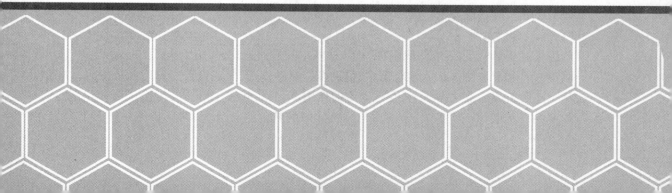

【项目简介】>>>

在发酵工程中,萃取和离子交换技术是分离、提纯发酵液中各组分的常用方法,应用极其广泛。萃取是利用物质在不同溶剂中的溶解度不同,将物质从一种溶剂转移到另一种溶剂中,从而实现分离的方法。萃取过程属于传质分离过程。习惯上将以液态溶剂为萃取剂来分离液体混合物的萃取操作,称为液-液萃取,而将分离固体混合物的萃取操作称为固-液萃取、提取或浸取。若以超临界流体为萃取剂的,则称为超临界流体萃取。

离子交换技术是根据某些发酵物中的溶质能解离为阳离子或阴离子的特性,利用离子交换剂与不同离子结合能力强弱的差异,将溶质暂时交换到离子交换剂上,然后用适合的洗脱剂将溶质离子洗脱下来,使溶质与发酵液分离、浓缩或提纯的操作技术。

本项目主要是介绍液-液萃取、浸取、超临界流体萃取、离子交换过程中常用的操作方式及设备。

【工作任务】>>>

任务 7.1　萃取分离设备

萃取是分离液体或固体混合物的一种常见单元操作,由于其操作简单、操作费用低而广泛应用于发酵产物提取与精制。

根据相似相溶原理,萃取可分为两种方式。液-液萃取,用选定的溶剂分离液体混合物中某种组分,溶剂必须与被萃取的混合物液体不相溶,具有选择性的溶解能力,而且必须有好的热稳定性和化学稳定性,并有小的毒性和腐蚀性。如用乙酸乙酯从发酵液中提取青霉素。固-液萃取,也称为浸取,用溶剂分离固体混合物中的某些组分。如用水浸取甜菜中的糖类;用酒精浸取黄豆中的豆油以提高油产量;用水从中药中浸取有效成分以制取流浸膏称为"渗沥"或"浸沥"。如果以超临界流体作为萃取剂则成为超临界流体萃取。如用超临界流体萃取咖啡因技术等。

7.1.1　液-液萃取工艺及设备

1)液-液萃取工艺

液-液萃取工艺过程一般是由混合、分层、溶剂回收等组成,根据其工艺流程和级数,可分为单级萃取和多级萃取操作。

(1)单级萃取过程

单级接触式萃取是液-液萃取中最简单、最基本的操作方式,如图 7.1 所示。

原料液 F 和萃取剂 S 加入混合器中,借助搅拌器的作用,在混合器内进行充分混合,因溶质在两相间的组成远离平衡状态,在推动力的作用下,两相间发生溶质的传递过程,即溶质从原料液 F 中向萃取剂 S 中扩散,使溶质与原料液中的其他组分分离;然后将原料液 F 与萃取

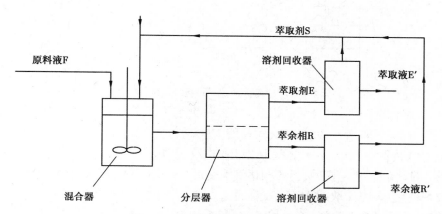

图 7.1　单级接触式萃取工艺流程

剂 S 引入分层器中,静止分层后,根据两相的物理性质不同而分层,分离为萃取相 E 和萃余相 R 两层,最后将两相分别引入溶剂回收设备,回收的萃取剂循环使用,从而获得萃取液 E′和萃余液 R′。

单级萃取的优点是设备简单,操作容易,工业中广泛应用;但缺点是溶剂消耗量较大,且溶质在萃余相中的残存量较多,故分离效率不高。

(2)多级错流萃取过程

为了减少萃余相 R 中溶质的含量,根据萃取级数计算,可以加大萃取剂 S 的用量。多级错流萃取流程就是将萃取剂分为多次加入萃取设备中进行萃取的工艺,如图 7.2 所示。

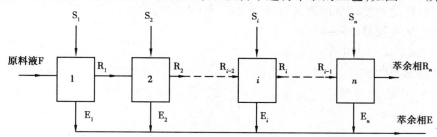

图 7.2　多级错流萃取的工艺流程

原料液 F 从第一级加入,各级中均加入新鲜的萃取剂 S,由第一级分离出来的萃余相 R_1 引入第二级,由第二级分离出来的萃余相 R_2 再引入第三级,以此类推,直至第 n 级,由第 n 级分离出来的萃余相 R_n 满足生产指标要求时,将其引入溶剂回收装置中,经过分离溶剂得到萃余液 R′,各级分离出来的萃取相 E_1,E_2,E_3,…,E_n 汇集后,送至相应的溶剂回收设备中,经过分离溶剂得到萃取液 E′,萃取剂 S 循环利用。

多级错流萃取中,溶质在萃取相和萃余相中的含量均逐级下降。由于萃余相相接处的都是新鲜的萃取剂,故传质推动力较大,分离程度较高,溶质在最终萃余相中的残存量很少,溶质的回收率较高。缺点是萃取剂的消耗量较大,萃取相中溶质的含量较低,回收溶剂的费用很高。

(3)多级逆流萃取过程

多级逆流萃取过程如图 7.3 所示。原料液 F 由第一级加入,其萃余相 R_1 进入下一级,各

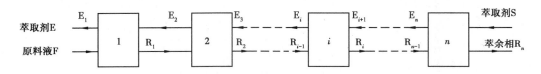

图 7.3　多级逆流萃取的工艺流程

级萃余相逐次流过下一级，最终萃余相 R_n 由末一级流出，且萃余相中溶质浓度等于或小于规定指标要求。新鲜萃取剂 S 从末一级（第 n 级）进入，与上一级 $[(n-1)$ 级$]$ 的萃余相 R_{n-1} 接触，当两相达到平衡后，分离出来的萃取相 E_n 进入上一级 $[(n-1)$ 级$]$ 作为萃取剂使用，与 $[(n-2)$ 级$]$ 的萃余相 R_{n-2} 接触，当两相达到平衡后，分离出萃取相 E_{n-1} 作为上一级 $[(n-2)$ 级$]$ 的萃取剂使用，各级萃取相逆流逐次流过上一级（与原料液流向相反），最终萃取相 E_1 由第一级流出。为了回收萃取剂，萃取相 E_1 与萃余相 R_n 可分别送入回收装置中回收萃取剂，分别得到萃取液 E' 和萃余液 R'，由于料液移动的方向和萃取剂移动的方向相反，故称为逆流萃取。

在多级逆流萃取流程中，进入末一级的萃余相 R_{n-1} 中的溶质浓度已经很低，但因与新鲜萃取剂 S 相接触，仍具有一定的传质推动力，可继续进行萃取，从而使最终萃余相 R_n 中的溶质含量较低。同时，由于第一级中是含溶质最多的原料液和第二级萃取相 E_2 进行接触萃取，故 E_1 中所含溶质的浓度可以达到相当高的程度。

多级逆流萃取中，沿原料液流动方向，萃余相中的溶质的含量逐级下降，而与之接触的萃取相的溶质含量也逐级上升，传质推动力较大，分离程度较高，萃取剂的用量较小。但由于萃取相所能接触到的溶质含量最高的溶液为原料液，因此，若原料液中的溶质含量较低时，则不可能获得较高浓度的最终萃取相。

（4）有回流的多级逆流萃取流程

为了克服多级逆流萃取流程的缺陷，提高最终萃取相中的溶质含量，可在多级逆流萃取流程的基础上，引出部分萃取产品作为回流，即成为有回流的多级逆流萃取流程，如图 7.4 所示。

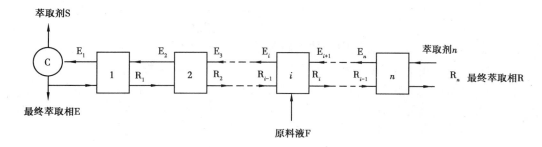

图 7.4　有回流的多级逆流萃取工艺流程

由第 1 级流出的萃取相 E_1 进入最左端的萃取剂回收装置 C 中，回收萃取剂 S 后可获得高浓度的萃取液，其中部分作为产品引出，而另一部分则作为回流液自左向右依次流过各级。新鲜萃取剂由第 n 级加入，原料液 F 由中间的某级加入，该级称为加料级。加料级左边为增浓段，右边为提取段。在增浓段，回流液与萃取相逐级逆流接触，即使萃取相增浓，以获得高浓度的最终萃取相。在提取段，萃取剂与萃余相逐级逆流接触，萃余相中的溶质含量逐级下降,最终将萃余相的溶质尽可能提尽。可见,有回流的多级逆流萃取流程可同时获得溶质含量较高的萃取相和溶质含量较低的萃余相。

2)萃取设备

按照萃取的工艺流程,萃取设备包括混合设备、分离设备和溶剂回收设备3个部分。混合设备是将原料液 F 与萃取剂 S 充分混合发生传质的过程,分离设备是传质后分层的萃取相 E 和萃余相 R 分离的设备,二者是真正的萃取设备。溶剂回收设备是回收萃取相和萃余相中的溶剂而分离出发酵产品的设备。

萃取设备的种类很多,特点各异。按两相接触方式的不同,可将萃取设备分为逐级接触式和连续接触式两大类,前者既可采用间歇操作方式,又可采用连续操作方式;而后者一般采用连续操作方式。按结构和形状的不同,可将萃取设备分为组件式和塔式两大类,前者一般为逐级接触式,如混合-澄清器,其级数可根据需要增减;而后者可以是逐级接触式,如筛板塔,也可以是连续接触式,如填料塔。此外,萃取设备还可按外界是否输入能量来划分,如筛板塔、填料塔等不输入能量的萃取设备可称为重力萃取设备,而依靠离心力的萃取设备则称为离心萃取器等。

(1)混合设备

在液-液萃取中,实现原料液相和萃取剂相混合的设备有混合(萃取)罐,混合(萃取)管,喷射混合器及混合泵等。

①混合罐。所谓混合罐实际为带有搅拌装置的密闭罐体,如图7.5所示。罐顶带有搅拌装置电机,顶端有溶剂、料液、调节 pH 值的酸液(或碱液)和去乳化等进料口管道,底端有混合乳浊液的出料口管道。罐体搅拌装置一般多采用螺旋桨式搅拌器,转速一般为 400 ~ 1 000 r/min,若用涡轮式搅拌器,转速为 300 ~ 600 r/min,为了避免液面中心的下降,可在管壁安装挡板。液体在罐内平均混合停留时间为 1 ~ 2 min。若料液带有腐蚀性,可选用带有气流搅拌的混合罐,即采用压缩空气通入混合罐底部中,借助鼓泡作用进行搅拌,但不适宜具有挥发性的料液。

图7.5 混合罐结构示意图

在混合罐中,由于搅拌器的混合作用,可使罐内两液相的平均浓度几乎与出口乳浊液中两相的浓度相同,因此,在罐内相间的质量传递推动力——浓度差显著减小。为了改善这种情况,可用中心有开口的水平隔板把混合罐分隔成上下联通的"混合室",在每个室中都装有一个搅拌器。料液从罐顶进入,罐底排出,这样仅在最下面一个室中的混合液才具有与出口乳浊液相同的浓度。

②混合管。所谓混合管即为 S 形长管(必要时外面装有冷却套管),原料液和萃取剂等经过泵在管的一端导入,混合后的乳浊液在管的另一端导出。为了使两液相能充分混合,应保证在罐内流体的流动呈完全湍流,一般要求 $Re = 5 \times (10^4 \sim 10^5)$,流体在管内的平均停留时间为 10 ~ 20 s,其结构如图7.6所示。

③喷射混合器。这是一种体积小而效率高的混合装置,其结构如图7.7所示。喷射混合器是利用流体自身的流动性,使溶剂和被分离的混合液混合接触进行萃取的设备,特别适用

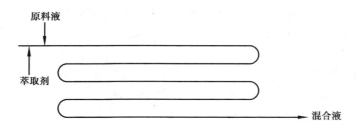

图7.6　混合管结构示意图

于两液相的黏度和界面张力都很小的物系萃取。

图7.7(a)为注入式流动混合器,也称管式内混合器,其工作原理是两液相流体由各自导管引流,以一定的流速在管道中形成湍流状态,由于湍流时各质点的运动方向不规则,从而达到混合的目的。

图7.7(b)、图7.7(c)为喷射式外混合器。其工作原理为一种流体以较高的流速经过喷嘴或挡板喷射,由于流速较大,压力降低而将另一种流体吸入式的混合,其实两液相在器外已进行汇合,在器内经过喷嘴或者挡板时,由于一相流体高速撞击挡板而剧烈混合。

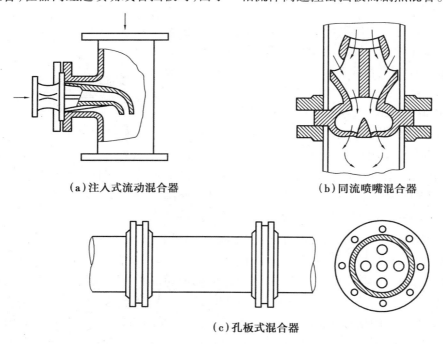

(a)注入式流动混合器　　　　(b)同流喷嘴混合器

(c)孔板式混合器

图7.7　喷射混合器构示意图

喷射混合器是一种体积小而效率高的设备,特别适合于黏度小而易分散的料液分离,设备投资小,但操作时料液需用较高的压头泵输送至混合器,操作费用高。

④混合泵。在两液相较易混合的情况下,可直接采用离心泵来混合料液和溶剂。

(2)混合-分离设备

混合澄清器是兼具混合和分离功能的设备,是最早使用且目前仍在广泛应用的一种典型的逐级接触式萃取设备,每级均由混合器和澄清器组成。混合器内一般设有机械搅拌装置,也可采用脉动或喷射器来实现两相间的混合,澄清器也可称为分离器,其作用是将接近平衡状态的两相通过重力作用有效地分离开来。混合-澄清器既可采用单级操作,又可采用多级组合操作。

典型的单级混合-澄清器如图7.8(a)、(b)所示。混合槽是进行两相萃取混合并实现萃取传质过程的装置,为了实现良好的混合和传质,一方面,混合槽应具有良好的搅拌性能,使两相均匀混合,有足够的接触面积,达到较高的传质速度;另一方面,混合槽应具有合适的尺寸和结构,保证在要求生产能力下传质两相有足够的接触时间。操作时,原料液和萃取剂首先在混合槽内充分混合,然后进入沉降槽(澄清槽)中进行澄清分层,较轻的液相由上部出口排出,而较重的液相则由下出口排出。

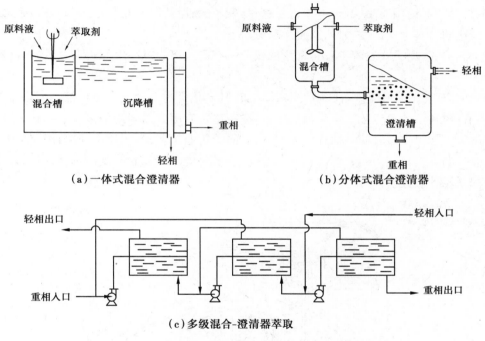

（a）一体式混合澄清器　　　　　　**（b）分体式混合澄清器**

（c）多级混合-澄清器萃取

图7.8　混合澄清器

多级混合-澄清器如图7.8(c)所示,将若干个单级混合-澄清器串联起来使用,或者将若干个单级组合成一个箱式的多级混合澄清器,级间流体流动通过泵输送或者依靠液体本身的压差进行,级数可根据工艺要求无限制增加,比较适合于难分离体系的物料萃取。

混合-澄清器的优点是结构简单,操作容易,运行稳定,处理量大,传质效率高,易调整级数,并可处理含悬浮固体的物料。缺点是各级均需设置搅拌装置,级间均需设置送料泵,因而设备费和操作费均较高。

（3）分离设备

两种不能互溶的液体在混合器内进行混合分散,同时发生两相间的传质过程,接近平衡后,需要将两相分离。常用的分离设备有重力式澄清器和离心式分离机两种。

①重力式澄清器。一个界面足够大的空容器即可作为最简单的澄清器,如图7.9所示。混合液进入较大的容器内,流速显著降低,当停留时间足够长时,在两相密度差的作用下,分散物系沉降分层,分层后重液自下部排出,轻液可从上部排出。

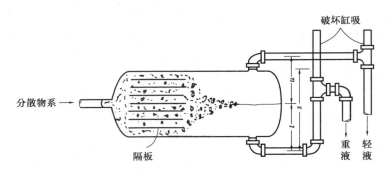

图 7.9　重力式澄清器结构示意图

重力澄清器结构简单、操作方便,但设备体积较大,澄清时间较长;当两相密度差较小,分散程度较高时,其分层速度很慢,甚至无法分层。

②离心式分离机。发酵工程中常用的离心机有管式离心机和碟片式离心机两种(具体见项目6)。

A. 管式离心机。具有一长筒管式转筒,如图 7.10 所示。管底有原料液与萃取剂组成的混合料液进口管,此管实际上是转筒的底部支撑;筒顶有固定的轻液溢流环、可置换的重液提圈和轻、重液相出口。转筒一般以大于 10^4 r/min 的转速旋转,为了避免使筒内液体因惯性作用不随转筒旋转,可在筒内放置一截面为 Y 形,其边缘与筒内壁密切接触的挡板流,以保证筒内液体与转筒同步旋转。

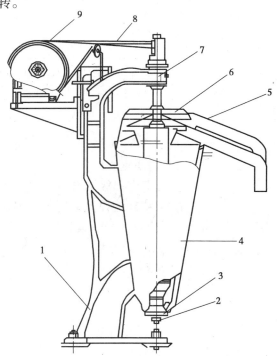

图 7.10　管式离心机结构示意图

1—机座;2—乳浊液进口;3—支撑轴承;4—转筒;5—重液排出管;
6—轻液排出管;7—挠性轴;8—平皮带;9—皮带轮

当混合的乳浊液进入转筒后,因受到惯性离心力的作用而被甩往筒壁,但由于乳浊液中的重液(一般为水相)具有比轻液(一般为有机相)较大的密度,因而获得较大的惯性离心力,故集中在外层形成重液层。乳浊液中的轻液相对的往内层移动形成轻液层。两层液体的厚度除了与重、轻液之间的密度差有关外,还与提圈的内径有关。凡重、轻液间的密度差越大,提圈内径越大,重液液层就越薄,分界面就往转筒壁靠拢。

B. 碟片式离心机。是应用比较广泛的离心分离设备,如图 7.11 所示。它具有一个直径为 350 ~ 550 mm 的密闭转鼓,鼓中放置数十个甚至上百个锥顶角为 60° ~ 100° 的锥形碟片,碟片由 0.3 ~ 0.4 mm 的薄不锈钢板制成。一般碟片间的距离为 0.3 ~ 10 mm,以 0.8 ~ 1.5 mm 最为常用。碟片与碟片的距离用附于碟片背面的具有一定厚度的狭条来控制,碟片上还有若干开孔,这些开孔一般均匀的分布在两个不同半径的同心圆上,当碟片按照一定叠放位置叠起后,这些开孔能上下串通形成若干垂直通道,这些通道就是乳浊液进入离心机碟片的进口。而在操作过程中,究竟是用内圈还是用外圈的通道进料,则决定于乳浊液中重轻液的比例。若乳浊液中重液体积大于轻液,则用内圈进料。即靠近转轴的小半径的那一圈的通道;当轻液体积大于重液时,则用外圈,即靠近鼓壁半径的那一圈通道。可以更换最下面的一块碟片上的开孔位置来决定操作中用内圈还是外圈开孔进料。最下面的碟片有两种类型,每一类型碟片仅有一圈开孔,其开孔位置可以和上面诸片中内圈或外圈开孔相同。

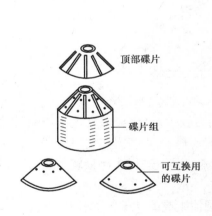

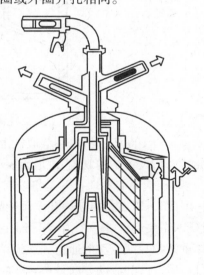

图 7.11　碟片式离心机结构示意图

当转鼓连同碟片以高速旋转时(一般为 4 000 ~ 8 000 r/min),乳浊液从转轴旁边的通道加入,到达鼓底后,从最下面的一片碟孔开孔处折向上方,分配至各碟片之间的空间进行分离。当乳浊液从开孔处进入碟片的空间后,由于惯性离心力的作用和轻、重液之间存在着密度差,重液向外移动,轻液则被迫向内移动,由于碟片呈锥形且其间距很小,所以无论是重液还是轻液都能迅速到达上下碟片的壁面,并在碟片间以反方向移动,即重液向外又向下,轻液则向内又向上流动。各碟片间流出的轻液汇总在加料管周围的环隙空间并排出;重液则集中在鼓壁上,最后在倾斜的鼓盖上方排出。

碟片式离心机具有生产能力大、分离效率高、性能可靠等优点,适宜分离两相密度差较小的乳浊液及含少量固体的乳浊液。但结构较复杂,设备费用高,同时拆装清洗较不方便。

C. 多级离心萃取机。是在一台机器中装有两级或三级混合及分离装置的逆流萃取设备,工业中常用的是 Luwesta EK10007 三级离心萃取机,如图 7.12 所示。此机由 3 个单级混合和分离设备的叠合装置,分上、中、下三段,每一段都有固定于外壳的环形盘间隔,圆盘能随中间的空心轴做高速旋转,轴上装有圆盘并开有若干的料液口。下段是第 1 级混合和分离区,中段是第 2 级,上段是第 3 级,每一段的下部是混合区域,中部是分离区域,上部是重液引出区域。萃取操作时,新鲜的轻液由第 3 级加入,原始重液则由第 1 级加入,萃取后的轻液在第 1 级引出,萃余的重液则在第 3 级引出,这种萃取机的转鼓转速为 4 500 r/min,最大生产能力为 7 m³/h,重液进料压力为 5 个大气压,轻液为 3 个大气压。

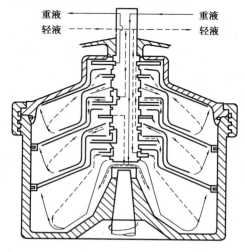

图 7.12　Luwesta EK10007 三级离心萃取机结构示意图

Luwesta EK10007 三级离心萃取机由于离心作用力较大,可分离密度差小或极易产生乳化现象的物料,设备结构紧凑,占地面积小,效率高,但动耗大,设备操作费用较高。

D. 连续逆流离心萃取机。是将溶剂与料液在逆流情况下进行多次接触和多次分离的萃取设备,因此,可以在机内获得几个理论平衡级。

设备的主要部件是一个由若干不同直径的同心圆筒组成的转鼓,这些同心圆筒上开有小孔,以作重液和轻液流动的通道。逆流萃取机上有 4 个进出口,均在轴的内部或轴周围的套管中开口,但重液的流动方向是从转鼓内部(近轴处)流向外部(近壁处),即由小直径的圆筒通过筒上的小孔逐个流向大直径的圆筒,而轻液的流动方向则相反,由外向内。连续离心萃取机有卧式和立式两种,它们不仅转轴的旋转方向不同,两相流体接触和分离的方式也不尽相同。

a. 卧式离心萃取机。其典型产品是美国生产的 Podbielniak 离心萃取机,如图 7.13 所示。

此种萃取机有一个水平转动的转鼓,鼓中有数十个同心圆筒,筒面上均匀地开有小孔(注意大直径的孔开孔密度比小直径的小,而维持开孔数量基本相同),此种同心圆筒几乎充满整个转鼓,但在靠近转轴和靠近鼓壁处为空隙区域,分别作为轻液及重液的澄清区。转鼓和同心圆筒均为不锈钢制成,鼓的直径为 450 ~ 1 200 mm,宽度为 500 ~ 1 200 mm,转速为 1 750 ~ 5 000 r/min(直径越大,转速越小),生产能力为 0.225 ~ 17 m³/h。在离心萃取机中,重液由鼓中心进入,逐层向外缘流出,为了克服有关阻力和抵消轻液出口处的压强,重液在进口时,应具有一定的压强,而在出口处基本上为常压;轻液则是由鼓的外缘进入,逐层向内流动,最后在鼓中心流出,由于进口的轻液不但要克服流动阻力,还要克服重、轻液两相由于密度差引起的离心压差,所以在整个操作系统中,它应具有最高的压强(1.4~12.5 个大气压),轻液的出口压强一般称为背压,则应根据系统特点和操作要求予以调节,凡要求鼓内主界面往外移时(即要求鼓内轻液多于重液,或要求轻液是连续相时)

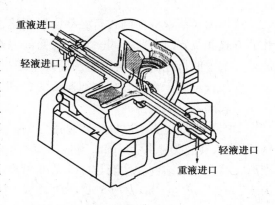

图 7.13　Podbielniak 离心萃取机结构示意图

可增大背压,也可以说需要增大背压比(背压比是指轻液出口压强与进口压强之比值),当然轻液出口压强加大了,重液入口压强也相应地提高。

由于在卧式离心萃取机中,小孔是在圆筒上均匀开口的,因此,它是属于连续接触和连续分离的萃取设备。Podbielniak 离心萃取机具有萃取效率高、萃取剂消耗用量小,设备结构紧凑,物料停留时间短等优点,适于两相密度差小,易乳化,难于分离及要求接触时间短,处理量小的物料分离;但设备结构复杂、制造精细、造价高、维修费和能耗均比较大。

b. 立式离心萃取机。其型号很多,较典型的是 Alfa-Laval ABE-216 型离心萃取机,如图7.14 所示。

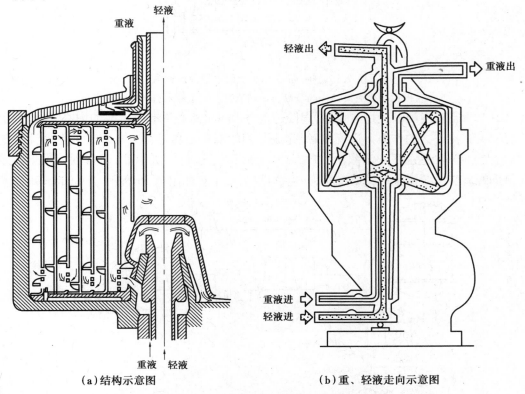

（a）结构示意图　　　　　　（b）重、轻液走向示意图

图 7.14　Alfa-Laval ABE-216 型离心萃取机

这种离心萃取机与卧式离心萃取机相比,不但转鼓旋转方向不同,在转鼓中同心圆筒开孔的方式和位置也有所不同。它仅在筒的一端开孔,同时筒与筒间开孔位置上下错开,所以液体是上下曲折地流动,再加上圆筒外壁还附有螺旋型导流板,这样就使两个液相的流动路程大为加长。由于它的开孔是不连续的,所以两相不是连续接触而是分级接触和分段分离,这与卧式离心萃取机不同。

ABE-216 型离心萃取机转鼓直径为 550 mm,内有同心圆筒 11 个,流道总长 26 m,均为不锈钢制成,转速为 4 400 r/min,重液出口有向心泵,轻液进口泵也附在机内。国产的 LC-500 型离心萃取机的结构和性能与 ABE-216 型离心萃取机基本相同,但转鼓直径为 500 mm,转速为 4 700 r/min,生产能力为 5 m³/h。

c. Decanter 离心萃取机。也称倾析式离心机、倾析器,是一种可同时进行混合分离三相(轻液、重液和固体)的萃取分离设备,所以料液可不经过固液分离而直接进行萃取,特别适合于发酵液中药物成分的分离提取。如图 7.15 所示为 Decanter 离心萃取机结构。

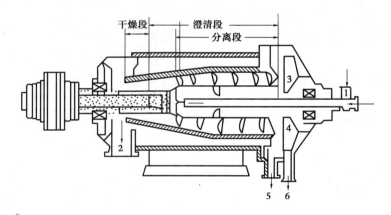

图 7.15　Decanter 离心萃取机结构示意图

1—入口;2—排渣口;3—调节盘;4—调节管;5—重液出口;6—轻液出口

例如,青霉素发酵液经过酸化后,直接送入 Decanter 离心萃取机转鼓的中心,萃取剂引入转鼓外沿,在离心力的作用下逆流接触,完成三相的混合分离过程。青霉素由发酵液中转入丁酯相(轻相)中,送去下一道水洗工序,水相(重相)再进行二级萃取,固体则沉积于转鼓内壁,借助螺旋转子缓慢推向转鼓锥端,并连续排出,其工艺如图 7.16 所示。Decanter 离心萃取

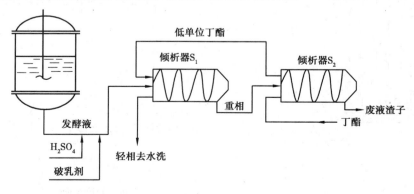

图 7.16　倾析式离心机工艺流程图

机的机械化程度高,控制检查手段较齐全,三相分离缩短了发酵物的提取工艺过程,可有效提高产品产量,在抗生素中广泛应用。

(4)塔式萃取设备

①填料萃取塔。是一种典型的连续萃取设备,其结构是在塔筒内的支撑板上安装一定高度的填料,如图 7.17 所示。塔内充填适宜的填料,塔两端装有重、轻液进出管。连续相充满整个塔,分散相由分布器分散成液滴进入填料层,在与连续相逆流接触中进行萃取。操作时,密度小的液体即轻液由塔的下部进入塔体,然后自下向上流动,由塔顶排出;而密度较大的液体即重液则由塔的上部进入塔体,然后自上而下流动,由塔底排出。轻、重液在塔内一个形成连续相,一个形成分散相,其中连续相充满全塔,而分散相则以液滴的形式通过连续相。

在选择填料材质时,既要考虑料液的腐蚀性,又要考虑材质的润湿性能。从有利于液滴的生成与稳定的角度考虑,所选材质应使填料仅能被连续相所润湿,而不被分散相所润湿。通常陶瓷易被水润湿,塑料盒石墨易被有机溶剂润湿,而金属材料的润湿性需通过实验确定。填料萃取塔具有结构简单,造价低廉,操作方便,处理量大等优点,比较适合于腐蚀性料液的萃取,在工业上有一定的应用,但不能萃取含有悬浮颗粒的料液。

②筛板萃取塔。是一种连续接触式萃取设备,其塔筒内安装有若干块水平塔板,如图 7.18 所示。筛板上开有 3～9 cm 的圆孔,孔间距一般为孔径的 3～4 倍。操作时,轻、重液分别由塔下部和塔上部入塔,若以轻相为分散相,则当其通过塔板上的筛孔时被分散成细小的液滴,并在塔板上与连续相充分接触,然后分层凝聚于上层筛板的下部,再在压强差的推动下通过上层塔板的筛孔而被重新分散;重液则经降液管留至下层塔板,然后水平流过筛板至另一端降液管下降。轻、重两相经如此反复地接触与分层后,分别由塔顶和塔底排出。若以轻液为连续相,重液为分散相,则应将降液管改装于筛板之上,即将其改为升液管,操作时,轻液经升液管由下层筛板流至上层筛板,而重液则通过筛孔来分散。

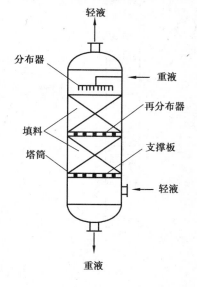

图 7.17 萃取填料塔结构示意图

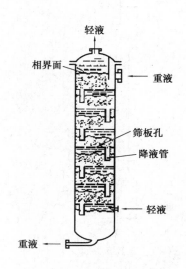

图 7.18 筛板萃取塔结构示意图

由于筛板可减少轴向返混,并可使分散相反复多次地分散和凝聚,使液滴表面不断得到更新,因此筛板萃取塔的分离效率很高,此外,筛板塔具有结构简单、操作方便,处理量大的优点,缺点是不能处理含有悬浮颗粒的料液。

③脉冲筛板塔。对于两相界面张力比较大的物系,仅仅依靠密度差将无法使两相通过筛板塔作逆向流动,为改善两相接触状态、强化传质过程,往往在筛板塔内提供外加机械能制造脉冲,迫使液体经过筛板上的小孔,使分散相破碎成较小的液滴分散在连续相中,并形成强烈的湍动,从而促进传质过程的进行。脉冲筛板塔的结构如图 7.19 所示。

与筛板萃取塔不同,脉冲塔两端有直径较大部分的上澄清段和下澄清段,更有利于两相间完全的澄清与分离。中间为两相传质段,其中装有若干层具有小孔的筛板,小孔直径通常为 3 mm,板间距一般为 50 mm,筛板开孔率为 20% ~ 25%,无降液管装置。由于筛板的孔径与开孔率较小,塔内流体周期性的上、下脉冲作用,既能使液体得到很好的混合和分散,又能使液体通过筛板,实现两相逆流流动。操作时,脉冲频率较高、振幅较小时萃取效果较好。如脉冲过于激烈,将导致严重的轴向返混,传质效率反而下降。

脉冲筛板塔具有结构简单,传质效率高,分离效果好等优点,但由于中间萃取部分结构限制,生产能力有限。将若干层筛板按一定间距固定在中心轴上,由塔顶的传动机构驱动而作往复运动,就构成了往复脉冲筛板萃取塔,如图 7.20 所示。当筛板向上运动时,迫使筛板上侧的液体经筛孔向下喷射;当筛板向下运动时,又迫使筛板下侧的液体向上喷射。

往复筛板塔效率与塔板的往复频率密切有关。当振幅一定时,效率随频率的增大而提高,而较大的振幅也增加相际接触面积和提高液体的湍动程度,传质效率高,生产能力大,在石油化工、食品、发酵、制药等工业中广泛应用。

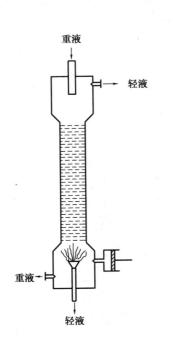

图 7.19 脉冲筛板塔结构示意图

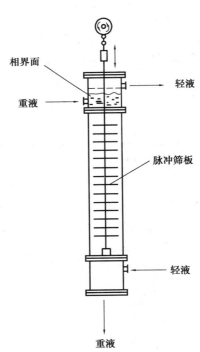

图 7.20 往复筛板萃取塔结构示意图

④转盘萃取塔。是一种有机械能输入的连续接触式萃取设备,如图 7.21 所示。转盘萃取塔的内壁上安装有若干块环形挡板即固定环,定环将塔隔成多个空间,两定环之间均装一转盘。转盘固定在中心转轴上,由塔顶的电机驱动旋转。转盘直径小于固定环内径,间距则与固定环相同。由于每个转盘均处于相邻固定环的中间,因而可将塔体沿轴向分割成若干个空间。操作时,转盘在中心轴的带动下高速旋转,带动附近的液体一起转动,使液体内部形成速度梯度,产生剪应力,使连续相产生涡流,处于湍动的状态,而使分散相液滴变形,以致破裂或合并,以增加相际传质面积,促进表面更新。而其定环则将旋涡运行限制在由定环分割的若干个小空间内,抑制了轴向返混,因而转盘萃取塔的效率较高。

转盘萃取塔的分离效率与转速密切相关。转速不能太低,否则输入的机械能不足以克服界面张力,因而达不到强化传质的效果。但转速也不能太高,否则会造成澄清缓慢,并消耗较多的机械能,同时生产能力下降,甚至发生乳化,导致操作无法进行。

转盘萃取塔具有结构简单,分离效率高,操作弹性和生产能力大,不易堵塞等优点,常用于含悬浮颗粒及易乳化料液的萃取。

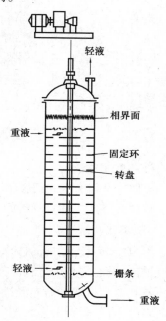

图 7.21　转盘萃取塔结构示意图

3)萃取设备的选择

萃取设备的种类很多,特点各异,对于特定的萃取体系,萃取设备的选择首先要满足工艺要求,其次是经济合理;使设备费与操作费之和为最小。一般情况下,选择萃取设备时应考虑下列因素。

(1)物料的停留时间

若体系中含有易分解破坏的组分,则宜选择停留时间较短的离心萃取器。在萃取过程中,如体系需同时伴有缓慢反应,则宜选择停留时间较长的混合-澄清器。

(2)设备生产能力大小

当物料处理量较小时,宜选择填料萃取塔;反之,可选择处理量较大的萃取设备,如筛板萃取塔、转盘萃取塔、混合-澄清器等。

(3)物系的物理性质

对于界面张力较大或者两相密度差较小以及黏度较大的物系,宜选择有外加能量的萃取设备;反之,可选择无外加能量的萃取设备。对于密度差很小以及界面张力很小、易乳化的难分离物系,可选择离心萃取器。对于强腐蚀性物系,可选择结构简单的填料塔。对于含固体颗粒或萃取中易生成沉淀的物系,可选择转盘萃取塔或混合-澄清器。

(4)完成分离任务所需的理论级数

所选萃取设备必须能满足完成给定分离任务的要求。通常若级数在 5 级以上,则不应考虑填料塔、筛板塔等无外加能量的设备。而当级数相当多时(如几十级甚至上百级)则混合-澄清器是合适的选择。

（5）处理量的大小

一般认为转盘塔、高效填料塔和混合-澄清器的处理量较大,而离心动式萃取设备处理量最小。

（6）设备投资、操作周期和维修费用

设备制造费用、日常操作运转费用及检修费用也是需要考虑的因素。这几个因素有时会产生矛盾,应与其他因素一起进行综合考虑,以对设备进行选型。

（7）厂房条件

通常是指厂区能给所选设备提供的面积和高度。显然,塔型设备占地小但高度大,混合-澄清器类设备占地较多而高度小。

（8）设计和生产操作者的经验

一般来说,混合-澄清器类设备比较容易操作,因为其过程比较直观,而塔型设备的操作难度相对大一些。随着先进控制技术的日益发展,这种差别已逐步缩小,但同时也对操作者的素质提出了更高的要求。

7.1.2　浸取工艺及设备

1）浸取工艺流程

浸取工艺可分为单级浸取工艺、单级回流浸取工艺、单级循环浸取工艺、多级浸取工艺、半逆流多级浸取工艺、连续逆流浸取工艺6种。

（1）单级浸取工艺

单级浸取工艺是指固体物料和溶剂一次加入浸出设备中,经过一定时间浸取后,放出浸出液,排出浸渣的整个过程。在用水浸出时一般用浸泡法,乙醇浸出时可用渗漉法,但浸渣中乙醇或其他有机溶剂需先经过回收,然后再将浸渣排出。一次浸出的浸出速度开始大,随后逐渐降低,直至到达平衡状态。故常将一次浸出称为非稳定过程。

单级浸取工艺比较简单,常用于小批量生产,其缺点是浸出时间长,浸渣能吸收一定量的浸出液。可溶性成分的浸出率低,浸出液的浓度低,浓缩时耗能大。

（2）单级回流浸取工艺

单级回流浸取又称索氏提取,如图7.22所示。主要用于酒提或有机溶剂(如乙酸乙酯、氯仿浸出或石油醚脱脂)浸取固体物料或者脱脂。由于浸出剂的回流,使浸出剂与固体物料有效成分之间始终保持很大的浓度差,加快浸出速率和提高了浸出率,而且最后的浸出液已经是浓缩液,使浸出和浓缩紧密地结合在一起。缺点是此法生产周期长,浸出液受热时间长,对于热敏性的成分不适合。

（3）单级循环浸取工艺

单级循环浸出系统将浸出液循环流动与固体物料接触浸出,它的特点是固-液两相在浸出器中有相对运动,由于摩擦作用,使两相间边界层变薄或边界层表面更新快,从而加速了浸出过程。循环浸取的优点是浸出液的澄清度好,由于整个过程是密闭提取,温度低,浸取剂的消耗量小。

（4）多级浸取工艺

为了提高浸出效果,减少成分损失,可采用多次浸渍法。它是将固体物料置于浸出罐中,

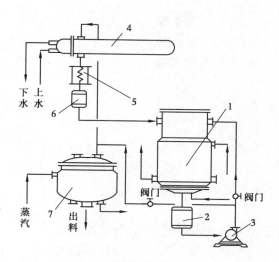

图 7.22　单级回流浸取工艺流程

1—浸出罐;2—缓冲罐;3—输送泵;4—冷凝管;5—冷却器;6—冷凝槽;7—浓缩罐

将一定量的溶剂分次加入进行浸出;也可将固体物料分别装于一组浸出罐中,新的溶剂分别先进入第 1 个浸出罐与物料接触浸出,浸出液放入第 2 个浸出罐与物料接触浸出,这样依次通过全部浸出罐成品或浓浸出液由最后一个浸出罐流入接收器中。当第一罐内的物料浸出完全时,则关闭第一罐的进、出液阀门,卸出浸渣,回收溶剂备用。续加的溶剂先进入第一罐,并依次浸出,直至各罐浸出完毕。

(5)半逆流多级浸取工艺

此工艺是在循环提取法的基础上发展起来的,它主要是为了保持循环提取法的优点,同时用母液多次套用克服溶剂用量大的缺点。罐组式逆流提取法工艺流程如图 7.23 所示。

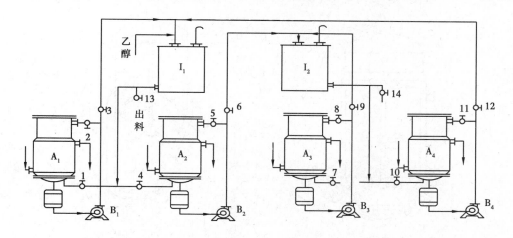

图 7.23　罐组式逆流提取法工艺流程

I—计量罐;A—浸出罐;B—循环泵

经粉碎的固体物料,加入浸出罐 A_1 中。乙醇由计量罐 I_1 计量后,经阀 1 加入浸出罐 A_1 中。然后开启阀 2 进行循环提取 2 h 左右。浸出液经循环泵 B_1 和阀 3 打入计量罐 I_1,再由 I_1 将 A_1 的提取液经阀 4 加入浸出罐 A_2 中,进行循环提取 2 h 左右(即母液第 1 次套用)。A_2 的

浸出液经泵 B_2、阀6、罐 I_2、阀7加入浸出罐 A_3 中进行循环浸出(即母液经第2次套用),以此类推,使浸出液与各浸出罐之相对逆流而进,每次新鲜乙醇经4次浸出(且母液第3次套用)后即可排出系统,同样每罐药材经3次不同浓度的浸出外液和最后1次新鲜乙醇浸出后再排出系统。

(6)连续逆流浸取工艺

本工艺是固体物料与溶剂在浸出器中沿反向运动,并连续接触提取。它与一次浸出相比具有以下特点:浸出率较高,浸出液浓度越高,单位重复浸出液浓缩时消耗的热能少,浸出速度快。连续逆流浸出具有稳定的浓度梯度,且固-液两相处于运动状态,使两相界面的边界膜变薄或边界层更新快,从而加快了浸出速度。

2)浸取设备

浸取设备按其操作方式可分为间歇式、半连续式和连续式;按固体原料的处理方法,可分为固定床、移动床和分散接触式;按溶剂和固体原料的接触方式,可分为多级接触式和微分接触式。

(1)间歇式浸取设备

间歇式浸取器的型号较多,按固体物料与提取剂接触的情况可分为浸泡式、渗漉式和混合式3种。

①多功能提取罐。为较为典型的间歇式提取设备,如图7.24所示。罐体通常用不锈钢材制造,罐外一般设有夹套,可通入水蒸气或冷却水。罐顶设有快开式加料口,固体物料由此加入。罐底是一个由气动装置控制启闭的活动底,提取液可经活动底上的滤板过滤后排出,而残渣则可通过打开活动底排出。罐内还设有可借气动装置提升的带有料叉的轴,其作用是防止料渣在罐内胀实或因架桥难以排出。

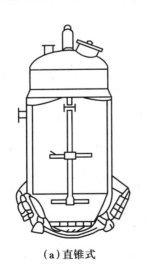
(a)直锥式

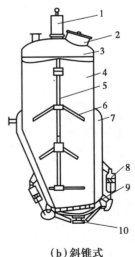
(b)斜锥式

图 7.24 静态式多功能提取罐结构示意图

1—上气动装置;2—加料口;3—上盖;4—罐体;5—移动轴;

6—料叉;7—夹层;8—下气动装置;9—带滤板的活门;10—出渣口

多功能提取罐具有提取效率高、操作方便、能耗较少等优点,在发酵生产中已广泛用于水提、醇提、回流提取、循环提取、渗漉提取、水蒸气蒸馏以及回收有机溶剂等。

②搅拌式提取罐。此类提取器有卧式和立式两大类,图7.25是常见的立式搅拌提取罐。罐体底部设有多孔筛板,既能支撑被浸取物,又可过滤提取液。操作时,将被浸取物与提取剂一起加入提取器中,在搅拌的情况下提取一定的时间,提取液经滤板过滤后由底部出口排出。

搅拌式提取器的特点是结构简单,操作方式灵活,既可间歇操作,又可半连续操作,常用于植物有效成分的提取。但由于提取率和提取液的浓度均较低,因而不适合贵重或有效成分较低的物料的提取。

③渗漉式提取设备。渗漉提取的主要设备为渗漉筒或罐,可用玻璃、搪瓷、陶瓷、不锈钢等材料制造。渗漉筒的筒体主要有圆柱形和圆锥形两种,其结构如图7.26所示。

一般情况下,膨胀性较小的物料多采用圆柱形渗漉筒,对于膨胀性较强的物料,宜采用圆锥形,这是因为圆锥形渗漉筒的倾斜筒壁能很好地适应物料膨胀时的体积变化。此外,确定渗漉筒的适宜形状还应考虑浸取剂的因素。由于以水或水溶液为浸取剂时易使物料膨胀,故宜选用圆锥形;而以有机溶剂为提取剂时则可选用圆柱形。

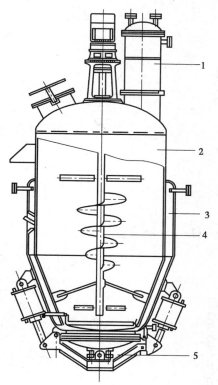

图7.25 立式搅拌多功能提取罐结构示意图

1—加料口;2—罐体;3—夹层;

4—搅拌装置;5—出渣口

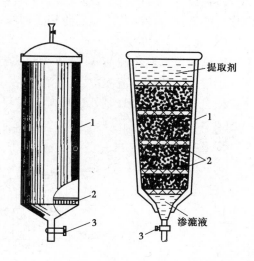

图7.26 渗漉筒结构示意图

1—渗漉筒;2—筛板;3—出口阀

为增加浸取剂与物料的接触时间,改善提取效果,渗漉筒可采用较大的高径比。当渗漉筒的高度较大时,渗漉筒下部的物料可能被其上部的物料及提取液压实,致使渗漉过程难以进行。为此,可在渗漉筒内设置若干块制成筛板,从而可避免下部床层被压实。

大规模渗漉提取多采用渗漉罐,其工艺流程如图 7.27 所示。

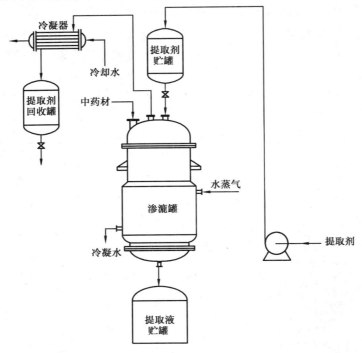

图 7.27 渗漉罐提取工艺流程

渗漉提取结束时,可向渗漉罐的夹套内通入饱和水蒸气,使残留于料渣中的浸取剂汽化,汽化后的蒸汽经冷凝器冷凝后收集于回收罐中。

(2)连续式浸取设备

连续式浸取器有浸渍式、喷淋渗漉式和混合式 3 种。

①浸渍式连续逆流浸取器。

A.U 形螺旋式浸取器。U 形螺旋式浸取器也称 Hildebran 浸取器,如图 7.28 所示,整个

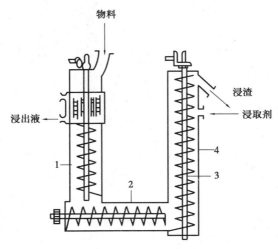

图 7.28 U 形螺旋式提取器结构示意图

1—进料管;2—水平管;3—螺旋输送机;4—出料管

浸取器是在一个 U 形组合的设备中,分装有三组螺旋输送器来输送物料。在螺旋线表面上开孔,这样溶剂可以通过孔进入另一螺旋区中,以达到与固体成逆流流动。螺旋式浸取器主要用于浸取轻质的、渗透性强的物料。

B.U 形拖链式连续逆流浸取器。U 形拖链式连续逆流浸取器是一 U 形外壳,其内有连续移动的拖链,浸取器内许多链板上有许多小孔,被浸取的固体物料由左上角加入,在拖链板的推动下由左边移动到右上角而排渣,而浸取剂则由右上部加入,与固体物料呈逆流接触,由左上部排出浸出液。这种浸取器结构简单,处理能力大,适应性强,且浸出效果好。

C.螺旋推进式浸提取器。此类浸提取器是一种浸渍式连续逆流提取器,主要由壳体、螺旋推进器、出渣装置和夹套等组成,多用于药材中有效成分的提取,如图 7.29 所示。

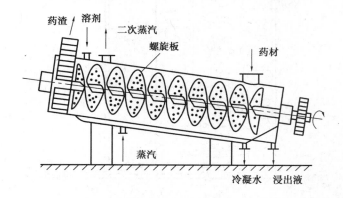

图 7.29　螺旋推进式提取器结构示意图

提取器的上部壳体可以打开,下部壳体外部设有夹套。推进器可采用多孔螺旋板式,也可将螺旋板改为桨叶,此时称为旋桨式提取器。提取器以一定角度倾斜安装,且推进器的螺旋板上设有小孔,以便于浸取剂流动。当需要升高提取温度时,可向夹套通入水蒸气进行加热,产生的二次蒸汽可由上部排气口排出。

D.肯尼迪式连续逆流提取器。此类提取器是一种浸渍式连续逆流提取器,主要由提取槽、桨、螺旋进料器及链式输送器等组成,其结构如图 7.30 所示。

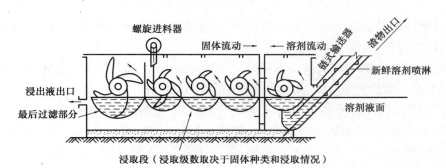

图 7.30　肯尼迪式连续逆流提取器结构示意图

多个提取槽呈水平或倾斜排列,其断面均为半圆形,槽内设有带叶片的桨。工作时,物料在旋转桨叶的驱动下沿槽的排列方向顺序运动,而提取剂则沿相反方向与物料逆流流动。此类提取器的优点是可通过改变桨的转速和叶片数量来适应不同种类的物料的提取。

②喷淋渗漉式连续提取器。

A. 波尔曼式连续提取器。此类提取器是一种渗漉式连续提取器,主要由壳体、篮子、链条、链轮及循环泵等组成,其结构如图 7.31 所示。

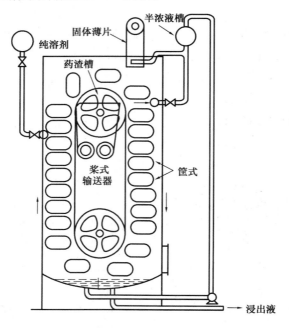

图 7.31　波尔曼连续浸取器结构示意图

一端链条上悬挂若干个篮子,篮子的底由多孔板或钢丝网制成。当链轮转动时,链条带动篮子按顺时针方向循环回转,每小时约回转一圈。工作时,半浓液将料斗内的物料冲入右侧的篮内。当篮子自上而下回转时,半浓液与篮内的物料并流接触,提取液流入全浓液料槽,并由管道引出。当篮子回转至左侧时自下而上回转,此时高位槽喷出的新鲜提取液与篮子内的物料逆流接触,提取液流入半浓液槽,然后由循环泵输送至半浓液高位槽。当篮子回转至提取器左上方时,篮内物料经片刻时间淋干后,随即自动翻转,残渣被导入残渣槽,并由桨式输送器送走。

波尔曼式连续提取器的特点是生产能力大;缺点是浸取剂与物料在设备内只能部分逆流,且存在沟留现象,因而效率较低。

B. 平转式连续提取器。此类提取器是一种渗漉式连续提取器,主要由圆筒形状器,扇体料格,循环泵及传动装置等组成,其工作原理如图 7.32 所示。

在圆筒形状器内间隔安装有 12 个扇形料格,料格底为活动底,打开后可将物料卸至器底的出渣器。工作时,在传动装置的驱动下,扇形料斗沿顺时针方向转动。提取剂首先进入第 1,2 格,其提取液流入第 1,2 格下的储液槽,然后由泵输送至第 3 格,如此直至第 8 格,最终提取液由第 8 格引出。物料由第 9 格加入,加入后用少量的最终提取液润湿,其提取液与第 8 格的提取液汇集后排出。当扇形料格转动至第 11 格时,其下的活动底打开,将残渣排出至出渣器。第 12 格为淋干格,其上不喷淋提取剂。

平转式连续提取器的优点是结构简单紧凑,生产能力大,适合于药物发酵物的提取。

C. 鲁奇式连续浸取器。此类浸取器是由上下配置的两个特殊的钢丝造的皮带输送机与

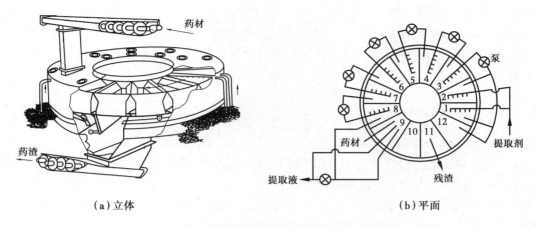

（a）立体   （b）平面

图 7.32   平转式连续提取器结构示意图

此机等速移动的循环式无底框箱群所组成。框箱的底由上述皮带输送机构成。从上部送料的固体物料首先放入料斗上，这料层起密闭作用。用螺旋输送机把湿料送入框箱，料层高为0.7～0.8 m。上段皮带输送机一边移动一边使框箱内固料层被浸取，浸取方式与平转式相同，接收由上面注入的溶剂并充满框箱，框箱不断移动，溶剂下流到接收槽用泵送到下段的料层，当料层移动皮带输送机回转点时，落入下一段皮带输送机上，此时形成料层，继续进行浸取。这样，即使上段出现浸取不均匀，下段还可继续浸取，最后用新溶剂洗淋，然后螺旋输送机排出浸渣。新溶剂进入第 1、第 2 级主要为洗浸渣，由第 1、第 2 级出来的溶液用泵送至第 3级，第 3 级出来再送入第 4 级，等等，最后浸取液由第 8 级用泵打出，并用少部分浸取液喷淋第 9 级固体，由此出来的液体再送入此泵与第 8 级浸取液一起排出。

鲁奇式连续浸取器的特点是由于用框箱可以与溶剂充分接触，同时由上段向下一段移动料层时，可以进行料层的转换，因此能均匀而高效地浸取。

③混合式连续浸取器。所谓混合式是在浸取器内有浸渍过程，也有喷淋过程。如图 7.33所示为千代田式 L 形连续浸取器。固体物加进供料斗中，经调整物料层高度，横向移动到环形钢网板制的输送皮带上，其间通过浸取液循环泵进行数次溶剂喷淋浸取，当卧式浸取终了，

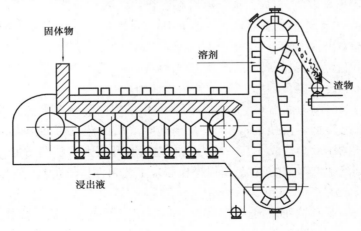

图 7.33   千代田式 L 形连续浸取器结构示意图

固体物料便落入立式部分底部,并浸渍于溶液中,然后用带孔可动底板的提篮捞取上来,在此一边受流下浸取剂渗漉浸取一边上升,而溶剂在上部加入,积存于底部,经过过滤器进入卧式浸取器,在此和固体物料成逆流流动,最后作为浸出液排出。这种浸取器的特点是浸取比较充分和均匀。

7.1.3 超临界萃取

1) 超临界流体萃取的工艺流程

超临界流体萃取过程兼具有蒸馏和萃取的特点,有的还具有吸附、吸收的功能。具体的萃取流程常根据萃取对象和分离任务确定。一般情况下,超临界萃取的工艺流程按被萃取物料性质可分为超临界流体-固体萃取、超临界流体-液体萃取;按操作方式可分为间歇式操作、半连续式操作、连续式操作;按溶质析出方法可分为等温法、等压法、吸附法、吸收法。

(1) 超临界流体萃取的基本流程

基本的超临界流体萃取过程是由萃取阶段和分离阶段两部分组合而成。在萃取阶段,超临界流体萃取将溶质从混合原料中提取出来;在分离阶段,通过变化某个参数或其他方法,使溶质从超临界流体中分离出来,超临界流体萃取剂循环使用。

按分离阶段的工作原理不同,超临界流体萃取的基本流程主要有等温、等压、吸附、吸收4种方法。

①等温法。该工艺是应用最普遍的一种流程,如图7.34(a)所示。萃取是在等温条件下进行的,通过压力变化使萃取的溶质从超临界流体中分离出来。萃取时首先将待分离原料混合物装入萃取器1中,排出杂质气体,然后向萃取器1中通入设定的超临界流体萃取剂,与被萃取物料充分接触达到溶解平衡后,含溶解萃取物的超临界流体由萃取器顶部经膨胀阀降压到低于萃取剂超临界压力以下进入解析罐3中,由于萃取物溶解度急剧下降而析出溶质,自动分离成溶质和萃取剂两部分,前者即为产品,定期从解析罐底部放出,后者为循环流体萃取剂,再经压缩机4将萃取剂升压至设定的超临界状态循环使用。

②等压法。是在等压条件下,利用温度的变化来实现溶质与萃取剂的分离操作,如图7.34(b)所示。等压萃取时,首先将待分离原料混合物装入萃取器1中,排出杂质气体,然后将设定状态的超临界流体萃取剂通入萃取器1中,待萃取剂与物料充分接触并达到溶解平衡后,由萃取器顶部引出含溶解萃取物的超临界流体,通过加热器2预热升温后,进入解析罐3中,在较高温度下进行分离,分离后的产品定期从解析罐底部放出,萃取剂则从分离罐顶部引出,通过循环泵4和冷却器5后,送入萃取器1中使用。

该方法与等温法比较,温度对萃取能力的影响比压力的影响要复杂。等压升温时,超临界流体的密度减小,降低对溶质的溶解能力,但此时溶质的蒸汽压会提高,溶解度会有所增加,两者相互消长的结果会造成在某一压力范围内温度升高则溶解度增加,而在另一压力范围内,温度升高则溶解度降低的情况,所以操作起来工艺条件比较苛刻,实施性、适应性不强,故在实际中应用较少。

③吸附法。是利用对溶质的选择性吸附而将溶质与萃取剂分离的操作。大致相当于一个等温和等压的过程,如图7.34(c)所示。

操作时,首先将待分离原料混合物装入萃取器1中,排出杂质气体。然后将设定状态的超临界流体萃取剂通入萃取器1中,待萃取剂与物料充分接触并达到溶解平衡后,将溶解有萃取物的超临界流体导入吸附分离罐2中,利用吸附剂将溶质选择性吸附分离后,萃取剂经循环泵送回萃取器1中循环使用。吸附法又分在解析罐中吸附和直接在萃取器中吸附两种。该流程比等温法、等压法工艺更加实用、简单,但必须选择廉价的、易于再生的吸附剂。

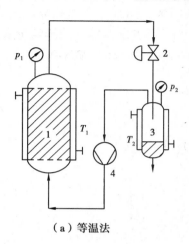

（a）等温法

1—萃取器;2—膨胀阀;
3—分离器;4—压缩机
$T_1 = T_2, p_1 > p_2$

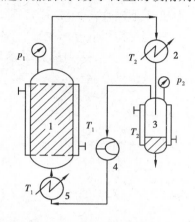

（b）等压法

1—萃取器;2—加热器;3—分离罐;
4—循环泵;5—冷却器
$T_1 < T_2, p_1 = p_2$

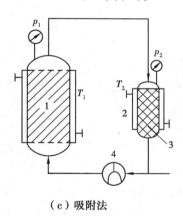

（c）吸附法

1—萃取器;2—吸附剂吸收器;
3—分离器;4—循环泵
$T_1 = T_2, p_1 = p_2$

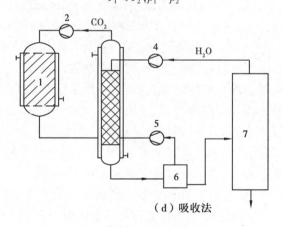

（d）吸收法

1—萃取器;2,4,5—压缩机;
3—分离罐;6—脱气罐;7—蒸馏塔
$T_1 = T_2, p_1 = p_2$

图7.34 超临界流体萃取的基本工艺流程

④吸收法。是利用萃取剂和溶质在吸收剂(水、有机溶剂等)中的溶解度不同而将其分离的一种操作,如图7.34(d)所示。其萃取流程大致与吸附法相似,萃取时先将待分离原料混合物装入萃取器1中,排出杂质气体,然后将设定状态的超临界流体萃取剂通入萃取器中,待萃取剂与物料充分接触并达到溶解平衡后,将溶解有萃取物的超临界流体从底部导入吸收罐3中,然后逆流上升与吸收罐顶部导入的吸收剂接触,利用吸收剂将溶质选择性吸收分离后,

萃取剂经循环泵送回萃取器中循环使用,吸收剂经蒸发塔7中脱去溶质后也送回循环吸收罐中循环使用。

(2)间歇式操作的超临界流体萃取工艺流程

间歇式操作是超临界流体萃取最简单、最实用的一种工艺。可以在等温、等压下进行,也可以在变温、变压下操作。如图7.35所示是一种典型的间歇式超临界流体萃取工艺流程。萃取操作时,首先将待萃取分离的混合物装入萃取器内,然后通过置换等方法排除所有杂质气体,再注入超临界流体,达到溶解平衡后,将溶有溶质的超临界流体经膨胀阀通入分离器内,降压析出溶质得到产品。

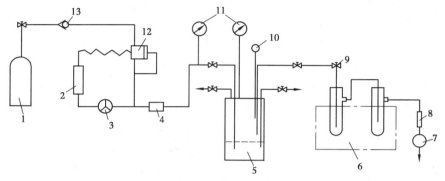

图7.35　间歇操作的超临界流体萃取工艺流程

1—CO$_2$钢瓶;2—冷凝器;3—泵;4—预热器;5—萃取器;6—分离器;7—流量加和器;

8—流量计;9—微量计量法;10—温度表;11—压力表;12—调压表;13—控制阀

(3)半连续操作的超临界流体萃取工作流程

半连续操作时,首先将被萃取混合物置于萃取器内,排出杂质气体后,使超临界流体连续地通过被萃取物床层,流体通过床层应有足够的停留时间以保证达到或接近溶解平衡,萃取流体流出萃取器后,经过调节流体的温度或压力进入分离器内,使溶解的溶质自动析出,萃取流体由压缩机升压到设定状态后进入萃取器继续连续循环使用,溶质产品则自分离器底部排出,其萃取工艺流程如图7.36所示。在超临界流体萃取应用方面,实际上,半连续法应用是最广的,大多数中试和工业化都采用此法。

(4)连续操作的超临界流体萃取工艺流程

连续法是超临界流体和被萃取物料同时连续不断地送入萃取器中,并使其在萃取器中有充分的接触时间以达到溶解平衡,然后超临界流体和被萃取后的物料进入收集分离器中被收集,在超临界流体的分离收集器中即可以得到溶质产品。日本在1988年发明固体物料的连续式超临界流体萃取装置,如图7.37所示。该装置使用螺旋杆加料器7输送固体物料,避免了萃取釜开盖过程中造成的能量损失,二氧化碳用计量泵注入萃取釜,通过装置上的节流阀来调节进料、萃取平衡。由于连续操作的超临界流体萃取工艺十分复杂,生产条件苛刻,因此,绝大多数停留在实验室研究阶段,工业化的报道还很少。

2)超临界流体萃取设备

对于超临界流体萃取,由于萃取对象、后期分离方式及处理规模的不同,设备差异较大,设备尺寸也大不相同,小则几升,大到数十立方米的设备都曾在工业化过程中出现。但无论

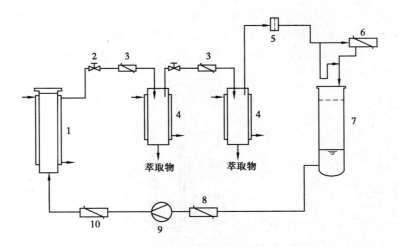

图 7.36　半连续操作的超临界流体萃取工艺流程
1—萃取器;2—减压阀;3—热交换器;4—分离器;5—过滤器;6—冷凝器;
7—CO_2贮罐;8—预冷器;9—加压泵;10—预热器

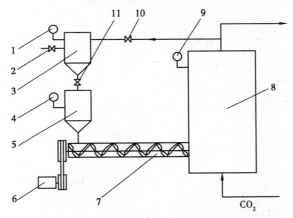

图 7.37　连续操作的超临界流体萃取工艺流程
1,4,9—压力表;2,10,11—节流阀;3,5—料仓;6—电机;7—螺旋杆加料器;8—萃取釜

设备规模或结构差异有多大,典型的超临界流体萃取过程包含有萃取器、分离器和加压设备。

(1)超临界流体的萃取器

萃取器是整个萃取系统的核心部件,因此,其设计是否科学、合理,直接关系到萃取过程的成败。超临界萃取器的设计通常根据萃取工艺的需要,结合物料的性质、萃取操作方式、产品分离要求、生产处理规模及工艺控制条件等相关因素来选择和确定设备的结构形式、装卸料方式、设备材质和制造工艺。超临界萃取器通常用不锈钢制造,并且必须要耐高压,还要耐腐蚀,密封可靠,操作方便、安全,一般按《钢制化工容器制造技术要求》或《钢制压力容器》进行设计、制造、试验和验收。

①间歇式萃取器。目前,超临界萃取过程大多数的萃取器都采用间歇式操作,如图 7.38 所示是一种比较典型的间歇式萃取器的结构。

一方面,由于超临界流体具有特异的溶解性和超强的渗透性,对萃取设备的密封材料要

求苛刻;另一方面,间歇式操作要频繁添加或卸出物料,设计时要考虑萃取器开盖的方便。因此,超临界流体萃取器的快开密封结构设计是十分重要的,国内外许多机构都对此作过专门的研究。目前,常见的快开式密封结构有卡箍式、剖分环式、螺纹式等。

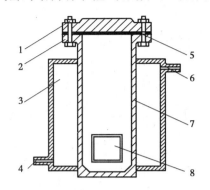

图 7.38　间歇式萃取器的结构示意图
1—法兰盖;2—螺栓;3—水冷套筒;4—进水口;
5—透镜垫;6—出水口;7—筒体;8—提篮

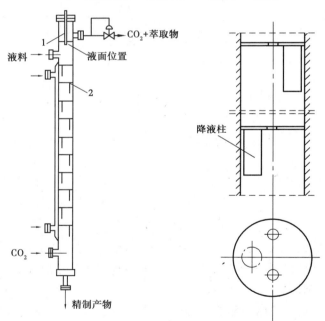

图 7.39　液相物料连续式萃取器结构示意图
1—电容传感器;2—塔盘

②半连续式萃取器。主要针对固体物料的萃取,其结构原理与固定床反应器十分相似,操作时被萃取原料加入萃取剂器后所形成的"床层"静止不动,超临界流体为流动相连续通过萃取器。对于固体物料的超临界萃取,由于高压状态下固体物料的连续进出料比较困难,装置设计复杂而又难以操作控制,目前连续化生产还很难实现,因此实际生产应用中还是以半连续法操作为主的。

③连续式萃取器。在以液体进料的萃取过程中有所应用,如从压榨柑橘类水果皮中提取

精油的操作,或精油组分的进一步分馏等,而对于固体原料的萃取,工业上大规模实现仍有难度。因此,由于原料的限制,连续式萃取器的使用范围仍然有限。如图 7.39 所示为液相物料连续式萃取塔示意图。

(2)超临界流体萃取的分离器

分离器是溶质与超临界流体进行分离并被富集的场所,是萃取系统的另一个重要部件,其结构内部一般不设进料管和其他辅助设施,并保证有足够的空间。根据溶质的性质和采用的分离原理不同,分离器一般有轴向进气、切线方向进气和内设换热器 3 种形式,如图 7.40 所示,三者各有特点,生产中可根据具体情况选用。

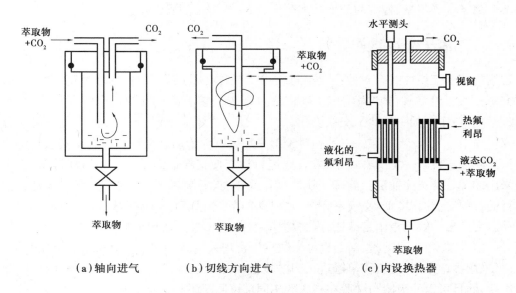

(a)轴向进气 　　(b)切线方向进气 　　(c)内设换热器

图 7.40 　分离器示意结构图

(3)超临界流体萃取的加压设备

超临界流体萃取过程是高压操作过程,加压设备是使流体达到超临界状态并使萃取过程得以实施的主要设备。因此,加压系统的合理选用和确定对工艺操作至关重要。超临界流体萃取的加压设备按其输送设备类型可分为压缩机和高压泵两种类型,压缩机的优点在于所用流体不必冷却成液体便可实现加压循环,过程简单、维护方便,缺点是在输送同样流量的流体所需要压缩体积较大,且由于压缩过程会产生很大的升温,必须配置中间冷却系统。此外,压缩机噪声大,工作环境也比较恶劣;使用高压泵的优点是流体输送量大,噪声小,热效应也小,总能耗低,整个输送过程稳定、可靠;缺点是超临界流体在进入泵体前必须冷却成液体,需配备深冷系统,较大规模的工业化超临界萃取过程一般采用高压泵较多。

高压泵的种类较多,最常用的是柱塞泵和隔膜泵两种。柱塞泵是往复泵的一种,其柱塞靠泵轴偏心转动驱动,往复运动,其吸附和排出阀都是单向阀,柱塞泵价格适宜,维修容易,操作简单,但密封环易磨损而泄露,输出流量波动是主要缺点。隔膜泵是一种由膜片往复变形造成容积变化的高压泵,其工作原理近似于柱塞泵,由于隔膜泵没有动密封,维修简便,因而避免了泄露现象,而且隔膜泵的流量可调节,始终能保持高效,不会因为磨损而降低,并具有体积小、质量轻,便于移动等特点,因此生产中很受欢迎,但造价较高是其主要缺点。除了上

述两种高压泵以外,近些年还出现了多柱塞隔膜泵,气动隔膜泵等一些新型高压泵,可供生产中选择。

任务7.2 离子交换设备

离子交换技术是根据某些发酵物中的溶质能解离为阳离子或阴离子的特性,利用离子交换剂与不同离子结合能力强弱的差异,将溶质暂时交换到离子交换剂上,然后用适合的洗脱剂将溶质离子洗脱下来,使溶质与发酵液分离、浓缩或提纯的操作技术。

7.2.1 离子交换操作方式

常用的离子交换方式有3种:一是"间歇式",又称分批操作法,也称静态交换,多用于学术研究中;二是"管柱式"或"固定床式操作",其装置为装有离子交换树脂的圆柱体,它是工业中最常用、最主要的一种离子交换操作方式;三是"流体式"或"流动床式",此种操作方式在分离提纯中应用较少。第二、三种相对于第一种可以称为动态交换。静态交换法是将树脂与交换溶液混合置于一定的容器中,静置或进行搅拌使交换达到平衡。如卡那霉素、庆大霉素等采用都是静态交换法。静态交换法操作简单,设备要求低,但由于静态交换是分批间歇进行的,树脂饱和程度低、交换不完全、破损率较高,不适于用作多种成分的分离。

动态交换法一般是指固定床法,先将树脂装柱或装罐,交换溶液以平流方式通过柱床进行交换。如链霉素、头孢菌素、新霉素等多数抗生素均采用动态交换法。该法交换完全,不需搅拌,可采用多罐串联交换,使单罐进出口浓度达到相等程度,具有树脂饱和程度高、连续操作等优点,而且可以使吸附与洗脱在柱床的不同部位同时进行。动态交换法适于多组分的分离以及抗生素等的精制脱盐、中和,在软水、去离子水的制备中也多采用此种方法。

7.2.2 离子交换设备

1)对离子交换设备的要求

工业上的离子交换过程一般包括:原料液中的离子与固体交换剂中可交换离子间的置换反应,饱和的离子交换剂用洗脱剂进行逆交换反应过程,树脂的再生与循环使用等步骤。为使离子交换过程得以高效进行,离子交换设备应具有以下特点:

①由于离子交换是液-固非均相传质过程,为了进行有效的传质,溶液与离子交换剂之间应接触良好。

②离子交换设备应具有适宜的结构,保证离子交换剂在设备内有足够的停留时间,以达到饱和并能与溶液之间进行有效的分离。

③控制离子交换剂用量以及液相流速,使溶液在设备中有适宜的停留时间,并保持较高的分离组分回收率,使设备结构紧凑,降低设备投资费用。

④在连续逆流离子交换过程中,能够精确测量和控制离子交换剂的投入量及转移速率。

⑤饱和的离子交换剂用洗脱剂洗脱后,离子交换剂与洗脱液能有效地分离。

⑥树脂的再生处理过程常需使用酸、碱溶液,因此设备应具有一定的防腐能力。

⑦由于离子交换剂价格较贵,操作过程中,应尽量减少或避免树脂的磨损与破碎。

2)离子交换设备分类

目前,已应用于工业规模的离子交换设备种类很多,设计各异。按结构类型分为罐式、塔式和后槽式;按操作方式分为间歇式、周期式和连续式;按两相接触方式分为固定床、移动床和流化床。流化床又分为液流化床、气流流化床和搅拌流化床;固定床又分为单床、多床、复床、混合床。另外,还有顺流操作型与反流操作型,重力流动型与加压流动型等离子交换设备。

3)离子交换设备

(1)搅拌槽式离子交换器

搅拌槽式离子交换器主要由圆筒形容器、多孔支承板和搅拌器等组成。操作时,将液体和树脂加入交换器,树脂位于支承板之上。通过搅拌使液体与树脂充分接触,进行离子交换反应。当离子交换过程达到或接近平衡时,停止搅拌,并将液体放出。此后,将再生液加入交换器,在搅拌下进行再生反应,再生后排出再生液。由于再生后的树脂中仍残留少量的再生液,因此,再生后的树脂还应通入清水进行清洗。清洗完成后,即可开始下一循环的离子交换过程。可见,在搅拌槽式离子交换器中进行的离子交换过程是一种典型的间歇操作过程。

搅拌槽式离子交换器的优点是结构简单、操作方便。缺点是间歇操作,分离效果较差,生产能力较小,一般用于小规模及分离要求不高的场合。

(2)固定床离子交换器

固定床是应用较为广泛的一类离子交换设备。所谓固定床就是一根简单的、充满离子交换树脂的竖直圆管,含目标产物的液体从管子的一端流入,流经交换树脂后,从管子的另一端流出,其结构如图7.41所示。

操作开始时,目标溶质被树脂吸附发生离子交换,放流出液中溶质的浓度较低,随着交换过程的继续进行,流出液中目标溶质的浓度逐渐升高,开始缓慢,后来加速,在某一时刻浓度突然急剧增大,此时称为吸附过程的"穿透",应立即停止操作;选用合适的洗脱剂洗涤床层,将目标溶质从离子交换树脂上解析下来,解析的树脂要经过再生才能使用。固定床离子交换器具有设备结构简单、操作方便、树脂磨损少等优点。

在固定床中离子交换树脂的下部需要用多孔陶

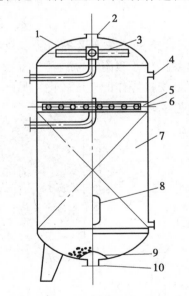

图 7.41 固定床离子交换设备结构示意图
1—壳体;2—排气孔;3—上水分布装置;
4—树脂卸料口;5—压胀层;6—中排液管;
7—树脂层;8—视镜;9—下水分布装置;
10—出水口

土板、石英砂等作为支撑体。通常被处理的料液从树脂的上方加入,经过分布管均匀分布在整个树脂的横截面上。如果是采用压力加料,则要求设备密封。料液与再生剂从树脂上方各自的管道和分布器分别进入交换器,树脂支撑下方的分布管便于水的逆流冲洗。离子交换柱通常用不锈钢等材料制成,管道、阀门等一般用塑料制成。通常有顺流和逆流两种再生方式,逆流再生效果较好,再生剂用量较少,但易造成树脂层的上浮。如果将阳、阴两种树脂混合起来,则可以制成混合离子交换设备。将混合床用于抗生素等产品的精制,可以避免采用单床时溶液变酸(通过阳离子柱时)及变碱(通过阴离子柱时)的问题,从而能够减少目标产物的破坏。单床及混合床固定式离子交换装置如图7.42所示。

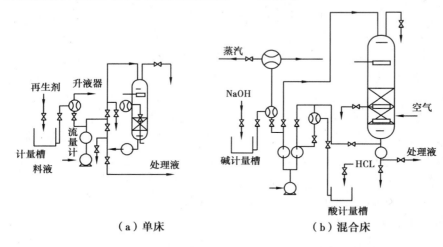

（a）单床 （b）混合床

图 7.42　固定床离子交换工艺流程

固定床离子交换设备的特点是结构简单,操作方便,树脂损耗少,适于处理澄清料混合液。但是,由于吸附、洗脱、再生等操作步骤在同一设备内进行,管线复杂,阀门多,树脂利用率较低,交换操作的速度较慢。另外,不适于处理悬浮液。虽然其操作费用低,但需多套设备交替使用,增大了设备的投资。

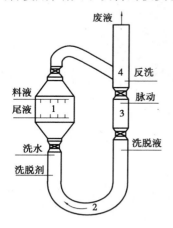

图 7.43　希金斯（Higgins）离子
交换设备结构图
1—交换段;2—再生段;
3—脉冲段;4—贮存段

（3）移动床离子交换器

移动床离子交换器的特点是离子交换树脂在交换、洗脱、清洗、再生等过程中定期移动。如图7.43所示为希金斯(Higgins)连续离子交换设备,它是一种典型的移动床离子交换设备。其外形为加长的垂直环形结构,由交换段1、储存段4、脉冲段3和再生段2构成。该设备操作分运行和树脂转移两个阶段进行。在运行阶段,环路中的全部阀门均关闭,各段内处于固定床阶段,各段独立操作。1段中进行的是离子交换过程,原料液经树脂交换后从该段底部排出。4段中进行的是交换后饱和树脂的清洗储存过程,从底部通入反洗水,洗去树脂中的碎屑和杂质。3段中进行的是脉冲洗脱过程,洗脱剂将饱和树脂中的溶质洗脱下来,利用脉冲作用进行树脂的转移。2段中进行的是树脂的再生过程,最后用漂洗水洗去再生剂,树脂重新获得交换功能。在树脂转移阶段,只有3段顶部阀关闭,其他阀门均打开;转移时将清水引入3段,在脉冲作用下,3段树脂移入2段,2段树脂移入1段,1段树脂移入4段。运行阶段和转移阶段交替往复进行,属于半连续操作。

移动床离子交换设备具有树脂用量少(一般仅为固定床的 15%),树脂利用率高,生产能力大,操作速度快,废液少,费用低等优点。但缺点是树脂在环形设备中运转需要通过高压水脉冲作用实现,各段间的阀门开启频繁,结构复杂,树脂易破碎,不适于处理悬浮液或矿浆。

【实践操作】

(1)实训目的

①熟悉所用萃取装置的流程及萃取设备的结构;

②掌握萃取设备的工作原理;

③熟练掌握萃取装置的开、停车,掌握原料液、萃余液中溶质含量的分析;

④学会排除萃取操作中的一般故障;

⑤能够对萃取的操作结果进行评价。

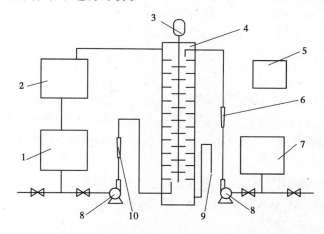

图 7.44　萃取操作装置流程图

1—轻相槽;2—萃余相槽;3—搅拌电机;4—筛板萃取塔;5—控制箱;

6—重相流量计;7—重相槽;8—输送泵;9—萃取相出口;10—轻相流量计

(2)实训器材

①萃取操作装置流程,如图 7.44 所示。以水为萃取剂,从煤油中萃取苯甲酸,水相为重相且为操作的连续相,煤油是轻相,是操作中的分散相。

轻相煤油由塔底进入,作为分散相向上流动,经分层分离后由塔顶流出;重相由塔顶进入,作为连续相向下流动至塔底后再经"n"形管流出。轻重两相在塔内逆向流动。轻相入口处苯甲酸在煤油中的浓度保持在 0.001 5 ~ 0.002 0 kg 苯甲酸/kg 煤油范围内为宜。在萃取过程中,苯甲酸部分地从油相转移至水相。出塔的水相为萃取相 E,出塔的油相为萃余相 R。原料煤油中的苯甲酸、萃取相及萃余相中的苯甲酸含量均用容量分析法测定。考虑到煤油与水完全不互溶,且苯甲酸在两相中的浓度都很低,可以认为在萃取过程中两相液体体积流量不发生变化。

②装置主要设备参数。

a. 萃取塔的几何尺寸:塔径 $D = 370$ mm,塔高 $Z = 1\ 000$ mm,塔的有效高度 $H = 750$ mm。

b. 水泵、油泵均为 CQ 型磁力驱动泵。型号 16CQ-8,电压 380 V,功率 180 W,扬程 8 m,流量 30 L/min,转速 2 800 r/min。

c. 转子流量计:不锈钢材质,型号 LZB-4,流量为 1~10 L/h,精度 1.5 级。

d. 无极调速器:调速范围 0~1 500 r/min。无级调速,调速平稳。

(3)实训方法

①萃取装置的操作规程。

A. 开车前的准备及检查:

a. 检查设备及管道阀门是否泄露;

b. 检查仪器、仪表是否能正常工作;

c. 检查水、电是否处于正常供给状态;

d. 检查分析用药品是否准备齐全;

e. 将配制好的原料液煤油含苯甲酸的混合物(饱和或近饱和)灌入轻相槽内;接通水管,将水(重相)灌入重相槽内;

f. 关闭所有阀门。

B. 开车与操作(手动操作)。

a. 接通电源、打开仪表开关。

b. 打开磁力泵进口阀,全开重相进泵阀门,打开重相泵电源开关,全开重相出泵阀门,用磁力泵将水送入萃取塔内,当塔内水面快速上升至重相入口与轻相出口间的中点时,调整到指定值(4 L/h),并缓慢改变"n"形管的高度,使塔内液位稳定在重相与轻相出口之间的中点位置上。

c. 将调整装置的旋钮调至零位,然后接通电源,开动电机,再慢慢调至某一固定的转速。调整转速时应小心谨慎,慢慢地升速,绝不能调节过快致使马达产生"飞转"而损坏设备。通过调节转盘转速来控制外加能量的大小,在操作时转速逐步加大,中间会跨越一个临界转速(共振点),一般转速控制在 500 r/min 以下。

d. 水在萃取塔内搅拌流动,并连续运行 5 min,打开分散相-煤油泵进口阀,打开煤油泵电源开关,打开煤油泵出口阀门,将煤油相流量调整到指定值(6 L/h),待分散相在塔顶凝聚一定厚度的液层后,应及时通过调节连续相出口管路中的"n"形管上的阀门开度,始终保持塔顶分离段两相的界面位于重相入口与轻相出口之间的中点位置。

e. 在操作过程中,要绝对避免塔顶的两相界面过高或过低。若两相界面过高,到达轻相出口的高度,则将重相水混入萃余相储罐。

f. 操作稳定 30 min 后,用锥形瓶收集轻相进出口样品约 40 mL,重相出口样品约 50 mL,分析其浓度。

g. 用容量瓶分析法测定各样品中煤油的浓度。具体操作如下:用移液管分别移取煤油相样品 10 mL,水相样品 25 mL,以酚酞作为指示剂,用 0.01 mol/L 的 NaOH 标准溶液滴定样品中苯甲酸的含量。或者用溴百里酚酞作为指示剂,用 0.03 mol/L 的 $KOH-CH_3OH$ 标准溶液滴定样品中的苯甲酸。注意,在滴定煤油相样品时,应在样品中加入数滴非离子型表面活性剂(醚磺化 AES,即脂肪醇聚乙烯醚硫酸酯钠盐),并剧烈摇动,滴定至终点。

h. 分析处理有关数据,计算萃取率。

注意:要改变转速多测定几组数据,分别计算萃取率,从而分析转速大小对萃取过程的影响。

C. 停车。

a. 关小油相流量计进口阀,切断磁力泵电源,关闭油泵,最后再关死油相流量计进口阀;

b. 将调速器慢慢调至零位,使桨叶停止转动;

c. 稍开大重相水流量,提升两界面位置,尽量将轻相煤油压下去,注意小心水不能从轻相出口出去,两相界面位置不能高于轻相出口;

d. 待两相界面近轻相出口处时,切断水泵电源,关闭磁力水泵,最后再关死水相流量计进口阀;

e. 关闭仪表柜电源,关闭总电源;

f. 整理现场,滴定分析后煤油应集中回收存放,洗净分析仪器,整理台面。

注意:萃取操作后,塔若长时间不用,请利用排净阀排净塔内和油箱、水箱内的物料,注意分类收集。

②萃取效果的检测。

萃取效果的好坏,可以通过回收率 η 来进行计算。回收率 η 是指萃取相中的溶质与原料液中的溶质质量之比。可用下列公式表示为

$$\eta = \frac{F \cdot x_F - R \cdot x_R}{F \cdot x_F} \times 100\%$$

式中　F——原料液流量;

　　　x_F——原料液浓度;

　　　R——萃余相流量;

　　　x_R——萃余相浓度。

A. x_F,x_R 的测定方法。

用酸碱滴定法测定原料液浓度 x_F 和萃余相中的浓度 x_R。对于煤油苯甲酸-水相体系,采用酸碱中和滴定的方法测定原料液和萃余相中浓度,具体步骤如下:

a. 用移液管量取待测样品 10 mL,放入 250 mL 的三角瓶中,加入 3~4 滴溴百里酚酞指示剂。

b. 用 0.03 mol/L 的 KOH-CH₃OH 标准溶液滴定至终点,则苯甲酸的浓度为

$$x = \frac{C \cdot \Delta V \cdot 122}{10 \times 0.8} \times 100\%$$

式中　C——KOH-CH₃OH 标准溶液的摩尔浓度,mol/L;

　　　ΔV——滴定所用的 KOH-CH₃OH 标准溶液的体积量,L。

苯甲酸的分子量为 122 g/mol,煤油的密度为 0.8 g/mL,样品量为 10 mL。

B. 苯甲酸的回收率 η 的计算。

a. 原料液浓度 x_F:

$$x_F = \frac{C \cdot \Delta V_F \cdot 122}{10 \times 0.8} \times 100\%$$

b. 萃余液浓度 x_R：

$$x_R = \frac{C \cdot \Delta V_R \cdot 122}{10 \times 0.8} \times 100\%$$

c. 苯甲酸的回收率 η：

$$\eta = \frac{F \cdot x_F - F \cdot x_R}{F \cdot x_F} \times 100\%$$

对于稀溶液的萃取过程，因为 $F = R$，所以有

$$\eta = \frac{x_F - x_R}{x_P} \times 100\%$$

③操作中的注意事项。

a. 调节桨叶转速时一定要谨慎，应慢慢地升速，千万不能增速过猛，使马达产生"飞转"而损坏设备。从机械理论上最高转速可达 600 r/min，但从流体力学性能的角度，若转速太高，容易液泛，操作不稳定。因此，对于煤油-水-苯甲酸的萃取物系，建议在 500 r/min 以下操作。

b. 在整个操作过程中，塔顶两相界面一定要控制在轻相出口和重相入口之间的适合位置并保持不变。

c. 煤油的流量大小应合适，太小会使煤油出口的苯甲酸浓度太低，从而导致分析误差大；太大会使煤油消耗量增大。建议水流量为 4 L/h，煤油流量为 6 L/h。

d. 煤油实际体积流量并不等于流量计的读数，在需要煤油的实际流量时，必须使用流量修正公式对流量计的读数进行修正。

项目小结

液-液萃取、浸取、超临界流体萃取、离子交换技术是分离发酵混合物最常用的方法。液-液萃取工艺是由混合、分层、溶剂回收等组成。因此，萃取设备包括混合设备、分离设备和溶剂回收设备，而常说的萃取制备多指混合设备和分离设备。

萃取根据其工艺流程和级数，可分为单级萃取、多级错流萃取、多级逆流萃取、有回流的多级逆流萃取过程。单级萃取是最简单、最基本的萃取；但分离效率不高；多级错流萃取是将萃取剂分多次加入萃取设备进行的萃取；多级逆流萃取是将萃取剂与原料液沿相反的方向，依次流过各级的萃取；有回流的多级逆流萃取最终可获得溶质含量较高的萃取相和溶质含量较低的萃余相。萃取中的混合设备包括混合罐、混合管、喷射混合器、混合泵等。

混合-澄清器是兼具有混合和分离功能的设备，既可以采用单级操作，也可以采用多级组合操作。

分离设备常用的有重力式澄清器、离心式分离机。离心式分离机又包括管式离心机、碟片式离心机、多级离心萃取机和多级逆流离心萃取机。Podbielniak 离心萃取机是典型的卧式离心萃取机，Alfa-Laval ABE-216 型离心萃取机是典型的立式离心萃取机，Decanter 离心萃取机是一种可同时进行混合分离三相（轻液、重液和固体）的萃取分离设备。

塔式萃取设备是一类具有混合、萃取和分离功能的萃取设备。填料萃取塔是一种典型的连续萃取设备;筛板萃取塔是一种连续接触式萃取设备;脉冲筛板塔是通过外加机械制造脉冲促进两相传质进行的筛板塔式萃取设备;转盘萃取塔是一种有外界机械能输入的连续式接触萃取设备。

在液-液萃取设备的选择时,要考虑物料停留时间、设备生产能力、物系的物理性质、完成分离任务所需的理论级数、处理量大小、设备投资操作周期和维修费用、厂房条件、设计和生产操作者的经验等条件。

浸取工艺可分为单级浸取工艺、单级回流浸取工艺、单级循环浸取工艺、多级浸取工艺、半逆流多级浸取工艺、连续逆流浸取工艺 6 种。

间歇式浸取设备包括多功能提取罐、搅拌式提取罐、渗滤式提取设备等;连续式浸取设备包括浸渍式连续逆流浸取器(包括 U 形螺旋式浸取器、U 形拖链式连续逆流浸取器、螺旋推进式提取器、肯尼迪式连续逆流提取器),喷淋渗滤式连续提取器(包括波尔曼式连续提取器、平转式连续提取器、鲁奇式连续浸取器)和混合式连续浸取器(千代田式 L 形连续浸取器)。

超临界流体萃取是兼具有蒸馏和萃取功能的萃取,有的还具有吸附、吸收的功能。超临界萃取的工艺流程按被萃取物料性质可分为超临界流体-固体萃取、超临界流体-液体萃取;按操作方式可分为间歇式操作、半连续式操作、连续式操作;按溶质析出方法可分为等温法、等压法、吸附法、吸收法。

按分离阶段的工作原理不同,超临界流体萃取的基本流程主要有等温、等压、吸附、吸收 4 种方法。等温法是应用最普遍的一种流程,是在等温条件下进行的,通过压力变化使萃取的溶质从超临界流体中分离出来;等压法是在等压条件下,利用温度的变化来实现溶质与萃取剂的分离操作;吸附法是利用对溶质的选择性吸附而将溶质与萃取剂分离的操作,大致相当于一个等温和等压的过程;吸收法是利用萃取剂和溶质在吸收剂(水、有机溶剂等)中的溶解度不同而将其分离的一种操作。

典型的超临界流体萃取设备包含萃取器、分离器和加压设备等。超临界流体的萃取器是整个萃取系统的核心部件,通常用不锈钢制造,并且必须要耐高压,还要耐腐蚀,密封可靠,操作方便、安全。根据其操作方式,可以分为间歇式萃取器、半连续式萃取器、连续式萃取器。

离子交换操作方式可分为静态式和动态式两种,动态式又分为固定床式操作和流动床式操作。典型的离子交换设备有搅拌槽式离子交换器、固定床离子交换器、移动床离子交换器等。

复习思考题

1. 典型的液-液萃取的工艺有哪些？每一种工艺有哪些特点？

2. 按照萃取工艺，液-液萃取设备由哪几种设备组成？

3. 液-液萃取的混合设备有哪些？每一种设备有哪些特点？

4. 常用的分离设备有哪些？每一种设备有哪些特点？

5. 塔式萃取设备有哪些？每一种设备的特点是什么？

6. 萃取设备选择的原则是什么？

7. 浸取工艺有哪些？

8. 间歇式浸取设备有哪些？连续式浸取设备有哪些？各自有哪些特点？

9. 超临界流体萃取的分离方法有哪些？各自有哪些特点？

10. 离子交换设备有哪些？各有哪些要求？

项目 8

蒸馏设备

📖 【知识目标】

- 掌握粗馏塔板类型及结构；
- 掌握粗馏塔塔板层数、板间距、塔径的设计选择；
- 掌握精馏塔的作用及精馏原理；
- 掌握浮阀塔板和筛板塔等常见精馏塔的结构及特点；
- 掌握筛板精馏塔的结构及流程。

📖 【技能目标】

- 能进行筛板精馏塔的操作。

【项目简介】>>>

对发酵后的成熟醪进行蒸馏的目的是将其中所含的酒分提取出来,并进一步提高浓度以及排除不良的杂质,使成品达到规定的质量标准。

酒精蒸馏设备是酒精生产中的重要设备之一,它的性能影响产品质量、生产能力、蒸馏率和消耗定额等。因此,近20年来,国内外都十分重视塔器的研究、设计、选型和革新等工作,以适应酒精工业迅速发展的需要。

酒精的蒸馏采用蒸馏塔。常用的有泡盖塔,由于它的操作稳定,安全可靠,一直为各白酒厂、酒精厂所采用。近年来,出现了浮阀塔、S(SD)形塔和斜孔塔,由于它们具有生产能力大、结构简单、造价较低、板效率高、操作弹性大等优点,现也相继被酒精厂推广应用。

本项目将着重介绍各种塔设备的结构、操作原理及其设计,并对必要的蒸馏附属设备和设计进行介绍。

【工作任务】>>>

任务8.1 粗馏塔

蒸馏分离提纯操作,主要是指将某些液相和固相,液相和液相的混合物分离开,或者将其某组分再进行提纯的化工单元操作。发酵工业产品中常采用蒸馏方法提取或提纯的有白酒、酒精、甘油、丙酮、丁醇以及某些萃取过程中的溶剂回收。

酒精蒸馏包括两个过程:

①将酒精和所有容易挥发的物质从发酵液中分离出来的过程,称为粗馏。

②进一步提高酒精浓度,并除去粗酒精中的杂质,使之成为各种规格的成品酒精的过程,称为精馏。

8.1.1 粗馏塔板类型及结构

粗馏塔的处理对象为发酵成熟醪液,其特点为杂质多、含有许多固形物、黏度大、易起泡和腐蚀性强,所以对蒸馏塔板的要求是处理能力大、塔板效率高、塔板压降低、操作弹性大、结构简单、制造成本低、能够满足工艺的特定要求,如不易堵塞、抗腐蚀等。

1)泡罩塔板

(1)结构

该类塔板适宜处理易起泡的液体,是国内不少酒精厂家的粗馏塔主要采用的装置,主要由塔体、塔板和升气管等部件组成,如图8.1所示。

(2)泡罩塔的操作

泡罩底部浸没在塔板上的液体,形成液封,气体自升气管上升,流经升气管和泡罩之间的环形通道,再从泡罩齿缝(主要是分散气体,增大气液接触面积)中吹出,进入塔板上的液层中

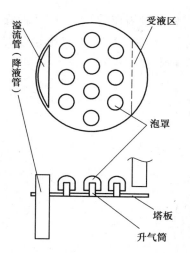

图 8.1　泡盖塔结构示意图

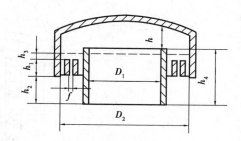

图 8.2　泡罩结构

鼓泡传质。常见的泡罩为倒扣的自行车铃盖形,周边有齿缝。齿缝一般为矩形、三角形和梯形。塔板上的降液管设置在两侧,常见的有弓形和圆形。板上一段降液管的高度称为溢流堰的高度,起维持板上液层深度及使液流均匀的作用。不论何种降液管都设置弓形堰。

2)S(SD)形塔板

(1)S 形塔板

S 形塔板是由数个 S 形的泡罩互相搭接而成,该塔板借助气体喷出时的动能,推动液体流动,这样板上的液层分布比较均匀,液面落差小,雾沫夹带少,气液接触充分而密切。另一方面,生成的蒸汽同时产生一股向上的升腾作用力(见图 8.3 和图 8.4)。因此,该塔板具有一定的驱动力,可将物料中的污秽杂质带走,防止泥沙等杂物的沉积,从而提高排污排杂的性能。

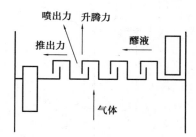

图 8.3　S 形塔板示意图

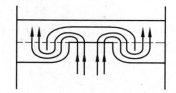

图 8.4　泡罩气体流动图

(2)S 形塔板的特点

①上升蒸汽流通路的面积比普通的泡罩大 2 ~ 4 倍,故允许 S 形塔板具有较高的气速和液速,其处理能力比一般的泡罩塔大 50% 左右。

②气流与液流并行,液面落差小,所以在大液流下塔板仍能平稳操作。

③结构比一般泡罩塔板简单,制作安装方便,造价低。

④塔板结构弯度较大,蒸汽受到的阻力大,塔板压力降也较大。

3)浮阀波纹筛板

在普通波纹筛板的基础上,在波峰处增加一定数量的与波峰同弧形的条状阀片(见图

8.5）。波峰可供蒸汽通过,波谷可供液体分布下流。此种塔板不设溢流管,上下相邻板安装方向呈90°交错。液体分布均匀,整个版面无死角,板效率高,生产能力大,具有自净排杂的作用和不易堵塞,操作温度低等特点。通常可用于粗馏塔、精馏塔和排醛塔。

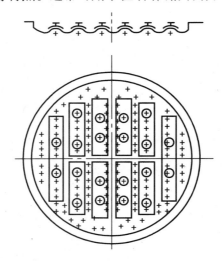

图8.5　浮阀波纹筛板结构示意图

4）斜孔塔

每一排孔口都朝一个方向,相邻两排孔口方向相反,故相邻两排孔口的气体方向反向喷出。该类塔板气液接触良好,雾沫夹带少,允许气体负荷高,可采用较高的气速,板上液层的湍流程度大,气液两相的传质效果好,如图8.6所示。

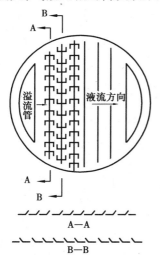

图8.6　斜孔塔结构示意图

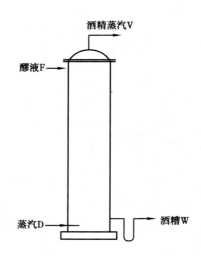

图8.7　粗馏塔物料进出图

8.1.2　粗馏塔的设计

1）塔板层数的确定

不同类型的塔板,其塔板效率不同,我国多采用泡罩塔板,其塔板效率为50%,通常理论板数为 8～10 层,工厂中实际应用为 20～25 层,进料在塔顶,如图 8.7 所示。

2）板间距的选择

板间距即两塔板间的距离。板间距随空塔蒸汽速度、料液的起泡性和塔板的类型而定,空塔速度大,板间距也大才能防止雾沫的夹带。成熟醪起泡性强,故粗馏塔的板间距一般不低于 330 mm,根据经验多泡罩粗馏塔一般可取 400 mm 左右。

3）塔径

塔径是决定生产量的主要因素,当气速一定时,塔径大、产量也大。塔径根据上升的蒸汽量和蒸汽速度计算。塔内蒸汽速度与板间距和泡沸深度有关(酒精蒸汽穿过液层的深度),泡沸深度大,蒸汽速度宜小。粗馏塔进料温度低于进料层沸腾温度,故塔内上升蒸汽量大于塔顶上升蒸汽量。一般酒精粗馏塔进料层在塔顶层,塔顶压力一般控制在 0.11 MPa(绝对),其蒸汽密度为 0.934 kg/m³。

任务8.2　精馏塔

发酵液经过蒸馏后所得到的粗酒精,杂质较多。除去粗酒精中的杂质,进一步提高酒精含量,利用气液两相的互相接触,反复进行部分汽化和部分冷凝的过程称为酒精的精馏。这一过程利用了多次的传质,是多次汽化和多次冷凝的简单蒸馏过程的集合,如图 8.8 所示。

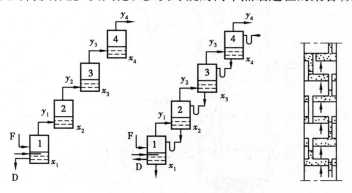

图 8.8　精馏的基本操作示意图

由于釜内汽化的蒸汽中酒精组分大于釜中液相中的组分,经过一段时间的蒸馏,各釜中液相酒精组分越来越少,将导致蒸汽中酒精组分也相应的降低。所以,应将顶釜汽化的蒸汽冷凝液回流一部分至塔内,并逐釜下流。同时在底釜中不断加入原混合液。将顶釜的酒精蒸汽在冷凝器冷凝后所得的部分冷凝回流至顶釜的操作称为回流,在精馏操作中,由精馏塔顶返回塔内的回流量 L 与塔顶产品流量 D 的比值即 $R = L/D$ 称为回流比(R),对精馏过程分离效果和经济性有着重要影响。

8.2.1　精馏塔的作用及处理对象

精馏塔的作用及处理对象如下:

①把从粗馏塔过来的粗馏酒精气体提浓到产品要求的浓度。

②分离净化其他杂质,使产品达到所要求的标准。

③精馏塔的处理对象为粗馏酒精蒸汽或液体。

8.2.2 精馏原理

1)精馏段

气相中的重组分向液相(回流液)传递,而液相中的轻组分向汽相传递,从而完成上升蒸汽的精制。精馏段为进料板以上的塔段。

2)提馏段

下降液体(包括回流液和料液中的液体部分)中的轻组分向汽相(回流)传递,而气相中的重组分向液相传递,从而完成下降液体重组分的提浓。提馏段为进料板以下(包括进料板)的塔段。

精馏与简单蒸馏的区别:气相和液相的部分回流,也是精馏操作的基本条件。

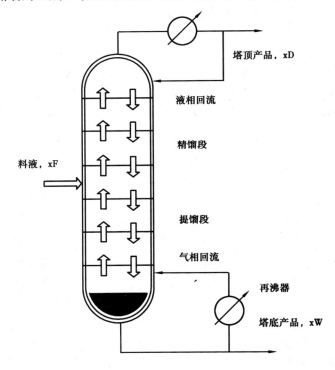

图 8.9　精馏原理示意图

8.2.3　精馏塔

精馏塔应满足塔板效率高、生产能力大、压降小、操作范围广、结构简单、操作方便和加工容易的要求,在我国酒精行业常用的精馏塔有泡罩塔、浮阀塔、斜孔塔、筛板塔和导向筛板塔等。

1)浮阀塔板

(1)浮阀塔板的结构

浮阀塔板的结构有盘式和条状两种(以阀片而言)类型(见图8.10)。

（2）浮阀塔的特点

①塔板效率高。浮阀塔板上的气体通过阀孔后是以水平方向向四周喷出，气体速度大。气液接触时间长，气液接触良好。

②处理能力大，操作范围广。浮阀能上下游动，浮阀的开度是根据蒸汽速度进行自动调节的。

③塔板压降小。与泡罩塔板相比，气体不经过升气筒，不受泡罩折转，不穿过齿缝。

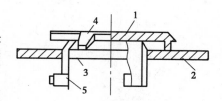

图 8.10　F-1 型浮阀
1—阀件；2—塔板；3—阀孔；
4—定距片；5—阀腿

④结构简单，稳定性高。与泡罩塔板比较，结构简单，加工方便，材料用量少。但目前常采用不锈钢板，其造价不菲。浮阀塔板由于气液接触良好，液面落差很小，所以稳定性高。

2）筛板塔

（1）筛板塔的结构

筛板塔是所有塔板中结构最简单的蒸馏塔板，主要由塔盘（见图 8.11）、气体出口、回流液进口、降液管、料液进口、气体进口、釜液出口和群座等组成，如图 8.12 和图 8.13 所示。

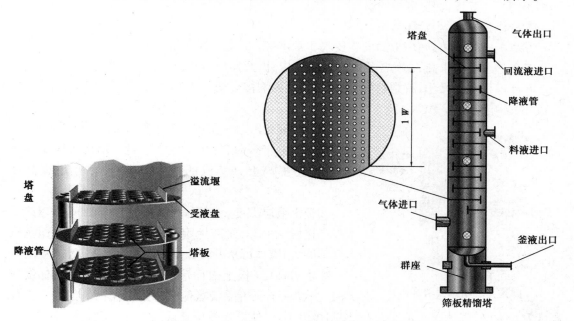

图 8.11　塔盘主要结构

图 8.12　精馏塔示意图一

塔板由开有大量均匀小孔（称为筛孔）的塔板和溢流管组成，如图 8.14 所示。操作时，从下层塔板上升的气流通过筛孔与板上液体接触，进行传热与传质，在操作时要求通过筛孔的蒸汽的速度和压强必须大于筛板上的液层压强，才能保证液体不会从筛孔流下而按规定从溢流管流下，如图 8.15 所示。否则，会导致塔板效率降低。

（2）筛板塔的特点

①结构简单，易于加工，造价低；

②处理能力强，比相同塔径的泡罩塔可增加 10% ~ 20%；

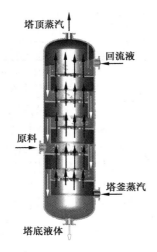

图 8.13　精馏塔示意图二

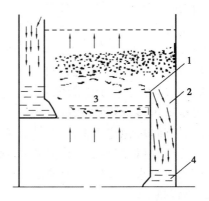

图 8.14　筛板塔
1—溢流堰;2—降液管;3—泡沫层;4—清液层

③塔板效率高;

④塔板压降低,液面落差小;

⑤操作弹性小,小筛孔易堵;

⑥塔板安装要求高,塔板的安装要求非常水平,否则气液接触不匀;

⑦操作水平要求高,操作压力要求非常稳定,因此操作不易控制;

⑧开停机不易操作,特别是停机时,层板上的液体会全部从筛孔流下。

（3）影响塔板效率的因素

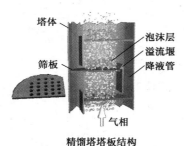

图 8.15　塔板流动状态

①塔板间距。对一定的蒸汽速度而言,塔板间距太小,易产生雾沫夹带现象,使塔板效率降低。但塔板间距过大时,若适当提高上升蒸汽的速度,又会使整个塔板高度增加。

②板上液层深度。液层太低,气液接触时间很短或根本没有接触就离开,将产生跑气现象。而液层太深而蒸汽速度不够大,液体可从升气孔渗漏流下,使塔板效率降低。

③水力梯度（板上液面落差）的影响。当水力梯度较大时,当塔板上靠近受液区侧和靠近溢流区侧的板上液面高度差较大时,气体分布不均匀,气液间接触不好,使塔板效率降低。

④塔板安装不水平或塔板凹凸不平,或升气孔分布不均,使塔板效率降低。

⑤塔板上溢流装置形式。当液流量为 110 m³/h 以下,采用单叶型直径;当液流量为 110 m³/h 以上,塔径在 2 m 以上时,采用双流型半径流。

⑥被精馏物易起泡时,塔板效率降低。

⑦若板液体不断更新,气液接触充分,可使塔板效率提高。

⑧回流比对精馏塔理论板数存在影响。

【实训操作】>>>

（1）实训目的

①了解筛板精馏塔的结构及流程；

②熟悉筛板精馏塔的操作方法。

（2）实训器材

本装置流程主要由精馏塔、回流分配装置及测控系统组成。精馏塔为筛板塔，塔体采用 $\phi57$ mm $\times 3.5$ mm 的不锈钢管制成，下部与蒸馏釜相连。蒸馏釜为 $\phi108$ mm $\times 4$ mm $\times 300$ mm不锈钢材质的立式结构，塔釜装有液位计、电加热器（1.5 kW）、控温电加热器（200 W）、温度计接口、测压口和取样口，分别用于观测釜内液面高度，加热料液，控制电加热量，测量塔釜温度，测量塔顶与塔釜的压差和塔釜液取样。由于本实训所取试样为塔釜液相物料，故塔釜可视为一块理论板。塔顶冷凝器为一蛇管式换热器，换热面积为 0.06 m^2，管外走蒸汽，管内走冷却水。塔身共有 8 块塔板。塔主要参数为塔板：厚 $\delta = 1$ mm，不锈钢板，孔径 $d_0 = 1.5$ mm，孔数 $n = 43$，排列方式为正三角形；板间距：$H_T = 80$ mm；溢流管：截面积为 78.5 mm^2，堰高12 mm，底隙高度6 mm。

回流分配装置由回流分配器与控制器组成。控制器由控制仪表和电磁线圈构成。回流分配器由玻璃制成，它由一个入口管、两个出口管及引流棒组成。两个出口管分别用于回流和采出。引流棒为一根 $\phi108$ mm 的玻璃棒，内部装有铁芯，塔顶冷凝器中的冷凝液顺着引流棒流下，在控制器的控制下实现塔顶冷凝器的回流或采出操作。当控制器电路接通后，电磁线圈将引流棒吸起，操作处于采出状态；当控制器电路断路时，电磁线圈不工作，引流棒自然下垂，操作处于回流状态。此回流分配器既可通过控制器实现手动控制，也可通过计算机实现自动控制。

在本实训中，利用人工智能仪表分别测定塔顶温度、塔釜温度、塔身伴热温度、塔釜加热温度、全塔压降、加热电压、进料温度及回流比等参数，该系统的引入，不仅使实验更为简便、快捷，又可实现计算机在线数据采集与控制。

本实训所选用的体系为乙醇-水，采用锥瓶取样，取样前应先取少量试样冲洗一二次。取样后用塞子塞严锥瓶，待其冷却后（至室温），再用比重天平称出比重，测取液体的温度，换算出料液的浓度。这种测定方法的特点是方便快捷、操作简单，但精度稍低；若要实现高精度的测量，可利用气相色谱进行浓度分析。

（3）实训方法

①熟悉精馏过程的流程，搞清仪表柜上按钮与各仪表相对应的设备与测控点。

②全回流操作时，配制浓度为 4% ~5%（质）的乙醇-水溶液，启动进料泵，向塔中供料至塔釜液面达 250 ~300 mm。

③启动塔釜加热及塔身伴热，观察塔釜、塔身、塔顶温度及塔板上的气液接触状况（观察视镜），发现塔板上有料液时，打开塔顶冷凝器的冷却水控制阀。

④测定全回流情况下的单板效率及全塔效率。控制蒸发量，回流液浓度，在一定回流量下，全回流一段时间，待塔操作参数稳定后，即可在塔顶、塔釜及相邻两块塔板上取样，用比重

天平进行分析,测取数据(重复 2~3 次),并记录各操作参数。

⑤待全回流操作稳定后,根据进料板上的浓度,调整进料液的浓度(在原料储罐中配置乙醇质量分数为 15%~20% 的乙醇-水料液,其数量按获取 0.5 kg 质量分数为 92% 的塔顶产品计算),开启进料泵,注意控制加料量(建议进料量维持在 30~50 mL/min),调整回流,使塔顶产品浓度达到 92%(质)。

⑥控制釜底排料量与残液浓度(要求含乙醇质量分数不超过 3%),维持釜内液位基本稳定。

⑦操作基本稳定后(蒸馏釜蒸汽压力及塔顶温度不变),开始取样分析,测定塔顶、塔底产品浓度,为 10~15 min 一次,直至产品和残液的浓度不变为止。记下合格产品量。切记在排釜液前,一定要打开釜液冷却器的冷却水控制阀。取样时,打开取样旋塞要缓慢,以免烫伤。

⑧实训完毕后,停止加料,关闭塔釜加热及塔身伴热,待一段时间后(视镜内无料液时),切断塔顶冷凝器及釜液冷却器的供水,切断电源,清理现场。

• 项目小结 •

本项目主要介绍在发酵工业中常见的蒸馏设备。

蒸馏分离提纯操作,主要是指将某些液相和固相,液相和液相的混合物分离开,或者将其某组分再进行提纯的化工单元操作,酒精蒸馏包括粗馏和精馏两个过程,对应设备为粗馏塔和精馏塔。

粗馏塔的处理对象为发酵成熟醪液,粗馏塔板类型主要有泡罩塔板、S(SD)形塔板、浮阀波纹筛板及斜孔塔等。其中泡罩塔板主要由塔体、塔板和升气管等部件组成;S 形塔板是由数个 S 形的泡罩互相搭接而成;浮阀波纹筛板是在普通的波纹筛板的基础上,在波峰处增加一定数量的与波峰同弧形的条状阀片。波峰可供蒸汽通过,波谷可供液体分布下流,此种塔板不设溢流管,上下相邻板安装方向呈 90° 交错;斜孔塔是每一排孔口都朝一个方向,相邻两排孔口方向相反。在工厂中实际应用塔板层数为 20~25 层,板间距可取 400 mm,塔径根据上升的蒸汽量和蒸汽速度计算。

精馏塔的处理对象为粗馏酒精蒸汽或液体。在我国酒精行业常用的精馏塔有泡罩塔、浮阀塔、斜孔塔、筛板塔和导向筛板塔等。其中浮阀塔板结构有盘式和条状两种类型;筛板塔主要由塔盘、气体出口、回流液进口、降液管、料液进口、气体进口、釜液出口和群座等组成,而塔板由开有大量均匀小孔(称为筛孔)的塔板和溢流管组成。

复习思考题

1. 酒精蒸馏包括哪些过程?

2. 粗馏塔的处理对象和特点有哪些?

3. 对蒸馏塔板的要求有哪些?

4. 简述粗馏塔板类型及结构。

5. 简述 S 形塔板的优点。

6. 简述筛板塔的优点。

7. 简述筛板塔的缺点。

8. 我国酒精行业常用的精馏塔有哪些?

9. 精馏塔应满足哪些要求?

项目 9

蒸发结晶干燥设备

📖【知识目标】

- 掌握蒸发的定义、方法、影响因素和相关设备的工作原理；
- 掌握结晶的定义、方法、影响因素和相关设备的工作原理；
- 掌握干燥的定义、方法、影响因素和相关设备的工作原理。

📖【技能目标】

- 学会蒸发设备的基本操作方法和设备运行过程中简单故障的排除工作；
- 学会结晶设备的基本操作方法和设备运行过程中简单故障的排除工作；
- 学会干燥设备的基本操作方法和设备运行过程中简单故障的排除工作。

【项目简介】 >>>

蒸发、结晶都是重要的化工单元操作,在发酵工业中用来提取和精致发酵产品。如氨基酸发酵、酶制剂发酵和抗生素发酵的提取与精制等。干燥通常为生产过程的最后工序,因此,往往与产品的质量密切相关,干燥方法的选择对于保证产品的质量至关重要。

【工作任务】 >>>

任务9.1 蒸发设备

蒸发是化工、轻工、食品、医药等工业中常用的一个单元操作。蒸发的目的是浓缩溶液、提取或回收纯溶剂。

蒸发过程的特点如下:

①蒸发是一种分离过程,可使溶液中的溶质与溶剂得到部分分离,但溶剂与溶质分离是靠热源传递热量使溶液沸腾汽化。溶剂的汽化速率取决于传热速率,因此,把蒸发归属于传热过程。

②被蒸发的物料是由挥发性溶剂和不挥发性溶质组成的溶液。在相同的温度下,溶液的蒸汽压比纯溶剂的蒸汽压要小。在相同的压力下,溶液的沸点比纯溶剂的沸点高,且一般随浓度的增加而升高。

③溶剂的汽化要吸收能量,热源耗量很大。如何充分利用能量和降低能耗,是蒸发操作的一个十分重要的课题。

④由于被蒸发溶液的种类和性质不同,蒸发过程所需的设备和操作方式也随之有很大的差异。

蒸发过程按加热方式分为直接加热和间接加热两种;按操作压力分为常压蒸发、真空蒸发和加压蒸发;按操作方式分为间歇操作和连续操作;按蒸发器的级数分为单效蒸发和多效蒸发,单效蒸发装置中只有一个蒸发器,蒸发时产生的二次蒸汽直接进入冷凝器而不再次利用,而多效蒸发是将几个蒸发器串联操作,使蒸汽的热能得到多次利用。

完成蒸发过程的设备统称为蒸发设备或蒸发器,它与一般的传热设备并无本质区别。但蒸发过程中,一方面要加热使溶液沸腾汽化;另一方面要把汽化产生的蒸汽(二次蒸汽)不断移走,这两项任务均由蒸发器完成,蒸发器由加热室和气-液分离室两部分组成。由于发酵工业中大部分产物是热敏性物质,这些物质要求在低温或短时间受热的条件下浓缩。因此,发酵工业中常采用薄膜蒸发器,在减压的情况下,让溶液在蒸发器的加热表面以很薄的液层流过,溶液很快受热升温、汽化、浓缩,浓缩液迅速离开加热表面。薄膜蒸发浓缩时间很短,一般为几秒到几十秒。因受热时间短,能保证产品质量。下面介绍发酵工业中常用的几种薄膜式蒸发设备。

9.1.1 管式薄膜蒸发器

这类蒸发器的特点是,溶液通过加热管一次即达到所要求的浓度。在加热管中液体多呈膜状流动,故又称为膜式蒸发器,因而可以克服循环型蒸发器的缺点,并适于热敏性物料的蒸发,但其设计和操作要求较高。

1)升膜式蒸发器

升膜式蒸发器如图 9.1 所示,是由很长的加热管束所组成,管束装在外壳中,实际上就是一台立式固定管板换热器,管长达 6 ~ 11 m,直径 25 ~ 50 mm,长径比 100 ~ 300。原料液经预热后由加热室的底部进入,在加热管内受热并迅速沸腾汽化,所产生的二次蒸汽在管内高速上升,溶液为高速上升的蒸汽所带动,一边沿管内壁呈膜状上升,一边连续不断地被蒸发。这样,溶液在从加热室底部上升至顶部的过程中逐渐被蒸发,浓缩液与二次蒸汽的混合物进入分离器后,完成液被分离而从分离器底部排出,二次蒸汽则从分离器上部排出。为了使料液有效成膜,上升蒸汽的流速不小于 10 m/s,常压下适宜的出口气速 20 ~ 50 m/s,减压下可达 100 ~ 160 m/s,甚至更高。事实上,由于蒸汽流量和流速随加热管上升而增加,因此管径越大,则管子需要越长。但长管加热器结构较复杂,壳体应考虑热胀冷缩的应力对结构的影响,需采用浮头管板或在壳体上加膨胀圈。

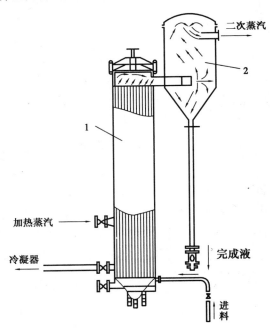

图 9.1 升膜式蒸发器
1—蒸发器;2—分离器

升膜式蒸发器适用于稀溶液,热敏性及易起泡的溶液,最适于热敏性物料;不适用于高黏度,易结晶,易结垢的溶液;较浓溶液的蒸发,汽化水量不多,难以达到所要求的二次蒸汽速度。

2)降膜式蒸发器

降膜式蒸发器如图9.2所示,是料液自蒸发器顶部加入,顶部有液体分布器,如图9.3所示。使每根加热管稳定而均匀受液。料液经过液体分布器使液体均匀地成膜状沿着管内壁在重力作用下下降,在此过程中生成蒸汽和浓缩液的混合物,由加热室下部抽出而进入分离室,实现气液分离。完成液由分离室的底部排出,二次蒸汽从分离器上部排出。适于黏度大、浓度高的料液。传热系数达 1 160 ~ 3 500 W/(m² · K),加热管长径比 100 ~ 250。与升膜式蒸发器适用相比较,降膜式的特点如下:

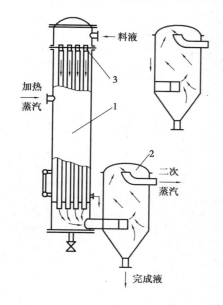

图9.2 降膜式蒸发器
1—蒸发器;2—分离器;3—液体分离器

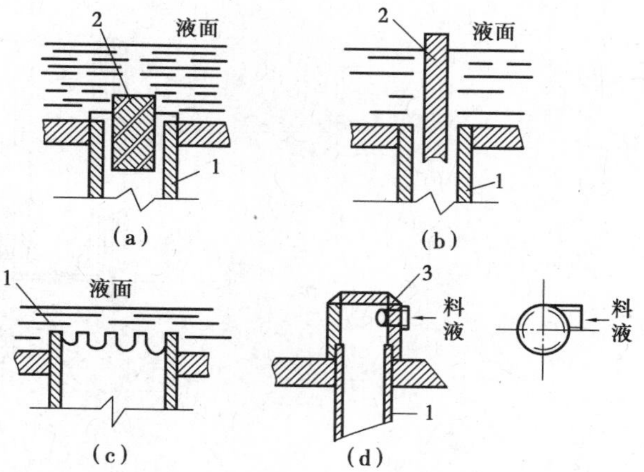

图9.3 降膜蒸发器的液体分布器
1—加热管;2—导流管;3—旋液分配头

①降膜式蒸发器更适用于热敏性溶液的蒸发。降膜式蒸发器没有静压强效应,不会由此引起温差损失;沸腾传热系数和温度差的关系不大,即使在较低的传热温差下,传热系数也较大。

②降膜式蒸发器适用于蒸发量较小的场合。降膜式蒸发器产生膜状流动的原因与升膜式的不同,前者是由于重力作用及液体对管壁的亲润力,而使液体成膜状沿管壁下流,即不像后者取决于管内二次蒸汽的速度。

③降膜式蒸发器要设置分布器蒸发器的上部有液体分布器;分布器要尽量安装得水平,以免液膜流动不均匀。升膜式蒸发器则不需安装这类分布装置。

3)升-降膜式蒸发器

将升膜蒸发器和降膜蒸发器装在一个外壳中,就成为升-降膜式蒸发器,如图9.4所示。料液先经升膜管再经降膜管,气液混合物进入气液分离器中进行分离。在上升途中生成的蒸汽不仅能帮助降膜途中的液体再分配,而且能加速与搅动下降的液膜。下降后的气液混合物进入外设的离心分离器中进行分离。这种蒸发器常用于溶液在浓缩过程中黏度变化大,或者

厂房高度有一定限制的情况。因为升-降膜式蒸发器的总高度比单独升膜或降膜式蒸发器的高度低。

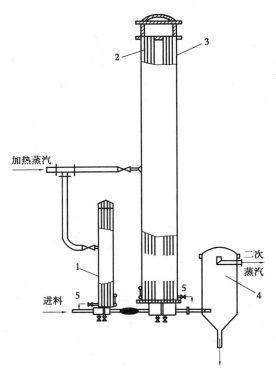

图9.4　升-降膜式蒸发器
1—预热室；2—升膜加热室；3—降膜加热室；4—分离室；5—凝液排出口

9.1.2　刮板式薄膜蒸发器

刮板式薄膜蒸发器的结构如图9.5所示，是一种利用外加动力成膜的蒸发器。蒸发器外壳带有夹套，夹套内通入加热蒸汽加热。内部装有旋转的刮板，刮板本身又可分为固定式和转子式两种，固定式刮板与壳体内壁的间隙为0.5～1.5 mm，转子式刮板与器壁的间隙随转子的转数而变。料液由蒸发器上部沿切线方向加入（也有加至与刮板同轴的甩料盘上的），在重力和旋转刮板刮带下，溶液在壳体内壁形成下旋的薄膜，并在下降过程中不断被蒸发，在底部得到完成液（或固体）。

刮板式薄膜蒸发器的突出优点是依靠外力强制溶液成膜下流，溶液停留时间短，适合于处理高黏度、易结晶或容易结垢的物料，如设计得当，有时可直接获得固体产品。缺点是结构较复杂，制造安装要求高，动力消耗大，每平方米传热面需1.5～3 kW。但传热面积却不大（一般只需3～4 m²，最大约20 m²），因而处理量较小。

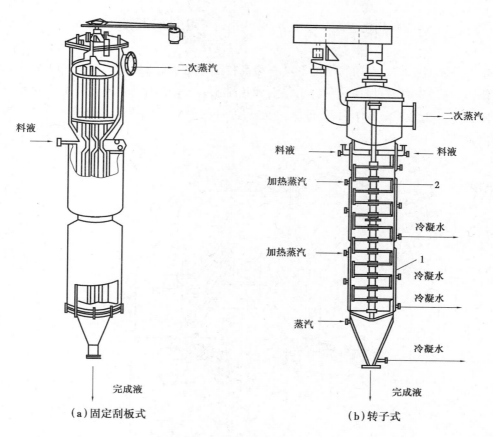

图 9.5 刮板式薄膜蒸发器
1—夹套;2—刮板

9.1.3 离心式薄膜蒸发器

这种设备是利用旋转的离心盘所产生的离心力对溶液的周边分布作用而形成薄膜,设备的结构如图9.6所示。杯形的离心转鼓,内部叠放着几组梯形离心碟,每组离心碟由两片不同锥形的、上下底都是空的碟片和套环组成,两碟片上底在弯角处紧贴密封,下底分别固定在套环的上端和中部,构成一个三角形的碟片间隙,它起加热夹套的作用,加热蒸汽由套环的小孔从转鼓通入,冷凝水受离心力的作用,从小孔甩出流到转鼓底部。离心碟组相间的空间是蒸发空间,它上大下小,并能从套环的孔道垂直连通,作为液料的通道,各离心碟组套环叠合面用 O 形垫圈密封,上加压紧环将碟组压紧。压紧环上焊有挡板,它与离心碟片构成环形液槽。

运转时稀物料从进料管进入,由各个喷嘴分别向各碟片组下表面即下碟片的外表面喷出,均匀分布于碟片锥顶的表面,液体受离心力的作用向周边运动扩散形成液膜,液膜在碟片表面,即受热蒸发浓缩,浓溶液到碟片周边就沿套环的垂直通道上升到环形液槽,由吸料管抽出到浓缩液储罐,并由螺杆泵抽送到下一工序。从碟片表面蒸发出的二次蒸汽通过碟片中部大孔上升,汇集进入冷凝器。加热蒸汽由旋转的空心轴通入,并由小通道进入碟片组间隙加

热室,冷凝水受离心作用迅速离开冷凝表面,从小通道甩出落到转鼓的最低位置,而从固定的中心管排出。

这种蒸发器在离心力场的作用下具有很高传热系数,在加热蒸汽冷凝成水后,即受离心力的作用,甩到非加热表面的上碟片,并沿碟片排出,以保持加热表面很高的冷凝给热系数,受热面上物料在离心场的作用下,液流湍动剧烈,同时蒸汽气泡能迅速被挤压分离,故有很高的传热系数。

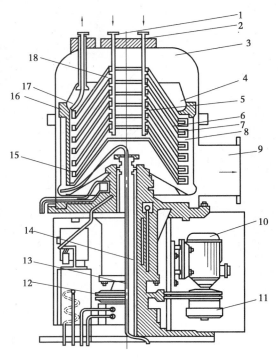

图 9.6　离心式薄膜蒸发器结构

1—清洗管;2—进料管;3—蒸发器外壳;4—浓缩液槽;5—物料喷嘴;6—上碟片;
7—下碟片;8—蒸汽通道;9—二次蒸汽排出管;10—马达;11—液力联轴器;
12—皮带轮;13—排冷凝水管;14—进蒸汽管;15—浓缩液通道;16—离心盘;
17—浓缩液吸管;18—清洗喷嘴

9.1.4　循环式蒸发器

循环式蒸发器是将溶液在加热管中进行多次蒸发的装置,有自然循环式和强制循环式两种。自然循环式蒸发器,溶液因被加热而产生密度差形成自然循环,而强制循环式蒸发器传热系数比自然循环式大、循环速度高。

1)中央循环管式蒸发器

中央循环管式蒸发器的结构如图9.7所示。其加热室由垂直管束组成,中间有一根直径很大的管子,称为中央循环管。当加热蒸汽通入管间加热时,由于中央循环管较大,其单位体积溶液占有的传热面比其他加热管内单位体积溶液占有的要小,即中央循环管和其他加热管内溶液受热程度各不相同,后者受热较好,溶液汽化较多,因而加热管内形成的气液混合物的密度就比中央循环管中的密度小,从而使蒸发器中的溶液形成自中央循环管下降而由其他加热管上升的循环流动。这种循环主要是由溶液的密度差引起的,故称为自然循环。

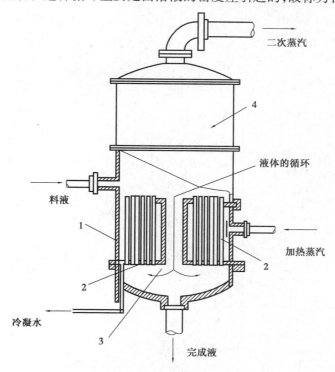

图 9.7　中央循环管式蒸发器

1—外壳;2—加热室;3—中央循环管;4—蒸发室

采用自然循环的蒸发器,是蒸发器的一个发展。过去所用的蒸发器,其加热室多为水平管式、蛇管式或夹套式。采用竖管式加热室并装有中央循环管后,虽然总的传热面积有所减少,但由于能促进溶液的自然循环、提高管内的对流传热系数,反而可以强化蒸发过程。而水平管式之类蒸发器的自然循环很差,故除特殊情况外,目前在大规模工业生产中已很少应用。

为了使溶液有良好的循环,中央循环管的截面积,一般为其他加热管总截面积的 40% ~ 100%;加热管高度一般为 1 ~ 2 m;加热管直径为 25 ~ 75 mm。这种蒸发器由于具有结构紧凑、制造方便、传热较好及操作可靠等优点,应用十分广泛,有所谓"标准式蒸发器"之称。

但实际上,由于其结构上的限制,循环速度不大。溶液在加热室中不断循环,使其浓度始终接近完成液的浓度,因而溶液的沸点高,有效温度差就减小。这是循环式蒸发器的共同缺点。此外,设备的清洗和维修也不够方便,所以这种蒸发器难以完全满足生产的要求。

2) 强制循环式蒸发器

除了上述自然循环蒸发器外,在蒸发黏度大、易结晶和结垢的物料时,还常用到强制循环式蒸发器,其结构如图 9.8 所示。这类蒸发器的主要结构为加热室、蒸发室、除沫器、循环管、循环泵等。与自然循环蒸发器的结构相比增设了循环泵,从而使料液形成定向流动,速度一般为 1.5~3.5 m/s,最高可达 5 m/s,溶液的循环速度可通过调节泵的流量来控制,其蒸发原理与自然循环蒸发器相同。显然,由此带来的问题是这类蒸发器的动力消耗大,传热系数可达 930~5 800 W/(m² · K),每平方米加热面的动力消耗量一般为 0.4~0.8 kW,因此限制了过大的加热面积。该设备适用于高黏度和易于结晶析出、易结垢或易于产生泡沫的溶液的蒸发。

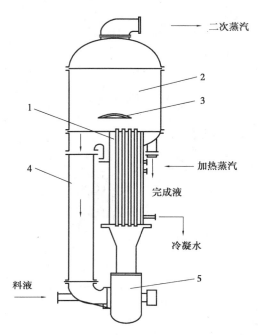

图 9.8 强制循环式蒸发器结构

1—加热室;2—蒸发室;3—除沫器;4—循环管;5—循环泵

9.1.5 蒸发器的附属设备

蒸发器的附属设备有汽液分离器及冷凝与不凝气体的排除装置。

1)汽液分离器(捕沫器)

从蒸发器溢出的二次蒸汽带有液沫,需要加以分离和回收。在分离室上部或分离室外面装有阻止液滴随二次蒸汽跑出的装置,称为分离器或捕沫器。

①装于蒸发器顶盖下面的分离器,如图 9.9 所示的装置可使蒸汽的流动方向突变,从而分离了液沫。图 9.9(c)是用细金属丝、塑料丝等编成网带,分离效果好,压强降较小,可以分离直径小于 1 μm 的液滴。图 9.9(d)是蒸汽在分离器中作圆周运动,因离心作用将气流中液滴分离出来。

②装于蒸发器外面的分离器,如图 9.10 所示。图 9.10(a)是隔板式;图 9.10(b)是旋风分离器,其分离效果较好。

2)冷凝与不凝气体的排除装置

在蒸发操作过程中、二次蒸汽若是有用物料,应采用间壁式冷凝器回收;二次蒸汽不被利

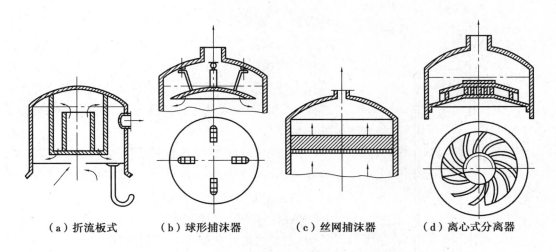

（a）折流板式　　　（b）球形捕沫器　　　（c）丝网捕沫器　　　（d）离心式分离器

图 9.9　汽液分离器（一）

用时,必须冷凝成水方可排除,同时排除不凝性气体。对于水蒸气的冷凝,可采用气、水直接接触的混合式冷凝器。

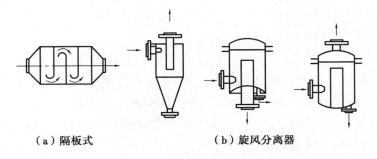

（a）隔板式　　　　　　（b）旋风分离器

图 9.10　汽液分离器（二）

图 9.11 为高位逆流混合式冷凝器,气压管又称大气腿,大气腿的高度应大于 10 m,才能保证冷凝水通过大气腿自动流至接通大气的下水系统。

无论使用哪种冷凝器,都要设置真空装置,不断排除不凝性气体并向系统提供一定的真空度。

9.1.6　蒸发过程的节能

蒸发浓缩是很多生产过程中的必要步骤,但蒸发浓缩时既要增加热能,使溶剂汽化,同时又要用冷凝介质将溶剂冷凝排走热能,故耗能很大。如何减少能耗降低生产成本,是目前蒸发浓缩生产过程中需要解决的重要问题。

降低蒸发浓缩的能耗,最好的办法就是循环利用热能,也就是将高能二次蒸汽用作加热介质去蒸发另外的物料而本身也被冷凝,这就是常用的多效蒸发。从理论上来讲,蒸发可以做成很多效,但实际上由于传热温度差与沸点上升的存在,效数不能增得太多,最多达 6 ~ 7 效,再增加效数反而不经济。而且多效蒸发也只能在规模较大的连续生产系统中应用,对于中小规模的设备难以实现。但是二次蒸汽之所以不能用作自身的加热介质,是因为其蒸汽温

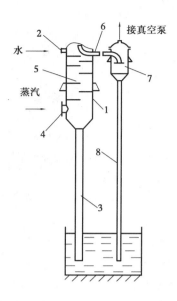

图 9.11　高位逆流混合式冷凝器
1—外壳;2—进水口;3,8—气压管;
4—蒸汽进口;5—淋水板;
6—不凝性气体引出管;7—分离器

度较低,也就是其蒸汽压力较低,如能提高其蒸汽压力,也就是提高其蒸汽温度便可重新利用。提高压力的办法可以用机械泵或用蒸汽喷射泵将低压蒸汽压缩成较高压力的蒸汽,这样重新利用加热蒸汽的办法称为热泵蒸发。所以多效蒸发与热泵蒸发是当前蒸发系统中节能的重要措施。

但要使多效蒸发与热泵蒸发起到更大的节能效益,重要的还在于增加蒸发过程的传热系数,降低传热温度差和减少蒸发过程物料的沸点上升。

热量的传递是与传热系数、温度差和传热面积成正比的,当要降低传热温度差,但又要保持同样的热量传递时,就得强化传热过程,提高传热系数,或大量增加传热面积。目前蒸发设备中比较理想的是降膜式蒸发器,只要成膜理想,传热系数是比较大的。增加传热面积的办法,降膜式也较容易解决,只要增加管子数量和管子的高度即可。

溶液蒸发时的沸点上升,是妨碍热量重复利用,增大损耗的重要原因。沸点上升是由于溶质的存在而导致分子运动阻力增大,以及溶液黏滞和液柱高度,而阻碍液体汽化和蒸汽的排出。溶质影响是物质的化学性质难以避免的,但对于溶液的黏滞和液柱高度的阻碍可以从蒸发设备的形式与结构操作上作恰当的解决。通常采用薄膜蒸发设备时,由于液层很薄,液柱影响就很小。对于溶液黏滞影响就需要强化物料的湍流,以使阻碍降低最小。

如果能以最小的传热温度差和最小的沸点上升进行操作,多效蒸发就能增加效数,提高热量的利用率,热泵蒸发就能从最小的压缩功,而得到更多的热能重复利用。

可见多效蒸发与热泵蒸发过程是主要节能措施,当然,如何合理使用还要结合具体物料性质、工艺要求与生产规模来合理选用,同时还要研制更理想的蒸发设备和效率更高的热泵,不断提高节能效果。

9.1.7　蒸发浓缩设备的操作要点及注意事项

蒸发浓缩设备是蒸发系统的一部分,设备的操作必须与蒸发系统协调一致。下面简单介绍蒸发系统操作的基本方法和操作注意事项。

1)蒸发系统的原始开车

原始开车包括检查、洗净、空试、接受物料和转入正常开车。

(1)检查

对全系统按流程全面检查和确认各设备、管道、阀门、法兰和各种计量、测量等仪表是否齐全。并按照技术规程和检修安装技术文件等有关规定,检查安装质量是否符合工艺要求。

（2）洗净

由于安装和检修后的设备、管道内比较脏，开车前必须用自来水或较清洁的工业用水清洗。清洗步骤可按系统或单体设备分段进行。洗净后用水必须彻底排净。

（3）试车

对机械传动设备和电气设备均应进行空载和加压试车。

（4）接受物料

准备工作就绪后，可按操作法规定接受物料。

（5）正常开车（开车应各段蒸发器逐步开车）

①向蒸发器中缓慢引入加热蒸汽，打开蒸发器惰性气体放空阀，排出空气等惰性气体；

②将蒸发器的溶液下流管的液封内注满水；

③向冷凝器加足够的冷却水；

④溶液储槽准备接受溶液；

⑤向蒸发器加溶液，缓慢提真空，逐渐加负荷，调节蒸汽和冷却水量。

2）蒸发系统停车

蒸发系统停车是指逐台蒸发器停车，卸压和卸物料力求彻底，防止溶液系统结晶。

①将各段溶液槽液位降到最低，停止蒸发器运转；

②蒸发器加水洗涤。排放系统内溶液并加蒸汽吹除，蒸发系统停车；

③系统内冷凝液全部排入蒸汽冷凝液槽，无液面时，停止外送；

④停掉真空系统；

⑤洗涤、置换、吹除完毕，切断冷却水和低压蒸汽与外界总管的联系；

⑥装有溶液的各储槽出口阀门挂上明显的禁动标志。

3）正常操作及操作注意事项

正常开车后，应从以下几个方面加以控制：

①加强蒸发后溶液浓度的控制。

②蒸发蒸汽中夹带的产品溶液量的控制。为避免蒸汽流速增加而引起损失量增加，应掌握和控制以下几个方面：

a. 真空度不应控制过高；

b. 降低真空度不应该用降低真空度的方法进行调节，而应该用减少惰性气体排出的方法来进行控制；

c. 要及时消除蒸发器、分离器及蒸汽管线的漏真空现象；

d. 蒸发器不应该超负荷运行；

e. 经常根据加入蒸发器的溶液浓度适当调节蒸发器的负荷量。

③新鲜加热蒸汽和冷却水用量的控制。

④加强溶液泵的正常操作。

⑤真空泵的正常操作。

任务 9.2 结晶设备

结晶是指溶质自动从过饱和溶液中析出形成新相的过程。这一过程不仅包括溶质分子凝聚成固体，还包括这些分子有规律地排列在一定晶格中，这种有规律地排列与表面分子化学键变化有关。因此结晶过程又是一个表面化学反应过程。

结晶是制备纯物质的有效方法。溶液中的溶质在一定条件下因分子有规律地排列面结合成晶体，晶体的化学成分均一，具有各种对称的晶状，其特征为离子和分子在空间晶格的结点上成有规则的排列。固体有结晶和无定形两种状态。两者的区别就是构成单位（原子、离子或分子）的排列方式不同，前者有规则，后者无规则。在条件变化缓慢时，溶质分子具有足够时间进行排列，有利于结晶形成；相反，当条件变化剧烈，强迫快速析出，溶质分子来不及排列就析出，结果形成无定形沉淀。

通常只有同类分子或离子才能排列成晶体，所以结晶过程有很好的选择性，通过结晶溶液中的大部分杂质会留在母液中，再通过过滤、洗涤等就可得到纯度较高的晶体。许多抗生素、氨基酸、维生素等就是利用多次结晶的方法制取高纯度产品的。

按晶格空间结构，可把晶体简单地分为立方晶系、四方晶系、六方晶系、正交晶系等。而结晶体的形态可以是单一晶系，也可以是两种晶系的过渡体。通常只有同类分子或离子才能进行有规律的排列，故结晶过程有高度的选择性，结晶溶液中大部分晶体会留在母液中，再通过过滤、洗涤等就可得到纯度高的晶体。但是，结晶过程是复杂的，有时会出现晶体大小不一，形状各异，甚至形成晶簇等现象。另外，若结晶时有水合现象，则所得晶体中有一定的溶剂分子，称为结晶水。不仅影响晶体的形状，也影响晶体的性质。如味精的晶体是带有一个结晶水的棱柱形八面体晶体。

由于结晶过程成本低、设备简单、操作方便，所以目前广泛应用于药物的精制。结晶过程有液-液结晶、熔融结晶、升华结晶和沉淀 4 大类，其中液-液结晶是工业中常用的结晶过程。

相对于其他化工分离操作，结晶过程具有以下特点：

①能从杂质含量相当多的溶液或多组分的熔融混合物中，分离出高纯或超纯的晶体。

②对于许多难分离的混合物系，例如同分异构体混合物、共沸物和热敏性物系等，使用其他分离方法难以奏效，而适用于结晶。

③结晶与精馏、吸收等分离方法相比，能耗低，因结晶热一般仅为蒸发潜热的 $1/10 \sim 1/3$。又由于可在较低的温度下进行，对设备材质要求较低，操作相对安全。一般无有毒或废气逸出，有利于环境保护。

④结晶是一个很复杂的分离操作，它是多相、多组分的传热-传质过程，也涉及表面反应过程，尚有晶体粒度及粒度分布问题，结晶过程设备种类繁多。

9.2.1 结晶原理与起晶方法

1)结晶基本原理

当晶体置于溶剂(或未饱和的溶液)中,它的质点受溶液分子的吸引和碰撞,即会吸收能量而均匀地扩散于溶液中(或与溶液形成化合物-水合物等),同时已溶解的固体质点也会碰撞到晶体上,放出能量而重新结晶析出。若溶液未饱和,则溶解度大于结晶速度,这就表现为溶解,溶解时所吸收的热量称为溶解热。随着溶解的增加,溶液浓度不断增大,则溶解速度与结晶速度慢慢趋向相等,溶解与结晶就处于动态平衡,这时的溶液称为饱和溶液。物质溶解的量称为溶解度。但随着温度的升高,质点能量增加,扩散运动加大,晶体的溶解量增多,溶解度就升高。相反要想使溶质从溶液中析出,则要反方向来破坏这个动态平衡,使结晶速度大于溶解速度,溶液中的溶质含量超过它饱和溶液中溶质含量时,溶质质点间的引力起着主导作用,它们彼此靠拢、碰撞、聚集放出能量,并按一定规律排列而析出,这就是结晶过程。工业生产上可采用蒸发浓缩,冷却或其他降低溶解度的方法来破坏溶液的动态平衡,使溶质结晶。

综上所述,溶液的结晶过程一般分为 3 个阶段:即过饱和溶液的形成、晶核的形成和晶体的成长阶段。因此,为了进行结晶,必须先使溶液达到过饱和后,过量的溶质才会以固体的形态结晶出来。因为固体溶质从溶液中析出,需要一个推动力,这个推动力是一种浓度差,也就是溶液的过饱和度;晶体的产生最初是形成极细小的晶核,然后这些晶核再成长为一定大小形状的晶体。

当溶液浓度恰好等于溶质的溶解度时,溶质的溶解度与结晶速度相等,尚不能使晶体析出。当浓度超过饱和浓度达到一定的过饱和程度时,才可能析出晶体,如图 9.12 所示。溶解度与温度的关系可以用饱和曲线 AB 来表示,开始有晶核形成的过饱和浓度与温度的关系用过饱和曲线 CD 来表示。这两条曲线将浓度-温度图分为 3 个区域。

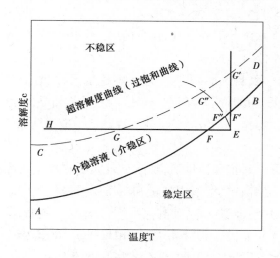

图 9.12 超溶解度曲线及介稳区

（1）稳定区（*AB* 线以下的区域）

在此区中溶液尚未达到饱和，不可能产生晶核。

（2）介稳区（*AB* 与 *CD* 之间的区域）

在该区不会自发产生晶核，但如果向溶液中加入晶体，能诱导结晶产生，晶体也能生长，这种加入的晶体称为晶种。

（3）不稳定区（*CD* 线以上的区域）

在此区域中，溶液能自发地产生晶核和进行结晶。

此外，大量的研究工作证实，一个特定物系只有一条确定的溶解度曲线，但超溶解度曲线的位置受到很多因素的影响，例如，有无搅拌、搅拌强度的大小、有无晶种、晶种大小与多少、冷却速度快慢等，因此，超溶解度曲线应是一簇曲线，为表示这一特点，*CD* 线用虚线表示。

图中 *E* 代表一个欲结晶物系。分别使用冷却法、蒸发法和绝热蒸发法进行结晶，所经途径应为 *EFH*、*EF′G′* 和 *EF″G″*。

工业结晶过程要避免自发成核，才能保证得到平均粒度大的结晶产品。只有尽量控制在介稳区内结晶才能达到这个目的。因此，只有按工业结晶条件测出的超溶解度曲线和介稳区才更有实用价值。

2）工业生产中常用的起晶方法

结晶是工业发酵生产中发酵产品提纯的有效方法之一。它具有成本较低、设备简单、操作方便等特点。因此，在大规模生产中广泛应用。结晶的首要条件是过饱和，创造过饱和条件下结晶在工业生产中常用的方法是自然起晶法、刺激起晶法和晶种起晶法 3 种，现介绍如下：

（1）自然起晶法

在一定温度下使溶液蒸发进入不稳定区形成晶核，当生成的晶核的数量符合要求时，加入稀溶液使溶液浓度降低至介稳区，使之不生成新的晶核，溶质即在晶核的表面长大。这是一种古老的起晶方法，因为它要求过饱和浓度高、蒸发时间长，且具有蒸汽消耗多，不易控制，同时还可能造成溶液色泽加深等现象，现已很少使用。

（2）刺激起晶法

将溶液蒸发至介稳区后，将其加以冷却，进入不稳定区，此时即有一定的晶核形成，由于晶核形成使溶液浓度降低，随即将其控制在介稳区的养晶区使晶体生长。味精和柠檬酸结晶都可采用先在蒸发器中浓缩至一定浓度后再放入冷却器中搅拌结晶的方法。

（3）晶种起晶法

将溶液浓缩到介稳区的过饱和浓度后，加入一定大小和数量的晶种，同时应用搅拌器搅动溶液使粒子均匀悬浮于溶液中，溶液中的饱和溶质就慢慢扩散到晶种周围，在晶种的各晶面排列，使晶体长大。晶种应经过筛选，使其大小均匀，这样才能长出大小一致的晶体。加入晶种的量与晶体的粒子大小有关，晶种粒子较大，用量较多，粒子较细，用量较少，但加入晶种粒子大，长出的结晶也大。要提供足够的晶面，才能取得较大的结晶速度。

晶种起晶法操作控制比较方便，在保持不产生新晶核的条件下，适当提高过饱和浓度来增加结晶速度,产品大小均匀,晶形一致,故工业结晶过程大部分采用晶种起晶法。

　　现以冷却结晶为例,比较加晶种与不加晶种以及冷却速度快慢对结晶的影响,如图9.13所示。

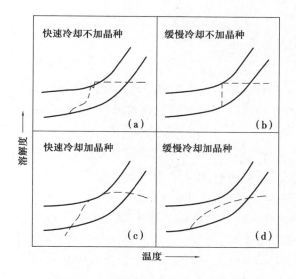

图9.13　冷却结晶的几种方法比较

　　快速冷却不加晶种的情况如图9.13(a)所示,溶解度迅速穿过介稳区达到过饱和曲线,即发生自然结晶现象,大量细晶从溶液中析出,溶液很快下降到饱和曲线。由于没有充分的养晶时间,所以小结晶无法长大,所得晶体尺寸细小。缓慢冷却不加晶种的情况如图9.13(b)所示,虽然结晶速度比图9.13(a)的情况慢,但能较精确地控制晶粒的生长,所得晶体尺寸也较大,这是一种常见的刺激起晶法。为了缩短操作周期,对饱和溶液开始可缓慢冷却,当浓度下降到养晶区时即可加快冷却速度使晶体生长较快。图9.13(c)为快速冷却加晶种的情况,溶液很快变成过饱和,在晶种生长的同时,又生成大量细晶核,因此,所得到的产品大小不整齐。缓慢冷却加晶种的情况如图9.13(d)所示,整个操作过程始终将浓度控制在介稳区,溶质在晶种上生长的速度完全被冷却速度所控制,没有自然晶核析出,晶体能有规则地按一定尺寸生长,产品整齐完好。目前很多大规模生产都是采用这种方法。

　　对于不是采用蒸发浓缩来改变溶液浓度,而是采用其他化学方法来改变溶液浓度,其结晶情况和起晶方法基本上是一样。如谷氨酸溶液的等电点法,它是利用谷氨酸在水溶液中呈两性,当溶液的pH值到某一定值时,谷氨酸两性电荷相等,它在水中的溶解度最小,称为等电点。生产上利用这个原理,加酸调整溶液的pH值来降低谷氨酸的溶解度,使之进入过饱和浓度区而将谷氨酸结晶析出。为了增大结晶粒子和提高收得率,在加酸调整pH值改变溶解度时,要防止溶液进入不稳定区的浓度而自然起晶。应采用在介稳区加晶种起晶法,因为在发酵液中谷氨酸的绝对含量较小,有时仅为3%~4%,而其他微粒杂质如菌体等较多,如果加酸速度太快,溶液进入不稳定区,谷氨酸即会大量自然起晶而生成鳞片状的轻质谷氨酸,并附着菌体悬浮于溶液中,不能沉淀收集,而造成损失。因此,要慢慢加酸,特别是当pH 4.0以后(按溶液含谷氨酸量不同来确定到达饱和浓度时的pH值),即加入晶种,保持搅拌,使晶种均

匀轻浮于溶液中进行育晶,但加酸速度要一定,以保持溶液在一定的过饱和浓度下育晶,若同时采用冷冻盐水降温,可进一步降低谷氨酸的溶解度而提高谷氨酸的收得率。

9.2.2 结晶设备

1)结晶设备的类型及特点

结晶设备按改变溶液浓度的方法分为浓缩结晶、冷却结晶和其他结晶。

浓缩结晶设备是采用蒸发溶剂,使浓缩溶液进入过饱和区起晶(自然起晶或晶种起晶)。并不断蒸发,以维持溶液在一定的过饱和度进行育晶。结晶过程与蒸发过程同时进行,故一般称为煮晶设备。

冷却结晶设备是采用降温来使溶液进入过饱和区结晶(自然起晶或晶种起晶),并不断降温,以维持溶液在一定的过饱和浓度进行育晶,常用于温度对溶解度影响比较大的物质结晶。结晶前先将溶液升温浓缩。

等电点结晶设备的形式与冷却结晶设备较相似,区别在于等电点结晶时溶液比较稀薄;要使晶种悬浮,搅拌要求比较激烈;同时要选用耐腐蚀材料;传热面多采用冷却排管。

此外,按结晶过程运转情况的不同,可分为间歇式结晶设备和连续式结晶设备两种。间歇式结晶设备比较简单,结晶质量较好,结晶收得率高,操作控制也比较方便,但设备利用率较低,操作的劳动强度较大。连续式结晶设备比较复杂,结晶粒子比较细小,操作控制也比较困难,消耗动力较多,若采用自动控制,将会得到广泛推广。

通常结晶设备应有搅拌装置,使结晶颗粒保持悬浮于溶液中,并同溶液有一个相对运动,以提高溶质质点的扩散速度,加速晶体长大。搅拌速度和搅拌器的形式应选择得当,若速度太快,则会因刺激过剧烈而自然起晶,也可能使已长大了的晶体破碎,功率消耗也增大;太慢则晶核会沉积。故搅拌器的形式与速度要视溶液的性质和晶体大小而定。一般趋向于采用较大直径的搅拌桨叶,较低的转动速度。搅拌器的形式有很多,选用时应根据溶液流动的需要和功率消耗情况来选择。

当晶体颗粒比较小,容易沉积时,为了防止堵塞,排料阀要采用流线型直通式。同时加大出口,以减少阻力;必要时要安装保温夹层,以防止突然冷却结块。另外,为了防止搅拌轴的断裂,应安装保险装置,如保险连轴鞘等,其作用是遇结块堵塞、阻力增大时,保险鞘即折断,从而防止断轴、烧坏电机或减速器等严重事故。

2)结晶设备的选择

在结晶操作中应根据所处理物系的性质、希望得到晶体产品的粒度及粒度分布范围、生产能力的大小、设备费用和操作费用等因素综合考虑来选择设备。下面介绍一般性的选择原则:

①物系的溶解度与温度之间的关系是选择结晶器时首先考虑的重要因素。要结晶的溶质不外乎两大类,第一类是温度降低时溶质的溶解度下降幅度大,第二类是温度降低时溶质的溶解度下降幅度很小或者具有一个逆溶解度变化。对于第二类溶质,通常需用浓缩式结晶器,对某些具体物质也可用盐析式结晶器。对于第一类溶质,可选用冷却式结晶器或真空式

结晶器。

②结晶产品的形状、粒度及粒度分布范围对结晶器的选择有重要影响。要想生产颗粒较大而且均匀的晶体,可选择具有粒度分级作用或产品能分级排出的混合结晶器。这类结晶器生产的晶体也便于后续处理,最后获得的结晶产品也较纯。

③费用和占地大小也是需要考虑的重要因素。一般来说,连续操作的结晶器要比间歇操作的经济些,尤其产量大时是这样,如果生产速度大,用连续操作较好。浓缩式和真空式虽然需要相当大的顶部空间,但在同样产量下,它们所占地的面积比冷却槽式结晶器小得多。

3)结晶设备

(1)冷却式结晶器

冷却式结晶器有间接接触冷却结晶器和直接接触冷却结晶器。间接接触冷却结晶器常用的有结晶敞槽和搅拌式结晶器;直接接触冷却结晶器有回转结晶器、淋洒式结晶器、湿壁结晶器等。下面介绍几种生产中常用的冷却结晶器:

①搅拌槽式结晶器。通常用不锈钢板制作,外部有夹套通冷却水以对溶液进行冷却降温;连续操作的槽式结晶器,往往采用长槽并设有长螺距的螺旋搅拌器,以保持物料在结晶槽的停留时间。槽的上部要有活动的顶盖,以保持槽内物料的洁净。槽式结晶器的传热面积有限,且劳动强度大,对溶液的过饱和度难以控制;但在小批量、间歇操作时还比较合适。槽式结晶器的结构如图9.14和图9.15所示。

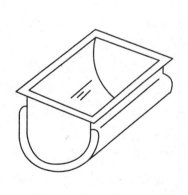

图9.14 间歇槽式结晶器

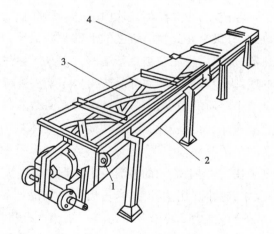

图9.15 长槽搅拌式连续结晶器
1—冷却水进口;2—冷却夹套;
3—长螺距螺旋搅拌器;4—两段之间接头

②结晶罐。这是一类立式带有搅拌器的罐式结晶器,冷却采用夹层,也可用装于罐内的鼠笼冷却管(见图9.16)。在结晶罐中冷却速度可以控制得比较缓慢。因为是间歇操作,结晶时间可以任意调节。因此可得到较大的结晶颗粒物,特别适合于有结晶水的物料的晶析过程。但是生产能力较低,过饱和度不能精确控制。结晶罐的搅拌转速要根据对产品晶粒的大

小要求来定。对抗生素工业,在需要获得微粒晶体时采用高转速,即 1 000 ~ 3 000 r/min。一般结晶过程的转速为 50 ~ 500 r/min。

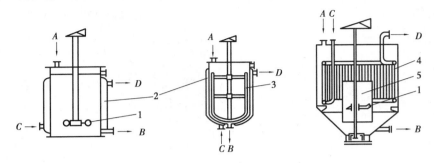

图 9.16　结晶罐

1—浆式搅拌器;2—夹套;3—刮垢器;4—鼠笼冷却器;5—导液管;6—尖底搅拌耙;

A—液料进口;B—晶浆出口;C—冷却剂入口;D—冷却剂出口

（2）浓缩式结晶器

①Krystal-Oslo 结晶器。此蒸发结晶器由结晶器主体、蒸发室和外部加热器构成,如图 9.17 所示是一种常用的 Krystal-Oslo 型常压蒸发结晶器。操作时原料液经循环泵输送至加热器加热,加热后的过热溶液进入蒸发室蒸发,二次蒸汽由蒸发室顶部排出,浓缩的溶液达到过饱和,经中央管下行至晶粒分级区底部,然后向上流动并析出晶体。析出的晶粒在向上的液流中飘浮流动,小晶粒随液体向上,大颗粒向下,这样,在晶粒分组区内,从上至下晶粒越来越大,形成分级。在晶粒分级区的上部颗粒最小,从溢流管随液体流出去外循环泵进入外置的加热器,加热后小晶粒被重新溶解,作为过热溶液返回到结晶器上部进口重新蒸发;晶粒分级区的底部晶粒最大,从底部晶浆出口出来去进行固液分离。分离后,固体作为产品,液体可根据母液中溶质的多少,通过循环泵再返回结晶器。通过调节外置循环泵的出口流量可以改变过热溶液流回结晶器的流量,从而改变液体从中心管底部向上流动的速度,进而改变晶粒分级区上下的晶体颗粒大小。比如,流回结晶器的过热溶液流量越大,晶粒分级区向上的液流速度越快,被向上流动的液流带走的颗粒就越大,底部颗粒就越大,得到的晶体产品颗粒就越大;反之,越小。用这种手段,可以调节结晶产品颗粒的大小。因此,Krystal-Oslo 结晶器也具有结晶分级能力。将蒸发室与真空泵相连,可进行真空绝热蒸发。与常压蒸发结晶器相比,真空蒸发结晶设备不设加热设备,进料为预热的溶液,蒸发室中发生绝热蒸发。因此,在蒸发浓缩的同时,溶液温度下降,操作效率更高。

Krystal-Oslo 结晶器的优点是:晶粒在分级结晶区内被自动分级,结晶粒度可控,这对获取均匀的大粒度晶体十分有利;结晶器中无机械搅拌,节省能量,操作成本低;得到的晶体粒度均匀;能连续操作,也可以长时间结晶。缺点是:结构较复杂,体积较大;需设外部循环和加热装置。

②DTB 型结晶器。如图 9.18 所示为 DTB 型结晶器的结构图。它的中部有一导流筒,在四周有一圆筒形挡板,在导流筒内接近下端处有螺旋桨(也可看作内循环轴流泵),以较低的

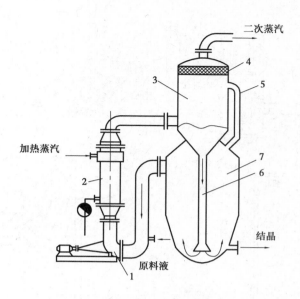

图 9.17　krystal-Oslo 结晶器

1—循环泵;2—加热器;3—蒸发室;4—捕沫器;5—通气管;6—中央管;7—结晶成长段

转速旋转。悬浮液在螺旋桨的推动下,在筒内上升至液体表面,然后转向下方,沿导流筒与挡板之间的环行通道流至器底,重又被吸入导流筒的下端,反复循环,使料液充分混合。圆筒形挡板将结晶器分割为晶体生长区和澄清区。挡板与器壁间的环隙为澄清区,该区不受搅拌的影响,使晶体得以从母液中沉降分离,只有过量的微晶随母液在澄清区的顶部排出器外,从而实现对微晶量的控制。结晶器的上部为气液分离空间,用以防止雾沫夹带。热的浓物料加至导流筒的下方,晶浆由结晶器的底部排出。为了使所产生的晶体具有更均匀的粒度分布,即具有更小的变异系数,这种形式的结晶器有时还在下部设置淘洗腿。

DTB 型结晶器由于设置了导流筒,形成了循环通道,只需要很低的压力差($9.81 \times 10^2 \sim 1.96 \times 10^3$ Pa)就能推动内循环过程,保持各截面上物料具有较高的流速,晶浆密度可达 30% ~40%(质量分数)。对于真空冷却法和蒸发法结晶,沸腾液体的表面层是产生过饱和趋势最强烈的区域,在此区域中存在着进入不稳定区而大量产生晶核的危险。导流筒则把大量高浓度的晶浆直接送到溶液上层,使表层中随时存在着大量的晶体,从而有效地消耗不断产生的过饱和度,使之只能处在较低的水平,避免了在此区域中因过饱和度过高而产生大量的晶核,同时也大大降低了沸腾液面处的内壁面上结挂晶疤的速率。

③DP 结晶器。即双螺旋桨(Double-propeller)结晶器,如图 9.19 所示。DP 结晶器是对 DTB 结晶器的改良,内设两个同轴螺旋桨。其中之一与 DTB 型一样,设在导流管内,驱动流体向上流动,而另一个螺旋桨比前者大一倍,设在导流管与钟罩形挡板之间,驱动液体向下流动。由于是双螺旋桨驱动流体内循环,所以在低转速下即可获得较好的搅拌循环效果,功耗较 DTB 结晶器低,有利于降低结晶的机械破碎。但 DP 结晶器的缺点是大螺旋桨要求动平衡性能好、精度高、制造复杂。

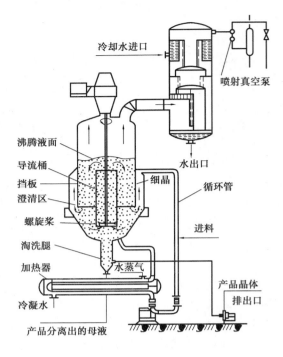

图 9.18　DTB 结晶器

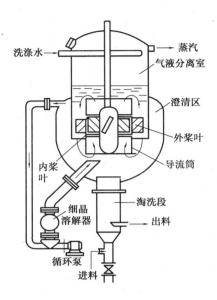

图 9.19　DP 结晶器

9.2.3　结晶器的操作

在结晶器的操作中,必须尽一切可能防止意外的晶核产生,不要让溶液进入不稳区,而有控制地加入晶种是常用的方法。只要晶种的大小和数目适当,能让物质只在晶种上成长。晶种应当借温和的搅拌均匀地分布在整个溶液中,并小心地缓慢降温。

在操作中,给定的晶浆体积中,晶核越少,产品中结晶就会长得越大;反之,晶核太多,产品中结晶就长不大。因此,为了提高产品中结晶的平均粒度,必须尽早地把过量的晶核除掉,去掉细晶最简单的办法是根据淘洗原理,即在结晶器内部或外部建立一个静止区,在这个区内把溶液流速减少若干倍,使较大的晶体从溶液中沉淀出来,送回晶浆里去继续长大,而使不能沉降的细晶粒由液流带到另一装置中去,在那里借热或稀释作用重新溶解而被消灭掉。在结晶器壁上,经常会有大量结晶积聚成大块晶垢。在大结晶器中,这种晶垢可厚达 30 cm,由于附有晶垢的表面不利于传热而降低生产能力。所以,要定期清洗结晶器除去晶垢。保持结晶器壁的光滑,有助于减少晶垢。可以用提高温度,使晶垢熔化或用稀释的方法来溶解晶垢,有时必须把晶浆全部放掉,将结晶器用蒸汽、稀溶液等加以清洗。

在结晶结束之后,必须有一道液-固分离手续。离心过滤能使某些情况下结晶中母液质量减少 1% 左右,但在一般情况下,从离心机排出的结晶还有 5% ~ 10% 的母液。粒度小的结晶含的母液将更多。

过滤后,还要把结晶加以洗涤,以进一步除去所余留的母液量。在离心机中,可使洗涤时的转速比过滤时慢些。对于易溶的结晶物质,滤饼不能太厚。洗涤时间过长会减少最后产量。洗涤后要用最大转速把残余的母液甩出。如果结晶在原溶剂中溶解度较高,则可用另一种对结晶不易溶解的液体作为洗液。

总之,结晶操作影响因素很多,不能绝对或片面考虑,要综合利弊全面研究。

任务9.3　干燥设备

为了减少体积,便于运输,防止成品在保存过程中变性、变质,保持发酵产品的性能,发酵产品加工需要经过干燥过程,将物料的湿分降低到适当的范围内。

干燥是将湿物料的湿分(水分或其他溶剂)除去的加工过程,往往是整个发酵产品加工过程中在包装之前的最后一道工序,与最终产品的质量密切相关,干燥方法的选择对于保证产品的质量至关重要。发酵工业中常用的干燥方法有对流干燥(气流干燥、喷雾干燥和流化床干燥)、冷冻干燥、真空干燥、微波干燥、红外干燥等。

9.3.1　固体物料干燥机理及发酵工业产品干燥的特点

在发酵工业生产过程中,很多原材料、半成品和成品中含有水分,除去水分的过程称为"去湿"。去湿的方法有以下3类:

(1)机械去湿法

机械去湿法即通过过滤、压榨、抽吸和离心等方法除去水分,这些方法适用于水分无须完全除尽的情况。

(2)物理化学去湿法

物理化学去湿法即用吸湿性材料如石灰、无水氯化钙等吸收水分,这种方法只适用于小批量固体物料的去湿,或用于除去气体中的水分。

(3)热能去湿法

热能去湿法即借热能使水分从物料中汽化排出。

在以上3种方法中,通过加热使湿物料中的水分汽化排出的操作统称为固体干燥。根据加热方式的不同,干燥可以分为以下5种:

(1)传导干燥

载热体将热能以传导方式通过金属壁面传给湿物料,其热效率较高,一般为70%～80%,从节能的角度出发是较有前途的干燥方法。

(2)对流干燥

利用热空气、烟道气等作干燥介质将热量以对流方式传递给湿物料,又将汽化的水分带走的干燥方法。气体在操作中起到载热和载湿的作用,因此被称为载热体和载湿体。这类干燥方法的热效率为30%～70%。

(3)辐射干燥

热能以电磁波的形式由辐射器发射,并为湿物料吸收后转化为热能,使物料中的水分汽化。用作辐射的电磁波一般是红外线和远红外线,多数湿物料在近红外区(4~5 m以下)有一部分吸收带,而有机湿物料则在远红外区(50~100 m)有吸收带。

辐射干燥的干燥速率高,因而生产强度很大;产品均匀而洁净;干燥时间短;特别适用于以表面蒸发为主的膜状物质,但它的耗电量较大,热效率约为30%。

(4)介电干燥

湿物料置于高频交变电场之中,湿物料中的水分子在高频交变电场内频频地变换取向的位置而产生热量。一般低于300 MHz的称作高频加热;300~3 000 GHz的称微波加热。目前微波加热使用的频率是915 MHz和2 450 MHz两种。

介电干燥的主要特点是:加热时间短;属于内部加热而加热均匀性较好;因为微波为水所优先吸收,对内部水分分布不均匀的物料有"调平作用";热效率较高,约在50%以上。

(5)冷冻干燥

将湿物料或溶液在低温下冻结成固态,然后在高真空下供给热量,将水分直接由固态升华为气态的脱水干燥过程。具有如下特点:

①由于水分子冻结后由固态直接升华为气态,物料的物理结构和分子结构变化极小;

②脱水后的物料组织多孔性能不变;

③有利于对热敏性物料的处理,产品十分稳定;

④干燥后产品残存水分很小,如用良好的防湿包装储存可长期不变质。

1)固体物料干燥机理

(1)湿物料中的水分

①水分和物料的结合方式。在湿物料中,按照与固体的结合方式存在以下4种水分。

a. 化学结合水分。是指以分子或者离子方式与固体物料分子结合并形成结晶体的水分。这类水分的除去一般不属于干燥的范畴。

b. 吸附水分。是指吸附在物料表面的水分,它的性质和纯态水相同,非常容易用干燥的方法除去。

c. 毛细管水分。是指多孔性物料细小孔隙中所含有的水分,这类水分除去的难度取决于水分所在的孔隙的大小,大孔隙的水分容易除去,小孔隙的水分由于毛细作用较强,较难除去。

d. 溶胀水分。是指渗透到生物细胞壁内的水分,这类水分也比较难于除去。

②平衡水分和自由水分。湿物料每单位质量中所含水分的总量称为总水分,或者湿含量。在一定的干燥条件下,无法将总水分全部除去,总有一部分存于物料中,这部分不能除去的水分称为平衡水分。平衡水分的大小与干燥条件有关,比如物料的性质,空气的相对湿度和温度等。总水分和平衡水分之差称为自由水分,自由水分可以在一定的干燥条件下除去。

③结合水分和非结合水分。结合水分指存在于物料内部与物料呈吸附状态的水分,它和物料间存在一定的结合力,因此较难除去。非结合水分指存在于物料表面或物料中较大空隙中的水分,它与物料间没有任何作用,只做机械混合,是容易除去的水分。

（2）干燥机理

干燥由两个基本过程构成：一是传热过程，即热由外部传给湿物料，使其温度升高；二是传质过程，即物料内部的水分向表面扩散并在表面汽化离开。这两个过程同时进行，方向相反。可见干燥过程是一个传质和传热相结合的过程。

干燥的传质又由两个过程组成：一是湿物料内部的水分向固体表面的扩散过程；另一个是水分在表面汽化的过程，当前者小于后者时，干燥的速率取决于水分向固体表面扩散的速率，称为内部扩散控制干燥过程；反之，干燥的速率取决于水分在表面汽化的速率，称为表面汽化控制干燥过程。

当一个干燥过程是表面汽化控制时，只有改善外部干燥条件，如提高空气温度，降低空气湿度，增加空气与物料间的接触，提高真空干燥的真空度等，才能提高干燥速率。当干燥为内部扩散控制时，必须改善干燥内部条件，如减小物料颗粒直径，提高干燥温度等，才能改善干燥过程。

对于一个具体的干燥过程，如果干燥条件恒定，在开始阶段，由于物料湿含量比较高，表面全部为游离水分，干燥过程为表面汽化控制，此时，干燥速率取决于表面汽化速率并保持不变，因此，这一阶段常称为恒速干燥阶段。随着干燥的进行，物体的湿含量逐渐降低，当湿含量降低到某一点时，物料表面游离水分已经很少，剩下的主要是结合水分，干燥转入内部扩散控制阶段，水分除去越来越难，干燥速率越来越低，这一阶段称为降速干燥阶段。

图 9.20 为恒定干燥条件下干燥速率曲线，其中 AB 为干燥的预热阶段，干燥速率在短时间内升高。BC 段为恒速干燥阶段，除去非结合水的阶段，所以速率大且不随 X 而变化，干燥速率基本保持不变；CD 和 DE 段为降速干燥阶段，是除去结合力很强的结合水的过程，所以，干燥速率随 X 减小而急速下降，情况比较复杂；最后，$U=0$ 点时，达到该操作条件下的平衡含水量，X^+ 为干燥最终湿含量；C 点是临界点，X_c 称为临界含水量，U_c 称为恒速段干燥速率，若 X_c 增大，则恒速段变短，不利于干燥操作。

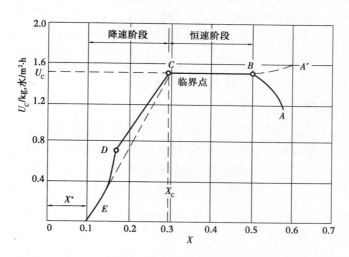

图 9.20　恒定干燥条件下干燥速率曲线

（3）影响干燥速率的因素

①物料的性质。物料的性质是影响干燥速率的主要因素。有些物料在干燥的降速阶段，表面水分迅速汽化形成结块或龟裂现象，因此需要采取一定的措施防止，尤其是对发酵产品。有些物料在干燥过程中表面汽化速率总是小于内部扩散速率，所以增加表面汽化速率能够提高干燥速率。

②干燥介质的性质和流速。干燥介质的流速越大，湿物料表面汽化阻力越小，因此干燥速率越大。干燥介质的温度越高，干燥速率越高。但是，温度不能过高，要考虑干燥物料的热稳定性。否则，将导致固体物料升华或分解。此外，干燥介质的相对湿度也影响干燥速率，相对湿度越低，越有利干燥。

③干燥介质与物料的接触情况。物料堆放在干燥器内静止不动将大大延长干燥所需要的时间。若使物料悬浮在干燥介质中，促使物料颗粒彼此分开并不停跳动，可大大改善干燥速率，提高干燥效率。

④压力。干燥器内压力的大小与物料的汽化速率成反比，真空干燥器的应用就是为了使物料的水分在较低的温度下就能够很快汽化，因此，适合热敏物质的干燥。

2）发酵工业产品干燥的特点

发酵工业产品干燥的特点主要体现在以下5个方面：

①多数发酵产品对热的稳定性较差，比如，一般蛋白酶在45～50 ℃就开始失活，因此发酵产品的干燥一般在较低的温度下进行。如冷冻干燥、减压干燥等。

②发酵产品的干燥时间不能太长，否则也容易变质失活。因此，很多发酵产品使用气流和喷雾干燥等方式进行。

③发酵产品要求十分纯净，尤其是生物制药产品，要求不能混入任何异物，因此，发酵产品的干燥很多都是在密封的环境中进行，很多发酵产品在无菌室内干燥，与产品接触的任何干燥介质，如热空气，都要进行严格地过滤。

④很多发酵产品在干燥时容易结团，因此干燥时需要采取一些措施，比如经常翻动等。

⑤发酵产品很多比较贵重，因此需要尽量减少干燥过程中物料的损失。

总之，发酵产品的干燥有其特殊性，要根据实际物料的性质、产品要求、生产规模的大小以及是否经济合理等方面综合考虑，选择最佳的干燥工艺和设备。

3）干燥设备的选型原则

每种干燥装置都有其特定的适用范围，而每种物料都可找到若干种能满足基本要求的干燥装置，但最适合的只能有一种。如选型不当，用户除了要承担不必要的一次性高昂采购成本外，还要在整个使用期内付出沉重的代价，诸如效率低、耗能高、运行成本高、产品质量差、甚至装置根本不能正常运行等。

以下是干燥机选型的一般原则，很难说哪一项或哪几项是最重要的，理想的选型必须根据自己的条件有所侧重，有时折中是必要的。

①适用性。干燥装置首先必须能适用于特定物料，且满足物料干燥的基本使用要求，包括能很好地处理物料（给料、输送、流态化、分散、传热、排出等），并能满足处理量、脱水量、产

品质量等方面的基本要求。

②干燥速率高。仅就干燥速率看,对流干燥时物料高度分散在热空气中,临界含水率低,干燥速度快,而且同是对流干燥,干燥方法不同临界含水率也不同,因而干燥速率也不同。

③耗能低。不同干燥方法耗能指标不同,一般传导式干燥的热效率理论上可达100%,对流式干燥只能达到70%左右。

④节省投资。完成同样功能的干燥装置,有时其造价相差悬殊,应择其低者选用。

⑤运行成本低。设备折旧、耗能、人工费、维修费、备件费等运行费用要尽量低廉。

⑥优先选择结构简单、备品备件供应充足、可靠性高、寿命长的干燥装置。

⑦符合环保要求,工作条件好,安全性高。

⑧选型前最好能做出物料的干燥实验,深入了解类似物料已经使用的干燥装置(优缺点),往往对恰当选型有帮助。

⑨不完全依赖过去的经验,注重吸收新技术。

以上各项实际上反映了经济上既要减少设备投资又要降低燃料、动力等经常性费用的要求。实际选择时,应当首先根据湿物料的形态、特性、处理量以及工艺要求进行选择,然后再结合热源、载热体种类的限制以及安装设备的场地等问题选出几种可用的干燥器,并考虑所选干燥器是否适合发酵产品的特点,最后,通过对所选干燥器的基建费用和操作费用进行经济衡算,将参选的干燥器进行比较。确定一种最适用的类型。表9.1是干燥设备选型参考表,供干燥设备选型时参考。

表 9.1 干燥设备选型参考表

加热方式	干燥器	物料							
		溶液	泥浆	膏糊状	粒径100目以下	粒径100目以上	特殊性状	薄膜状	片状
		萃取液、无机盐	碱、洗涤剂	沉淀物、滤饼	离心机滤饼	结晶体、纤维	填料、陶瓷	薄膜、玻璃	薄片
对流	气流	5	3	3	4	1	5	5	5
	流化床	5	3	3	4	1	5	5	5
	喷雾	1	1	4	5	5	5	5	5
	转筒	5	5	3	4	1	5	5	5
	箱式	5	4	1	1	1	1	5	1
传导	耙式真空	4	1	1	1	1	5	5	5
	滚筒	1	1	4	4	5	5	4	5
	冷冻	2	2	2	2	2	5	5	5
辐射	红外线	2	2	2	2	2	1	1	1
介电	微波	2	2	2	2	1	2	2	3

注:1—适合;2—经费许可时适合;3—特定条件下适合;4—适当条件下适合;5—不适合。

9.3.2　非绝热干燥设备

干燥过程根据系统进出口焓的变化通常分为绝热干燥过程（等焓干燥过程）和非绝热干燥过程（非等焓干燥过程）。符合下列条件的干燥过程称为绝热干燥过程。

①在物料进出干燥器期间，不向干燥器补充热量。

②干燥器的热损失可以忽略不计。

③物料进出干燥器时的焓相等。

在实际干燥生产中，等焓过程难于完全实现，故又称为理想干燥过程。但是，在干燥器绝热性能良好，又不向干燥器中补充热量，且物料进出干燥器温度十分接近的情况下，可以近似地认为是绝热干燥过程，按照绝热干燥过程处理。与此相反，在干燥过程中系统的焓发生了变化，称为非绝热干燥过程（非等焓干燥过程），非绝热干燥过程可以分为以下几种情况。

①不向干燥器补充热量，物料进出干燥器的焓差发生了明显的改变。

②向干燥器补充的热量比热损失及物料带走的热量之和还要大。

③向干燥器中补充的热量足够大，能够使干燥过程在等温下进行，但进出干燥器物料的焓发生了明显的改变。

1）真空箱式干燥器

真空干燥是一种在真空条件下操作的接触式干燥过程，与常压干燥相比，真空干燥温度低，水分可在较低的温度下汽化蒸发，不需要空气作为干燥介质，减少空气与物料的接触机会。故适用于热敏性和在空气中易氧化物料的干燥。但真空干燥生产能力低，需要专门的抽真空系统。

真空干燥设备一般由密闭干燥室、冷凝器和真空泵3部分组成，发酵工程中常用于维生素、热敏性产品等生产中。常用的真空干燥设备有真空箱式干燥器、带式真空干燥器、耙式真空干燥器。

真空箱式干燥器又称真空干燥箱（见图9.21），实际上是一个密封的空间，里面有支架可以放置各种托盘，干燥物料均匀地铺放在托盘中。真空干燥箱内部有加热装置，一般是电加热器，或以热水、蒸汽为介质的蛇管、夹套等。有时，加热蛇管也可作为托盘支架使用。真空干燥箱有接口与真空泵相连，干燥时，汽化的物料被真空泵连续不断地抽走，以维持适当的真空度。可以使用的真空泵有多种，包括水力喷射器、蒸汽喷射器和水环式真空泵等。干燥箱和真空泵之间装有冷凝器，冷凝干燥出的水分，以降低真空泵负荷。一般干燥室内压力可维持在 9.3×10^4 Pa（700 mmHg）以上，根据使用真空泵的种类而变。真空箱式干燥器外形有圆形和方形，外面有真空表、温度表和温度调节设定装置等。

真空箱式干燥器的优点是构造简单，设备投资少，适应性强，物料损失小，盘易清洗。因此对于需要经常更换产品、小批量物料，箱式干燥器的优点十分显著。尽管新型干燥设备不断出现，箱式干燥器在发酵工业生产中仍占有一席之地；缺点是物料得不到分散，干燥时间长；若物料量大，所需的设备容积也大；真空箱式干燥器只能间歇操作，工人劳动强度大，如需要定时将物料装卸或翻动时,粉尘飞扬,环境污染严重;热利用率低。此外,产品质量不均匀。

2) 带式真空干燥器

带式真空干燥器如图 9.22 所示,在一个密封的真空干燥室内,有两个滚筒带动不锈钢料带。加热时物料置于不锈钢料带上,在滚筒的带动下缓慢移动,两个滚筒一个用来加热,另一个用来冷却,在不锈钢料带上下的辐射加热器也可以同时加热。黏稠的湿物料涂加在下方的不锈钢带上,在滚筒的带动下,通过辐射加热器和滚筒加热器,当到达冷却滚筒时,物料干燥完毕,冷却后由刮刀刮下,经真空密封装置从干燥器内卸出。

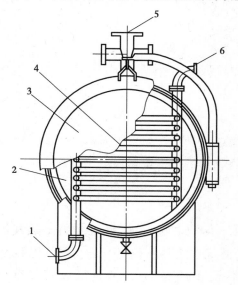

图 9.21　真空箱式干燥器

1—冷凝水出口;2—外壳;3—盖;
4—空心加热板;5—真空接口;6—蒸汽进口

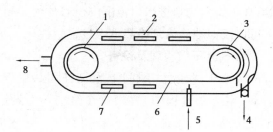

图 9.22　带式真空干燥器

1—加热滚筒;2—真空室;3—冷却滚筒;
4—产品出口;5—原料进口;6—不锈钢带;
7—辐射加热器;8—抽真空系统

带式真空干燥器适用于黏稠浆状物料干燥,可以进行连续干燥操作。但这种干燥器的生产能力及热效率均较低,热效率约在 40% 以下。

3) 耙式真空干燥器

耙式真空干燥器相当于在一个卧式筒状真空干燥箱内增加了一个水平搅拌装置,这个搅拌装置带有很多叶片,在干燥过程中像一个耙子不断翻动物料,因此,称为耙式真空干燥器,如图 9.23 所示。湿物料经上部正中间装入后密封,打开真空装置,向夹套内通入蒸汽或热水加热,在耙式搅拌装置的不停搅拌下,物料中的湿分不断挥发并通过真空系统排出。干燥结束后,切断真空,停止加热,通过放气阀门使干燥器与大气接通,然后将物料由底部卸料口卸出。这种干燥器由于带有搅拌装置,干燥速率较高,对物料的适应能力强,适用于热敏性,在高温下易氧化的物料或干燥时易板结的物料,以及干燥中排出的蒸汽须回收的物料,但只能用于间歇操作。

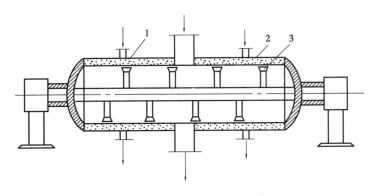

图 9.23　耙式真空干燥器
1—外壳;2—夹套;3—耙式搅拌

9.3.3　绝热干燥设备

如 9.3.2 节所述,实际上不存在完全的绝热干燥过程,但是,如果干燥器的保温性能良好,在干燥器物料进出口范围内没有任何热量输入,且物料进出干燥器温度基本相等的情况下可以近似地认为是绝热干燥过程。

1)气流干燥原理及设备

气流干燥也称"瞬间干燥",使用热空气或惰性气体吹动湿物料,使湿物料随热气流运动,在运动过程中,湿物料在热空气中悬浮翻滚,湿气快速蒸发,达到迅速干燥的目的。工业中常用的气流干燥器有两种:一种是长管式气流干燥器;另一种是旋风式气流干燥器。

(1)长管式气流干燥器

如图 9.24 所示,长管式气流干燥器主体结构为一长管,下部置一多孔托板,托板下方吹入热空气。当热空气的流速足够大时,湿物料颗粒被吹起并带至上方。湿颗粒在长管中与热空气做并流运动的同时,内部的湿分迅速蒸发,完成干燥过程。干燥的固体颗粒随气流离开干燥管后,经旋风分离器和袋滤器进行气固分离,固体被截留收集,气体排出至大气。物料与热空气的接触时间与干燥管的长度有关,干燥管越长,接触时间越长。完成干燥的物料在旋风分离器中与热空气和挥发的湿分分离,经过锁气器由出料口卸出。锁气器起着隔离气体的作用。在长管式气流干燥器中,热空气既是干燥介质,又起固体输送作用,其上升速度应大于物料颗粒的自由沉降速度,这样,物料才能够以空气流速和自由沉降速度的差速上升。鼓风机产生热空气气流,它的位置可以设在头部、中部或尾部,其对应的干燥过程分为正压操作、负压操作、先正压后负压 3 种类型。

用长管式气流干燥器进行干燥的优点如下:

①因颗粒在热气流中高度分散且不断翻滚,传热传质表面积大、速度高、干燥时间短,一般仅为数秒,干燥效率高;

②气固两相并流操作,空气温度可取 400 ℃,而物料温度仅为 60 ~ 70 ℃,传热动力大;

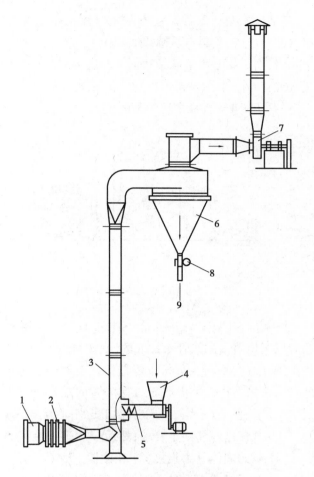

图 9.24 长管式气流干燥器

1—空气过滤;2—预热器;3—干燥管;4—加料斗;5—螺旋加料器;

6—旋风分离器;7—风机;8—锁气器;9—产品出口

③结构简单,容易制造;

④生产能力大,占地面积小。

用长管式气流干燥器进行干燥的缺点如下:

①干燥管过长,通常有几层楼高,安装、检修都不方便。

②气流阻力大,动力消耗大,操作费用高。

③在干燥过程中,气-固,固-固相间发生剧烈摩擦或碰撞,固体颗粒容易破碎。长管式干燥器比较适用于:粉状、块状、泥状物料,粒径 0.1 ~ 10 mm,湿含量 10% ~ 40%(四环类抗生素,淀粉)。

④对易粘壁物料、黏稠的物料、对晶形有要求的物料、要求极干物料不宜选用气流干燥器。

(2)旋风式气流干燥器

旋风式气流干燥器结构和原理如图 9.25 所示,它没有长管式干燥器那样的长管,取而代之的是旋风式干燥器,其结构如图9.26所示。旋风式气流干燥器有一个上粗下细的圆筒,进料口从圆筒上部以切线方向进入,出料口从圆筒底部向上一直到顶部。带有物料的气流在上部以切线方向进入干燥器,在干燥器内呈螺旋状向下至底部后再折向中央排气管排出。必要时可在筒身外安装蒸汽夹套。气体在中央排气管中的流速一般为 20 m/s 左右,而在环管中的流速约 3 m/s,筒身直径与中央管直径之比约为 2.77。

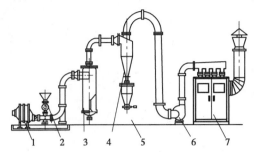

图 9.25　旋风式气流干燥器装置
1—空气预热器;2—加料器;3—旋风式干燥器;
4—旋风除尘器;5—储料斗;6—鼓风机;7—带式除尘器

由于湿物料是在旋风干燥器前的风管中加入的,湿物料在加料口至旋风干燥器入口之间的这段管道内已开始干燥,因此,物料在进入干燥器前已有相当数量的湿分被除去。对于抗生素类的干燥,根据实例,在物料进入干燥器前约有50%的湿分被除去。进入旋风干燥器后,物料进一步干燥,当从出料口出来时,大部分湿分已被除去,物料的湿含量已经能满足要求,然后依次进入旋风分离器和袋式除尘器将干燥的固体分离收集,气体则排入大气。

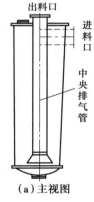

图 9.26　旋风式气流干燥器

干燥器中的各个部件一般用不锈钢板制成,内壁要光滑,外部有良好的保温层,常用石棉泥保温,厚度约为 50 mm。

旋风式气流干燥器的优点如下:

①没有长管,占据的空间比长管式干燥器小;

②干燥时间更短(1~1.5 s);

③设备简单,制造方便;

④连续操作;

⑤适应性广。

缺点是:固体粒子在干燥器内部磨损严重。

无论是长管式气流干燥器还是旋风式气流干燥器,其操作过程基本相同:首先打开通风,待风速稳定后再打开加热装置给气流加热,等气流温度稳定后再逐渐加入固体。以上次序在操作时须严格遵守,否则,可能对干燥器造成损害,或者带来不合格产品。例如,如果先加热后通风,会造成加热装置局部温度过高甚至烧毁加热器。再比如,如果先加固体再通风,有可能造成风道堵塞,无法通风,在这种情况下,即使加大风量将堵塞的固体吹走,可能导致部分固体干燥不完全,带来不合格产品。同样的道理,气流干燥器在停机时也应遵守一定的次序。与开机操作相反,停机时要先停止固体加料,再关闭加热装置,最后停风。

2）喷雾干燥设备

喷雾干燥的原理是利用不同的喷雾器,将悬浮液和黏滞的液体喷成雾状,形成具有较大表面积的分散微粒同热空气发生强烈的热交换,迅速排除本身的水分,在几秒至几十秒内获得干燥。成品以粉末状态沉降于干燥室底部,连续或间断地从卸料器排出。

喷雾干燥器结构如图9.27所示,上部筒状为喷雾干燥器的主体结构,下部为锥状,顶部有热空气入口,入口下面是气体导向盘,结构如图9.28所示。它是一个类似风扇的装置,圆形,中间是转轴,转轴连接着倾斜的、互相叠加的扇叶。导向盘的作用是将以垂直向下进来的热空气分散为螺旋向下方式。气体导向盘的下面是喷雾头,将浓缩液喷成雾状微滴在螺旋向下的热空气带动下飘落。在飘落过程中,微滴中的液体迅速蒸发,剩下的固体落到干燥器的底部被收集到储粉器,蒸发的气体随热空气折返向上在废气出口排出。排出的废气带有少量的固体,被随后的旋风分离器和袋式除尘器捕获收集。

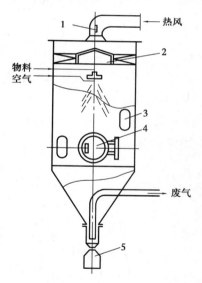

图 9.27 喷雾干燥器结构

1—温度计;2—扩散盘;3—视镜;

4—人孔;5—成品收集器

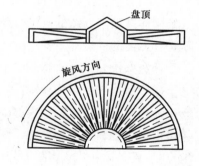

图 9.28 导向盘

喷雾干燥器中关键部件是将浓缩液喷成雾滴的喷嘴,也称雾化器。常用的雾化器有3类:离心式、压力式和气流式,图9.29是这3种雾化器的结构和原理示意图。从图中可见,离心雾化喷嘴[见图9.29(a)]有一个空心圆盘,圆盘的四周开有很多小孔,液体通过转轴的边沿进入圆盘,圆盘高速旋转,液体通过小孔高速喷向四周。从小孔出来的液体,速度突然减慢,断裂成很多细小的液滴,呈雾状喷洒下来。这种雾化器适用于处理含有较多固体的物料。在压力式雾化器[见图9.29(b)]中,高压液体以非常高的速度从喷嘴口中喷出,出喷口后断裂成很多细小的液滴,形成锥状喷雾。这种雾化器生产能力大,耗能少,应用最为广泛,适用强度较大的料液。气流式雾化器[见图9.29(c)]用高速气体将液体带出,从喷嘴出来后形成很多细小液滴,呈雾状喷下。这种雾化器消耗动力较大,一般应用于喷液量较小的生产,处理量为每小时100 L以下。

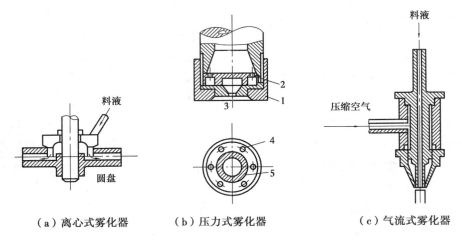

（a）离心式雾化器　　　（b）压力式雾化器　　　（c）气流式雾化器

图9.29　常用喷雾器基本形式

1—外套;2—圆板;3—螺旋室;4—小孔;5—喷出口

使用喷雾干燥器干燥时,热空气从顶部进入,经导向盘后呈旋转状向下,液固混合物从上部进入雾化器变成雾状向下降落。在降落的过程中液滴与热空气接触,湿分迅速蒸发,至底部含湿量达到要求,被收集在储粉器中。气体则由废气口导出,进入后续的气固分离装置进一步收集固体产品。后续的气固分离装置一般是旋风分离器或袋式捕尘器。

喷雾干燥器的优点如下:

①干燥速率快,时间短,特别适合热敏性物料的干燥;

②干燥后所得产品多为松脆的空心颗粒或粉末,溶解性能好;

③操作稳定,能实现连续自动化生产,改善了劳动条件;

④可由低浓度料液直接获得干燥产品,因而省去了蒸发、结晶分离等操作。

缺点是:设备体积庞大,基建费用高,热效率低,能耗大。

3)流化床干燥原理及设备

流化床干燥也称为沸腾床干燥。沸腾床干燥是利用流态化技术,即利用热的空气使孔板上的粒状物料呈流化沸腾状态,使水分迅速汽化达到干燥的目的。在干燥时,使气流速度与颗粒的沉降速度相等,当压力降与流动层单位面积的质量达到平衡时(此时压力损失变成恒定),粒子就在气体中呈悬浮状态,并在流动层中自由地转动,流动层犹如正在沸腾,这种状态是比较稳定的流态化。

沸腾床干燥的特点是传热传质速率高。由于是利用流态化技术,使气体与固体两相密切接触,虽然气固两相传热系数不大,但由于颗粒度较小,接触表面积大,故容积干燥强度为所有干燥器中最大的一种,这样需要的床层体积就大大减少,无论在传热、传质、容积干燥强度、热效率等方面都较气流干燥优良。干燥温度均匀,控制容易。干燥、冷却可连续进行,干燥与分级可同时进行,有利于连续化和自动化。由于容积干燥强度较大,所以设备紧凑,占地面积小,结构简单,设备生产能力高,而动力消耗少。但是,当连续操作时物料在干燥器内停留时间不一,干燥度不够均匀,对结晶物料有磨损作用。

沸腾床干燥器有很多形式,常用的具有代表性的有 3 种:单层圆筒式沸腾床干燥器,多层沸腾床干燥器和卧式多室沸腾床干燥器。

(1)单层圆筒式沸腾床干燥器

该干燥器的结构如图 9.30 所示,在圆筒体底部有一个气体分布板,分布板以上构成了沸腾室。物料从侧面上部加料口加入,空气由风机鼓入,通过加热器进入干燥器,再通过气体分布板向上托起物料颗粒形成沸腾床,最后,气体从顶部经过旋风分离器排出。

单层圆筒沸腾床干燥器的优点是结构简单,生产能力大。缺点是干燥效果不是很好,适用于间歇生产和处理量大而干燥要求不严格的场合。

(2)多层沸腾床干燥器

为了解决单层干燥器存在的上述缺点,发展了多层沸腾床干燥器,结构如图 9.31 所示,热空气由底部鼓入,物料由上部加入上层沸腾床,首先在上层形成沸腾状态,然后经过上下层之间的溢流管进入下层。热空气则由底部向上依次通过各层在顶部排出。这样,气固在沸腾床内逆流运动,每层形成单独的沸腾床,因此物料在干燥器内停留时间均匀,热效率高,产品质量较稳定,适合于降速干燥段较长或者产品含水量较低的物料。

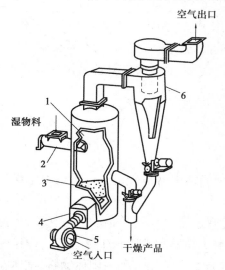

图 9.30　单层圆筒式沸腾床干燥器

1—沸腾室;2—进料室;3—分布板;

4—加热器;5—风机;6—旋风分离器

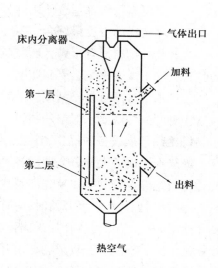

图 9.31　多层沸腾床干燥器

该干燥器的缺点是:对溢流管要求较严格,既要求物料能定量地均匀落入下层,又要防止热气流在溢流管内短路。有时操作不当造成溢流管被堵导致无法下料。

（3）卧式多室沸腾床干燥器

该干燥器外形为矩形箱式结构，如图9.32所示，矩形箱内部用竖向隔板分成几个小室，隔板与多孔板之间有一定的距离，使小室下面相通。湿物料从进料口加入后依次通过各室，最后变为干料经排出堰排出。热空气从各室下面的进气孔进入，向上与物料形成流化床，最后从出气口排出，进入外面的旋风分离器，从旋风分离器分离下来的固体回流到干燥器内继续干燥，气体经过粉尘收集装置后排空。由于各室下面有进气孔，热空气可以独立引入，分别调节温度和流速，以达到最优控制。该沸腾床干燥器的优点是压力降比多层沸腾床低，床层高度低，没有堵塞问题，物料适应性广，操作比较稳定。缺点是热效率比较低。

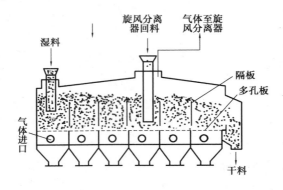

图9.32　卧式多室沸腾床干燥器

（4）沸腾床干燥器使用条件

并不是所有物料都适合使用沸腾床干燥，选用沸腾床干燥物料需要考虑以下几种条件。

①干燥物料的粒度最好介于 $30 \sim 60 \ \mu m$，粒度太小容易被气流带走，太大不易被流化。

②若几种物料混合干燥，则要求物料的密度接近；否则，密度小的物料容易被气流带走，同时它们的干燥速率也会受到影响。

③含水量过高且易黏结成团的物料一般不适用。

④对产品外观要求严格的物料一般不适用。

4）绝热干燥设备的操作和注意事项

绝热干燥设备大部分是通过各种形式的气固接触使固体中的水分迅速蒸发达到干燥目的，因此，绝热设备的操作首先涉及热气体和湿物料。

一般情况下，在干燥开始时，应首先开通气体，然后开通热源预热，调节气体到要求的温度和速度并稳定后，再逐渐加入固体物料，尤其是对气流干燥器和沸腾床干燥器。这样做的好处是干燥系统能够比较顺利地由开始状态过渡到稳定状态。如果先加入固体物料，气体在开始通入时会遇到很大阻力，不能尽快进入稳定状态。

同样的道理，在干燥结束时，应当首先停止固体物料的加入，然后，用气流将干燥器内剩余物料吹出，再关闭热源，停止鼓风。

不管何种设备，在操作时首先确保安全操作，牢记各种安全注意事项。在此基础上，绝热干燥设备的操作还应注意以下事项：

①注意观察风压和风温。绝热干燥中，热气流起着关键作用，风压和风温的任何不正常

变化都有可能导致干燥失败甚至出现事故。风温过高可能烤煳物料,尤其对热敏产品更应当注意。同样,风压过高可能将大量产品吹向固体物料出口,引起堵塞。

②固体物料加料要均匀,防止断断续续。这样做的目的是维持一个稳定的工作状态。如果固体物料加入不均匀,将导致干燥最终产品含水量不均匀,造成产品不合格。加料不均匀也能导致系统局部温度过高产生煳化现象。

③注意干燥过程中是否有严重的物料粘壁现象,如有,应及时使用设备自带的清除粘壁工具或者其他办法进行清除。

④对沸腾床干燥器,要注意床层压力波动,正常范围一般在 ±30% 左右,超过这个范围应及时检查原因。

⑤要经常用仪器或其他听音装置检查设备内气体和颗粒流动声音,注意干燥器内部情况。如果出现设备和支架明显晃动时,应及时查出原因。

⑥各种设备有其特殊的操作要求,同一种设备干燥不同的物料操作也不尽相同,因此,在掌握基本原理的同时,应牢记工厂内对各种设备的工艺和操作条件,熟读设备使用说明书。

9.3.4　冷冻干燥及其他干燥设备

1)冷冻干燥原理及设备

冷冻干燥就是把含有大量水分物质,预先进行降温冻结成固体,然后在真空的条件下使水蒸气直接升华出来,而物质本身则留在冻结时的冰架中,因此,干燥后体积不变,疏松多孔,在升华时要吸收热量,引起产品本身温度的下降而减慢升华速度,为了增加升华速度,缩短干燥时间,必须要对产品进行适当加热。整个干燥是在较低的温度下进行的。

冷冻干燥设备大致由 4 个部分组成,即冷冻部分、真空部分、水汽去除部分和加热部分,下面逐一进行介绍。

（1）冷冻部分

真空冷冻干燥中冷冻及水汽的冷凝都离不开冷冻的过程。常用的制冷方式有蒸汽压缩式制冷、蒸汽喷射式制冷、吸收式制冷 3 种方式。最常用的是蒸汽压缩制冷,其流程图如图9.33 所示。

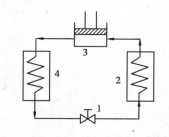

图 9.33　蒸汽压缩制冷流程图
1—膨胀阀;2—蒸发器;
3—压缩机;4—冷凝器

整个过程分为压缩、冷凝、膨胀和蒸发 4 个阶段。液态的冷冻剂经过膨胀阀后,压力急剧下降,因此进入蒸发器后急剧吸热汽化,使蒸发器周围空间温度降低,蒸发后的冷冻剂气体被压缩机压缩,使之压力增大,温度升高,被压缩后的冷冻剂气体经过冷凝后又重新变为液态冷冻剂,在此过程中释放热量,由冷凝器中的水或空气带走。这样,冷冻剂便在系统中完成一个冷冻循环。

（2）真空部分

冷冻干燥时干燥箱内的压力应为冻结物料饱和蒸汽压的 1/14 ~ 1/12,一般情况下,干燥箱内的绝对压力为 13 ~ 1.3 Pa,质量较好的机械泵可达到最高真空约为 0.13 Pa。在实际操作中,可在高真空泵出口串联一组粗真空泵以提高真空度,也可采用多级蒸汽喷射泵。使用多级蒸汽喷射泵可直接排出从物料中挥发的湿气,不需要冷凝器,但是喷射泵工作不稳定,耗能大,噪声高。

(3)水汽去除部分

冷冻干燥中冻结物料升华的水汽,主要是用冷凝法去除。所采用的冷凝器有列管式、螺旋管式或内有旋转刮刀的夹套冷凝器,冷却介质可以是低温的空气或乙醇,最好是用冷冻剂直接膨胀制冷,其温度应该低于升华温度(一般应比升华温度低 20 ℃),否则水汽不能被冷却。冷却介质应在冷凝器的管程或夹套内流动,水汽则在管外或夹套内壁冻结为霜。带有刮刀的夹套冷凝器可连续把霜除去。一般冷凝器则不能,故在操作过程中霜的厚度不断增加,最后使水汽的去除困难。因此,冷冻干燥设备的最大生产能力往往由冷凝器的最大负霜量来决定,一般要求霜的厚度不超过 6 mm,冷凝器还常附有热风装置,以作干燥完毕后化霜之用。

(4)加热部分和干燥室

加热的目的是为了提供升华过程中的升华热(溶解热 + 汽化热)。加热的方法有借夹层加热板的传导加热、热辐射面的辐射加热及微波加热等 3 种,传导加热的加热介质一般为热水或油类,其温度应不使冻结物料溶化,在干燥后期,允许使用较高温度的加热剂。

干燥室一般为箱式,也有钟罩式、隧道式等,箱体用不锈钢制作,干燥室的门及视镜要求十分严密可靠,否则不能达到预期的真空度,对于兼作预冻室的干燥室,夹层搁板中除有加热循环管路外,还应有制冷循环管路,箱内有感温电阻,顶部有真空管,箱底有真空隔膜阀,为了提高设备利用率,增加生产能力,出现了多箱间歇式、半连续隧道式及冷冻干燥器。图 9.34 为一隧道式冷冻干燥器。升华干燥过程是在大型隧道式真空箱内进行,料盘以间歇方式通过隧道一端的大型真空密闭门再进入箱内,以同样的方式从另一端卸出,提高设备利用率。

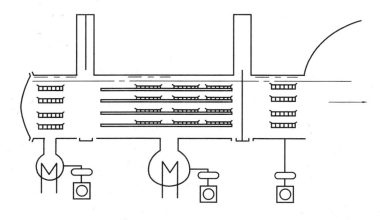

图 9.34　隧道式冷冻干燥器

以上 4 个部分结合在一起,构成冷冻干燥系统,如图 9.35 所示,待干物料放置在冷冻干燥箱内,其中的水分在低温下升华为气体进入冷冻器,在这里,水汽凝结为冰。干燥器内的真空则由两级真空泵保持。冷冻器和干燥器内的低温分别由两个冷冻机维持。

①冷冻干燥的优点:

a.冷冻干燥在低温下进行,因此对于许多热敏性的物质特别适用。如蛋白质、微生物之类不会发生变性或失去生物活力。因此在医药上得到广泛地应用。

b. 在低温下干燥时,物质中的一些挥发性成分损失很小,适合一些化学产品、药品和食品干燥。

c. 在冷冻干燥过程中,微生物的生长和酶的作用无法进行,因此能保持原来的形状。

d. 由于在冻结的状态下进行干燥,因此体积几乎不变,保持了原来的结构,不会发生浓缩现象。

e. 干燥后的物质疏松多孔,呈海绵状,加水后溶解迅速而完全,几乎立即恢复原来的性状。

f. 由于干燥在真空下进行,氧气极少,因此一些易氧化的物质得到了保护。

g. 干燥能排除 95% ~99% 以上的水分,使干燥后产品能长期保存而不致变质。

②冷冻干燥的缺点:

a. 设备投资大,动力消耗高。

b. 干燥时间较长。

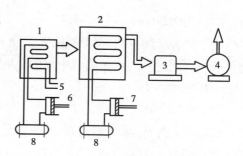

图 9.35　冷冻干燥系统
1—干燥器;2—冷冻器;3—前置真空泵;
4—后置真空泵;5—加热装置;
6,7—冷冻压缩机;8—制冷剂储罐

2)微波干燥原理及设备

微波是指频率在 300 ~300 000 MHz 或波长为 0.001 ~1 m 的高频电磁波。微波加热干燥实际上是一种介质加热干燥。当待干燥的湿物料置于高频电场时,由于湿物料中水分子具有极性,则分子沿着外电场方向取向排列,随着外电场高频率变换方向(如 50 次/s),则水分子会迅速转动或作快速摆动。又由于分子原有的热运动和相邻分子间的相互作用,使分子随着外电场变化而摆动的规则运动受到干扰和阻碍,从而引起分子间的摩擦而产生热量,使其温度升高。

微波常用的材料可分为导体、绝缘体、介质、磁性化合物等。微波在传输过程中会遇到不同的材料,产生反射、吸收和穿透现象,这取决于材料本身的特性,如介电常数、介电损耗系数、比热、形状和含水量等。导体能够反射微波,在微波系统中常用的传输装置是波导管,就是矩形或圆形的金属管,一般由铝或黄铜制成。绝缘体可以穿透并部分反射微波。吸收微波的功能小,连续干燥时常用的输送带就是涂聚四氟乙烯。介质的性能介于金属与绝缘体之间,它具有吸收、穿透和反射的性能。其中吸收的微波便转化成热量。

微波干燥与普通干燥法的主要区别在于,微波干燥属于内部加热干燥法,电磁波深入物体内部,把物料本身作为发射体,使物料内、外部都能均匀加热干燥。它具有以下特点:

(1)加热干燥时间比较短

由于微波能深入物料内部,热量产自物料内部分子间的摩擦,而不是一般情况下的热传导,因此水分子从物料中心向两侧扩散的路程比接触传导加热要少 1 倍,干燥过程非常迅速,一般只需传统干燥方法的 1% ~10% 的时间。

（2）干燥均匀

由于微波干燥是内部加热法，不管物料形状复杂程度、含水量多少，都能均匀加热，干燥物料表里一致，另外，由于物料中水的介电常数大，吸收能量多，因此水分蒸发快，热量不会集中于干燥的物体中。

（3）便于控制

利用微波加热，无升温过程，开机数分钟可正常生产，停机后也不存在"亲热"现象，便于实现自动控制。

（4）热效率高

一般可高达80%。物体本身作为发热体，设备可以不辐射热量，避免了环境的高温，改善了劳动条件。但微波干燥设备费用高，耗电量大，且须注意劳动保护，防止强微波对人体的损害。

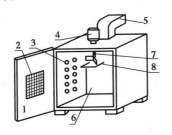

图9.36　微波箱干燥器结构示意图
1—门；2—观察窗；3—排湿孔；
4—搅拌电动机；5—波导（传输线）；
6—腔体；7—搅拌叶；8—反射板

缺点是：耗电量大，干燥费用高，设备也比较贵。

广义地说，一切利用微波作为加热源的干燥设备都是微波干燥设备。显然，微波干燥设备有很多种，但它们基本上是由直流电源、微波管、传输线或波导、微波炉及冷却系统等几个部分组成。

微波发生器的主要部件是微波管，它将直流电源提供的高压转换成微波，微波通过传输线或波导传输到微波炉，对物料进行加热干燥。冷却系统用于对微波发生器产生的热量进行冷却。冷却方式通常为水冷或风冷。微波加热器可以采用多种形式，图9.36是箱式微波加热器，由矩形谐振腔体、输入波导、反射板、搅拌叶等组成。被干燥的物料放在谐振腔内的支撑底板上，汽化的湿分通过风机由排湿孔排出。

微波干燥不仅适用于含水物质，也适用于许多含有有机溶剂、无机盐类等生物产品。

除了上述箱式微波干燥器外，工业上应用的微波干燥器还有其他很多形式，如隧道式微波干燥设备，其原理与前面介绍的基本相同。

3）红外干燥原理及设备

红外线也是一种电磁波，波长在$0.76 \sim 1000 \ \mu m$范围，介于可见光与微波之间。波长在$0.76 \sim 3.0 \ \mu m$区域的称近红外，在$3.0 \sim 30.00 \ \mu m$区域的称远红外。任何物体除在绝对零度的情况下，都产生红外线。

当红外线照射到被干燥的物料时，若红外线的发射频率与被干燥物料中分子的运动频率相匹配，将使物料分子强烈振动，引起温度升高，进而汽化水分子达到干燥目的。红外线越强，物料吸收红外线的能力越大，物料和红外光源之间的距离越短，干燥的速率越快。由于远红外线的频率与许多高分子及水等物质分子的固有频率相匹配，能够激发它们的强烈共振，工业生产上常采用远红外光干燥物料。

红外干燥设备的主要部件是红外发生器。它包括红外管、红外灯以及板式远红外发射器。图9.37是它们的结构示意图。其表面都涂有一层金属氧化物,这些氧化物受热后产生红外线。

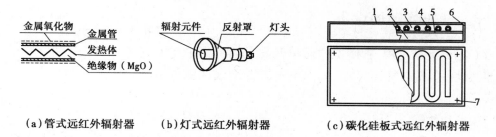

（a）管式远红外辐射器　　（b）灯式远红外辐射器　　（c）碳化硅板式远红外辐射器

图9.37　各种红外发生器

1—远红外辐射层;2—绝热填料层;3—碳化硅板或石英砂板;
4—电阻线;5—石棉板;6—外壳;7—安装孔

红外线干燥的优点是:

①由于是辐射传热,干燥速度比一般加热快;

②红外干燥设备一般较简单,只需用红外发生器照射被干燥的物料即可。

缺点是:

①红外线穿透能力差,因此,使用红外干燥必须不断翻动物料;

②有些药物对红外线敏感,比如,多烯类抗生素,这类药物不能用红外干燥;

③耗电量大。

这种干燥比较适用于:

①大面积、对物料表层的干燥,因为红外线穿透能力差,对物料表层干燥效果好;

②某些热敏物料的干燥。

4）冷冻、微波和红外干燥操作注意事项

冷冻干燥的操作过程一般比微波和远红外干燥复杂。在进行冷冻干燥时,物料应先冷至0 ℃,再放入干燥箱内,否则开始冷冻负荷将过大。然后,关闭干燥箱,打开制冷剂阀门,使物料急速冷却。冷却速度越快,水的结晶就越小,干燥后的产品就越疏松易溶。接着开启真空泵,小心控制真空阀慢慢降低干燥箱内的压力,当压力降至6.67~4.00 Pa时,冻结物料中的水分将迅速升华。待绝大部分水分升华掉后,打开外界热量供给开关,使余下难以蒸发的少量水分升华,此时要注意温度的控制以防止物料熔融。为了防止蒸汽进入真空泵,冷凝器的温度必须低于干燥箱内的温度。

微波和红外线对人体都有一定程度的影响,尤其是微波可对人体造成伤害。因此,进行微波和红外干燥操作时,需要注意不要将身体的任何部位暴露在微波或红外线之下。为此,在打开微波电源之前,应先将需要干燥的物料放到干燥器内。在进行干燥时,尽量不要靠近干燥箱以防微波泄漏伤害身体。当干燥完成后,应首先关掉微波电源,确认关闭后再将干燥物料取出。

不同型号的冷冻或微波及红外干燥器在实际生产中的操作要求可能不同,即便是同一种

型号的干燥器在干燥不同的产品时,甚至在不同的工厂使用时,对操作的要求也不一定完全一样,具体操作和注意事项应参照设备说明书和工厂设备操作规程。

9.3.5　干燥辅助设备

为了完成干燥过程,干燥器的周围有很多辅助设备,它们是干燥过程不可缺少的部分。这些辅助设备包括空气、蒸汽过滤器,空气加热器、旋风除尘器、脉冲袋滤器、加料器、真空泵、冷凝器等。

1) 空气加热器

空气加热器常用在绝热干燥设备中,空气加热器一般有电加热和蒸汽间接加热两种,电加热较简单且不常用。蒸汽间接加热器应用较为广泛,它们实际是排管散热器,排管上带有叶片或螺旋形翅片,排管的材质为钢或铜,在装置中往往由数组串联而成。

这种排管散热器已经标准化,可根据需要的温度、加热量和空气流速计算出换热面积,然后选用标准型号。

2) 定量加料器

定量加料器是许多干燥装置不可缺少的重要辅助设备,用于向干燥器中加入物料,若选择使用不当,容易产生运转事故。定量加料器有很多种,包括螺旋加料器、旋转加料器、振动加料器和带式加料器等。其中,螺旋加料器和旋转加料器应用最多。

（1）旋转加料器

旋转加料器也称星形加料器,主要部件是一个星形叶轮,如图9.38(a)所示,壳体内星形叶轮不断旋转,物料进入叶片与叶片之间的空间,借助叶轮的转动,使物料由上方进入,下方排出。旋转加料器的加料量可用带动星轮转动的变速电动机来调节。为了防止物料在入口处被卡住,有些加料器在入口上方设有防卡舌板,舌板做成可拆卸的,用螺栓固定,可以调节。

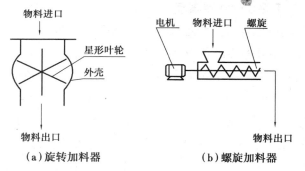

图 9.38　两种形式的定量加料器

旋转加料器常用于与外界有压差的干燥设备,不仅能用于加料,也可用于排料,同时达到锁气作用。在喷雾干燥中,常用于锥形塔底部成品物料排出、旋风除尘器出口排料、风送系统的加料等。优点如下:

①能达到连续的排料和供料;

②结构简单,运转维修方便;

③基本上能定量供料；

④供料的定量可用调节叶轮的转速实现，供料量与转速成正比；

⑤具有一定的气密性，适用于进出料有压差的设备进出料；

⑥出料或加料时不易引起物料破碎。

缺点是不能用于黏附物料。

（2）螺旋加料器

螺旋加料器的结构原理如图9.38（b）所示，电动机带动螺旋旋转，将物料由进口推到干燥器内。螺旋加料器能够处理带有一定黏度的物料，气密性也比较好，能够用于有一定压差的系统中。它的定量是靠电动机的转速来实现，有一定的定量精度，在一定范围内，加料量与转速成正比，能够实现连续供料。缺点是容易引起物料破损。

3）粉末捕集装置

在绝热干燥设备中，干燥废气中的粉末收集不仅影响干燥收率，而且涉及大气污染问题。常用的粉末捕集装置为旋风分离器和脉冲袋滤器。

旋风分离器结构简单，捕集效率高，常用于干燥器后的第一级粉末捕集。它的结构原理在化工原理中已有详细介绍，这里不再赘述。

脉冲袋滤器一般作为粉尘收集的最后一级，可以将旋风分离器无法捕集下来的细小粉尘颗粒收集下来。它的结构如图9.39所示。在一个圆筒状罐中，吊装有很多滤袋，这些滤袋套在支撑网架上，滤袋的出口与净化气体出口相连。带尘气体从底部进入袋滤器，向上通过滤袋后气体和粉尘分开，粉尘附着在滤袋外，气体通过净化气体出口排出。滤袋上端的吹管喷嘴在电磁阀的控制下周期性地向滤袋吹入压缩空气，将滤袋外面附着的粉尘抖落。粉尘向下通过星形出料阀排出。

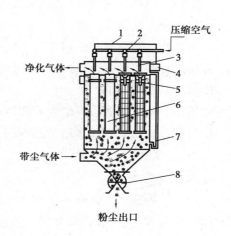

图9.39　粉末捕集装置
1—电器配线；2—电磁阀；3—吹管喷嘴；
4—定时器；5—吹气口；6—滤袋；
7—测压计；8—星形出料阀

脉冲滤袋器的特点是经久耐用，过滤效率高，能过滤99%以上的粉尘，维护管理方便。脉冲袋滤器已经标准化，定型产品型号为MC，脉冲控制装置分气动（符号Q）和电动（符号D）两种。

【实践操作】

1）蒸发设备实践操作

（1）实训目的

①熟悉蒸发设备的工作原理及操作流程；

②掌握蒸发设备的基本结构；

③熟练掌握蒸发设备的开、停车操作。

（2）实训流程

将储存在氯化钙溶液槽内浓度为40%的氯化钙溶液,用泵输送到降膜蒸发器前的氯化钙溶液蒸发预热器内预热。预热后溶液进入降膜蒸发器内,溶液在加热室管程内以薄膜的形式向下流动与加热室壳程内的高压蒸汽进行间接换热,溶液进行剧烈的蒸发,并在氯化钙浓缩循环泵作用下进行循环蒸发,蒸发后氯化钙溶液的浓度为67%～72%,然后进入由蒸汽间接加热的氯化钙浮渣收集槽内,最后对收集槽内流出的物料进行包装。

（3）实训方法

①开车前准备及检查项目。

A. 泵类检查。

a. 油位。确认氯化钙浓缩循环泵、氯化钙溶液泵油位在视镜的1/2～2/3处;

b. 运转。点动启动各泵运转正常,无振动无杂音;

c. 接地线。确认接地连接完好;

d. 密封水。确认氯化钙浓缩循环泵的密封水阀门打开,水流畅通;

e. 阀门。确认各泵进出口阀、排污阀全部关闭。

B. 浮渣收集槽检查。

a. 槽体。确认浮渣收集槽内无杂物、清洁;

b. 阀门。确认浮渣收集槽的出料阀、进气阀关闭,蒸汽冷凝液排出管道上疏水阀前后的阀门打开,旁通阀关闭。

C. 蒸发器检查。

a. 阀门。确认蒸发器的不凝气排气阀打开1/2,排污阀关闭。蒸发器冷凝液排出管道上疏水阀前后的阀打开,旁通阀关闭。蒸发器的进气管道上气动阀关闭,其前后的手动阀门打开,旁路阀关闭,蒸发器的清洗水阀门关闭;

b. 仪表检查。确认蒸发器上的现场显示仪表和远程控制仪表完好准确,在校验的有效期内;

c. 液位计。确认蒸发器上的液位计显示完好。

D. 换热器检查。确认氯化钙溶液蒸发预热器的排污阀、排空阀全关闭。

②开车程序。

a. 进料。当氯化钙溶液槽液位达到50%时,打开槽的出口阀门和输送泵的进口阀门,启动输送泵,缓慢打开泵出口阀门给蒸发器进料,控制物料液位不得超过液位计的2/3处。

b. 开蒸汽。当开始给蒸发器进料时,打开蒸汽进气阀门进行加温,调节蒸汽阀门使蒸汽压力控制在1.1～1.2 MPa,当不凝气排出管有较浓的蒸汽排出时关闭不凝气排放阀门。

c. 启动循环泵。当开始给蒸发器进气时,打开循环泵进口阀门,启动泵打开出口阀门。

d. 检测物料浓度、出料。打开蒸发器出料管上的取样阀门,取样化验物料的浓度,一般当其浓度达到67%～72%时打开出料阀门,将料液排进氯化钙浮渣收集槽内。

e. 收集槽出料。当收集槽开始进料时,打开蒸汽进气阀门后,再打开出料阀门,将物料排进包装桶内进行包装。

f.调整进料量。根据蒸发器的物料液位和出料量的情况,适当调节进料量,使得液位保持平稳。

③停车程序。

a.停蒸汽。因氯化钙溶液槽内无料或需要洗涤停车时,关闭蒸发器的进气阀。

b.停止进料。关闭氯化钙溶液泵的出口阀,停泵关闭进口阀,关闭储槽的出料阀,当出料浓度低于40%时,关闭蒸发器的出料阀。

c.停循环泵。当蒸发器的温度降到60 ℃时,关闭循环泵出口阀门,停循环泵关进口阀门,停泵后关闭密封水阀门。

d.停收集槽。当收集槽出料口无物料流出时关闭蒸汽阀门,关闭槽出口阀门。

e.排料、排气。打开循环泵进料管处的排料阀,利用一次滤液输送泵将剩余料液反抽到一次滤液槽内,打开蒸发器、蒸发预热器上的排气阀把设备内的压力排掉。

④运转操作程序。

a.压力、温度、液位检查。巡回检查各效的蒸发压力、温度、液位在控制范围内,每隔2 h分别排放一次不凝气,每次排放时间约1 min。

b.浓度检查。随时测量出料浓度在67%~72%。

c.设备检查。巡回检查循环泵、氯化钙溶液泵的油位、密封水、运转情况及效体的运行状况。

2)结晶设备实践操作

(1)实训目的

①掌握结晶设备的调节方法,了解影响结晶的主要影响因素;

②掌握结晶设备的操作;

③能正确使用设备、仪表,及时进行设备、仪器、仪表的维护与保养;

④正常开车,按要求操作调节到指定数值。

(2)实训原理

①结晶操作原理。通过换热器将料液加热,真空蒸发使料液中的溶剂蒸发,并且不断地排出,料液中的溶质以晶体析出,并通过离心机进行分离,去除母液而获得味精晶体。

②生产工艺流程。从谷氨酸发酵液中提取出的谷氨酸,加水、碱进行中和,经脱色、除铁、钙、镁等离子,再经过蒸发、结晶、分离、干燥等单元操作,得到高纯度的晶体。

(3)实训方法

结晶设备的操作规程如下:

①首先检查设备是否运转正常。

a.减速机无异常,油位符合标准;

b.落水正常;

c.真空达到0.08 MPa。

②检查料液是否合格,然后泵入高位槽。

③依次打开冷水泵、真空泵,使罐内真空处于0.08 MPa左右。

④打开料阀,进底料,底料量控制在罐容积的55%左右,打开蒸汽阀,进行浓缩蒸发,此时,罐内温度为65~75 ℃。

⑤当底料浓缩1.5 h左右,浓度达到30.5~31.5波美度即可加种,此时的浓度用眼观察,溅到视镜上的液滴像蝌蚪一样,拉着一个长尾巴缓慢流下。

a. 加种时应单用一根真空管道,以避免影响其他罐的真空;

b. 关掉蒸汽阀避免罐内升温;

c. 启动搅拌。

⑥加入晶种后,如罐内起面子,可根据情况加入一定数量的热水,将面子化掉,然后干烤30 min,罐内稠度达到一定要求后,晶浆一撮撮的崩溅在罐壁上,可进行整晶。

⑦喂料期间,应防止速度的忽高忽低,减少用水次数和用水量,保持喂料速度、蒸发速度、长晶速度三者之间的平衡。

⑧当罐喂满后干烤,然后进水稀释罐内浓度,继续干烤,这样可以减少罐内余料,同时也利于放料(也可匀速喂水)。

⑨压罐2 h左右打开放料阀,使外空气冲击味精,然后迅速排掉真空,关掉蒸汽。

⑩填写好运行记录。

3)干燥设备实践操作

(1)实训目的

①了解流化床体各部件的作用、了解流化床的结构和特点、了解流化床的工作流程;

②掌握流化床的基本操作、调节方法,了解影响流化的主要影响因素;

③掌握流化床的操作;

④能正确使用设备、仪表,及时进行设备、仪器、仪表的维护与保养;

⑤学会做好开车前的准备工作;

⑥正常开车,按要求操作调节到指定数值;

⑦能及时掌握设备的运行情况,随时发现、正确判断、及时处理各种异常现象,特殊情况能进行紧急停车操作;

⑧正常停车。

(2)实训器材

①装置介绍。固体干燥是利用热能使固体物料与湿分分离的操作。在工业中,固体干燥有很多种方法。其中以对流干燥方法应用最为广泛。对流干燥是利用热空气或其他高温气体介质掠过物料表面,介质向物料传递热能同时物料向介质中扩散湿分,达到去湿之目的。对流干燥过程中,同时在气固两相间发生传热和传质过程,其过程机理颇为复杂。

流化床干燥实训对象包括鼓风机、负压引风机、加热油炉(含电加热装置)、导热油换热器、导热油事故罐、导热油泵、流化床、旋风分离器、旋风收尘罐、取样器、产品收集布袋、布袋除尘器、喂料机、差压变送器、现场显示变送仪表等。

②工艺流程。空气由风机经孔板流量计和空气预热器后分三路进入流化床干燥器。热空气由干燥器底部鼓入,经分布板均布后,进入床层将固体颗粒流化并进行干燥,并经扩大段

沉降。湿空气由干燥器经一级除尘器(旋风分离器)和二级除尘器(布袋除尘器)后经引风机抽出、放空。

空气的流量由旁路调节碟阀调节,并由"孔板流量计"计量流量,现场显示,并在"仪表操作台"上"风量手自动控制仪"显示控制。

床层温度控制由"床层温度手自动控制仪"通过控制导热油泵打导热油的快慢多少进行控制。流化床干燥器的床层压降由压差传感器检测。

固体物料采用间歇和连续两种操作方式,由干燥器顶部加入,试验完毕,在流化状态下由下部卸料口流出。

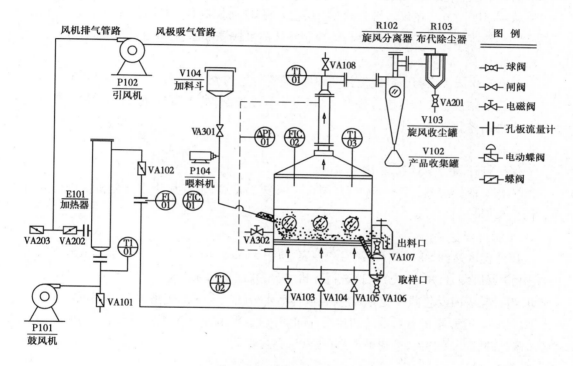

图9.40 流化床干燥实训流程图

(3)实训方法

①开机准备。

a.检查公用工程水电是否处于正常供应状态(水压、水位是否正常、电压、指示灯是否正常);

b.检查总电源的电压情况是否良好。

②正常开机。

A.开启电源。

a.在仪表操作盘台上,开启总电源开关,此时总电源指示灯亮;

b.开启仪表电源开关,此时仪表电源指示灯亮,且仪表上电。

B.干燥器里加热物料。检查床层内及流化床加料器里变色硅胶的多少,若不够,开启喂料机,对干燥器里进行加料,若堆积在干燥器左边,则可开启送料电磁阀把堆积的料送到右边。

C.开启鼓风机及引风机。

a.检查各阀门状态(见图9.40)。打开阀门VA102,VA103,VA104,VA105,VA202引风机前的阀门;调整阀门VA101开度为一半;关闭阀门VA108,VA203。

b.开启风机电源。在仪表操作台上打开"风机电源"开关和"引风机电源"开关,启动鼓风机和引风机。

D.调节床层温度。

a.检测风量,不得低于40 m^3/h。

b.启动加热管电源。在仪表操作台上启动"加热管电源"启动按钮,启动加热管加热。

c.床层温度调节。在仪表操作台"床层温度手自动控制仪"上设置床层温度设定值为70 ℃,"床层温度手自动控制仪"会自动控制导热油泵快慢来控制床层温度。

E.调节风量。

a.观察流化床干燥器中硅胶硫化的程度,设置合适的流体风量。

b.风量控制设置。在仪表操作台上"风量手自动控制仪"上设置风量设定值为90 m^3/h,控制仪会自动控制风量大小。

F.取样。

a.保持打开阀门VA107,关闭VA106。

b.准备好取样容器,隔5 min打开阀VA106进行取样,取样后用水分分析仪进行分析水分,并记录结果。

G.干燥过程。

a.床层温度达到50~60 ℃后,启动秒表,每隔5 min,打开阀门VA106取样放到干燥器皿中,把干燥器皿编号,用水分分析仪进行分析水分,并记录结果。

b.当干燥塔内变色硅胶变为蓝色,且取样后水分连续3次不变化时,干燥完成。

H.卸料。打开干燥器右端的卸料阀,同时开启送料电池阀电源,让压缩空气把床层上的产品(蓝色硅胶)从卸料阀里卸到产品布袋里,完成实训。

③正常关机

A.停止电加热管加热。

a.在仪表操作台上"床层温度手自动控制仪"上设定值为0 ℃;

b.在仪表操作台上按下"加热管电源"停止按钮,停止加热管加热。

B.停止风机及引风机。

a.在仪表操作台上关闭"风机电源"开关,停止风机的运行;

b.在仪表操作台上关闭"引风机电源"开关,停止引风机运行。

C.仪表电源关闭。关闭仪表电源开关。

D.控制柜总电源关闭。关闭总电源空气开关,关闭整个设备电源。

· 项目小结 ·

蒸发是化工及发酵工业中常用的一个单元操作。使含有不挥发溶质的溶液沸腾汽化并移出蒸汽，从而使溶液中溶质浓度提高的单元操作称为蒸发；被蒸发的溶液可以是水，也可以是其他溶剂的溶液。

完成蒸发过程的设备统称为蒸发设备或蒸发器，蒸发器由加热室和气-液分离室两部分组成。蒸发过程中，蒸发器对物料加热使溶液沸腾汽化，气-液分离室把汽化产生的二次蒸汽不断移走。蒸发器可以在加压、常压或减压下进行，工业上蒸发操作经常在减压下进行，其特点在于：减压下溶液的沸点下降，有利于处理热敏性物料，且可利用低压强的蒸汽或废蒸汽作为热源；溶液的沸点随所处的压强减小而降低，故对相同压强的加热蒸汽而言，当溶液处于减压时可以提高传热总温度差。

工业上常用的蒸发设备有：管式薄膜蒸发器（包括升膜式蒸发器、降膜式蒸发器和升-降膜式蒸发器）、刮板式薄膜蒸发器、离心式薄膜蒸发器、循环式蒸发器（包括中央循环管式蒸发器和强制循环式蒸发器）。

结晶是药物制品生产的一个重要单元操作，为数众多的药品及中间体都以结晶的形态出现，反应的溶液中虽含有各种杂质，但是结晶出来的产品都是非常纯净的，所以结晶是制备纯物质的有效方法，无论对包装、运输、储存或使用都非常方便。

结晶是指溶质自动从过饱和溶液中析出形成新相的过程。这一过程不仅包括溶质分子凝聚成固体，还包括这些分子有规律地排列在一定晶格中，这种有规律地排列与表面分子化学键变化有关。因此结晶过程又是一个表面化学反应过程。结晶过程一般分为 3 个阶段：即过饱和溶液的形成、晶核的形成和晶体的成长阶段。因此，为了进行结晶，必须先使溶液达到过饱和后，过量的溶质才会以固体的形态结晶出来。因为固体溶质从溶液中析出，需要一个推动力，这个推动力是一种浓度差，也就是溶液的过饱和度；晶体的产生最初是形成极细小的晶核，然后这些晶核再成长为一定大小形状的晶体。工业上为了保证得到平均粒度大小的结晶产品，在结晶过程要避免自发成核，工业上常用的起晶方法有自然起晶法、刺激起晶法和晶种起晶法。

结晶设备按改变溶液浓度的方法分为浓缩结晶、冷却结晶和其他结晶。浓缩结晶设备是采用蒸发溶剂，使浓缩溶液进入过饱和区起晶。并不断蒸发，以维持溶液在一定的过饱和度进行育晶。结晶过程与蒸发过程同时进行，故一般称为煮晶设备，常用的浓缩结晶器有 Krystal—Oslo 结晶器、DTB 型结晶器、DP 结晶器等。冷却结晶设备是采用降温来使溶液进入过饱和区结晶，并不断降温，以维持溶液一定的过饱和浓度进行育晶，常用于温度对溶解度影响比较大的物质结晶。结晶前先将溶液升温浓缩。常用的冷却式结晶器有搅拌槽结晶器、回转结晶器。

干燥是采用某种加热方式将固体物料中水分（或其他液体）除去的操作，是食品、药品生产过程中不可缺少的单元操作。按加热方式分为传导干燥、对流干燥、辐射干燥、介电干燥和冷冻干燥。

干燥由传热和传质两个过程构成,传热过程是热量由外部传给湿物料,使其温度升高;传质过程是物料内部水分向表面扩散并在表面汽化,这两个过程同时进行,方向相反。影响干燥速率的主要因素包括物料的性质、干燥介质的性质和流速、干燥介质与物料的接触情况以及干燥器内的压力大小。

对于生物制品而言,其在干燥过程中对热的稳定性差,所以干燥时间不易过长;生物制品要求十分纯净,与产品接触的任何干燥介质要严格过滤;生物制品很多都比较昂贵,要尽量减少干燥过程中物料的损失,因此,在对生物制品进行干燥操作时,要根据实际物料的性质、产品要求、生产规模的大小及是否经济合理等方面考虑,选择最佳的干燥工艺和设备。

干燥器的形式有很多,对选择干燥器有重要影响的因素是物料的性质和对产品的质量要求。干燥过程根据系统进出口焓的变化通常分为绝热干燥过程(等焓干燥过程)和非绝热干燥过程(非等焓干燥过程)。符合绝热干燥过程的条件是:在物料进出干燥器期间,不向干燥器补充热量;干燥器的热损失可以忽略不计;物料进出干燥器时的焓相等。常用的绝热干燥设备有:气流干燥设备、喷雾干燥设备、流化床干燥设备等。符合非绝热干燥过程的条件是:不向干燥器补充热量,物料进出干燥器的焓差发生了明显的改变;向干燥器补充的热量比热损失及物料带走的热量之和还要大;向干燥器中补充的热量足够大,能够使干燥过程在等温下进行,但进出干燥器物料的焓发生了明显的改变。常用的非绝热干燥设备有:真空箱式干燥器、带式干燥器、耙式干燥器等。除此以外,还有冷冻干燥器、红外干燥器以及微波干燥等。

复习思考题

1. 什么是蒸发? 有何特点?

2. 升膜式蒸发器和降膜式蒸发器的区别在哪里?

3. 简述结晶的基本原理。

4. 工业发酵中起晶方法有哪几种?

5. 结晶设备有哪些? 其结构和特点如何?

6. DP 和 DTB 结晶器相比有何优点?

7. 什么是平衡水分、自由水分、结合水分及非结合水分?

8. 什么是干燥过程的表面汽化控制,处于表面汽化控制时如何提高干燥速率?

9. 什么是干燥过程的内部扩散控制,处于内部扩散控制时如何提高干燥速率?

10. 生物制品的干燥有何特点? 请举例说明。

11. 常用的气流干燥器有哪几种? 请简单介绍它们的干燥原理。

12. 喷雾干燥器有何优点和缺点?

13. 常用的流化床干燥器有哪些? 各有何特点? 使用流化床干燥器有何限制条件?

14. 简述冷冻干燥、微波干燥、红外干燥的原理、特点及操作注意事项。

项目 10

设备操作安全

📖【知识目标】

- 了解设备事故的概念、分类及事故的危害；
- 掌握机械设备事故产生的原因及预防措施；
- 了解设备事故的安全防范措施；
- 掌握电气事故、火灾爆炸、工业毒素及微生物安全操作要点。

📖【技能目标】

- 具备安全防范、安全操作意识；
- 具备预见发酵设备中易出现的安全事故的能力；
- 具备基本的电气、火灾爆炸、工业毒素、微生物毒素安全操作能力。

【项目简介】>>>

　　所谓设备事故是指工厂、企业中的各类生产设备、设施及建筑、动力能源等因非正常损坏造成停产、停工或效能降低，直接经济损失超过规定限额的行为或事件。加强设备事故的管理，其目的是对所发生的设备事故及时采取有效措施，防止事故扩大和再度发生。并从事故中吸取教训，防止事故重演，达到消灭事故，确保安全生产。

　　设备的安全操作是学习发酵工程设备的一项重要内容，操作者必须始终坚持"安全第一、预防为主"的方针，除掌握一般的设备操作安全常识外，还应仔细阅读具体设备的使用说明，严格按照设备说明和公司的所有规章制度进行操作，严肃认真，一丝不苟，确保生产安全。

　　本项目针对发酵工业中一般的设备事故及防范措施作介绍，更全面、更具体的安全操作规定需要参照具体设备说明书和公司有关的规定、规章、制度和程序。

【工作任务】>>>

任务 10.1　　设备事故及防范

　　生产必须安全，安全为了生产。安全生产、保障职工在生产过程中的安全与健康，是实现发酵工业迅速发展、提高经济效益的唯一保证。在发酵工业生产过程中，存在着起火、爆炸、中毒、机械损伤、生物污染等诸多潜在的不安全因素，如果管理和操作稍有疏忽，就有可能造成伤亡事故和重大损失。因此，在生产工艺路线和设备操作管理中，既要考虑生产的合理性，又要同时考虑生产和操作的安全，保证生产的安全、人身安全。

　　设备是由若干相互联系的机械及其零部件按照一定的规律装配起来的，能够完成一定功能的装置。成套的设备装置由原动机、控制操纵系统、传动机构、支撑构件和执行机构组成，各部分相互作调、相互依存，在操作者的指挥下共同完成人类的预期目标。

　　人们在现代生产和生活中大量使用并不断改进机械设备，提高生活质量、减轻体力劳动，提高劳动生产率。但机械设备在给人们带来高效、快捷和方便的同时，在其制造、使用、闲置时，乃至报废后，都会带来一定的危险与有害因素，可能对操作人员造成伤害，对设备、财产造成损失，对环境造成危害。因此，设备安全越来越引起人们的重视。

10.1.1　设备事故的分类及危害

1)设备事故的分类

（1）按影响生产或维修造成的损失，设备事故可分为：

①重大设备事故。设备损坏严重，多系统企业影响日产量25%或修复费用达5万元以上者；单系统企业影响日产量50%或修复费用达5万元以上者；或虽未达到上述条件，但性质恶劣，影响面大，经分析讨论，集体同意，也可以认为是重大事故。

②普通设备事故。设备零部件损坏，以致影响一种成品或半成品减产，多系统企业占日

产量 5% 或修复费用达 1 万元以上者;单系统企业占日产量 10%,或修复费用达 1 万元以上者。

③微小事故。损失小于普通设备事故的,均为微小事故,事故损失金额是修复费、减产损失费和成品、半成品损失费之和。

(2)按其发生的性质,设备事故可分为:

①责任事故。凡属人为原因,如违反操作规程、擅离工作岗位、超负荷运转、加工工艺不合理及维护修理不当等,致使设备损坏或效能降低者,称为责任事故。

②质量事故。凡因设备原设计、制造、安装等原因,致使设备损坏或效能降低者,称为质量事故。

③自然事故。凡因遭受自然灾害,致使设备损坏或效能降低者,称为自然事故。

2)设备事故的危害

设备事故的危害是指设备机械装置运行过程中由危险因素和有害因素导致的危害。危险因素是指能对人造成突发性伤亡或对物造成突发性损害的因素,有害因素是指能对人的健康或对物造成慢行损害的因素。

(1)机械设备事故在不同状态下的危害

机械设备在规定的使用条件下执行其功能过程中,以及在运输、安装、调整、维修、拆卸和处理时,无论处于哪个阶段,处于哪种状态,都存在着危险与有害因素,有可能对操作人员造成危害。

①正常工作状态。机械设备在完成预定功能的正常工作状态下,存在着不可避免地执行预定功能所必须具备的运动要素,如零部件的相对运动、电机的旋转和振动等,使机械设备在正常工作状态下存在碰撞、切割、挤压、作业环境恶化等对操作人员安全健康不利的危险因素,并可能产生危害后果。

②非正常工作状态。其是指在机械设备运转过程中,由于各种原因引起的意外状态,包括故障状态和维修保养状态。

设备的故障不仅可能造成局部或整机的停转,还可能出现异常运转或损坏,影响生产的正常开展,甚至可能对操作人员构成危害。如运转中的阀门的破损会导致发酵液体或危险气体泄漏等事故,电器开关故障会产生机械设备不能停机的危险等。

机械设备的维修保养一般都是在停机状态下进行的。由于检修往往迫使检修人员采取一些特殊的做法,如攀高、进入狭小或几乎密闭的空间、将安全装置拆除等,使维护和修理过程容易出现正常操作不存在的危险。

③非工作状态。机械设备停止运转处于静止状态时,一般情况下是安全的,但是也不排除发生伤害的可能。如由于环境照度不足导致人员发生碰蹭事故;室外机械设备由于稳定性不够在风力作用下发生垮塌、滑移或倾翻等。

(2)设备事故产生的危害

设备事故危害包括两大类:一类是机械本身导致的危害,包括夹挤、碾压、剪切、切割、缠绕或卷入、戳扎或刺伤、摩擦或磨损、飞出物打击、高压流体喷射、碰撞或跌落等危害。另一类是非机械危害,包括电气危害(如电击伤)、温度危害(灼烫和冷冻)、噪声危害、振动危害、电离和非电离辐射危害、因加工或使用各种危险材料和物质产生的危害、未履行安全人机工程学原则而产生的危害等。

①机械的危害。

a.静止的危险。发酵设备处于静止状态时存在的危险即当人接触或与静止设备作相对运动时可能引起的危险。包括机械设备突出的较长的部分;设备表面上的螺栓、吊钩、手柄等;毛坯、工具、设备边缘未打磨的毛刺、锐角、翘起的铭牌等;引起滑跌的工作平台,尤其是平台有水或油时更为危险。

b.直线运动的危险。指作直线运动的机械设备所引起的危险,又可分接近式的危险和经过式的危险。接近式的危险包括往复工作台、输送的绞龙等。经过式的危险包括运转中的皮带输送、作直线运动切割刀具等。

c.机械旋转运动的危险。指人体或衣服等被卷进旋转机械部位引起的危险。包括卷进单独旋转运动机械部件中的危险,如主轴、卡盘等单独旋转的机械部件以及各种切削刀具等加工刃具;卷进旋转运动中两个机械部件间的危险,如朝相反方向旋转的两个轧辊之间,相互啮合的齿轮;卷进旋转机械部件与固定构件间的危险,如有辐条的手轮与机身之间;卷进旋转机械部件与直线运动部件间的危险,如皮带与皮带轮、链条与链轮、齿条与齿轮;旋转运动加工件打击或绞轧的危险,如伸出机床的细长加工件;旋转运动件上凸出物的打击、如皮带上的金属皮带扣、转轴上的键、定位螺丝、联轴器螺丝等;孔洞部分有些旋转零部件,由于有孔洞部分而具有更大的危险性,如风扇、叶片、带辐条的滑轮、齿轮和飞轮等;旋转运动和直线运动引起的复合运动,如凸轮传动机构、连杆和曲轴。

d.机械飞出物击伤的危险。包括飞出的刀具或机械部件,如未夹紧的刀片、紧固不牢的接头、破碎的砂轮片等;飞出的切屑或工件,如连续排出或破碎而飞散的切屑等。

②非机械的危害。

a.电击伤。指采用电气设备作为动力的机械以及机械本身在运转过程中产生的静电引起的危险。包括静电危险如在机械加工过程中产生的有害静电,将引起爆炸、电击伤害事故;触电危险如机械电气设备绝缘不良,错误地接线或误操作等原因造成的触电事故。

b.灼烫和冷危害。如在高温、高压作业中被高温设备灼烫的危险,或与设备的高温表面接触时被灼烫的危险;在超临界流体输送及与低温金属表面接触时被冻伤的危险。

c.振动危害。在机械加工过程中使用振动工具或机械本身产生的振动所引起的危害,按振动作用于人体的方式,可分为局部振动和全身振动。

d.噪声危害。机械加工过程或机械运转过程所产生的噪声而引起的危害。包括机械性噪声、电磁性噪声、流体动力性噪声等。

e.电离辐射危害。指设备内放射性物质、X射线装置、γ射线装置等超出国家标准允许剂量的电离辐射危害。

f.非电离辐射危害。非电离辐射是指紫外线、可见光、红外线、微波等,当超出卫生标准规定剂量时引起的危害。如用紫外线灭菌时产生的紫外辐射、微波辅助加工时产生的微波泄露等伤害。

g.化学物、生物危害。机械设备在加工过程中使用或泄露的各种化学物、有害生物所引起的危害。包括易燃易爆物质的灼伤、火灾和爆炸危险;工业毒物含原料、辅助材料、半成品、成品,也可能是副产品、废弃物、夹杂物,或其中含有毒成分的其他物质;酸、碱等化学物质的腐蚀性危害;有害、有毒、致病的微生物或细菌病毒等。

h. 粉尘危害。指设备在生产过程中产生的各种粉尘引起的危害。粉尘来源包括:某些物质加热时产生的蒸汽在空气中凝结或被氧化所形成的粉尘;固体物质在粉碎和运输时产生的粉尘;在生产中使用的粉末状物质,在混合、过筛、包装、搬运等操作时产生的以及沉积的粉尘,由于振动或气流的影响再次浮游于空气中的粉尘(二次扬尘);有机物的不完全燃烧,如木材、焦油、煤炭等燃烧时所产生的烟。

i. 异常的生产环境。例如工作区照度不足,亮度分布不当,光或色的对比度不当,以及存在频闪效应、眩光效应;工作区温度过高、过低或急剧变化;工作区气流速度过大、过小或急剧变化;工作区湿度过大或过小。

10.1.2 设备事故产生的原因

引起设备事故主要有机械设备本身的不安全因素,操作者的不安全行为,技术和设备设计缺陷、员工培训缺陷和管理缺陷等因素造成。产生设备事故的原因往往是多种因素综合作用的结果。

1)机械设备的不安全状态

机械设备本身的安全状态是保证机械安全生产的重要前提,但由于众多因素,机械设备本身会存在一些不安全因素。

(1)防护、保险、信号等装置缺乏或有缺陷

主要表现在:

①无防护。无防护罩,无安全保险装置,无报警装置,无安全标志,无护栏或护栏损坏,设备电气未接地,绝缘不良,噪声大,无限位装置等。

②防护不当。防护罩未在适当位置,防护装置调整不当,安全距离不够,电气装置带电部分裸露等。

(2)设备、施工、工具、附件有缺陷

主要表现在:

①设计不当。结构不符合安全要求,制动装置有缺陷,安全间距不够,工件上有锋利毛刺、毛边,设备上有锋利的倒角棱等。

②强度不够。机械强度不够,绝缘强度不够,起吊重物的绳索不合安全要求等。

③设备在非正常状态下运行。设备带"病"运转,超负荷运转等。

④维修、调整不良。设备失修、保养不当,设备失灵,未加润滑油等。

(3)个人防护用品、用具缺少或有缺陷

主要表现在:

①无个人防护用品、用具。包括未配备合适的防护服、手套、护目镜及面罩、呼吸器官护具、安全带、安全帽、安全鞋等。

②所用防护用品、用具不符合安全要求等。

(4)生产场地环境不良

主要表现在:

①照明光线不良。包括照度不足,作业场所烟雾烟尘弥漫、视线不清,光线过强,有眩光等。

②通风不良。无通风,通风系统效率低等。

③作业场所狭窄。

④作业场地杂乱。工具、制品、材料堆放不安全等。

(5)操作工序

设计或配置不安全,交叉作业过多。

(6)交通线路的配置不安全

(7)地面滑

地面有油或其他液体,有冰雪,地面有易滑物如圆柱形管子、料头、滚珠等。

(8)储存方法不安全

堆放过高、不稳。

2)操作者的不安全行为

在机械设备操作、使用过程中,操作者的不安全行为是引发设备事故的另一个重要直接原因。人的行为受心理、生理等各种因素的影响,可能是有意的或无意的,表现也是多种多样的。安全意识低、安全知识缺乏和安全技能差是引发事故的主要人为因素。

(1)操作错误、忽视安全、忽视警告

操作错误、忽视安全、忽视警告包括未经许可开动、关停、移动机器,开动、关停机器时未给信号,开关未锁紧,造成意外转动,忘记关闭设备,忽视警告标志、警告信号,操作错误(如按错按钮、阀门、扳手、把柄的操作方向相反),供料或送料速度过快,机械超速运转,冲压机作业时手伸进冲模,未经过培训或无证驾驶机动车,工件、刀具紧固不牢,用压缩空气吹铁屑等。

(2)造成安全装置失效

造成安全装置失效包括拆除了安全装置,安全装置失去作用,调整错误造成安全装置失效。

(3)使用不安全设备

临时使用不牢固的设施如工作梯,使用无安全装置的设备,私拉临时电线不符合安全要求等。

(4)用手代替工具操作

用手代替手动工具,用手清理切屑,不用夹具固定,用手拿工件进行机械加工等。

(5)物体存放不当

物体存放不当包括成品、半成品、材料、工具、切屑和生产用品等未放置在指定位置。

(6)攀、坐不安全位置

如在机械工作时攀爬平台护栏、吊车吊钩等。

(7)机械运转时不当操作

机械运转时加油、修理、检查、调整、焊接或清扫等操作。

(8)防护用品使用不当

在必须使用个人防护用品、用具的作业或场合中,忽视其使用,如未戴各种个人防护用品。

(9)穿不安全装束

如在有旋转零部件的设备旁作业时穿着过于肥大、宽松的服装,操纵带有旋转零部件的设备时戴手套,穿高跟鞋、凉鞋或拖鞋进入车间等。

(10)机械设计缺陷或违章操作

无意或未排除故障而接近危险部位,如在无防护罩的两个相对运动零部件之间清理卡住物时,可能造成挤伤、夹断、切断、压碎或人的肢体被卷进而造成严重的伤害。除了机械结构设计不合理外,也是违章作业。

3)技术和设计上的缺陷

工业构件、建筑物(如室内照明、通风)、机械设备仪器仪表工艺过程、操作方法、维修检验等的设计和材料使用等方面存在的问题。

(1)设计错误

预防事故应从设计开始。大部分不安全状态是由于设计不当造成的。由于技术知识水平所限,经验不足,可能没有采取必要的安全措施而犯了考虑不周或疏忽大意的错误。设计人员在设计时应尽量采取避免操作人员出现不安全行为的技术措施和消除机械的不安全状态。设计人员的实践经验越丰富,其设计水平和质量就越高,就能在设计阶段提出消除、控制或隔离危险的方案。

设计错误包括强度计算不准,材料选用不当,设备外观不安全,结构设计不合理,操纵机构不当,未设计安全装置等。即使设计人员选用的操纵器是正确的,如果在控制板上配置的位置不当,也可能使操作人员混淆而发生操作错误,或不适当地增加了操作人员的反应时间而忙中出错。设计人员还应注意作业环境设计,不适当的操作位置和劳动姿势都可能使操作人员引起疲劳或思想紧张而容易出错。

(2)制造错误

即使设计是正确的,如果制造设备时发生错误,也会成为事故、隐患。在生产关键性部件和组装时,应特别注意防止发生错误。常见的制造错误有加工方法不当(如铆接代替焊接),加工精度不够、装配不当、装错或漏装了零件,零件未固定或固定不牢。工件上的刻痕、压痕、工具造成的伤痕以及加工粗糙可能造成压力集中而使设备在运行时出现故障。

(3)安装错误

安装时旋转零件不同轴,轴与轴承、齿轮啮合调整不好,过紧过松,设备不水平,地脚螺丝未拧紧,设备内遗留工具、零件、棉纱而忘记取出等,都可能使设备发生故障。

(4)维修错误

没有定时对运动部件加润滑油,在发现零部件出现恶化现象时没有按维修要求更换零部件,都是维修错误。当设备大修重新组装时,可能会发生与新设备最初组装时发生的类似错误。安全装置是维修人员检修的重点之一。安全装置失效而未及时修理,设备超负荷运行而未制止,设备带"病"运转都属于维修不良。

4)员工培训缺陷

教育培训不够,未经培训上岗,操作者业务素质低,缺乏安全知识和自我保护能力,不懂安全操作技术,操作技能不熟练,工作时注意力不集中,工作态度不负责,受外界影响而情绪波动,不遵守操作规程,都是事故的间接原因。

5)管理缺陷

管理缺陷包括劳动制度不合理,规章制度执行不严,有章不循,对现场工作缺乏检查或指

导错误,无安全操作规程或安全规程不完善,缺乏监督,对安全工作不重视,组织机构不健全,没有建立或落实安全生产责任制。没有或不认真实施事故防范措施,对事故隐患调查整改不力。安全管理缺陷是事故发生的间接原因。

10.1.3　设备事故的安全防范

1)选购合格的设备

首先,要根据生产需要、技术要求,选购合格的设备,同时,在设计制造上要有安全防护功能。如回转机械要有防护装置;冲剪设备要有保险装置;有些设备系统要根据需要设有自动监控、自动控制装置;易燃易爆场所要选用防爆设备等。

2)做好设备的安装、调试和验收

凡是新投入使用的设备,无论是选购还是自制的,无论是需要安装还是不需要安装使用的,都要按设计规定,对设备的技术性能、质量状态、安全功能进行全面验收。发现问题时必须加以解决,并经过试运行确认无误时,才能正式投入使用。

3)为设备安全运行提供良好的环境

良好的环境是设备安全运行必备的条件。例如,固定设备的布局要合理,有必要的安全操作空间,有必要的防污染、防腐、防潮、防寒、防生物损害等设施,从而使环境中的温度、湿度、光线等都能达到设备安全运行的要求。流动性的设备环境也非常重要,要达到安全运行的要求。

4)为设备安全运行提供人的素质保障

凡是从事设备管理的工程技术人员、操作使用人员和维修人员,都要经过管理、使用、维修设备相关知识的学习,经过考核合格后上岗。要有自我预防、控制设备事故的技能。其中,危险性较大的设备,如锅炉、起重设备等特种作业人员,要经过专业培训,使其成为爱护设备、熟悉性能、懂维修保养、会操作使用、能排出故障、具备应变能力,并经过考试合格后,持证方可上岗操作。

5)建立安全法规,保证设备安全运行

建立、健全安全法规是规范人们的行动、强化设备安全管理,保证设备安全运行的法制手段。例如,建立设备管理机构责任制,明确职责;建立设备安全运行资料,做好设备运行记录,掌握设备运行情况,发现问题及时处理;建立设备检修规程和安全技术操作规程等,并要做到有章必循、违章必究、执法必严。严禁违章指挥、违规作业,从而确保设备安全运行。

6)做好设备的定期维修

按照设备事故的变化规律,定期作好设备修理,是保证设备性能,延长使用寿命,巩固安全运行可靠性的重要环节。设备修理的种类,按照设备性能恢复的程度,一般分为小修、中修、大修3类。同时又分为检查后修理、定期修理和标准修理。其中,标准修理适用于危险性较大的设备,如起重器等,到达规定的维修时间无论设备技术状态怎样,都必须按期进行强制修理。关于设备维修的具体内容和方法,要按照各自设备的维修规定,严格执行,确保设备安全运行。

7)做好设备的日常维护保养

设备的维护保养是为了防止设备劣化、保持设备性能而进行的以清扫、检查、润滑、紧固、

调整等为内容的日常维修活动。各种设备的维护保养内容各不相同,可据需要进行。例如,传动装置要定期注油、带有加热功能的罐体要定期查看绝热层是否损坏等。

8)做好设备运行中的检查

设备检查,一般分为日常检查和定期检查。日常检查是指操作工人每天对设备进行定项、定时检查,可以及时发现、消除设备异常,保证设备持续安全运行。定期检查是指专业维修工人协同操作工人按期进行检查。通过检查,查明问题,以便确定设备的维修种类和修理时间,从而消除设备异常状态,确保设备安全运行。

9)吸取事故教训,避免同类事故重复发生

设备事故发生后,要组织技术人员进行认真讨论分析,从中确定设备事故的原因。从而有针对性地采取安全防范措施,如健全安全法规,改进操作方法,调整设备维修周期,以及对老旧设备更新改造,避免同类事故重复发生。

10)做好设备的更新改造

根据需要和可能,有步骤、有重点地对老旧设备进行更新和改造,并按规定做好设备报废工作,是保证设备安全运行、提高经济效益的重要措施。设备使用至老化期,由于性能严重衰退,不仅影响正常生产,导致事故发生,而且由于延长了设备的使用时间,相应增加了检修次数和材料消耗。同时,由于精度降低,也能导致质量事故。因此,该报废的设备必须报废。

任务 10.2　设备安全操作要点

10.2.1　电气设备操作安全

电气设备事故是工厂企业中较为常见的危害。在生产过程中,如果缺少安全措施和安全知识而未能及时发现异常情况并采取措施,缺少安全管理使运行和维护不当,设备绝缘和自然老化、静电等,均能造成电气事故,使人体遭到伤害,财产受到损失。因此,必须重视电气安全,采取各种有效的安全组织措施和安全技术措施,防止各种事故发生。

1)电气事故

几乎每台发酵工程设备都涉及电气。根据国外 25 000 起工业火灾事故统计,电气引起的事故占总数的 25% 左右。

(1)电流伤害

电流伤害也称为触电事故,是人触及裸露的或绝缘损害的带电导体引起电流对人体的伤害,或人并未触及这些带电导体,而是由于电压过高,在一定距离内发生放电从而对人体造成伤害。电流事故对人体造成的危害有两种情况:一是电击,是电流通过人体内部造成器官破坏;二是电伤,指电流瞬时通过人体的某一局部,造成对人体外表器官的破坏。电击多数情况会致人死亡,所以是最危险的。

(2)电路事故

电路事故也称电气设备事故,指电器电路由于不正常的原因,如接地、断路、短路等引起的火灾、爆炸和人身伤害事故。如常见的三相电动机,由于一相断路在运行中被烧坏;电线短

路引起火灾、爆炸;易燃、易爆场所的电气装置不符合要求而引起的火灾和爆炸等,都属于电路事故。

（3）静电事故

静电事故是指生产过程中产生的有害静电造成的事故。例如,在防爆场合,静电放电火花成为点火源引起爆炸和火灾事故;人体因受到静电的刺激引发二次事故,如受到静电刺激引起坠楼、跌伤等;在生产过程中,静电会对生产产生妨碍,导致产品质量不良,造成生产事故甚至停工。

（4）电磁场伤害事故

电磁场伤害事故是指人体在电磁场的作用下吸收辐射能量造成头痛、记忆力减退及心血管系统异常等伤害。工作在大型电器附近容易造成这种伤害。

2）电气事故安全防范措施

针对电气事故,在电器设备安装和操作过程中一定要采取措施以防止事故的发生,安全操作要点如下:

（1）绝缘

绝缘是保证电器设备的正常运行、防止触电事故最常用、最重要的措施之一。它采用各种不导电材料将带电导体与外界隔绝,使电流按照一定的通路流通。

良好的绝缘材料既是保证设备和线路正常运行的必要条件,也是防止人体触及带电体的基本措施。电器设备的绝缘材料只有在遭受到破坏时才能除去,并立即更换新的绝缘材料。常见的绝缘材料有陶瓷、玻璃、橡胶、木材、胶木、塑料、布、绝缘纸、矿物油以及某些高分子材料。有些气体也可以作为绝缘材料使用。当电压很高时,绝缘材料会被击穿,击穿时的电压称为该绝缘材料的击穿电压。固体绝缘材料被击穿后,其绝缘性能无法恢复。此外,电器设备的绝缘材料由于长期受环境条件如温度、湿度、粉尘、机械损伤和化学腐蚀等影响,其绝缘性能降低甚至绝缘损坏,即为绝缘老化。一般在低压电器设备中,绝缘老化主要是热老化。

绝缘是保证人身安全和电气设备无事故运行的最基本要素。电气的绝缘性能可以通过测定其绝缘电阻、耐压强度、泄漏电流和介质损耗等参数加以衡量,具体见有关专业书籍。

（2）屏护

屏护是指使用栏杆、护罩、护盖、箱匣等将带电体同外界隔绝开来,以防止人体或其他物体接触或者接近带电体引起事故。屏护的特点是屏护装置不直接与带电体接触,所使用的材料对导电性能没有严格的要求,但对其机械强度和耐火性能有较高的要求。为防止屏护装置意外带电造成事故,有一定导电性能的屏护装置应实行可靠的接地或接零。例如,带有电动搅拌的生物反应器上的电动机一般都有屏护装置,车间的变配电设备要装设遮拦或栅栏作为屏护。

（3）安全间距

带电体与地面之间,带电体与其他设备之间,带电体与带电体之间需要保持一定的安全距离,这个安全距离就是间距。间距的作用是防止触电、火灾,过电压放电,确保人体不能接近带电体,避免工具或其他设备碰撞或过分接近带电体造成放电、短路等各种事故。不同的电压等级、设备类型、安装方式、周围环境要求的间距不同。操作者应充分认识间距的必要性,熟悉周围带电设备要求的间距,保证自己的动作范围不超过间距的要求,必要时应在相应的设备上标明间距数据。

（4）接地和接零

电器设备的外壳或其他部分通过地线与大地之间良好的连接称为接地，电器设备运行时不带电的金属部分与电网零线的连接称为接零。接地和接零是防止人员触电伤害的重要措施。

①保护接地。是将在正常情况下不带电，在电故障情况可能呈现危险的对地电压金属部分同大地连接起来，把设备上的故障电压限制在安全范围内的安全措施，从而能够起到对设备和人员的保护作用。

根据情况和用途不同，保护接地分为不同的种类：临时接地和固定接地。临时接地又分为检修接地和故障接地；固定接地又分为工作接地和安全接地，安全接地包括：保护接地、防雷接地、防静电接地和屏蔽接地。在实际操作过程中，如果所使用的电网没有地线，则无论环境如何，凡由于绝缘破坏或其他原因可能呈现危险电压的金属部分，除另有规定外，都应采取接地措施

②保护接零。是防止间接触电事故的措施之一，是指将电气设备在正常情况下不带电的金属部分（外壳）用导线与电压电网的零线（中性线）连接起来。与保护接地相比，保护接零能在更多情况下保证人身的安全，防止触电事故。保护接零的做法是：在三相四线制变压器中性点直接接地的低压电网中，将电器设备通电时不带电的金属部分与电网的零线作良好的连接，如图 10.1 所示。

当电动机的带电部分碰连到设备的金属外壳时，电流直接通过设备的接零线流回，形成较大的短路电流，短路电流触发电源上的保护装置（FU），切断故障设备与电源的连接，达到保护的目的。

在这种电路中，除接零外，电路上还要采取一些重复接地措施，目的是确保零线与大地的良好连接，更好地起到保护作用。

（5）漏电保护器

漏电保护器也称为触电保安装置或残余电流保

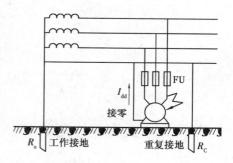

图 10.1　电器设备保护接零

护装置，它主要用于防止由于间接接触和直接接触引起的单相触电事故，还可防止因电器设备漏电而造成的电气火灾爆炸事故。有的漏电保护器还具有过载保护、过压保护和欠压保护、缺相保护等功能。

当设备或线路由于各种原因，如绝缘损坏人身触电、设备短路等，出现漏电时，一般会出现两种异常情况：一是三相电流的平衡遭到破坏，出现零序电流，即接零线上出现电流；二是某些本不应该带电的部分出现对地电压。漏电保护装置就能够检测到以上异常信号，然后迅速动作切断电源，从而避免事故的发生，实现对人员和设备的保护。

3）电器设备安全操作要点

①严禁在防火防爆车间或厂房安装和使用非防爆设备，包括非防爆开关、仪表、照明、电动机等。换句话说，防爆车间或厂房内的所有电器都应是密封的防爆装备。

②电器的支撑座应为非燃烧体，不允许在电动机旁堆放可燃物质，以防电动机起火时火

势蔓延。

③安装合适的保护装置。如果保护装置是熔断器,熔丝(保险丝)的额定电流应为被保护电器额定电流的 1.5～2.5 倍。

④长期没有运行的电动机或其他设备,应在启动前测量其绝缘电阻。接通电源后,如果电器设备没有响应,应立即切断电源,排除故障。电动机的连续启动次数不能太多,一般不能超过 3～5 次,热状态下连续启动次数不能超过 1～2 次,以免电动机过热烧毁。

⑤对运转中的电动机要加强监视,注意声音、温度、电流和电压的变化,以便及时发现问题,排除故障。

⑥应经常维护电器设备,保持环境整洁,并要防雨防潮,保持轴承等转动部件的润滑良好。

⑦停电时,除特殊要求外,应将电源切断。

⑧电器上严禁挂放一切杂物,包括工具等。

⑨电器设备更新或检修需要断电时,应与电工联系,不得私自拆线。当停电进行电器检修工作时,在电源开关处必须悬挂"禁止合闸"警示牌,并对电器采取临时接地保护措施,照明、工作灯及其他临时照明必须使用 36 V 以下的安全电压。

⑩生产车间的电梯要有专门电梯司机负责,司机要经过学习、培训、考核,取得合格证后才能独立上岗。在电梯处应有明显的限重标志,严禁电梯超负荷运行。载货电梯严禁载人。司机无论什么时候离开电梯时都要锁上电梯门。进入电梯前,必须先伸手开灯,确认电梯在位方可迈步进入,以防高处坠落。电梯准备运行前应确保楼道电梯口门(花门)和电梯箱门关好,否则不准开动。电梯中所有的电器设备需保持良好接地,并保持干净,以免因污垢产生接触不良。如发现漏电,应立即停止使用,进行检修。电梯停止使用和检修、清扫时应将总开关关闭,以保证安全。当电梯控制失灵向下滑行时,不可向外跳,以免挤压受伤。

⑪严格遵守公司的一切有关电气器设备操作的规章制度和程序。

10.2.2　火灾爆炸危险及安全操作

发酵工业使用的部分物料为易燃易爆物质,在化学反应和单元操作过程中具有燃烧和爆炸的危险,因此,在生产各环节中要采取相应的安全措施防止火灾、爆炸事故的发生。

1)原材料性质及安全措施

(1)易燃液体

易燃液体是指易燃的液体、液体混合物或含有固体物质的液体,其闭杯试验闪点等于或低于 61 ℃,具有易挥发性、受热膨胀性、流动扩散性、静电性、毒害性,其危险程度由沸点和闪点衡量。当易燃液体闪点小于 28 ℃、沸点小于 28 ℃时,储罐必须按压力容器设计,并设置安全装置和冷却设施,如乙醚或二氯甲烷等。有些易燃液体具有较高的熔点,如二甲基亚砜熔点为 18.5 ℃,环己烷熔点为 6.5 ℃,这些易燃液体的储存设备要有蒸汽或热水保温设置,当其蒸汽需冷却时,不应使用冷冻盐水,防止凝固堵塞管道引起危险。

(2)易燃固体和遇湿易燃物品

常见的易燃固体有二硝基甲苯、红磷、白磷、黄磷、硫化铁、烷基铝等。这些物质应采取封闭设备储存,隔绝空气,远离火源、热源、电源,无产生火花的条件,对于与空气接触会燃烧的应采取特殊措施存放,例如,磷存于水中,二硫化碳用水封闭存放等。其次要加强场所的通风、散热与降温,并注意与其他物质分开存放。

常见的遇湿易燃物品有钾、钠、铝粉、锌粉、金属氢化物、硼氢化物、三氯化铝、二氯氧磷、五氯化磷、酸氯、保险粉等。这些物质应避免与水或潮湿空气接触,并与酸、氧化剂等隔离,比如将金属钠存于煤油中,储存这些物质的仓库应设在地势较高处,保持室内干燥,并有防止雨雪、洪水侵袭的措施。

(3)可燃气体和加压气体

可燃性气体如氢气、乙烯、丙烷等输送管道应采用接地的金属管,保持正压,并应设缓冲罐、止逆阀等,防止气体断流或压力减小时引起倒流发生爆炸。在发酵工业生产中,气体需加压储存、输送、使用,主要有压力容器、气瓶、锅炉等。这些特种压力容器具有爆炸危险,是必须严加管理的特种设备。要做到压力容器的安全使用,必须严格执行《压力容器安全监察规程》《蒸汽锅炉安全监察规程》《锅炉压力容器安全监察暂行条例》等安全法律、标准。同时,还应抓好设计制造、竣工验收、立卡建档、培训教育、精心操作、维护保养、定期检验、科学检修、事故调查和报废处理 10 个环节。

2)火灾爆炸的防止措施

根据当前的科学技术条件,火灾和爆炸是可以防止的。一般采取以下 5 项措施:

(1)开展防火教育,提高群众对防火意义的认识

建立健全群众性义务消防组织和防火安全制度,开展经常性的防火安全检查,消除火险隐患,并根据生产性质,配备适用和足够的消防器材。

(2)认真执行建筑防火设计规范

厂房和库房必须符合防火等级要求。厂房和库房之间应有安全距离,并设置消防用水和消防通道。

(3)合理布置生产工艺

根据产品原材料火灾危险性质,安排、选用符合安全要求的设备和工艺流程。性质不同又能相互作用的物品应分开存放。具有火灾、爆炸危险的厂房,要采用局部通风或全面通风,降低易燃气体、蒸汽、粉尘的浓度。

(4)易燃易爆物质的生产应在密闭设备中进行

对于特别危险的作业,可充装惰性气体或其他介质保护,隔绝空气。对于与空气接触会燃烧的应采取特殊措施存放,例如,将金属钠存于煤油中,磷存于水中,二硫化碳用水封闭存放等。

(5)从技术上采取安全措施,消除火源

为防止静电,设备和管道应可靠接地,往容器注入易燃液体时,注液管道要光滑、接地,管口要插到容器底部。为防止雷击,在易燃易爆生产场所和库房安装避雷设施。此外,设备管理符合防火防爆要求,厂房和库房地面采用不发火地面等。

3)防止灾害扩大的安全措施

(1)采用二级控制或远距离操控

有毒或易燃易爆的生产过程,为防止物料泄漏,对重要阀门采用二级控制,对危险大或高毒、剧毒岗位,应考虑隔离操作或远距离操控。

（2）减少危险操作区相互关联

根据工艺流程的具体特点确定各流程的分区，设计时应尽可能减少各分区之间的相互关联。

（3）设置安全设施

①对有突然超压或瞬间分解爆炸的设备设置爆破膜；

②液化可燃气体的容器上的安全阀应安装在气相部位；

③工作介质为剧毒气体的生产装置必须安装爆破膜；

④所有与易燃易爆装置连通的惰性气体、助燃气体的输送管道都应设置防止易燃易爆物质窜入的设施；

⑤安全阀用于物理性防爆，爆破膜用于化学性防爆，对可能发生爆炸的一般性设备均应安装安全阀。

⑥对于需要从液面下通入气体原料的反应过程，如果反应装置的压力大于气体压力，则应在二者之间设置缓冲罐和可靠的止逆装置；

⑦对于反应物料发生剧烈反应，不能阻止超温、超压、爆聚或分解爆炸事故发生的设备，应设置自动或就地手动紧急泄压排放处理设施。

（4）系统安全装置

剧烈反应装置应采用系统安全装置，例如，强放热反应产生的热量如不及时移出，就可能发生事故，这时反应釜的温度控制应采用系统安全装置。在温度调节装置中设置警报触点，并设置与冷却水流量调节阀并联的大口径应急电磁阀。在反应状态正常时，通过温度控制冷却水流量；当反应出现异常，温度急剧上升时，警报器发出声光讯号同时打开电磁阀，使冷却水量增加，当温度降低再自动关闭电磁阀进行正常温度调节。这样可以避免因调节阀流量太小，反应剧烈时来不及降温的危险。

（5）多层防护装置

对发酵工艺过程中的特别危险因素或岗位需要可采用多层防护安全措施。如异氰酸甲酯（MIC）储罐防泄漏系统就采用多层防护安全装置。当储罐内温度升高，洒水器即进行大量喷水以降低温度，同时还设有泡沫体覆盖、抽吸等安全装置，构成多层防护体系，防止事故发生和扩大。除这些安全装置外，还应装有自动监控和报警系统。

10.2.3　工业毒物操作安全

1）有毒物质种类及危害

有毒化学品分为毒品、剧毒品和致癌化学品。根据国家《职业性接触毒物危害程度分级》（GB 5044—1985）标准规定，经口摄取半数致死量 LD50 < 25 mg/kg 或吸入半数致死量 LD50 < 200 mg/m³ 的原材料为剧毒品；经口摄取半数致死量 LD50 = 25 ~ 500 mg/kg 或吸入半致死量 LD50 = 200 ~ 2 000 mg/m³ 的原材料为高毒品。

发酵工业涉及的有毒原材料有无机与有机氰化物，汞、磷及其化合物，还有苯和苯胺类原材料。剧毒原材料少量进入人体就会引起死亡或造成身体局部损害而成残废，如氰化物、氢氰酸、亚砷酸、汞、铅等。有毒原材料侵入人体后，会使人发生急性或慢性中毒现象。如氟化钠、氧化铝、四氯化碳、碘、苯、甲苯、硫化性物品是通过呼吸道、口腔或皮肤接触吸收，使劳动者发生中毒现象。这些毒性对人体的危害情况,轻者一般是麻醉、昏迷,破坏造血机能,重者则造成死亡。

2)防毒措施

(1)组织管理措施

企业及其主管部门在组织生产的同时,要加强对防毒工作的领导和管理,要有人分管这项工作,并列入议事日程,作为一项重要工作来抓。要认真贯彻国家"安全第一,预防为主"的安全生产方针,做到生产工作和安全工作"五同时",即同时计划、布置、检查、总结、评比生产。对于新建、改建和扩建项目,防毒技术措施要执行"三同时"(即同时设计、施工、投产)的原则;加强防毒知识的宣传教育;建立健全有关防毒的管理制度。

(2)防毒的技术措施

①以无毒、低毒的物料或工艺代替有毒、高毒的物料或工艺。在生产中,经常遇到有毒的溶剂、原料和中间体,因此,为了确保安全生产和操作工人在劳动中的人身安全与健康,需要不断地改进工艺,从根本上来保证安全。

②生产装置的密闭化、管道化和机械化,防止毒物逸散。

③通风排毒。通风是使车间空气中的毒物浓度不超过国家卫生标准的一项重要防毒措施,分局部通风和全面通风两种。局部通风,即把有害气体罩起来排出去。其排毒效率高,动力消耗低,比较经济合理,还便于有害气体的净化回收。全面通风又称稀释通风,是用大量新鲜空气将整个车间空气中的有毒气体冲淡到国家卫生标准以内。全面通风一般只适用于污染源不固定和局部通风不能将污染物排除的工作场所。

④有毒气体的净化回收。净化回收即把排出来的有毒气体加以净化处理或回收利用。气体净化的基本方法有洗涤吸收法、吸附法、催化氧化法、热力燃烧法和冷凝法等。

⑤隔离操作和自动控制。因生产设备条件有限,而无法将有毒气体浓度降低到国家卫生标准时,可采取隔离操作的措施,常用的方法是把生产设备隔在室内,用排风的方法使隔离室处于负压状态,杜绝毒物外逸。自动化控制就是对工艺设备采用常规仪表或微机控制,使监视、操作地点离开生产设备。自动化控制按其功能分为4个系统:自动检查系统、自动操作系统、自动调节系统、自动讯号连锁和保护系统。

(3)个人防护措施

作业人员在正常生产活动或进行事故处理、抢救、检修等工作中,为保证安全与健康,防止意外事故发生,要采取个人防护措施。个人防护措施就其作用分为皮肤防护和呼吸防护两个方面。

①皮肤防护。常采用穿防护服,戴防护手套、帽子,穿鞋等防护用品。除此之外,还应在外露皮肤上涂一些防护油膏来保护。

②呼吸防护。保护呼吸器官的防毒用具,一般分为过滤式和隔离式两大类。过滤式防毒用具有简易防毒口罩、橡胶防毒口罩和过滤式防毒面具等。隔离式防毒面具又可分为氧气呼吸器、自吸式橡胶长管面具和送风式防毒面具等。

10.2.4 微生物操作安全

发酵工业中大量涉及微生物,所有的生物反应器的设计和操作都在围绕着生物和细胞的生长、繁殖进行;而生物和细胞无论是对个人或者对整个社会都具有巨大的潜在危害性,因此,微生物的安全操作在发酵设备学习中具有特别的重要性。

1) 生物对人体的危害因素

(1) 外毒素

外毒素是由一部分微生物在生长过程中产生,然后扩散至周围环境的。能够产生外毒素的微生物包括部分革兰氏阳性菌,如鼠疫杆菌、志贺痢疾杆菌、霍乱弧菌、致病性大肠杆菌、百日咳杆菌等。外毒素具有亲组织性,能选择性地作用于某些组织或器官引起特殊病变。外毒素的毒性很强,很小的剂量就可以使受感染的生物体致死,如 0.025 ng 的肉毒杆菌外毒素就能杀死一只小白鼠。

(2) 内毒素

内毒素是微生物细胞壁的一种组分,在菌体存活时它是细胞壁的一部分,在菌体自溶或经过人工方法使菌体破壁后它才得以释放。能够产生外毒素的微生物一般为某些革兰氏阴性菌,如伤寒杆菌、痢疾杆菌、脑膜炎球菌等。与外毒素相比,内毒素毒性较弱,没有明显的组织毒害作用,主要引起机体发热、微循环障碍、糖代谢紊乱、组织出血和坏死等,严重时能引起内毒素休克。

(3) 侵袭性酶

病原性微生物含有一种特定的酶,对机体具有侵袭作用,称为侵袭性酶。这种酶不但可以保护菌体本身不被机体的吞噬细胞所灭,反而可以促使菌体在机体内直接扩散。这种酶本身不具有毒性,但却有助于病原性微生物在体内的入侵。例如,多数链球菌能产生链激酶,它能溶解机体受感染部位的纤维蛋白凝块,使菌体易于入侵。

2) 微生物操作过程易出现的危害

(1) 移液操作

移液操作是指使用移液装置将一定量的含有微生物的液体从一个地方移到另一个地方。在移液操作时有可能发生微生物泄漏和感染,因此,必须小心谨慎操作。移液操作一般用移液管进行,最容易发生问题的是当液体从移液管排出时,排出的液体有可能直接落在液层或器皿表面,引起溅射。溅射出来的微小液滴扩散在周围环境中,被人吸入的机会很大。因此,在移液排液时,一定要将移液管出口紧贴器皿内壁,使液体缓慢贴壁排出,防止溅射。在吸液操作时禁止使用嘴吸的方式吸液。

(2) 接种操作

接种操作是指将某种微生物从试管或其他微生物存放之处移到生物反应器的过程。接种操作要使用接种棒。接种棒上吸附很多微生物,当快速移动和振动时,微生物就可能脱落进入环境。用火焰灼烧接种棒时也可能有微生物在没有烧死前飞溅到环境。当热环浸入含有微生物的培养液时会引起培养液急剧蒸发,液滴会喷溅而出,向外扩散。此外,从三角瓶倒出培养液以及翘起较平的培养基等步骤也可能引起微生物向环境的扩散。

(3) 琼脂培养

在实验室,微生物一般在培养皿中用琼脂进行培养,从培养箱中取出培养皿并移去上盖时,盖上夹带的冷凝液滴含有微生物,如果滴落到手指或环境中,将造成微生物的泄漏或感染。在大规模工业生产中,使用生物反应器进行培养也存在这个问题。在打开生物反应器密封盖时,盖的边缘或内侧冷凝液携带的微生物也可能滴入环境造成泄漏或感染。此外,打翻或从高处坠落培养皿能够引起大量微生物扩散到环境中,造成污染。当使用培养皿培养微生物时,螨虫或其他小节肢动物也有可能爬入培养皿,其口部和足肢沾满微生物后再爬出来,造成病源性微生物的传播,更具危险性而且往往难以察觉。

（4）深层培养

摇瓶培养和发酵罐培养都属于深层培养。在进行摇瓶培养时,培养液在摇瓶内不断晃动,使得大量的微生物进入气相中;在发酵罐培养时,空气直接通入培养液产生大量气泡,在搅拌的作用下散发到气相中,也使发酵罐内的气体含有大量的微生物。因此,无论是摇瓶还是发酵罐,其放气口必须经严格过滤,以防止微生物从摇瓶或培养罐内漏出。

（5）离心分离

在对含有微生物的料液进行离心分离操作时,离心力可使液滴向外抛出,并散布于周围环境,造成微生物泄漏。如果离心管装料太满,即使加盖也会使液体溢出。特别是在离心机的起步阶段,离心管上层菌体浓度较高,泄露可能性更大。此外,在进行离心操作时偶尔会出现离心管破碎、上盖松动和转鼓损伤等意外,使大量微生物进入环境,含有微生物的料液也可能直接喷溅到操作人员身上,尤其是在打开机鼓的瞬间,微生物大量散发,危害更为严重。因此,对微生物的离心操作必须使用专门的带有真空和过滤系统离心机。即便如此,也不能掉以轻心,因为一旦离心机的过滤装置失效,也会造成微生物的泄漏。

（6）注射操作

在发酵工业中经常使用注射器进行移液、接种或其他操作。使用注射器进行操作时,几乎每一步都有潜在的危险。首先,针头戳伤皮肤引起感染是常见的事故之一;其次,针头拔出时,针头上携带的微生物也很容易玷污手指和工作台面引起感染;最后,在注射前排出气泡时,微生物也会从针头飘散到环境中。此外,如果操作不注意,导致针头与针筒,针筒与柱塞完全脱离,会导致大量微生物泄漏。在使用注射器进行移液操作时,如果液体推出的压力太大,也能引起液体喷溅到环境造成微生物的泄露。当使用注射器对动物进行采样或注射时,由于动物的挣扎,可能引起针头突然脱落、针筒爆裂、料液溅出等意外,需要特别注意。

（7）盖塞操作

从盛放微生物的器皿上移去棉花塞、瓶盖、螺旋盖、橡皮塞等操作在发酵工业生产中十分普遍,这些操作就是盖塞操作。由于容器上部气体内充满了微生物,移去盖塞时,它们会很容易地随气体飘散到环境中,引起污染。另一种情况是容器的塞子或顶盖已经被细菌所浸湿,菌体已经在盖塞上滋生繁殖,这时,打开盖塞更容易使菌体进入环境。

此外,如果存放微生物的容器内部为负压,骤然打开容器,空气迅速冲入,会激起菌体弹出容器,造成污染。操作人员用手指直接接触浸有微生物的瓶塞或者微生物培养液也能造成感染,如果手指被安瓶口边缘或破损的容器口划伤,情况将更为严重。

（8）其他操作

在发酵工业中,涉及微生物的操作有很多,操作工具也日趋复杂,操作人员如果不注意将受到感染,引起微生物泄漏事故。例如,使用组织捣碎机时被刀片损伤、高压匀浆机料液喷出、玻璃发酵罐爆裂、测量传感器接口泄漏、分步收集器液体溢出等,都会使微生物进入环境,造成操作人员的伤害和环境污染。此外,当使用塑料器皿盛放微生物时,塑料上的静电即可以吸引微生物,造成微生物夹带,清洗不干净,也可以排斥微生物,造成微生物的溅出,污染环境。

以上介绍的是正常操作情况下的潜在危险,操作人员不能有任何麻痹大意或者是漫不经心,一定要遵守公司的各项规章、制度、程序。

3)微生物操作要点和注意事项

(1)微生物的保存和运输

微生物保存容器必须坚固、无裂口、加盖或加塞后无泄漏,外壁不应沾染其他物质,容器上应有标签。容器密封好后,最好再用塑料袋进行包装并加封。附带的说明文字不应包装在容器内,应另行封装。微生物应保存在专门的房间或指定区域,不应与其他物体混放。微生物运输时必须采用内外两级容器,里层容器应当用支架固定以保持容器直立。容器的材料可用塑料或金属,必须能够经受高温或化学物质的消毒处理。在启封保存微生物的容器时,应预先检查容器是否有破损。对有"有感染危险"标志的容器,最好在生物安全柜中启封和处置。

(2)移液操作

使用移液管操作时,严禁用口吮吸管口,吸管口应加棉花塞。不允许向含有微生物的液体表面直接吹气,更不能使用移液管以来回抽吸的方式搅拌液体。如果意识到可能有微生物溅出时,应立即用浸过消毒液的布或滤纸处理,并立即进行高压消毒。移液管使用后应立即浸入装有消毒剂的容器中,在清洗处理前应浸泡 18~24 h。可用塑料移液管代替玻璃移液管,以免移液管破碎带来污染。浸泡移液管的容器应放入生物安全柜中。当使用注射器进行移液时,不能使用皮下注射针头,而应当用钝头套管代替针头。一旦注射器或移液管损坏造成污染,能够自己处理的应尽量自己处理,避免过多的人员参与。

(3)接种和其他操作

接种杆上的环应当全封闭,杆长不超过 6 cm。最好使用一次性接种环,避免火焰消毒时引起微生物扩散。不要使用玻璃片做氧化酶试验,应该使用试管或盖玻片,或者使用装有双氧水的微量试管直接接触细菌菌落。废弃的微生物及其容器或一次性工具应放置在密封的容器内,如密封的塑料袋。每次操作完成后,必须用消毒剂对工作区进行全面消毒。

(4)注射器操作

注射器操作的每一步要十分小心,应尽可能地使用带有钝头套管的注射器,避免注射针头刺破皮肤。一旦注射器损坏造成污染,应首先自己小心进行处理,避免过多的人参与。

(5)血清分离操作

操作人员必须经过培训才能进行血清操作。操作时必须戴手套,小心飞沫溅出。血液和血清只能用吸管吸出,不能倒出。使用过的吸管必须完全浸入消毒液中。废弃的吸管或者新吸管在使用前应在消毒液中浸泡 18~24 h 以上。每日要配制新鲜的消毒液,以便及时处理飞溅或溢出的血液或血清。

(6)匀浆器、振荡器及超声波器的操作

在进行振荡、匀浆或超声波处理时,使用的杯子或瓶子不得有裂纹和变形,瓶盖必须能够密封,最好使用带有坚固外罩的聚四氟乙烯容器。处理完毕后,应在生物安全柜中开启容器。

（7）微生物操作时的个人防护

在进行微生物操作时，带有微生物的颗粒或液滴容易散落在工作台表面或工作人员手上，所以要经常洗手。工作中决不能吃任何食物或喝任何饮料，也不能将食物和饮料储藏在工作场所，更不能吸烟、嚼口香糖或使用化妆品，要避免用手接触口眼。操作有可能产生飞溅的液体时，必须戴面罩或采取其他措施以保护脸部或眼睛。

（8）使用冰箱和低温冰柜

冰箱和低温冰柜均应定期化冻和清洁。在冰箱内破损的试管和安瓿应及时处理掉。清洁冰箱时应戴面罩和厚橡皮手套，清洁后应对柜内进行全面消毒。所有放在冰箱或冰柜内的容器必须有标签，标明名称、日期、存放人等。没有标签或标签不清的存放物应作高温消毒处理。除非是防爆冰箱，冰箱内不得存放任何易燃易爆物质。

（9）安瓿开启操作

在开启含有冷冻物质的安瓿时，部分物质可能突然溅出，因此，应当在生物安全柜内开启这类安瓿。开启安瓿时需要注意以下步骤操作：

①将安瓿外面消毒；

②持软棉花垫握住安瓿，以保护手不受损伤；

③用烧红的玻璃棒接触安瓿上端，使之破碎；

④将破碎的安瓿玻璃作为污染物进行消毒处理；

⑤向安瓿内缓慢加入溶液，避免产生泡沫；

⑥混匀后用移液器、有辅助装置的吸管或接种环取出安瓿内的物质。

（10）安瓿的保存

安瓿不能浸入液氮中存放，因为如果安瓿有裂纹或密封不严，当从液氮取出时会发生爆破。安瓿应当吊放在盛有液氮容器的气相中，也可存放在低温冰柜或干冰中。操作人员从冷藏条件下取出安瓿时，应对手、眼部采取保护措施，取出后应将安瓿外部消毒。

· 项目小结 ·

按影响生产或维修造成的损失，设备事故可分为重大设备事故、普通设备事故和微小事故；按其发生的性质，设备事故可分为责任事故、质量事故和自然事故等。设备事故的危害是指机械装置运行过程中由危险因素和有害因素导致的危害，机械设备事故在正常工作状态、非正常工作状态和非工作状态都存在危害。设备事故危害包括两大类：一类是机械本身导致的危害，包括静止的危险、直线运动的危险、机械旋转运动的危险及机械飞出物击伤的危险；另一类是非机械伤害，包括电击伤、灼伤和冷伤害、振动、噪声、电离辐射和非电离辐射、化学物和生物危害、粉尘危害、异常生产环境危害等。设备事故产生的原因主要有机械设备本身的不安全因素，操作者的不安全行为，技术和设备设计缺陷、员工培训缺陷和管理缺陷等。设备事故的安全防范主要有选购合格的设备，做好设备的安装、调试和验收，为设备安全运行提供良好的环境，为设备安全运行提供人的素质保障，建立安全法规、保障设备安全运行，做好设备的定期维修，做好设备的日常维护保养，做好设备运行中的检查，吸取事故教训，避免同类事故重复发生，做好设备的更新改造等。

电器设备事故是工厂企业中较为常见的危害,电器事故的伤害主要有电流伤害、电路事故、静电事故、电磁场伤害事故等。电气事故安全防范措施主要有绝缘、屏护、电器安全距离、接地与接零、漏电保护器。绝缘是保证电气设备的正常运行、防止触电事故最常用、最重要的措施之一。绝缘是保证人身安全和电气设备无事故运行的最基本要素。屏护是指使用栏杆、护罩、护盖、箱匣等将带电体同外界隔绝开来,以防止人体或其他物体接触或者接近带电体引起事故。接地和接零是防止人员触电伤害的重要措施。漏电保护器主要用于防止由于间接接触和直接接触引起的单相触电事故,还可防止因电器设备漏电而造成的电气火灾爆炸事故。防止火灾爆炸的措施有:开展防火教育,提高群众对防火意义的认识;认真执行建筑防火设计规范;合理布置生产工艺;易燃易爆物质的生产应在密闭设备中进行;从技术上采取安全措施,消除火源。防止灾害扩大的安全措施有:采用二级控制或远距离操控;减少危险操作区相互关联;设置安全设施;系统安全装置及多层防护装置。

工业防毒措施包括组织管理措施、防毒技术措施及个人防护措施。生物对人体的危害主要有外毒素、内毒素和侵袭性酶。微生物操作过程中容易出现的危险有移液操作、接种操作、琼脂培养、深层培养、离心分离、注射操作、盖塞操作及其他易引起微生物泄露的操作。在微生物操作中要注意微生物的保存和运输、移液操作、接种和其他操作、注射器操作、血清分离操作、匀浆器、振荡器及超声波器的操作、微生物操作时的个人防护、冰箱和低温冰柜的使用及安瓿开启操作等。

 复习思考题

1. 设备事故如何分类?

2. 设备事故产生的原因有哪些?

3. 设备事故会产生哪些危害?

4. 设备的安全防范措施有哪些?

5. 电器设备的安全操作有哪些?

6. 防止火灾爆炸危险的安全操作有哪些?

7. 生物毒物有哪些? 如何安全操作?

8. 工业毒素如何防护?

参考文献

[1] 何际泽,张瑞明.安全生产技术[M].北京:化学工业出版社,2008.

[2] 叶明生,胡晓琨.化工设备安全技术[M].北京:化学工业出版社,1982.

[3] 高平,刘书志.生物工程设备[M].北京:化学工业出版社,2007.

[4] 夏洪永,俞章毅.电气安全技术[M].北京:化学工业出版社,2008.

[5] 康青春,贾立君.防火防爆技术[M].北京:化学工业出版社,1982.

[6] 陈宝智,王金波.安全管理[M].天津:天津大学出版社,1999.

[7] 崔克清.化工单元运行安全技术[M].北京:化学工业出版社,2006.

[8] 刘景良.化工安全技术[M].北京:化学工业出版社,2003.

[9] 杨泗霖.防火与防爆[M].北京:首都经济贸易大学出版社,2000.

[10] 蔡功禄.发酵工厂设计概论[M].北京:中国轻工业出版社,2000.

[11] 李景惠.化工安全技术基础[M].北京:化学工业出版社,1995.

[12] 孙连捷,张梦欣.安全科学技术百科全书[M].北京:中国劳动和社会保障出版社,2003.

[13] 叶勤编.发酵过程原理[M].北京:化学工业出版社,2005.

[14] 武建新.乳品技术装备[M].北京:中国轻工业出版社,2000.

[15] 黎润钟.发酵工厂设备[M].北京:中国轻工业出版社,2006.

[16] 郑裕国.生物加工过程与设备[M].北京:化学工业出版社,2004.

[17] 邓毛程.氨基酸发酵生产技术[M].北京:中国轻工业出版社,2007.

[18] 邓毛程.发酵工艺原理[M].北京:中国轻工业出版社,2009.

[19] 逯家富.啤酒生产技术[M].北京:科学出版社,2007.

[20] 余龙江.发酵工程原理与技术应用[M].北京:化学工业出版社,2006.

[21] 梁世中.生物工程设备[M].北京:中国轻工业出版社,2008.

[22] 邱立友.发酵工程与设备[M].北京:中国农业出版社,2008.

[23] 陈国豪.生物工程设备[M].北京:化学工业出版社,2007.

[24] 段开红.生物工程设备[M].北京:科学出版社,2008.

[25] 陈福生.食品发酵设备与工艺[M].北京:化学工业出版社,2011.

[26] 陶兴无.发酵工艺与设备[M].北京:化学工业出版社,2011.

[27] 龚子东.制药仪器设备操作技术[M].郑州:郑州大学出版社,2010.

[28] 程殿林.啤酒生产技术[M].北京:化学工业出版社,2005.

[29] 姜淑荣.啤酒生产技术[M].北京:化学工业出版社,2012.

[30] 高孔荣.发酵设备[M].北京:中国轻工业出版社,1997.

［31］李艳. 发酵工业概论［M］. 北京：中国轻工业出版社，1999.

［32］颜方贵. 发酵微生物学［M］. 北京：中国农业大学出版社，1993.

［33］华南工学院，无锡轻工业学院，天津轻工业学院，大连轻工业学院. 发酵工程与设备［M］. 北京：轻工业出版社，1981.

［34］王文甫. 啤酒生产工艺［M］. 北京：中国轻工业出版社，2011.

［35］王念春. 自控系统在啤酒生产中应用的现状与展望［J］. 自动化与仪表，2011.

［36］陈坚，等. 发酵工程实验技术［M］. 北京：化学工业出版社，2003.

［37］王志祥. 制药工程原理与设备［M］. 北京：人民卫生出版社，2007.

［38］宋航. 制药分离工程［M］. 上海：华东理工大学出版社，2011.

［39］朱宏吉，张明贤. 制药设备与工程设计［M］. 北京：化学工业出版社，2011.

［40］马秉骞. 化工设备［M］. 北京：化学工业出版社，2001.

［41］王晓红，田文德. 化工原理［M］. 北京：化学工业出版社，2012.

［42］刘国诠. 生物工程下游技术［M］. 北京：化学工业出版社，2003.

［43］周立雪. 传质与分离技术［M］. 北京：化学工业出版社，2002.

［44］袁其明. 制药工程原理与设备［M］. 北京：化学工业出版社，2009.

［45］邹东恢. 生物加工设备选型与应用［M］. 北京：化学工业出版社，2009.

［46］郭勇. 生物制药工艺学［M］. 北京：化学工业出版社，2009.

［47］宫锡坤. 生物制药设备［M］. 北京：中国医药科技出版社，2005.

［48］王志魁. 化工原理［M］. 北京：化学工业出版社，2010.

［49］黄儒强. 生物发酵技术与设备操作［M］. 北京：化学工业出版社，2006.

［50］党建章. 发酵工艺教程［M］. 北京：中国轻工业出版社，2003.

［51］袁庆辉. 发酵生产设备［M］. 北京：中国轻工业出版社，1985.

［52］张克旭. 氨基酸发酵工艺学［M］. 北京：中国轻工业出版社，1992.

［53］丁信令. 味精工业手册［M］. 北京：中国轻工业出版社，1997.

［54］邬行彦. 抗生素生产工艺学［M］. 北京：化学工业出版社，1994.

［55］郑领英. 膜技术［M］. 北京：化学工业出版社，2000.

［56］邱明三. GS—NB 高效空气过滤器研制报告［J］. 上海过滤器厂，1995.

［57］曹军卫. 微生物工程［M］. 北京：科学出版社，2002.

［58］黄方一. 发酵工程［M］. 武汉：华中师范大学出版社，2006.

［59］白秀峰. 发酵工艺学［M］. 北京：中国医药科技出版社，2003.

［60］何国庆. 食品发酵与酿造工艺学［M］. 北京：中国农业出版社，2001.

［61］陈洪章. 现代固态发酵原理及应用［M］. 北京：化学工业出版社，2004.

［62］钱存柔. 微生物实验教程［M］. 北京：北京大学出版社，1999.

［63］李道棠. 固态发酵反应器［M］. 北京：生命科学，1992.

［64］姚汝华. 微生物工程工艺原理［M］. 广州：华南理工大学出版社，1996.

［65］廖湘萍. 生物工程概论［M］. 北京：科学出版社，2004.

［66］焦瑞身. 生物工程概论［M］. 北京：化学工业出版社，1986.

［67］吴国峰. 工业发酵分析［M］. 北京：高等教育出版社，2006.

［68］熊宗贵. 发酵工艺原理［M］. 北京：中国医药科技出版社，1995.

［69］蒋新龙. 发酵工程［M］. 北京：浙江大学出版社，2004.

［70］魏群. 生物工程技术实验指导［M］. 北京：高等教育出版社，2002.

［71］俞俊棠. 抗生素生产设备［M］. 北京：化学工业出版社，2008.

［72］张雪荣. 药物分离与纯化技术［M］. 北京：化学工业出版社，2011.

［73］李洲. 液-液萃取在制药工业中的应用［M］. 北京：中国医药科技出版社，2005.

［74］陈洪章. 生物过程工程与设备［M］. 北京：化学工业出版社，2004.

［75］黄亚东. 生物工程设备及操作技术［M］. 北京：中国轻工业出版社，2010.